Dean Burnett
Unser verrücktes Gehirn

DEAN BURNETT

Unser verrücktes Gehirn

Über Blackouts, Aberglaube,
Seekrankheit – wie uns das Gehirn
austrickst

Aus dem Englischen
von Michael Müller

C. Bertelsmann

Die Originalausgabe ist 2016 bei Guardian Books/Faber and Faber, London, unter dem Titel »The Idiot Brain: A Neuroscientist Explains What Your Head is Really Up To« erschienen.

Verlagsgruppe Random House FSC® N001967

1. Auflage
© 2016 by Dean Burnett
© 2018 für die deutsche Ausgabe by C. Bertelsmann Verlag, München, in der Verlagsgruppe Random House GmbH, Neumarkter Str. 28, 81673 München
Umschlaggestaltung: Büro Jorge Schmidt, München
Satz: Uhl + Massopust, Aalen
Druck und Bindung: CPI books GmbH, Leck
Printed in Germany
ISBN 978-3-570-10294-7

www.cbertelsmann.de

Jedem Menschen gewidmet, der ein Gehirn hat.
Mit einem Gehirn ist nicht leicht auszukommen.
Also: Respekt, dass Sie es bisher geschafft haben!

Inhalt

Einleitung

Dieses Buch beginnt wie nahezu alle meine sozialen Interaktionen: mit einer Reihe weitschweifiger und inständiger Bitten um Entschuldigung.

Erstens: Wenn Sie dieses Buch lesen und es Ihnen nicht gefällt, dann tut es mir leid. Es ist unmöglich, etwas hervorzubringen, das allen zusagt. Wenn ich das könnte, wäre ich mittlerweile der demokratisch gewählte Führer der gesamten Welt – oder Dolly Parton.

Für mich sind die in diesem Buch behandelten sonderbaren und eigentümlichen Abläufe im Gehirn und die von ihnen hervorgerufenen unlogischen Verhaltensweisen unendlich faszinierend. Wussten Sie zum Beispiel, dass unser Gedächtnis geltungsbedürftig und ichbezogen ist? Sie glauben vielleicht, dass es Dinge, die Ihnen widerfahren sind oder die Sie gelernt haben, präzise festhält, aber das ist nicht so. Ihr Gedächtnis verdreht oder »korrigiert« die Information, die es speichert, oft so, dass Sie selbst besser aussehen – es verhält sich wie eine liebevolle Mutter, die davon schwärmt, wie großartig ihr kleiner Timmy in dem in seiner Schule aufgeführten Stück gewesen ist, obwohl der kleine Timmy nur dumm auf der Bühne rumgestanden, in der Nase gepopelt und gesabbert hat.

Dann ist da die erstaunliche Tatsache, dass Stress tatsächlich dazu beitragen kann, dass man eine bestimmte Aufgabe *besser* bewältigt. Das ist ein nachweisbarer neurologischer Prozess, nicht nur etwas, »das die Leute sagen«. Termine, die einem gesetzt werden, gehören zu den häufigsten Auslösern von der Art von Stress, der eine Leistungssteigerung bewirkt. Wenn sich in den letzten Kapiteln dieses Buches plötzlich eine Qualitätssteigerung bemerkbar macht, dann wissen Sie jetzt, worauf sie zurückzuführen ist.

Zweitens: Zwar handelt es sich bei dem vorliegenden Buch im Kern um ein wissenschaftliches Werk, doch muss ich mich bei Ihnen entschuldigen, wenn Sie sich von ihm eine nüchterne Darstellung des Gehirns und seiner Funktionsweisen versprechen. Eine solche bekommen Sie nicht. Ich besitze keinen »herkömmlichen« wissenschaftlichen Hintergrund: Ich bin der Erste aus meiner Familie, der auf die Idee gekommen ist, eine Universität zu besuchen, es tatsächlich getan, durchgehalten und am Ende promoviert hat. Diese sonderbaren akademischen Neigungen, die mich so sehr von meinen engsten Verwandten unterschieden, brachten mich dazu, mich mit Neurowissenschaft und Psychologie zu beschäftigen. Ich fragte mich: »Warum bin ich so?« und erhielt nie eine zufriedenstellende Antwort, entwickelte aber ein großes Interesse für das Gehirn und seine Arbeitsweise wie auch für die (Natur-)Wissenschaft im Allgemeinen.

Wissenschaft wird von Menschen betrieben. Im Großen und Ganzen sind Menschen wirre, chaotische und unlogische Geschöpfe (was vor allem auf die Arbeitsweise ihrer Gehirne zurückzuführen ist), und ein Großteil der Wissenschaft spiegelt dies wider. Irgendjemand befand vor langer Zeit, dass die Sprache wissenschaftlicher Abhandlungen gehoben und ernsthaft zu sein habe, und diese Vorstellung scheint sich hartnäckig zu halten. Ein großer Teil meines Berufslebens ist dem Versuch gewidmet gewesen, gegen sie anzukämpfen. Das vorliegende Buch ist der jüngste Beleg dafür.

Drittens: Ich möchte alle etwaigen Leser um Verzeihung bitten, die, weil sie sich auf dieses Buch beziehen, bei einem Disput mit einem Neurowissenschaftler den Kürzeren ziehen. Auf dem Gebiet der Hirnforschung kommt man ständig zu neuen Erkenntnissen und Ansichten. Zu jeder Behauptung oder Erklärung, die ich in diesem Buch aufstelle, wird man vermutlich in einer neueren Studie oder Untersuchung Gegenargumente finden können, die sie widerlegen. Doch sei zum Trost von Lesern, die sich zum ersten Mal mit einem wissenschaftlichen Werk befassen, gesagt, dass dies für so ziemlich alle Gebiete der modernen Wissenschaft gilt.

Viertens: Wenn Sie das Gefühl haben, das Gehirn sei ein geheimnisvolles und nicht beschreibbares Objekt, ein geradezu mystisches Konstrukt, die Brücke zwischen menschlicher Erfahrung und dem Reich des Unbekannten, dann wird Ihnen zu meinem Bedauern dieses Buch nicht gefallen.

Missverstehen Sie mich nicht: Es gibt in der Tat nichts Verblüffenderes als das menschliche Gehirn. Es ist unglaublich interessant. Doch besteht bei vielen auch der bizarre Eindruck, dass das Gehirn etwas »Besonderes« ist, gefeit gegen jede Kritik, irgendwie privilegiert, und dass unser Wissen von ihm so begrenzt ist, dass wir allenfalls eine vage Ahnung davon haben, zu was es fähig ist. Bei allem Respekt: Das ist purer Unsinn.

Das Gehirn ist immer noch ein inneres Organ des menschlichen Körpers, und in ihm herrscht ein wirres Durcheinander von eingefahrenen, routinemäßigen Abläufen, planlosen Aktivitäten, überholten Prozessen und ineffizienten Systemen. In vielfacher Hinsicht ist es ein Opfer seines eigenen Erfolgs. Es hat sich über Millionen von Jahren hinweg entwickelt, bis es sein gegenwärtiges komplexes Niveau erreichte, hat aber im Lauf dieser Zeit auch eine Menge Müll angehäuft. Es ähnelt einer Festplatte, die voller veralteter Softwareprogramme und überholter Downloads ist, welche die Grundabläufe behindern – so wie diese verdammten Pop-ups, die einen zu schon lange nicht mehr bestehenden Websites für verbilligte Kosmetika hinführen wollen, wenn man doch eigentlich nur eine E-Mail lesen möchte.

Fazit: Das Gehirn ist fehlbar. Es mag der Sitz des Bewusstseins sein, und alle Erfahrungen mögen von ihm ihren Ausgang nehmen, doch es ist, obwohl ihm solch bedeutende Funktionen zukommen, auch unglaublich chaotisch und desorganisiert. Man braucht es nur anzuschauen, um zu erkennen, was für ein lächerliches Ding es ist: Es sieht wie die Mutation einer Walnuss aus, wie ein vom Gruselschriftsteller H. P. Lovecraft angerührter Pudding, wie ein ramponierter, ausgebeulter Boxhandschuh oder Ähnliches. Es ist zweifelsohne eindrucksvoll, aber alles andere als perfekt, und seine Unvollkommenheiten wirken sich auf alles aus, was Menschen sagen, tun und erfahren.

Anstatt diese Mängel herunterzuspielen oder schlichtweg zu ignorieren, sollte man sie deshalb hervorheben, ja, in den Vordergrund stellen. In diesem Buch werden die vielen absurden und sinnlosen Dinge behandelt, die das Gehirn anstellt und die schlicht lachhaft sind, und es wird gezeigt, wie sie sich auf uns und unser Leben auswirken. Es werden auch einige Auffassungen von der Arbeitsweise des Gehirns in den Blick genommen, die sich als völlig abwegig erwiesen haben. Meine Leser sollten, das hoffe ich, am Ende eine bessere und beruhigendere Erklärung dafür besitzen, warum andere (oder sie selbst) so merkwürdige Dinge tun und sagen, wie auch in der Lage sein, angesichts der wachsenden Menge von das Gehirn feierndem Neuro-Nonsens, der uns in unserer modernen Welt serviert wird, die Augenbrauen mit vollster Berechtigung skeptisch in die Höhe zu ziehen.

Meine abschließende Bitte um Entschuldigung geht darauf zurück, dass ein ehemaliger Kollege mir einst prophezeite, es würde mir erst dann gelingen, ein Buch zu publizieren, »wenn die Hölle zufriert«. Tut mir leid, Satan, es muss sehr ungemütlich für dich sein.

Dean Burnett (Ph.D., na, so was!)

1

Der Geist übt die Kontrolle aus

*Wie das Gehirn den Körper steuert und dabei
für gewöhnlich alles vermasselt*

Die Mechanismen, die es uns gestatten zu denken, zu urteilen und zu überlegen, existierten vor Millionen von Jahren noch nicht. Der erste Fisch, der vor Äonen an Land kroch, wurde noch nicht von Selbstzweifeln gequält. Er fragte sich nicht: »Warum mache ich das eigentlich? Ich kann hier nicht atmen und habe nicht einmal Beine, was auch immer das sein mag – Beine.« Bis vor relativ kurzer Zeit erfüllte das Gehirn einen viel klarer umrissenen und einfacheren Zweck, nämlich den Körper mit den jeweils dazu erforderlichen Mitteln am Leben zu erhalten.

Das primitive menschliche Gehirn vermochte diese Aufgabe offenkundig erfolgreich zu erfüllen, da wir als Spezies überlebten und jetzt die dominante Lebensform auf der Erde darstellen. Doch trotz unserer hoch entwickelten kognitiven Fähigkeiten sind die ursprünglichen primitiven Funktionen des Gehirns nicht überflüssig geworden. Im Gegenteil: Sie sind wichtiger denn je. Über ein Sprachvermögen und die Fähigkeit zum logischen Denken zu verfügen, ist nicht viel wert, wenn man weiterhin aus simplen Gründen stirbt – weil man zum Beispiel vergisst zu essen oder über den Rand einer Klippe spaziert.

Das Gehirn ist zu seiner Erhaltung auf den Körper angewiesen, und der Körper braucht das Gehirn, damit es ihn kontrolliert und dazu bringt, das zum Leben Notwendige zu tun. (In Wirklichkeit stehen Körper und Gehirn noch in einem viel komplexeren Abhängigkeitsverhältnis zueinander, doch möge das fürs Erste genügen.) Als Folge davon ist ein großer Teil des Gehirns grundlegenden physiologischen Prozessen gewidmet wie der Überwachung innerer Abläufe, der Hervorbringung von geeigneten Reaktionen auf bestimmte Probleme, der Beseitigung von Wirrwarr: im Grunde also Erhaltungs- oder Wartungsarbeiten. Die Areale, die für diese fundamentalen Tätigkeiten zuständig sind, der Hirnstamm und das Kleinhirn, werden manchmal als »protoreptilisches Gehirn« bezeichnet, womit ihre primitive Beschaffenheit hervorgehoben wird: Sie leisten dasselbe, was unser Gehirn leistete, als wir Reptilien waren, in grauer Vorzeit. (Säugetiere betraten erst später die »Bühne des Lebens«.) Im Unterschied dazu ist für die höher entwickelten geistigen und sensorischen Fähigkeiten, derer wir modernen Menschen uns erfreuen – Bewusstsein, Aufmerksamkeit, Wahrnehmung und Denken –, der »Neokortex« zuständig. Die tatsächliche Aufgabenverteilung ist weit komplexer, als diese Etiketten vermuten lassen, doch sind sie zur ersten groben Unterscheidung nützlich.

Es wäre also zu hoffen, dass diese beiden Komponenten – das protoreptilische Gehirn und der Neokortex – harmonisch zusammenarbeiteten oder einander zumindest ignorierten. Pustekuchen! Wenn Sie jemals für einen Mikromanager gearbeitet haben, also jemanden, der sich in alle Einzelheiten eines Problems oder einer zu erledigenden Aufgabe einmischt, dann wissen Sie, wie unglaublich ineffektiv ein solches Arrangement sein kann. Wenn man ständig eine weniger erfahrene, aber im Rang höher stehende Person im Nacken hat, die einem unsinnige Befehle erteilt und dumme Fragen stellt, dann macht einem das ein effizientes Arbeiten schwer. Der Neokortex macht aber unablässig genau dies mit dem protoreptilischen Gehirn.

Doch geht die gegenseitige Behinderung nicht nur in eine Richtung. Der Neokortex ist flexibel und empfänglich, das protoreptilische Gehirn ist in seiner Funktionsweise festgefahren. Wir alle kennen Leute, die glauben, etwas besser zu wissen, weil sie älter sind oder etwas schon länger machen als wir. Mit solchen Menschen zusammenarbeiten zu müssen, kann zu einem Albtraum werden: Es ist, als ob man mit jemandem Computerprogramme entwickeln wollte, der darauf besteht, weiterhin eine Schreibmaschine zu benutzen, weil »man das immer so gemacht hat«. Das protoreptilische Gehirn kann sich genau so verhalten und Nützliches zum Scheitern bringen, indem es unglaublich stur ist. In diesem Kapitel wird untersucht werden, wie das Gehirn die grundlegenderen Funktionen des Körpers durcheinanderbringt.

Haltet dieses Buch an. Ich will aussteigen!

Wie das Gehirn die Reisekrankheit verursacht

Die Menschen verbringen heutzutage viel mehr Zeit im Sitzen als früher. Berufe, die körperliche Anstrengungen erfordern, sind weitgehend von Bürojobs abgelöst worden, Autos und andere Transportmittel gestatten es uns, im Sitzen zu reisen. Das Internet ermöglicht es uns, quasi unser ganzes Leben im Sitzen zu verbringen: Wir können mit seiner Hilfe nicht nur mit anderen kommunizieren, sondern auch von zu Hause aus unsere Bankgeschäfte erledigen und Einkäufe tätigen.

Das alles hat seine Nachteile. Wahnsinnssummen werden für ergonomisch geformte Bürostühle ausgegeben, um sicherzustellen, dass niemand durch exzessives Sitzen körperlichen Schaden nimmt oder Verletzungen davonträgt. Zu lange in einer Flugzeugkabine eingepfercht zu sitzen kann sogar tödlich enden, indem es Thrombosen verursacht. Es scheint merkwürdig, aber zu geringe Bewegung ist gesundheitsschädlich.

Sich zu bewegen ist wichtig. Menschen können es gut, und sie tun es oft, wie die Tatsache belegt, dass wir uns als Spezies über fast die gesamte Erdoberfläche verteilt haben – ja sogar bis auf den Mond vorgedrungen sind. Es heißt, dass ein Spaziergang von drei Kilometern am Tag gut für das Gehirn sei, doch ist er vermutlich jedem Teil des Körpers zuträglich.[1] Unsere Knochengerüste haben sich im Lauf der Evolution so entwickelt, dass wir lange Strecken zu Fuß zurücklegen können, und die Anordnung und die Beschaffenheit unserer Füße, Beine und Hüften, unseres Körpers generell, eignen sich in idealer Weise für regelmäßiges Gehen. Doch ist nicht nur die Struktur unseres Körpers entscheidend: Wir scheinen darauf »programmiert«, uns zu Fuß fortzubewegen. Wir können es, ohne dass wir das Gehirn »einschalten« müssen.

Wir besitzen Nervenzellen in unserem Rückgrat, die uns in die Lage versetzen, unsere Fortbewegung ganz instinktiv zu kontrollieren, das heißt ohne Einbeziehung unseres Bewusstseins.[2] Diese Bündel von Nervenzellen nennt man *pattern generators,* sie befinden sich im unteren Teil des Rückenmarks, im zentralen Nervensystem. Diese Aktivitätsmustergeneratoren stimulieren die Muskeln und die Sehnen der Beine, sich – wie der Name sagt – nach bestimmten Mustern, *patterns,* zu bewegen und so das Gehen hervorzubringen. Sie empfangen ihrerseits ein Feedback von den Muskeln, Sehnen, Gelenken und der Haut, das zum Bespiel anzeigt, ob wir gerade einen Abhang hinuntergehen, sodass wir die Art und Weise unserer Bewegung der Situation anpassen, eine Art Feineinstellung vornehmen können. Das könnte erklären, warum eine bewusstlose Person immer noch herumlaufen kann, wie wir später bei der Beschäftigung mit dem Phänomen des Schlafwandelns erfahren werden.

Ihre Fähigkeit, sich mit Leichtigkeit und ohne darüber nachzudenken zu Fuß fortzubewegen, stellt das Überleben der Spezies Mensch sicher. Sie ermöglicht es dem Menschen, aus gefährlichen Situationen zu fliehen, Nahrungsquellen aufzutun, Beutetiere zu verfolgen oder vor Raubtieren davonzulaufen. Die ersten Organismen, die aus dem Meer krabbelten und das Festland besiedelten, ließen das gesamte auf der Aufnahme von Sauerstoff aus der Luft basierende Leben entstehen. Das wäre nicht geschehen, wenn diese Organismen sich nicht vom Fleck gerührt hätten.

Doch die große Frage lautet: Wenn Fortbewegung unerlässlich für unser Wohlbefinden und unser Überleben ist und wir tatsächlich ausgeklügelte biologische Systeme entwickelt haben, die dafür sorgen, dass es so oft wie möglich dazu kommt und so problemlos wie möglich vonstattengeht – warum löst sie dann gelegentlich Übelkeit und Erbrechen aus? Man bezeichnet dieses Phänomen als Kinetose, Bewegungs- oder Reisekrankheit. Manchmal führt die Tatsache, dass wir »unterwegs« sind, ohne erkennbaren Grund dazu, dass uns das Frühstück wieder hochkommt, wir unser Mittagessen von uns geben oder eine andere kürzlich eingenommene Mahlzeit wieder ausspeien.

Verantwortlich dafür ist das Gehirn, nicht etwa der Magen oder ein anderes Verdauungsorgan – wenn es sich auch im Moment so anfühlen mag. Was könnte der Grund dafür sein, dass unser Gehirn – Jahrmillionen der Evolution zum Trotz – zu dem Schluss gelangt, sich von A nach B zu begeben, könnte ein berechtigter Anlass dafür sein, dass wir uns übergeben? Tatsächlich verstößt unser Gehirn überhaupt nicht gegen die Tendenzen, die sich im Lauf der Evolution ausgebildet haben. Es sind die zahlreichen Systeme und Mechanismen, über die wir verfügen, um uns unsere Bewegung zu erleichtern, die die Wurzel des Übels darstellen. Die Reisekrankheit macht einem nur dann zu schaffen, wenn man sich mithilfe künstlicher Apparaturen fortbewegt, also wenn man sich in einem Transportmittel befindet. Hier kommen die Gründe dafür.

Der Mensch verfügt über ein breites Spektrum von Sinnen und neurologischen Mechanismen, die ihn zu Propriozeption, zum »Selbstverspüren«, befähigen, zum Empfinden der aktuellen Position und Bewegung des eigenen Körpers im Raum oder des räumlichen Verhältnisses von dessen einzelnen Teilen zueinander. Führen Sie Ihre Hand hinter den Rücken: Sie können sie dann immer noch spüren, wissen, wo sie sich befindet und was für eine unanständige Geste sie vielleicht vollführt, auch wenn Sie sie nicht sehen. Das versteht man unter Propriozeption. Wir besitzen aber auch das sogenannte Vestibularorgan, das Gleichgewichtsorgan, das sich in unserem Innenohr befindet. Es handelt sich um eine Ansammlung von mit Flüssigkeit gefüllten Kanälen (worunter in diesem Kontext knöcherne Bogengänge zu verstehen sind), die uns darüber informieren, wie wir im Raum ausgerichtet sind. Es gibt so viel Platz in ihnen, dass die Flüssigkeit sich in Reaktion auf die Schwerkraft hin und her bewegen kann, und sie sind voller Neuronen, die die Anordnung und Verteilung der Flüssigkeiten feststellen und so unserem Gehirn unsere momentane Position und Ausrichtung melden. Wenn die Flüssigkeit sich im oberen Teil der Röhren befindet, bedeutet das, dass wir auf dem Kopf stehen – eine Stellung, die vermutlich nicht ideal ist und so schnell wie möglich beendet werden sollte.

Menschliche Bewegung (Gehen, Laufen, sogar Krabbeln oder Hüpfen) bringt jeweils eine sehr spezifische Reihe von Signalen hervor: die regelmäßige schaukelnde Auf- und Ab-Bewegung, die durch das abwechselnde Auftreten mit dem linken und dem rechten Fuß entsteht, das durch die Fortbewegung hervorgerufene Vorbeistreichen der Luft am Gesicht und das »Schwappen« innerer Flüssigkeiten. All diese Signale können wir dank unserer Fähigkeit zu Propriozeption und mithilfe des Vestibularorgans auffangen.

Was wir beim Gehen mit den Augen wahrnehmen, ist das Vorüberziehen der äußeren Welt. Dieses Bild kann aber entweder dadurch erzeugt werden, dass wir uns durch unsere Umgebung bewegen, oder dadurch, dass wir bewegungslos verharren und sie an uns vorbeizieht. Der visuelle Eindruck lässt grundsätzlich beide Deutungen zu. Wie kann das Gehirn wissen, welche davon zutrifft? Es empfängt die visuelle Information, koppelt sie mit der von dem Flüssigkeitssystem im Ohr gelieferten Information, kommt zu dem Schluss: »Körper bewegt sich, das ist normal«, und wendet sich dann wieder Gedanken über Sex oder Rache oder Pokémon zu, je nachdem, wofür Sie sich interessieren. Unsere Augen und inneren Systeme kooperieren, um zu erklären, was gerade vor sich geht.

Fortbewegung mithilfe eines Fahrzeugs löst andere Empfindungen aus. Autos bringen nicht jenes rhythmische Geschaukel hervor, das unser Gehirn mit Gehen assoziiert (falls die Radaufhängung Ihres Wagens nicht total hinüber ist), dasselbe gilt für gewöhnlich auch für Flugzeuge, Züge und Schiffe. Wenn man sich befördern lässt, dann bringt man die Bewegung nicht selbst hervor. Man sitzt nur da und beschäftigt sich mit irgendetwas, um die Zeit totzuschlagen – etwa mit dem Versuch, zu verhindern, dass man sich übergeben muss. Ihre Propriozeption erzeugt nicht all jene Signale, die notwendig sind, damit das Gehirn erfassen kann, was vor sich geht. Das Ausbleiben von solchen Signalen bedeutet, dass das protoreptilische Gehirn nicht aktiviert wird. Verstärkt wird die Wirkung noch, wenn Ihre Augen ihm melden, dass Sie selbst sich nicht bewegen – wie zum Beispiel, wenn Sie sich auf hoher See befinden. Denn tatsächlich bewegen Sie sich doch, und die erwähnten Flüssigkeiten in Ihrem Innenohr, die auf die Kräfte, welche durch schnelle Bewegung und Beschleunigung erzeugt werden, reagieren. Sie senden Signale ans Gehirn, die besagen, dass man reist und dies sogar mit recht hoher Geschwindigkeit.

Das Gehirn erhält auf diese Weise inkongruente Signale von einem sensiblen Bewegungsentdeckungssystem, und man glaubt, dass dies die Ursache für Reisekrankheit ist. Auf bewusster Ebene können wir diese widersprüchlichen Informationen leicht verarbeiten, doch die tiefer liegenden, grundlegenderen Systeme, die unseren Körper auf unbewusster Ebene kontrollieren, wissen nicht wirklich, wie sie mit derartigen inneren Problemen fertig werden sollen, und sie können sich nicht erklären, was die Störung verursacht. Für das protoreptilische Gehirn gibt es darauf nur eine plausible Antwort. Denn in der

Natur kommt nur eine Sache vor, die unsere inneren Abläufe derart tief gehend beeinträchtigen und durcheinanderbringen kann: Gift!

Gift ist schlecht für uns, und wenn das Gehirn glaubt, dass Gift in den Körper gelangt sei, gibt es nur eine sinnvolle Reaktion: fix den Brechreiz aktivieren und raus damit! Die höher entwickelten Regionen des Gehirns verstehen die Situation vielleicht besser, doch es erfordert große Anstrengung, auf die Aktionen der fundamentaleren Regionen einzuwirken, wenn sie einmal in Gang gekommen sind. Sie sind beinahe per definitionem von ihrem Verlauf her festgelegt.

Forscher verstehen das Phänomen gegenwärtig noch nicht vollkommen. Es bleiben Fragen offen wie: Warum werden wir nicht jedes Mal von Reisekrankheit heimgesucht? Warum leiden einige Leute nie daran? Es ist gut möglich, dass viele externe oder persönliche Faktoren wie die exakte Beschaffenheit des Beförderungsmittels, in dem man unterwegs ist, oder eine neurologische Prädisposition, eine gesteigerte Empfindlichkeit gegenüber bestimmten Arten von Bewegung, zum Eintreten von Kinetose beitragen. Hier soll aber nur die gegenwärtig am weitesten verbreitete Theorie vorgestellt werden. Eine andere Erklärung bietet die »Nystagmus-Hypothese«. Sie geht davon aus, dass das unbeabsichtigte Sich-Dehnen der Außenmuskeln des Auges, also jener Muskeln, die die Augen halten und bewegen, aufgrund von Bewegung den Nervus vagus (einen der Hauptnerven, die Gesicht und Kopf kontrollieren) auf eine so seltsame, verquere Weise stimuliert, dass Kinetose entsteht.[3] Doch ob nun die erste oder die zweite Erklärung zutrifft: Wir werden reisekrank, weil unser Gehirn leicht zu verwirren ist und nur über eine begrenzte Zahl von Möglichkeiten verfügt, potenzielle Probleme aus der Welt zu schaffen. Es ähnelt einem Manager, der in einen Rang befördert worden ist, welcher seine tatsächlichen Fähigkeiten übersteigt, und der mit Phrasen oder hysterischen Anfällen reagiert, wenn er aufgefordert wird, etwas zu tun.

Seekrankheit scheint dem Menschen am heftigsten zuzusetzen. An Land wimmelt es von Merkmalen in der Landschaft, die einem bei der Betrachtung vermitteln, dass man sich bewegt – wie zum Beispiel vorüberziehende Bäume. Wenn man auf einem Schiff reist, sieht man für gewöhnlich nur Wasser oder Gegenstände, die zu weit entfernt sind, um einem Anhaltspunkte dafür zu liefern, dass man sich in Fahrt befindet. Daher ist es wahrscheinlich, dass das visuelle System einem meldet, dass keine Bewegung stattfindet. Das Wogen des Meeres versetzt den Reisenden zusätzlich in eine unregelmäßige Auf- und Abbewegung, die zur Folge hat, dass die Flüssigkeiten im Innenohr sogar noch mehr Signale in Richtung eines immer verwirrter werdenden Gehirns abfeuern. In Spike Milligans Erinnerungen an die Kriegszeit, *Adolf Hitler: My Part in His Downfall*, erzählt der Autor, wie er während des Zweiten Weltkriegs per Schiff mit seiner Einheit nach Afrika verlegt wurde und zu den wenigen gehörte, die nicht seekrank wurden. Als man ihn fragte, wie man am besten gegen Seekrankheit ankämpfen könne, antwortete er einfach:»Indem man sich unter einen Baum setzt.« Es liegen keine diese Annahme stützenden Untersuchungen vor, doch ich bin ziemlich sicher, dass das auch ein probates Mittel gegen Luftkrankheit wäre.

Ist da noch Platz für Pudding?

Die komplexe und verwirrende Kontrolle unseres Gehirns über unsere Ernährungsweise und Essgewohnheiten

Nahrung ist Treibstoff. Wenn Ihr Körper Energie benötigt, dann essen Sie. Wenn er keine benötigt, dann tun Sie es nicht. So einfach ist das, wenn man darüber nachdenkt. Doch genau darin liegt das Problem begründet, dass wir ach so schlauen Menschen *über Essen nachdenken* – was alle möglichen Schwierigkeiten und Neurosen entstehen lässt.

Das Gehirn übt Kontrolle über unsere Nahrungsaufnahme und unseren Appetit aus, und zwar in einem für die meisten Menschen wohl überraschenden Ausmaß.* Man sollte denken, dass alles vom Magen oder den Gedärmen kontrolliert wird, vielleicht mit einem zusätzlichen Input von der Leber oder den Fettreserven, den Körperregionen, wo Verdautes weiterverarbeitet und/ oder gelagert wird. Und tatsächlich spielen sie alle eine Rolle, aber bei Weitem keine so dominante, wie man annehmen könnte.

Beginnen wir mit dem Magen: Die meisten Menschen sagen, dass sie einen »vollen« Magen haben, wenn sie genug gegessen haben. Der Magen ist der erste größere Raum in unserem Körper, in dem die aufgenommene Nahrung landet. Er weitet sich, wenn man ihn füllt, und die Nerven in ihm senden Signale an das Gehirn, den Appetit zum Erliegen zu bringen, damit wir mit dem Essen aufhören – was vollkommen sinnvoll ist. Genau

---

* Es handelt sich dabei nicht um eine Beziehung, die nur in eine Richtung verläuft. Das Gehirn wirkt sich nicht nur darauf aus, was wir essen. Es scheint, als würde das, was wir essen, auch beträchtlichen Einfluss auf die Arbeitsweise unseres Gehirns ausüben (oder es scheint dies zumindest getan zu haben) [R. Wrangham: *Catching Fire: How Cooking Made Us Human*. Basic Books 2009.] Es gibt Belege dafür, dass die Erfindung des Kochens die Menschen in die Lage versetzte, ihre Nahrung besser auszunutzen, deren Nährwert zu steigern. Vielleicht kam ein Vormensch einmal ins Stolpern und ließ sein Mammutsteak ins Lagerfeuer der Horde fallen. Und vielleicht griff er sich dann voller Entschlossenheit einen Stecken, um das Fleisch aus den Flammen herauszufischen, und stellte dann fest, dass es schmackhafter war. Gekochte Nahrung ist einfacher zu verzehren und zu verdauen. Die langen und kompakten Moleküle werden aufgebrochen oder denaturiert, was den Nährwert erhöht. Das hatte anscheinend eine rasche Expansion des Gehirns zur Folge. Das menschliche Gehirn ist unglaublich anspruchsvoll, was die körperlichen Ressourcen betrifft. Mit gekochter Nahrung ließen sich seine Bedürfnisse besser befriedigen. Eine Vergrößerung des Gehirns bedeutete, dass wir schlauer wurden, effektivere Jagdtechniken und Methoden zur Urbarmachung des Bodens und dem Anbau von Pflanzen entwickelten. Die Nahrung schenkte uns größere Gehirne, und die größeren Gehirne schenkten uns mehr Nahrung. So etwas kann mit Fug und Recht »feedback« genannt werden.

dieser Mechanismus wird von jenen Schlankheitdrinks ausgenutzt, die man trinkt, anstatt richtige Mahlzeiten zu sich nehmen.[4] Diese Milkshakes enthalten Stoffe, die im Magen aufquellen und ihn schnell füllen, sodass er die »Bin-voll«-Nachricht ans Gehirn schickt, ohne dass man ihn mit Kuchen und Torte vollstopfen muss.

Solche Drinks wirken aber nur für kurze Zeit. Viele Menschen geben an, dass sie weniger als zwanzig Minuten, nachdem sie einen in sich reingeschüttet haben, schon wieder Hunger verspüren. Das liegt größtenteils daran, dass diesen von der Weitung des Magens ausgelösten Signalen nur eine – eher kleine – Rolle bei der Kontrolle von Nahrungsaufnahme und Appetit zukommt. Bildlich gesehen sind sie auf der untersten Sprosse einer hohen Leiter angesiedelt, die bis zu den komplexeren Elementen des Gehirns hinaufreicht. Und diese Leiter führt nicht auf geradem Weg nach oben, sondern manchmal im Zickzack, oder sie macht sogar eine Schleife.[5]

Es sind also nicht nur die Magennerven, die sich auf unseren Appetit auswirken. Auch Hormone spielen eine Rolle. Eines davon ist Leptin. Es wird von Fettzellen abgesondert und mindert den Appetit. Ghrelin wird im Magen freigesetzt und steigert den Appetit. Je mehr Fettablagerungen man besitzt, desto mehr den Appetit zügelnde Hormone sondert der Organismus ab. Wenn Ihr Magen eine länger anhaltende Leere registriert, dann sondert er Hormone zur Steigerung des Appetits ab. Einfach, nicht wahr? Leider nicht. Man kann je nach Nahrungsbedürfnis einen erhöhten Spiegel eines dieser Hormone aufweisen, das Gehirn kann sich aber schnell daran gewöhnen und ignoriert solche Steigerungen effektiv, wenn sie zu lange bestehen bleiben. Eine der hervorstechendsten Fähigkeiten des Gehirns ist es, alles zu ignorieren, was zu berechenbar, geläufig, vertraut oder alltäglich wird, egal, wie wichtig dies sein mag. Das ist der Grund dafür, dass Soldaten mitten in einer Kampfzone ein Nickerchen machen können.

Ist Ihnen aufgefallen, dass Sie immer »noch ein Eckchen für Nachtisch frei« haben? Es kann sein, dass Sie gerade einen halben Ochsen verdrückt haben oder eine Ladung Pasta mit Käsesahnesoße, die eine Gondel zum Sinken bringen könnte. Trotzdem werden Sie noch mit dem Karamellpudding oder dem üppigen Eisbecher fertig. Wieso? Und vor allem: *wie*? Wenn Ihr Magen voll ist, müsste es doch schon rein physisch unmöglich sein, mehr zu essen. Doch es geht, und zwar vor allem, weil Ihr Gehirn eine Entscheidung trifft – nämlich die, dass noch genug Platz da ist. Der süße Geschmack von Desserts liefert uns eine Belohnung, die das Gehirn erkennt und haben will (siehe Kapitel 8). Es bringt daher den Magen zum Schweigen, der sagt: »Alles voll hier.« Anders als im Fall der Reisekrankheit überstimmt der Neokortex in dieser Situation das protoreptilische Gehirn.

Warum genau das so ist, ist unklar. Es mag darauf zurückzuführen sein, dass wir Menschen auf eine komplexe, vielschichtige Kost angewiesen sind, um in Topform zu bleiben, dass wir uns also nicht einfach auf unsere grundlegenden metabolistischen Systeme verlassen und das essen können, dessen wir habhaft zu werden vermögen, sondern dass das Gehirn einschreiten und versuchen muss, unsere Ernährungsweise besser zu regulieren. Das wäre auch gut so, wenn es alles wäre, was das Gehirn tut. Aber es belässt es nicht dabei. Und das ist gar nicht gut.

Erlernte Assoziationen sind unglaublich wirksam, wenn es ums Essen geht. Man kann ein großer Fan beispielsweise von Torte sein und jahrelang ohne Probleme Torte essen. Dann, eines Tages, führt man sich wieder ein Stück zu Gemüte, und es wird einem übel. Kann es sein, dass die Creme, mit der sie gefüllt ist, sauer geworden ist? Oder dass sie eine Zutat enthält, gegen die man allergisch ist? Oder ist es vielleicht so – und das wäre das Ärgerlichste –, *dass einen irgendetwas ganz anderes krank gemacht hat, kurz nachdem man die Torte gegessen hat*? Von jenem Zeitpunkt an stellt das Gehirn die Verbindung zwischen »Torte essen« und »Übelkeit empfinden« her, und Torte ist in Zukunft für einen tabu. Es reicht schon, welche anzuschauen, um Brechreiz zu verspüren. Diese »Ekel«-Assoziation ist eine besonders starke. Sie hat sich ausgebildet, um uns davon abzuhalten, giftige oder verdorbene Dinge zu essen, und es kann sehr schwer sein, sich wieder von ihr zu befreien. Es spielt keine Rolle, dass Ihr Körper die als ekelhaft empfundene Sache vorher Dutzende von Malen ohne Probleme konsumiert hat: Das Gehirn sagt *Nein*! Und man kann kaum etwas dagegen ausrichten.

Es muss sich aber nicht um so etwas Extremes wie Übelkeit handeln. Das Gehirn mischt sich bei fast jeder Entscheidung ein, die etwas mit Essen zu tun hat. Sie kennen sicher den Spruch »Das Auge isst mit«. Ein großer Teil unseres Gehirns, sage und schreibe 65 Prozent von ihm, hat mit dem Sehen zu tun, viel weniger mit Schmecken.[6] Unser Gesichtssinn liefert die maßgeblichen sensorischen Informationen für das menschliche Gehirn. Der Geschmackssinn geht ihm gegenüber in beinahe peinlicher Weise unter. Wir werden das in Kapitel 5 sehen. Wenn ihnen die Augen verbunden und die Nasenlöcher verstopft werden, ist es durchaus möglich, dass Versuchspersonen eine Kartoffel, in die sie beißen, für einen Apfel halten.[7] Die Augen üben eindeutig einen größeren Einfluss auf das aus, was wir wahrnehmen, als unsere Zunge. Wie unsere Nahrung aussieht, wirkt sich also sehr stark darauf aus, wie gut sie uns schmeckt. Das ist auch der Grund für den Aufwand, den man in schicken Lokalen mit der Präsentation der Mahlzeiten betreibt.

Auch Routine kann sich drastisch auf unsere Essgewohnheiten auswirken. Denken Sie einmal über das Wort »Essenszeit« nach. Wann ist Essenszeit? Die meisten würden sagen: zwischen zwölf und zwei Uhr. Warum eigentlich? Wenn Nahrung um der Energiezufuhr willen benötigt wird, warum sollten dann alle Menschen, egal, ob sie als Straßenarbeiter oder Holzfäller eine anstrengende körperliche Tätigkeit ausüben oder als Schriftsteller und Programmierer einen Schreibtischjob haben, ihr Mittagessen zur selben Zeit zu sich nehmen? Weil wir alle vor langer

Zeit übereingekommen sind, dass das die allgemeine Essenszeit ist und das kaum jemals infrage gestellt wird. Sobald man sich einmal an diese zeitliche Einteilung gewöhnt hat, erwartet Ihr Gehirn, dass sie eingehalten wird, und Sie werden Hungergefühle verspüren, *weil es Zeit ist zu essen*, und nicht merken, *dass es Zeit ist zu essen*, weil Sie hungrig sind. Das Gehirn hält Logik anscheinend für eine kostbare Ressource, die man sparsam verwenden muss.

Gewohnheiten prägen unser Essverhalten in hohem Maß, und sobald unser Gehirn anfängt, etwas zu erwarten, zieht der Körper rasch nach. Es ist schön und gut, wenn man einem übergewichtigen Menschen sagt, dass er einfach disziplinierter sein und weniger essen muss. Doch so einfach ist das nicht. Wie es überhaupt dazu gekommen ist, dass jemand zu viel gegessen hat, kann auf mehrere Faktoren zurückzuführen sein – wie zum Beispiel darauf, dass er im Essen Trost gesucht hat. Wenn man traurig oder deprimiert ist, dann sendet das Gehirn Signale an den Körper, dass man müde und erschöpft ist. Und wenn man müde und erschöpft ist, was braucht man dann? Richtig: Energie. Und wo bekommt man Energie her? Richtig: aus *Essen*. Stark kalorienhaltige Nahrung kann auch das Belohnungssystem, das uns im weitesten Sinn Vergnügen oder Lust empfinden lässt, in unserem Gehirn aktivieren.[8] Das ist der Grund dafür, dass man kaum jemals von einem »Trostsalat« hört: Es muss schon etwas Gehaltvolleres sein.

Sobald Ihr Gehirn und Ihr Körper sich auf die Aufnahme einer bestimmten Menge von Kalorien eingestellt haben, ist es sehr schwer, diese zu reduzieren. Sie haben sicher schon einmal Kurzstrecken- oder Marathonläufer gesehen, die sich nach einem Rennen krümmen und nach Luft ringen. Haben Sie sie jemals als Oxygen-Vielfraße, als hemmungslose Sauerstoff-Schlucker angesehen? Haben Sie jemals erlebt, dass jemand diesen Sportlern vorwarf, es mangele ihnen an Disziplin, sie ließen sich gehen oder seien gierig? Ähnlich verhält es sich mit der Nahrungsaufnahme: Der Körper wandelt sich dahingehend, dass er die gesteigerte Kalorienzufuhr erwartet, und in Folge davon wird es schwerer, mit dieser aufzuhören. Warum jemand mehr zu essen beginnt, als er benötigt, und sich dann daran gewöhnt, lässt sich nicht genau sagen, da es viele Möglichkeiten gibt. Man könnte aber geltend machen, dass es unvermeidlich dazu kommen muss, wenn man einer Spezies unbegrenzte Mengen von Essen verfügbar macht, die sich im Lauf der Evolution so entwickelt hat, dass sie jede Art von Nahrung zu sich nimmt, derer sie habhaft werden kann, wann immer sie es kann.

Wenn man einen weiteren Beweis dafür benötigt, dass das Gehirn unsere Essgewohnheiten kontrolliert, braucht man nur an solche Störungen wie Anorexie oder Bulimie zu denken. Dem Gehirn gelingt es, den Körper davon zu überzeugen, dass seine äußere Erscheinung, das Bild, das er abgibt, wichtiger ist als seine Ernährung, *dass er also keine Nahrung benötigt.* Das ist so, als würde man ein Auto davon überzeugen, dass es ohne Benzin fahren kann. Es ist weder logisch noch ungefährlich, und doch kommt es mit besorgniserregender Regelmäßigkeit dazu. Bewegung und Essen, zwei menschliche Grundbedürfnisse, werden zu unnötig komplexen Prozessen, weil unser Gehirn sich einmischt. Essen gehört aber zu den großen Vergnügungen, die wir kennen, und wenn wir es einfach so »vollzögen«, als ob wir Kohle in einen Ofen schaufelten, wäre unser Leben möglicherweise viel freudloser. Vielleicht weiß das Gehirn ja doch, was es tut.

Schlafen! Vielleicht auch träumen …
oder sich in Krämpfen winden, ersticken oder schlafwandeln

Das Gehirn und die komplizierten Eigenschaften des Schlafs

Schlafen bedeutet, nichts zu tun, sich hinzulegen und ohne Bewusstsein zu sein. Wie kompliziert kann Schlafen also sein? Sehr! Über Schlafen, den tatsächlichen Prozess, wie es zu ihm kommt und was dabei vor sich geht, denkt man nicht allzu oft nach. Logischerweise ist es sehr schwer, über das Schlafen nachzudenken, während es dazu kommt – wegen dieser »Bewusstlossein«-Geschichte. Das ist schade, weil Schlaf für viele Wissenschaftler ein rätselhaftes Phänomen ist und wir es, wenn mehr Menschen darüber nachdächten, vielleicht eher verstehen würden.

Um es ganz klar zu sagen: Wir wissen immer noch nicht, wofür der Schlaf gut ist! Schlaf ist (wenn man eine ziemlich allgemeine Definition zugrunde legt) bei nahezu jeder Art von Lebewesen beobachtet worden, sogar bei den einfachsten, wie Nematoden beispielsweise, weit verbreiteten primitiven parasitären Fadenwürmern.[9] Bei einigen Tieren wie Quallen und Schwämmen lassen sich keine Anzeichen für Schlaf erkennen, doch sie besitzen noch nicht einmal Gehirne, also kann man nicht davon ausgehen, dass sie überhaupt irgendetwas *tun*. Schlaf im Sinne einer regelmäßigen Periode von Inaktivität kann man jedoch bei einer Vielzahl von völlig unterschiedlichen Spezies beobachten. Er ist also mit Sicherheit wichtig, und seine Ursprünge liegen evolutionsgeschichtlich weit zurück. Im Wasser lebende Säugetiere haben eine spezielle Methode des Schlafens entwickelt, bei der nur eine Hälfte des Gehirns inaktiv wird, denn bei völliger Bewusstlosigkeit würden sie keine Schwimmbewegungen mehr machen, in die Tiefe sinken und ertrinken. Schlaf ist so wichtig, dass er einen höheren Stellenwert hat als »Nicht-Ertrinken«, und doch wissen wir nicht, warum. Es gibt viele Theorien – wie die, dass Schlaf »heilsam« ist. Man hat nachgewiesen, dass Ratten, denen man Schlaf vorenthält, sich viel langsamer von Verletzungen erholen und allgemein nicht annähernd so lange leben wie Artgenossen, die genügend Schlaf bekommen.[10] Eine andere Theorie geht davon aus, dass Schlaf die Signalstärke schwacher neurologischer Verbindungen reduziert, sodass sie leichter zu löschen sind.[11] Wieder eine andere besagt, dass Schlaf das Abklingen negativer Emotionen fördert.[12]

Einer der bizarreren Theorien zufolge entwickelte Schlaf sich im Lauf der Evolution als Mittel, uns davor zu bewahren, von Raubtieren gefressen zu werden.[13] Viele unserer Fressfeinde sind nachtaktiv, und Menschen sind nicht auf vierundzwanzigstündige Aktivität angewiesen, um sich am Leben zu erhalten. Schlaf schenkt ihnen daher längere Perioden, in denen sie im Wesentlichen unbeweglich verharren und nicht die Signale von sich geben oder Spuren hinterlassen, die ein Raubtier nutzen könnte, um sie aufzuspüren.

Mancher mag über die Ratlosigkeit moderner Wissenschaftler spotten. Es scheint doch klar: Schlaf dient der Erholung. Er schenkt unserem Körper und unserem Gehirn Zeit, sich auszuruhen und nach den Anstrengungen des Tages aufzutanken, neue Kräfte zu sammeln. Und es stimmt: Wenn wir etwas besonders Anstrengendes getan haben, dann ist eine längere Periode der Inaktivität hilfreich, damit unsere Systeme sich erholen können.

Doch wenn Schlaf ausschließlich der Erholung dient, warum schlafen wir dann fast immer *gleich lange*, egal, ob wir Ziegelsteine geschleppt oder im Schlafanzug vor dem Fernseher rumgelungert und uns Zeichentrickfilme angesehen haben? Diese beiden so unterschiedlichen Tätigkeiten können doch nicht eine gleich lange Erholungszeit erfordern? Und die Stoffwechselaktivität des Körpers sinkt während der Schlafphase nur um 5 bis 10 Prozent. Das kommt lediglich einem leichten »Nachlassen« oder Entspannen gleich. Die Geschwindigkeit von 80 auf 70 Stundenkilometer zu senken, wenn der Motor des Autos zu qualmen beginnt, würde ja auch nicht viel bringen. Erschöpfung bestimmt nicht unsere Schlafmuster, was der Grund dafür ist, dass man selten einschläft, während man einen Marathon absolviert. Das Eintreten von Schlaf und seine Dauer werden vielmehr von den circadianen Rhythmen bestimmt, die von spezifischen inneren Abläufen vorgegeben werden. Im Gehirn gibt es die Zirbeldrüse, die unser Schlafmuster über die Ausschüttung eines als Melatonin bekannten Hormons regelt. Es bewirkt, dass wir uns entspannt und schläfrig fühlen. Die Zirbeldrüse reagiert auf die unterschiedliche Stärke des Lichts. Unsere Netzhäute registrieren Licht und senden Signale an die Zirbeldrüse. Je mehr Signale diese empfängt, desto weniger Melatonin gibt sie ab (sie produziert das Hormon aber immer noch in geringerem Maß). Der Melatoninspiegel in unserem Körper steigt im Lauf des Tages nach und nach an und erhöht sich schneller, sobald die Sonne untergeht. Unsere circadianen Rhythmen stehen also in Beziehung zum Tageslicht. Deswegen sind wir gewöhnlich am Morgen wach und bei Nacht müde.

Das ist auch der Mechanismus, der sich hinter dem Phänomen des Jetlags verbirgt. Von einer Zeitzone in eine andere zu reisen bedeutet, dass man einer ganz anderen Abfolge der Lichtverhältnisse ausgesetzt wird. Man kann ein für elf Uhr vormittags typisches Tageslicht wahrnehmen, während das Gehirn meint, es sei acht Uhr abends. Unsere Schlafzyklen sind präzise eingestellt, und dieses Durcheinandergeraten unseres Melatoninspiegels stört sie. Es ist außerdem mühsamer, Schlaf »nachzuholen«, als man glauben möchte. Gehirn und Körper unterliegen der circadianen Rhythmik, es ist daher schwierig (wenn auch nicht unmöglich), Schlaf zu einer Zeit herbeizuzwingen, in der dieser nicht erwartet wird. Ein paar Tage Gewöhnung an den neuen zeitlichen Ablauf der Lichtverhältnisse, und die Rhythmen passen sich an.

Sie könnten sich fragen, warum künstliches Licht sich nicht auf unseren Schlafzyklus auswirkt, wenn dieser so empfindlich auf unterschiedliche Lichtstärken reagiert. Aber das tut es eben doch. Die Schlafmuster von uns Menschen haben sich in den letzten Jahrhunderten, das heißt, seitdem künstliches Licht gang und gäbe wurde, drastisch verändert. Schlafmuster unterscheiden sich zudem von Kultur zu Kultur.[14] Solche mit weniger Zugang zu künstlichem Licht oder andersgearteten Tageslichtabläufen (da sie beispielsweise im hohen Norden beheimatet sind) zeigen Schlafmuster, die sich den äußeren Umständen angepasst haben.

Die Kerntemperatur unseres Körpers kann sich ebenfalls ähnlichen Rhythmen entsprechend ändern, sie kann zwischen 37 Grad und 36 Grad liegen (für ein Säugetier ist das eine beträchtliche Variationsbreite). Am höchsten ist sie nachmittags, wenn es auf den Abend zugeht, nimmt sie ab. Sobald sie die Mitte zwischen dem höchsten und dem niedrigsten Punkt erreicht hat, gehen wir für gewöhnlich zu Bett. Wir schlafen also bereits, wenn sie den tiefsten Stand erreicht. Das erklärt die Neigung des Menschen, sich im Schlaf mit Decken zu isolieren: Unser Körper ist dann kälter als im Wachzustand.

Die Annahme, dass Schlaf mit Ruhe und Energiesparen zu tun hat, wird weiter durch Beobachtungen infrage gestellt, die man an Tieren angestellt hat, welche im Winterschlaf liegen, also bereits *bewusstlos* sind.[15] Winterschlaf ist nicht das Gleiche wie Schlaf: Der Stoffwechsel verlangsamt sich wesentlich stärker, und die Körpertemperatur sinkt viel tiefer. Außerdem dauert er deutlich länger: Er kommt schon fast einem Koma gleich. Doch manche Tiere, die Winterschlaf halten, unterbrechen ihn kurzzeitig und treten wieder in den Zustand eines normalen Schlafes ein, in dem sie mehr Energie verbrauchen als vorher im Winterschlaf. Schlaf kann demnach nicht nur der Erholung dienen. Das trifft vor allem auf das Gehirn zu, welches während des Schlafs komplizierte Verhaltensweisen an den Tag legt. Man unterscheidet, kurz gesagt, derzeit vier Schlafphasen: die REM- oder »rapid-eye-movement«-Phase, die durch schnelle Augenbewegungen charakterisiert ist, und drei NREM oder »non-rapid-eye-movement«-Phasen, in denen sich keine solche Bewegungen feststellen lassen. Neurowissenschaftler bezeichnen sie als NREM Phase 1, 2 und 3, ein schönes Beispiel dafür, wie sehr sie darum bemüht sind, alles auch für den Nichtfachmann verständlich zu halten. Die drei NREM-Phasen unterscheiden sich durch die Art der Aktivität, die das Gehirn während jeder von ihnen aufweist.

Häufig synchronisieren die verschiedenen Gehirnregionen ihre Aktivitätsmuster, was etwas zum Ergebnis hat, das man *brainwaves,* also »Gehirnwellen« nennen könnte. Wenn die Gehirne anderer Menschen auch beginnen, sich diesen Aktivitätsmustern anzupassen, ergibt das eine Art zerebraler La-Ola-Welle.* Es gibt mehrere Typen von Gehirnwellen, und in jeder NREM-Phase kommt es zu ganz spezifischen.

In NREM-Phase 1 lassen sich vor allem »Alpha«-Wellen im Gehirn registrieren; in NREM-Phase 2 kommt es zu sonderbaren Aktivitätsmustern, die »Spindeln« oder auch »Schlafspindeln« genannt werden, während in NREM-Phase 3 »Delta«-Wellen vorherrschen. Wenn Sie die einzelnen Schlafphasen nacheinander durchlaufen, kommt es zu einer allmählichen Abnahme Ihrer Gehirnaktivität, und je weiter Sie vorangekommen sind, desto schwerer fällt es, Sie aufzuwecken. Während der NREM-Phase 3, der »Tiefschlafphase«, ist man viel weniger empfänglich für äußere Stimuli, wie zum Beispiel eine Stimme, die brüllt: »Los, hoch mit dir, unser Haus brennt!«, als in Phase 1. Doch das Gehirn schaltet sich nie ganz ab, zum einen deswegen, weil es mehr als eine Rolle bei der Erhaltung des Schlafzustands spielt, aber auch deswegen, weil wir sterben würden, wenn es sich ausknipste.

---

* Das ist ein Scherz! Vorläufig noch.

REM ATONIE = Muskeltonus ↓
das ist gut, sonst agieren wir den Trauminhalt
aus

In der REM-Schlafphase ist unser Gehirn genauso aktiv, wenn nicht sogar aktiver, wie in der Zeit, in der wir wach und wachsam sind. Ein interessantes (manchmal auch erschreckendes) Merkmal des REM-Schlafs ist die REM-Atonie, eine Erschlaffung der Muskulatur. Das Gehirn verliert die Fähigkeit, mithilfe von Motoneuronen unsere Bewegungen zu steuern. Diese Funktion wird buchstäblich ausgeschaltet, sodass wir uns nicht mehr zu rühren vermögen. Wie genau das vor sich geht, ist nicht klar. Es könnte sein, dass bestimmte Neuronen die Aktivität des motorischen Kortex hemmen oder dass die Empfindlichkeit der für unsere Motorik zuständigen Gehirnareale reduziert wird, sodass sich Bewegungen viel schwerer auslösen lassen. Doch egal, wie es geschieht, es geschieht.

Und das ist auch gut so. In der REM-Phase stellen sich Träume ein. Wenn das motorische System noch voll in Betrieb wäre, würden wir das, was wir in unseren Träumen tun, tatsächlich körperlich ausagieren. Und wenn Sie sich noch an einige der Handlungen erinnern, die Sie in Träumen vollzogen haben, wird Ihnen sofort einleuchten, dass es besser ist, wenn Sie sie nicht physisch realisieren. Wenn Sie sich im Schlaf hin- und herwerfen oder wild um sich schlagen, kann das für Sie oder die Person, die das Pech hat, neben Ihnen zu liegen, ganz schön gefährlich werden. Natürlich ist das Gehirn nicht hundertprozentig zuverlässig, es gibt also Fälle, in denen das Verhalten in der REM-Phase gestört ist. Es kann sein, dass die motorische Paralyse nur unvollständig eintritt und jemand tatsächlich das, was er im Traum tut, in der Realität nachvollzieht. Und das kann riskant sein. Unter anderem kann es sich in einem Phänomen wie dem Schlafwandeln niederschlagen, mit dem wir uns gleich beschäftigen werden.

Es kommt auch zu kleineren, nicht so gravierenden Störungen, die den meisten von uns vermutlich vertrauter sind. Es gibt die sogenannte Einschlafzuckung der Gliedmaßen, zu der es plötzlich und unerwartet kommt, wenn man dabei ist, in den

Schlaf zu gleiten. Sie ist von dem Gefühl zu stolpern oder zu fallen begleitet, und man erleidet oft einen Krampf. Bei Kindern kommt das sehr häufig vor und tritt dann mit dem Älterwerden immer seltener auf. Man hat Einschlafzuckungen mit Angst, Stress, Schlafstörungen und anderem in Zusammenhang gebracht, doch insgesamt gesehen scheinen sie eher nicht auf eine konkrete Ursache zurückzuführen zu sein, sondern sich quasi »zufällig« zu manifestieren. Einigen Theorien zufolge treten sie auf, weil das Gehirn »Einschlafen« mit »Sterben« verwechselt und verzweifelt versucht, uns wachzurütteln. Das ergibt aber wenig Sinn, da das Gehirn ja an unserem Einschlafen beteiligt ist. Einer anderen Theorie zufolge handelt es sich um ein Überbleibsel aus einer früheren Phase unserer Evolution, als wir noch auf Bäumen schliefen, und das plötzlich eintretende Gefühl zu kippen oder zu schwanken mit der Gefahr assoziiert war, herunterzufallen, sodass das Gehirn in Panik geriet und uns aufweckte. Doch könnte die Ursache noch eine ganz andere sein. Dass das Phänomen bei Kindern besonders häufig auftritt, ist vielleicht darauf zurückzuführen, dass deren Gehirne sich im Entwicklungsstadium befinden, in dem Verbindungen erst noch geschaltet und Prozesse und Funktionen noch geklärt werden. In mehrfacher Hinsicht werden wir die vielen kleinen »Webfehler«, die in so komplizierten Systemen wie denen, auf die unser Gehirn zurückgreift, vorhanden sind, nie ganz los. Einschlafzuckungen bleiben uns also bis ins Erwachsenenalter erhalten. Sie sind zwar ein wenig irritierend, im Grunde aber harmlos.[16]

Ebenfalls in Wesentlichen harmlos, wenn auch erschreckend, ist die Schlafparalyse oder Schlafstarre. Aus irgendeinem Grund vergisst das Gehirn manchmal, das motorische System erneut einzuschalten, wenn wir das Bewusstsein wiedererlangen. Keine der Theorien darüber, wie und warum das passiert, konnte bisher bestätigt werden, die vorherrschende Annahme ist aber, dass es mit einer Störung der Organisation der einzelnen Schlafstadien zu tun hat. Jedes Schlafstadium wird von verschiedenen Typen neuronaler Aktivität reguliert und diese Aktivitäten wiederum von verschiedenen Typen von Neuronen. Es kann sein, dass der Übergang von einer Aktivität zur anderen sich nicht glatt vollzieht, sodass die neuronalen Signale, die das motorische System reaktivieren, zu schwach sind, oder dass diejenigen Signale, die es ausschalten, zu stark sind oder zu lange anhalten. Beides bedeutet, dass wir unser Bewusstsein wiedererlangen, ohne die Kontrolle über unsere Bewegungen zurückzubekommen. Was auch immer es ist, das unsere Fähigkeit zur Bewegung während des REM-Schlafs zum Erliegen bringt, es übt immer noch seine Wirkung aus, auch wenn wir wieder hellwach sind, und wir sind daher wie gelähmt.[17] Normalerweise dauert dieser Zustand nicht lange an, denn wenn wir wieder wach sind, erreicht die Aktivität des übrigen Gehirns das Niveau, auf dem es sich üblicherweise befindet, wenn wir bei Bewusstsein sind, und es setzt die vom Schlafsystem ausgesendeten Signale außer Kraft. Solange die Schlafstarre aber anhält, kann das ein schreckliches Erlebnis sein.

Der Schrecken bleibt nicht ohne Auswirkungen: Das Gefühl der Hilflosigkeit oder Verletzlichkeit, das die Schlafparalyse vermittelt, löst eine starke Angstreaktion aus. Dieser Mechanismus wird im nächsten Abschnitt behandelt werden. Hier soll die Feststellung genügen, dass die Schlafstarre so intensiv erfahren werden kann, dass sie furchtauslösende Halluzinationen hervorruft, zum Beispiel die von der Präsenz eines fremden Wesens im selben Raum. Man glaubt, dass dieses Empfinden den meisten Phantasien von einer Entführung durch Aliens zugrunde liegt und auch den verschiedenen Legenden vom Sukkubus. Eine Schlafparalyse kommt meist nur für sehr kurze Zeit und auch nur ganz selten vor. Bei einigen Personen können diese Erfahrungen aber chronisch werden und lange anhalten. Es scheint eine Verbindung zu Depressionen und ähnlichen Gemütsstörungen zu bestehen, was wiederum darauf hindeutet, dass ein Problem mit Gehirnprozessen die grundlegende Ursache ist.

Ein noch komplexeres Phänomen als das der Schlafparalyse, aber vermutlich mit ihr verwandt, ist das Schlafwandeln. Es ist ebenfalls auf jenes System zurückgeführt worden, das die Kontrolle des Gehirns über unsere Motorik während des Schlafs zum Erliegen bringt – nur dass das System in diesem Fall nicht effizient genug oder ungenügend koordiniert ist. Schlafwandeln kommt bei Kindern häufiger vor als bei Erwachsenen, was Wissenschaftler zu der Theorie veranlasst hat, es könnte darauf zurückzuführen sein, dass das die Motorik inhibierende, also hemmende, System noch nicht voll entwickelt ist. Einige Studien deuten auf eine Unterentwicklung im zentralen Nervensystem als wahrscheinlicher Ursache (oder zumindest mitbeteiligtem Faktor) hin.[18] Es hat sich gezeigt, dass Schlafwandeln vererbbar ist und in einigen Familien häufiger vorkommt als in anderen, was darauf hinzudeuten scheint, dass dieser Unreife des zentralen Nervensystems eine genetische Komponente zugrunde liegen könnte. Doch kommt Schlafwandeln auch bei Erwachsenen vor, und zwar unter dem Einfluss von Stress, Alkohol, Medikamenten und so weiter – alles Dinge, die sich ebenfalls auf das die Motorik hemmende System auswirken könnten. Einige Wissenschaftler meinen, dass Schlafwandeln eine Manifestation oder Variation von Epilepsie sei, und Epilepsie ist natürlich das Resultat unkontrollierter oder chaotischer Gehirnaktivität; ein solcher Zusammenhang scheint also logisch. Wie auch immer es sich konkret äußert, es ist immer alarmierend, wenn das Gehirn die Funktionen, die für Schlaf und für Bewegungskontrolle zuständig sind, durcheinanderbringt.

Doch existierte dieses Problem überhaupt nicht, wenn unser Gehirn nicht auch während unseres Schlafs so aktiv wäre. Warum ist das so? Was treibt es eigentlich während dieser Zeit?

Der hochaktiven REM-Schlafphase kommt eine ganze Zahl möglicher Rollen zu. Eine der wichtigsten betrifft das Gedächtnis: Es hält sich hartnäckig die Theorie, dass das Gehirn während der REM-Phase unsere Erinnerungen verstärkt, bewahrt und organisiert. Alte Erinnerungen werden mit neuen verknüpft, neue Erinnerungen werden aktiviert, damit sie verfestigt und leichter zugänglich werden, sehr alte Erinnerungen werden stimuliert, damit gewährleistet ist, dass die Verbindungen zu ihnen nicht vollkommen verloren gehen, und so weiter. Dieser Prozess findet während des Schlafes statt, weil dann keine Informationen von außen in das Gehirn gelangen, was Verwirrung stiften oder die Sache komplizierter machen könnte. Straßen werden nie mit einem neuen Belag versehen, wenn Autos über sie fahren, und so ist es auch hier: Das Gedächtnis wird nicht aufgefrischt, solange neue Informationen eintreffen.

Die Aktivierung und Erhaltung der Erinnerungen bringt es mit sich, dass sie wieder »erlebt« werden. Sehr alte Erfahrungen und ganz neue Eindrücke werden zusammengeworfen. Der Reihenfolge der Erinnerungen, die sich dabei ergibt, wohnt keine Logik oder Ordnung inne, deswegen sind auch Träume immer so bizarr und irreal. Man hat die Theorie aufgestellt, dass die frontalen Regionen des Gehirns, die für Aufmerksamkeit und Logik verantwortlich sind, versuchen, dieser wirren Abfolge von Ereignissen eine Art von Logik abzugewinnen. Das erklärt, warum wir das Traumgeschehen als etwas ganz Reales empfinden und die phantastischen Ereignisse in unseren Träumen uns gar nicht ungewöhnlich vorkommen, solange diese in uns ablaufen.

Trotz des wilden und unvorhersehbaren Charakters von Träumen können einige von ihnen immer wiederkehren, und das sind für gewöhnlich solche, die mit einem Problem in der Realität oder einer realen Angelegenheit in Zusammenhang stehen. Wenn es in Ihrem Leben etwas gibt, das Sie belastet – wie zum Beispiel das Näherrücken einer Deadline für die Abgabe eines Manuskripts für ein Buch, das zu schreiben Sie sich verpflichtet haben –, dann werden Sie oft daran denken. Infolgedessen entstehen eine Menge neuer Erinnerungen an genau dieses Problem, die organisiert und geordnet werden müssen, und deswegen wird es häufiger in Ihren Träumen vorkommen – so lange, bis Sie eines Tages immer wieder davon träumen, das Büro Ihres Verlegers in Flammen aufgehen zu lassen.

Einer anderen Theorie zum REM-Schlaf zufolge ist dieser für kleine Kinder besonders wichtig, da er die neurologische Entwicklung über die Fähigkeit, Dinge zu erinnern und die Erinnerungen zu verfestigen und alle Verbindungen im Gehirn zu verstärken, hinaus fördert. Das würde eine Erklärung dafür liefern, warum Babys und ganz kleine Kinder weit mehr Schlaf benötigen als Erwachsene (oft schlafen sie ja den halben Tag lang) und viel länger im REM-Schlaf liegen. Während bei Erwachsenen diese Phase rund 20 Prozent der gesamten Zeit ausmacht, in der sie schlafen, sind es bei ganz jungen Menschen rund 80 Prozent. Bei Erwachsenen bleibt diese Art des Schlafs erhalten, aber in zeitlich verkürzter Form, da er nur noch dazu beitragen muss, dass das Gehirn funktionsfähig bleibt.

Eine andere Theorie besagt, dass Schlaf notwendig ist, um den ganzen Müll aus dem Gehirn zu befördern. Bei den fortlaufenden komplexen Zellprozessen im Gehirn fällt eine Vielzahl von Nebenprodukten an, die weggeschafft werden müssen, und Studien haben gezeigt, dass dies im Schlaf mit höherer Geschwindigkeit geschieht. Es könnte also sein, dass Schlaf für das Gehirn so etwas ist wie in einem Restaurant die Zeit zwischen Mittag und Abend, in der man schließt, um aufzuräumen und sauber zu machen: Man ist genauso beschäftigt wie zu den Öffnungszeiten, macht aber etwas anderes, als Essen zuzubereiten und zu servieren.

Was auch immer seine wahre Funktion ist – Schlaf ist unerlässlich dafür, dass unser Gehirn normal arbeitet. Bei Personen, denen man Schlaf, vor allem REM-Schlaf, entzieht, zeigt sich sehr schnell eine gravierende Abnahme der Wahrnehmungsfähigkeit, der Aufmerksamkeit und des Vermögens, Probleme zu bewältigen. Dafür weisen sie einen höheren Grad an Stress auf, ihre Stimmung ist gedrückt und ihre Reizbarkeit steigt. Es fällt ihnen generell schwerer, mit Aufgaben jeder denkbaren Art fertig zu werden. Die Unfälle in den Kernkraftwerken von Tschernobyl und Three Mile Island sind auf die Überarbeitung und Erschöpfung der Ingenieure zurückgeführt worden, man könnte genauso sagen: auf ihre »Unausgeschlafenheit«. Das trifft auch auf das Unglück mit der *Challenger*-Raumfähre zu, und von den langfristigen Folgen der Entscheidungen, die Krankenhausärzte getroffen haben, wenn sie die dritte Zwölf-Stundenschicht innerhalb von zwei Tagen absolvieren mussten, wollen wir lieber erst gar nicht reden.[19] Wenn man zu lange ohne Schlaf hat auskommen müssen, dann verschafft sich das Gehirn den sogenannten Mikro- oder Sekundenschlaf, bei dem man, wie der Name schon sagt, ganz kurz einnickt. Wir haben uns aber im Lauf der Evolution so entwickelt, dass wir längere Phasen des Bewusstlosseins erwarten und brauchen und mit so ein paar Bröckchen Schlaf hin und wieder nicht auskommen. Selbst wenn wir es schaffen, trotz all der kognitiven Probleme, die ein Schlafdefizit verursacht, für eine gewisse Zeit durchzuhalten, führt ein solcher Mangel doch auf Dauer zu einer Schwächung des Immunsystems und zu Fettleibigkeit, zu Stress und zu Herzproblemen.

Wenn Sie also über diesem Buch einschlafen, dann nicht, weil es langweilig ist, sondern weil Ihr Körper und Ihr Gehirn das brauchen.

Es ist entweder ein alter Bademantel oder ein blutgieriger Axtmörder

Das Gehirn und die Kampf-oder-Flucht-Reaktion

Die Existenz von lebenden, atmenden Wesen, wie wir Menschen es sind, hängt davon ab, dass unsere biologischen Bedürfnisse erfüllt werden, dass wir schlafen, essen, uns bewegen können. Doch für unser Überleben ist noch mehr notwendig. In der

Welt, die uns umgibt, lauern zahlreiche Gefahren, vieles wartet nur auf die Gelegenheit, uns das Lebenslicht auszupusten. Zum Glück sind wir im Lauf einer Millionen Jahre währenden Evolution mit einem ausgefeilten und zuverlässigen Verteidigungssystem ausgestattet worden, das uns in die Lage versetzt, auf mögliche Bedrohungen zu reagieren. Und diese Abwehrmaßnahmen werden mit erstaunlicher Geschwindigkeit und Effizienz von unserem wunderbaren Gehirn koordiniert. Wir besitzen sogar eine Emotion, die ganz dem Erkennen von Gefahren und der Konzentration auf sie gewidmet ist: Furcht. Ein Nachteil ist, dass unsere Gehirne die »Lieber auf Nummer sicher Gehen«-Regel befolgen. Diese Haltung ist quasi in sie eingebaut, was bedeutet, dass wir regelmäßig Furcht auch in Situationen empfinden, in denen es gar keinen Anlass dazu gibt.

Die meisten von uns kennen das aus eigener Erfahrung. Vielleicht haben Sie schon einmal in einem dunklen Schlafzimmer gelegen, und die Schatten auf der Wand sahen plötzlich nicht mehr aus wie die dürren Äste des Baums vor Ihrem Fenster, sondern wie die ausgebreiteten skelettierten Arme irgendeines grässlichen Ungeheuers. Und dann haben Sie auf einmal den Kapuzenmann neben der Tür gesehen.

Das muss der Schlächter mit der Axt sein, von dem Ihr Freund Ihnen erzählt hat. Sie werden also von Panik ergriffen. Der Unhold rührt sich aber nicht. Das kann er auch nicht, weil er gar nicht der Schlächter mit der Axt ist, sondern Ihr guter alter Bademantel – der, den Sie selbst vor dem Schlafengehen an die Tür gehängt haben.

Warum, um alles auf der Welt, reagieren wir mit so großer Furcht auf Dinge, die vollkommen ungefährlich sind? Weil unsere Gehirne nicht von ihrer Ungefährlichkeit überzeugt sind. Wir könnten alle in sterilen Blasen leben, in einem Ambiente, in dem jede scharfe Kante glatt geschliffen ist. Was das Gehirn betrifft, könnte aber der Tod jederzeit hinter dem nächsten Busch hervorspringen. Für das Gehirn kommt unser tägliches Leben einem Balancieren auf einem hauchdünnen, in schwindelnder Höhe über eine breite Schlucht voller grimmiger Raubtiere und spitzer Glasscherben gespannten Seil gleich. Ein Fehltritt, und Sie liegen als blutige Masse unten und winden sich in entsetzlichen Schmerzen. Wenn Sie Glück haben, dauert das aber nur kurz, weil es dann aus mit Ihnen ist.

Solch eine Neigung unseres Gehirns ist verständlich. Die Spezies Mensch hat sich in einer feindlichen, wilden Umgebung entwickelt, in der an allen Ecken und Enden Gefahren lauerten. Diejenigen, die eine gesunde Paranoia ihr eigen nannten und vor Schreck aufsprangen, wenn irgendwo etwas im Busch raschelte – dieses »Etwas« konnte wirklich Zähne und Klauen haben –, blieben lange genug am Leben, um ihre Gene weitergeben zu können. Infolgedessen besitzt der Mensch eine ganze Reihe von (vorwiegend unbewussten) Reaktionsmechanismen, die ausgelöst werden, wenn er mit einer möglichen Gefahr oder Bedrohung konfrontiert ist. Sie konstituieren einen Reflex, der es uns gestattet, besser mit dieser Bedrohung fertig zu werden. Dieser Reflex ist auch in uns modernen Menschen noch springlebendig – genauso lebendig, wie unsere Spezies es aufgrund seiner Existenz ist. Man nennt ihn die Kampf-oder-Flucht-Reaktion, eine sehr treffende Bezeichnung, da sie seine Funktion kurz und bündig wiedergibt. Wenn wir mit einer Bedrohung konfrontiert werden, können wir uns ihr entweder stellen oder die Beine in die Hand nehmen.

Diese Kampf-oder-Flucht-Reaktion hat, wie zu erwarten, ihren Ausgangspunkt im Gehirn. Sensorische Informationen treffen im Gehirn ein und gelangen in den Thalamus, der so etwas wie ein zerebraler Knotenpunkt ist. Wäre das Gehirn eine Stadt, so wäre der Thalamus der Hauptbahnhof, wo alles eintrifft, um dann dorthin weitergeleitet zu werden, wo es benötigt wird.[20] Der Thalamus ist sowohl mit den weiterentwickelten, für Denken und bewusstes Handeln zuständigen Regionen in der Hirnrinde verbunden als auch mit den primitiveren im Mittelhirn und im Hirnstamm.

Manchmal sind die sensorischen Informationen, die den Thalamus erreichen, beunruhigend. Es kann sich um etwas Unvertrautes handeln oder um etwas Vertrautes, das aber in dem spezifischen Kontext beunruhigend wirkt. Wenn man orientierungslos im Wald herumirrt und ein Knurren hört, dann ist das insgesamt eine Erfahrung, die einem absolut nicht vertraut ist. Wenn man allein daheim ist und man plötzlich Schritte aus dem Obergeschoss hört, dann ist das eine wie das andere für sich genommen eine vertraute Erfahrung, wobei aber die zweite in Verbindung mit der ersten erschreckend wirkt. In beiden Fällen kündigt das Geräusch, das man hört, die sensorische Information also, nichts Gutes an. Im Kortex, wo diese Information weiterverarbeitet wird, befasst sich der analytischere Teil des Gehirns mit ihr und fragt sich: »Ist das etwas, das einem Sorge bereiten sollte?« Gleichzeitig wird das Gedächtnis durchforscht, um festzustellen, ob sich etwas Ähnliches schon einmal zugetragen hat. Wenn es nicht genügend Informationen/Anhaltspunkte gibt, um zu entscheiden, ob das, was wir mit unseren Sinnen wahrnehmen, ungefährlich ist, dann kann die Kampf-oder-Flucht-Reaktion ausgelöst werden.

Doch die sensorische Information wird nicht nur an den Kortex übermittelt, sondern auch an die Amygdala, also jenen Teil des Gehirns, der für die Weiterverarbeitung von starken Emotionen und vor allem von Furcht zuständig ist. Subtilität ist nicht Sache der Amygdala; sie spürt, dass etwas nicht in Ordnung sein könnte und löst sofort die höchste Alarmstufe aus. Das nimmt viel weniger Zeit in Anspruch als der komplizierte Analyseprozess im Kortex. Eine sensorische Wahrnehmung, die einen in irgendeiner Weise »erschreckt«, ein plötzlicher Knall beispielsweise, löst daher fast ohne Zeitverzögerung eine Angstreaktion aus – noch bevor sie im Kortex überprüft und für keine Gefahr anzeigend befunden werden konnte.[21]

Es ergeht dann ein Signal an den Hypothalamus. Das ist (wie der Name schon sagt) die Region direkt unter dem Thalamus, die zu einem großen Teil dafür verantwortlich ist, dass im Körper »etwas vor sich geht«. Um eine früher schon verwendete Metapher aufzunehmen und auszuweiten: Wenn der Thalamus der Hauptbahnhof ist, dann ist der Hypothalamus der Taxistand davor. Die Taxis befördern wichtige Dinge in die Stadt, wo sie dafür sorgen, dass etwas geschieht, in Bewegung gesetzt wird. Und eine der Aufgaben des Hypothalamus ist es, die Kampf-oder-Flucht-Reflex zu aktivieren. Er tut das, indem er das vegetative (sympathische) Nervensystem dazu bringt, den Körper in Gefechtsbereitschaft zu versetzen.

Sie mögen sich jetzt fragen, was das »sympathische Nervensystem« eigentlich ist. Gute Frage.

Das Nervensystem, jenes Netzwerk aus Nervenfasern und Neuronen, das den ganzen Körper durchzieht, gestattet es dem Gehirn, den Körper zu kontrollieren, und dem Körper, mit dem Gehirn zu kommunizieren und auf es einzuwirken. Das zentrale Nervensystem – das Gehirn und das Rückenmark – ist der Ort, an dem die großen Entscheidungen getroffen werden. Daher sind diese Regionen von einer robusten Knochenschicht geschützt, dem Schädel beziehungsweise der Wirbelsäule. Doch zweigen von diesen beiden Strukturen viele weitere größere Nerven ab, die sich immer stärker teilen und verästeln, bis sie jeden Teil des Körpers, sein gesamtes Gewebe und jedes Organ »innervieren«, wie der Fachausdruck dafür lautet. Diese sich überallhin erstreckenden Nervenfasern außerhalb des Gehirns und des Rückenmarks bilden das periphere Nervensystem.

Das periphere Nervensystem setzt sich aus zwei Komponenten zusammen. Da ist zum einen das somatische Nervensystem, das auch als das »willkürliche« bekannt ist. Es verknüpft das Gehirn mit unserem muskuloskelettalen System und ermöglicht dadurch bewusste Bewegungen. Zum anderen ist da das autonome Nervensystem, welches all die unbewussten Prozesse regelt und steuert, die uns am Leben erhalten, also in erster Linie mit den inneren Organen verknüpft, an sie gekoppelt ist.

autonom = sympathes + parasymp,

Um alles ein bisschen komplizierter zu machen, setzt sich auch das autonome Nervensystem aus zwei Komponenten zusammen, nämlich dem sympathischen und dem parasympathischen. Das parasympathische Nervensystem ist dafür verantwortlich, die ruhigeren Abläufe des Körpers in Gang zu halten, wie zum Beispiel den der allmählichen Verdauung der Nahrung, die wir zu uns genommen haben, oder des Ausscheidens der Abfallprodukte. Wenn jemand eine Sitcom mit den verschiedenen Teilen des menschlichen Körpers in den Hauptrollen verfassen würde, dann käme dem parasympathischen Nervensystem der Part des gelassenen Typen zu, der den anderen sagt, sie müssten alles viel »entspannter angehen«, und sich selbst die meiste Zeit auf dem Sofa rumfläzt.

Im Gegensatz dazu ist das sympathische Nervensystem ständig auf Hochtouren. In der Sitcom wäre es der reizbare, paranoide Typ, der sich selbst ständig in Alufolie wickelt und jedem, der ihm zuhört, etwas über die CIA vorzetert. Das sympathische Nervensystem wird oft auch als Kampf-oder-Flucht-System bezeichnet, weil es die verschiedenen Reaktionen hervorbringt, die der Körper verwendet, um mit Bedrohungen fertig zu werden. Es weitet unsere Pupillen, sodass mehr Licht auf unsere Netzhaut fällt und wir die Gefahren besser entdecken können. Es erhöht die Frequenz unseres Herzschlags und drängt gleichzeitig Blut aus peripheren Gebieten und weniger wichtigen Organen und Systemen (einschließlich denen der Verdauung und der Speichelbildung, daher der trockene Mund, wenn wir erschreckt sind) in die Muskeln, um sicherzustellen, dass wir über so viel Energie wie möglich verfügen, wenn wir weglaufen oder zuschlagen müssen (ein Grund dafür, dass wir dann körperlich so angespannt sind).

Das sympathische und das parasympathische System sind unablässig aktiv, und für gewöhnlich stehen sie in einem ausgeglichenen Verhältnis zueinander, sodass ein normales Funktionieren unserer Körpersysteme gewährleistet ist. In bestimmten

Notsituationen aber übernimmt das sympathische System das Kommando und stellt den Körper darauf ein zu kämpfen oder (auch in einem metaphorischen Sinn) zu fliehen. Der Kampf- oder-Flucht-Reflex aktiviert die *glandulae adrenalis* (die Neben- nieren, die sich direkt oberhalb jeder Niere befinden), was be- deutet, dass unser Körper mit Adrenalin durchflutet wird, was wiederum eine ganze Reihe der vertrauten Reaktionen auf Ge- fahr auslöst: Anspannung, Magenflattern, schnelles nach Luft, das heißt nach Sauerstoff, Schnappen, sogar ein Sich-Entspan- nen des Schließmuskels mit den entsprechenden Folgen: Man will schließlich kein unnützes Gewicht mit sich rumschleppen, wenn man um sein Leben läuft.

Auch unser Wahrnehmungsvermögen erfährt eine Steige- rung, was uns noch mehr für mögliche Bedrohungen sensibi- lisiert und gleichzeitig unsere Aufmerksamkeit von den unbe- deutenderen Dingen weglenkt, mit denen wir uns befasst haben, bevor das Furchterregende eintrat. Das ist das Ergebnis davon, dass das Gehirn ohnehin ständig nach Gefahren Ausschau hält und dass das Adrenalin es plötzlich überschwemmt und einige der Vorgänge in ihm ankurbelt, andere hingegen eindämmt.[22]

Die Verarbeitung von Emotionen wird ebenfalls in einen hö- heren Gang geschaltet,[23] was vor allem daran liegt, dass die Amygdala involviert ist. Wenn wir mit einer Bedrohung kon- frontiert sind, dann müssen wir entweder motiviert werden, uns ihr zu stellen, oder so schnell wie möglich eine gehörige Entfer- nung zwischen sie und uns legen. Deswegen packt uns sofort entweder ungeheure Furcht oder wahnsinnige Wut, was uns die Gefahr noch deutlicher erkennen lässt und sicherstellt, dass wir keine Zeit mit längerem Nachdenken, mit einem umständlichen »Abwägen« der Situation verschwenden.

Wenn man einer potenziellen Bedrohung gegenübersteht, dann schalten Gehirn und Körper schnell in einen Zustand ge- steigerter Wahrnehmungsfähigkeit und physischer Bereitschaft, um mit der Bedrohung fertig zu werden. Das Problem ist aber:

Der Kampf-oder-Flucht-Reflex wird aktiviert, *bevor* wir wissen, ob er überhaupt nötig ist.

Doch auch das ergibt durchaus Sinn: Der primitive Mensch, der vor einem Schatten die Flucht ergriff, weil der *möglicherweise* ein Säbelzahntiger war, hatte größere Überlebenschancen und größere Chancen sich fortzupflanzen, als einer, der meinte: »Warten wir doch erst mal ab, damit wir sicher sein können, was uns da aus dem Gebüsch anfaucht.« Ersterer kehrte in den Schoß seiner Horde zurück, während Letzterer im Magen des Tigers landete.

In der Wildnis war das eine nützliche Überlebensstrategie, doch für den modernen Menschen ist die »vorschnelle« Aktivierung des Kampf-oder-Flucht-Reflexes äußerst störend. Eine große Zahl von physischen Prozessen ist an ihm beteiligt, die uns viel abverlangen, und es dauert eine ganze Weile, bis die Auswirkungen nachlassen. Schon bis das ausgeschüttete Adrenalin wieder aus unserem Blutkreislauf verschwunden ist, dauert es seine Zeit. Es ist also sehr lästig und ungünstig, wenn unser ganzer Körper in Alarmzustand versetzt wird, nur weil irgendwo in der Nähe ein Luftballon platzt.[24] Unter Umständen erleben wir, dass alles in Gang gesetzt wird, was für die Kampf-oder-Flucht-Reaktion nötig ist, nur um unmittelbar danach zu erkennen, dass das völlig überflüssig war. Unsere Muskeln sind aber immer noch kontrahiert, unser Herz rast, und wenn wir diese Anspannung nicht abbauen können, indem wir einen verzweifelten Sprint hinlegen oder uns auf einen Eindringling stürzen, dann kann das Muskelkrämpfe, Zittern und viele andere unangenehme Folgen nach sich ziehen.

Außerdem ist da noch der gesteigerte emotionelle Zustand. Wer von Panik oder von Wut gepackt wurde, kann seine Erregtheit nicht einfach ausschalten. Das endet oft damit, dass er seine Energie auf Ziele richtet, die das kaum wert sind. Sagen Sie mal jemandem, der unglaublich angespannt ist, dass er sich entspannen soll, und Sie werden sehen, was passiert.

Dass der Kampf-oder-Flucht-Reflex uns in physischer Hinsicht so viel abfordert, ist nur ein Teil des Problems. Dass das Gehirn so sehr darauf eingestellt ist, nach Gefahren und Bedrohungen zu fahnden und sich auf sie zu konzentrieren, bereitet uns alle möglichen Schwierigkeiten. Es kann die Situation, in der jemand sich gerade befindet, in Betracht ziehen und noch stärker für mögliche Gefahren sensibilisiert werden. Wenn wir uns in einem dunklen Zimmer aufhalten, dann ist es sich bewusst, dass wir nicht so gut sehen können, und reagiert empfindlicher auf jedes verdächtige Geräusch. Und da wir wissen, dass es nachts ruhig sein sollte, achten wir mehr auf jeden Laut, der dennoch an unser Ohr dringt, und es ist viel wahrscheinlicher, dass er unser Alarmsystem aktiviert. Die Komplexität unseres Gehirns bedeutet auch, dass wir heutigen Menschen etwas antizipieren, uns vorstellen oder »ausrechnen« können. Das heißt, dass wir uns heute vor etwas fürchten können, das (noch) nicht passiert ist oder gar nicht da ist – wie der Schlächter mit der Axt, der eigentlich nur ein Bademantel ist.

In Kapitel 3 soll die merkwürdige Art und Weise untersucht werden, wie das Gehirn Furcht in unserem alltäglichen Dasein einsetzt und verarbeitet. Es versteht sich sehr gut darauf, sich Dinge auszudenken, durch die wir zu Schaden kommen könnten. Und es muss noch nicht einmal ein körperlicher Schaden sein. Auch Immaterielles, Empfindungen wie Trauer oder Verlegenheit, »tun uns weh«. Diese Dinge sind in physischer Hinsicht unschädlich, wir trachten aber dennoch danach, sie von uns fernzuhalten. Schon die Möglichkeit, dass sie eintreffen könnten, reicht deshalb aus, um die Kampf-oder-Flucht-Reaktion auszulösen.

2

Das Geschenk des Gedächtnisses
(heben Sie die Quittung auf)

Das menschliche Erinnerungssystem und
seine merkwürdigen Eigenarten

»Memory« ist bekanntlich der englische Begriff für Gedächtnis. Er wird heutzutage oft verwendet, allerdings in einem technologischen Sinn. Wir alle wissen, was im Zusammenhang mit Computern mit »memory« gemeint ist: ein Speicher für Informationen. Wir sprechen auch von *phone memory*, von *IPod memory*, sogar ein USB-Speicherstick wird als *memory stick* bezeichnet. Man könnte es also verstehen, wenn die Leute glauben, dass der Speicher eines Computers und das menschliche Gedächtnis sich von ihrer Arbeits- und Funktionsweise her mehr oder weniger entsprechen. Informationen gelangen ins Gehirn, werden von ihm festgehalten, und wenn man sie benötigt, greift man auf sie zu. So ist es doch, oder?

So ist es ganz und gar nicht. Daten und Informationen werden in den Speicher eines Computers eingegeben, wo sie bleiben, bis sie benötigt werden. Dann werden sie, wenn es zu keiner technischen Panne kommt, in genau derselben Form wieder hervorgeholt, in der sie gespeichert wurden. So weit ist alles klar.

Doch stellen Sie sich einmal einen Computer vor, der zu dem Schluss käme, einige Informationen in seinem Speicher seien wichtiger als andere – aus unerfindlichen Gründen. Oder einen Computer, der Informationen auf eine Weise abspeicherte, der keine Logik innewohnte. Das würde bedeuten, dass man alle möglichen Ordner und Laufwerke zu durchsuchen hätte, um an die grundlegendsten Daten heranzukommen. Oder einen Computer, der, ohne den Befehl dazu zu erhalten und zu beliebigen Zeiten, all Ihre persönlicheren und für Sie peinlicheren Textdateien öffnete – wie zum Beispiel all Ihre erotischen Glücksbärchi-Fan-Briefe. Oder einen, der zu dem Schluss gelangte, dass ihm die von Ihnen gespeicherten Informationen nicht gefielen und der diese daher nach seinem eigenen Geschmack abänderte. Stellen Sie sich einen Computer vor, der das *alles* und *ständig* tut. Solch ein Gerät würde eine halbe Stunde, nachdem Sie es zum ersten Mal angeschaltet haben, zu einem dringenden und finalen Meeting mit der Betonfläche des drei Stockwerke tiefer gelegenen Parkplatzes aus dem Fenster Ihres Büros fliegen.

Ihr Gehirn aber stellt *all diese Dinge* mit Ihren Erinnerungen an, und dies *ständig*. Wenn der Computer spinnt, kann man einfach ein neueres Modell kaufen oder auch ein nicht einwandfrei funktionierendes Gerät in den Laden zurückbringen und den Verkäufer, der es empfohlen hat, zur Minna machen. Man kann aber nicht sein Gehirn gegen ein anderes eintauschen. Man kann es noch nicht einmal aus- und wieder anschalten, um das System neu zu starten – Schlaf zählt, wie wir gesehen haben, nicht als Ausschalten.

Das ist nur ein Grund dafür, warum man, wenn man gerne sieht, wie Menschen aus kaum verhohlener Frustration zu zucken beginnen, im Beisein von Neurowissenschaftlern den Satz: »Das Gehirn ist wie ein Computer« aussprechen sollte. Sie zucken, weil das ein stark vereinfachender und irreführender Vergleich ist, und das Erinnerungssystem verdeutlicht dies in perfekter Weise. In diesem Kapitel sollen einige der verblüffenderen und faszinierenderen Eigenschaften des Erinnerungssystems behandelt werden. Ich hätte sie gerne »erinnernswert« genannt, doch weil das Erinnerungssystem so verschlungen sein kann, besteht keine Garantie dafür, dass man sich ihrer wirklich erinnert.

Warum bin ich bloß gerade hier reingekommen?

Der Unterschied zwischen Kurzzeit- und Langzeitgedächtnis

Es ist uns allen irgendwann schon einmal passiert: Man tut etwas in einem Zimmer, und dann merkt man, dass man in ein anderes gehen muss, um etwas zu holen. Auf dem Weg dorthin wird man von irgendetwas abgelenkt – einer Melodie im Radio, einer witzigen Bemerkung von jemandem, an dem man vorbeikommt, oder einer blitzartigen Erleuchtung bezüglich einer Sache, über die man seit Monaten vergeblich nachgedacht hat. Was auch immer es ist: Man kommt an seinem Ziel an und hat plötzlich keinen blassen Schimmer mehr, warum man dort hingegangen ist. Es ist frustrierend und ärgerlich, es kostet unnütze Zeit. Es ist eine der vielen Streiche, die uns das Gedächtnis spielt.

Den meisten Leuten ist vor allem die Unterteilung unseres Gedächtnisses in Kurzzeit- und Langzeitgedächtnis bekannt. Beide unterscheiden sich beträchtlich, sind aber immer noch voneinander abhängig. Beide Bezeichnungen sind zutreffend: Kurzzeiterinnerungen bleiben maximal eine Minute bestehen, wohingegen Langzeiterinnerungen einem sein ganzes Leben lang erhalten bleiben können. Wenn man sich an etwas, das am Vortag oder vor ein paar Stunden geschehen ist, erinnert und das seinem Kurzzeitgedächtnis zuschreibt, dann ist das falsch: Dafür ist das Langzeitgedächtnis zuständig.

Kurzzeitige Erinnerungen haben keine lange Lebensdauer, denn das Kurzzeitgedächtnis hat mit der aktuellen bewussten Verarbeitung von Informationen zu tun, im Wesentlichen mit den Dingen, über die wir im Moment nachdenken. Wir können das tun, weil diese Dinge in unserem Kurzzeitgedächtnis gespeichert sind. Dafür ist es da. Das Langzeitgedächtnis liefert eine Fülle von Informationen, die uns beim Nachdenken helfen, aber

Kurzzeitgedächtnis = Arbeitgedächtnis

für das tatsächliche Nachdenken ist das Kurzzeitgedächtnis zuständig. Aus diesem Grund nennen einige Neurowissenschaftler es lieber »Arbeitsgedächtnis«. Wie wir später noch sehen werden, handelt es sich dabei jedoch im Wesentlichen um das um ein paar Prozesse erweiterte Kurzzeitgedächtnis.

Es wird manch einen überraschen, dass die Kapazität des Kurzzeitgedächtnisses so beschränkt ist. Aktuelle Forschungen deuten darauf hin, dass das durchschnittliche Kurzzeitgedächtnis höchstens vier »Posten« gleichzeitig behalten kann.[1] Wenn man jemandem eine Liste von Wörtern in die Hand drückt, die er sich einprägen soll, dann ist er im Normalfall nur in der Lage, sich an vier davon zu erinnern. Das haben zahlreiche Experimente belegt, bei denen man Versuchspersonen aufgefordert hat, sich Wörter oder andere Posten von einer ihnen gezeigten Liste zu merken. Viele Jahre glaubte man, dass die Kapazität bei höchstens sieben Posten lag, plus oder minus zwei. Man nannte das die »magische Zahl« oder auch »Millers Gesetz«, da in den 1950er Jahren von George Miller durchgeführte Experimente dieses Ergebnis erbracht hatten.[2] Verfeinerungen der experimentellen Methoden und die präzisere Neubestimmung dessen, was »Erinnern« bedeutet, haben aber seitdem Daten geliefert, die zeigen, dass die tatsächliche Kapazität eher bei vier Posten liegt.

Die Verwendung des vagen Begriffs »Posten« ist nicht nur auf meine Nachlässigkeit zurückzuführen: Was wirklich als Posten im Kurzzeitgedächtnis zählt, variiert beträchtlich. Wir Menschen haben Strategien ausgearbeitet, um die beschränkte Aufnahmefähigkeit unseres Kurzzeitgedächtnisses auszugleichen und den verfügbaren Speicherplatz besser auszunutzen oder zu erweitern. Eine davon ist ein im Englischen als »chunking« (»Bündelung«) bezeichneter Prozess, bei dem eine Person Dinge zu einem einzigen Posten – oder »chunk« (Datenblock) – zusammenfasst.[3] Um ein Beispiel zu geben: Wenn einem die Wörter »riecht«, »Mama«, »Käse«, »nach« und »Ihre« vorgegeben wer-

chunck = Datenblock

51

chunking
↓

den, damit man sie sich merkt, so wären das fünf Posten. Würde man aber aufgefordert, sich den Satz »Ihre Mama riecht nach Käse« einzuprägen, so wäre das nur ein Posten – und würde einem möglicherweise Krach mit dem Leiter des Experiments einbringen.

Im Unterschied dazu kennen wir die Obergrenze der Kapazität des Langzeitgedächtnisses nicht, da niemand lange genug gelebt hat, um diese ganz auszuschöpfen, es gewissermaßen »bis zum Rand zu füllen«. Doch hat es mit Sicherheit ein geradezu unanständig großes Fassungsvermögen. Warum aber ist dann das Kurzzeitgedächtnis so limitiert? Zum Teil deswegen, weil es unablässig in Gebrauch ist. In jedem Moment unseres wachen Lebens (und manchmal auch im Schlaf) erfahren wir etwas und denken wir über Dinge nach, was bedeutet, dass mit einer beunruhigenden Geschwindigkeit Informationen kommen und gehen. Das Kurzzeitgedächtnis ist daher nichts, das sich für langfristige Speicherung eignet, da diese Stabilität und Ordnung verlangt – es wäre so, als lagerte man alle seine Schachteln und Aktenordner im Eingangsbereich eines geschäftigen Flughafengebäudes.

Eine weitere Ursache für die Beschränktheit des Kurzzeitgedächtnisses liegt darin, dass die in ihm gespeicherten Erinnerungen keine physische Grundlage besitzen. Sie werden in Form spezifischer Aktivitätsmuster der Neuronen festgehalten. Um den Terminus zu erklären: »Neuron« ist die offizielle Bezeichnung für Hirnzellen oder »Nerven«-Zellen, und diese bilden die Basis für unser gesamtes Nervensystem. Jede von ihnen stellt im Grunde einen sehr kleinen biologischen Prozessor dar und ist in der Lage, Informationen in Gestalt von elektrischer Energie zu empfangen oder zu erzeugen, und zwar über die Membranen, die der Zelle Struktur verleihen sowie komplexe Verbindungen mit anderen Neuronen herstellen. Kurzzeiterinnerungen basieren also auf neuronaler Aktivität in den zuständigen Arealen wie zum Beispiel dem dorsolateralen präfrontalen Kortex im

Stirnlappen.[4] Bildgebende Verfahren haben gezeigt, dass ein großer Teil des komplizierteren »Denkens« in diesem Stirnlappen vor sich geht.

Informationen in Form neuronaler Aktivitätsmuster zu speichern ist ein wenig knifflig. Es ist so, als wolle man in den Schaum seines Cappuccinos eine Einkaufsliste schreiben: rein technisch möglich, da der Schaum die in ihn geritzten Linien ein paar Augenblicke bewahren wird. Sie werden dann aber vergehen, sodass die Liste nicht von Dauer ist und nicht in der Praxis verwendet werden kann. Das Kurzzeitgedächtnis ist für das rasche Weiterverarbeiten von Informationen da, und da ständig neue eintreffen, wird alles Unwichtige ignoriert: Die Information wird schnell überschrieben, oder sie verblasst.

Das Kurzzeitgedächtnis ist kein narrensicheres System. Oft wird Wichtiges aus ihm rausgeschmissen, bevor es angemessen behandelt und »erledigt« werden konnte. Genau das kann die geschilderte »Warum bin ich bloß hierhergekommen«-Situation entstehen lassen. Das Kurzzeitgedächtnis kann auch überstrapaziert werden, indem es so mit neuen Informationen und Forderungen bombardiert wird, dass es sich nicht mehr auf etwas Spezifisches konzentrieren kann. Sicher haben auch Sie schon erlebt, wie jemand inmitten eines tumulthaften Geschehens (wie bei einem Kinderfest oder einem hektischen Arbeitstreffen), bei dem jeder sich laut Gehör zu verschaffen sucht, plötzlich erklärt: »Ich kann bei diesem ganzen Trubel um mich herum nicht denken!« Das ist wortwörtlich zu verstehen: Ihr Kurzzeitgedächtnis kann mit einer solchen Arbeitslast nicht fertig werden.

Eine Frage drängt sich natürlich auf: Wenn das Kurzzeitgedächtnis, mit dessen Hilfe wir unser Denken erledigen, eine solch beschränkte Kapazität besitzt − wie zum Teufel können wir dann überhaupt etwas zustande bringen? Warum hocken wir nicht nur stumpfsinnig herum und versuchen vergeblich, die Finger an einer unserer Hände zu zählen? Antwort: Weil das

Kurzzeitgedächtnis zum Glück mit dem Langzeitgedächtnis verbunden ist. Das stellt eine Riesenentlastung dar.

Nehmen wir zum Beispiel einen Simultandolmetscher, also jemanden, der von Berufs wegen langen, detaillierten Ausführungen in einer Sprache zuhört und sie zeitgleich in eine andere Sprache übersetzt. Sicher kann das Kurzzeitgedächtnis mit solch einer Aufgabe nicht fertig werden, oder? Kann es doch. Wenn man jemanden aufforderte, aus einer Sprache simultan zu übersetzen, *während er diese Sprache noch lernt*, dann wäre das wirklich eine Riesenaufgabe. Doch der professionelle Dolmetscher hat die Vokabeln und die grammatischen Strukturen der Sprachen bereits in seinem Langzeitgedächtnis gespeichert (das Gehirn weist sogar Areale auf, die spezifisch für Sprache zuständig sind, wie das Broca-Sprachzentrum und das Wernicke-Areal). Das Kurzzeitgedächtnis muss sich um die Anordnung und die Reihenfolge der Wörter und die inhaltliche Bedeutung von Sätzen kümmern, doch das kann es leisten, vor allem mit einiger Übung. Zu dieser Interaktion zwischen Kurzzeit- und Langzeitgedächtnis kommt es fortwährend, bei allen Gelegenheiten. Man muss nicht jedes Mal, wenn es einen nach einem Sandwich verlangt, lernen, was ein Sandwich ist, aber es kann sein, dass man vergisst, dass man sich eines machen wollte, wenn man in der Küche angekommen ist.

Informationen können auf verschiedene Arten zu Langzeiterinnerungen werden. Auf bewusster Ebene können wir dafür sorgen, dass Kurzzeiterinnerungen zu Langzeiterinnerungen werden, indem wir die relevante Information *einstudieren* – zum Beispiel die Telefonnummer einer Person, die für uns wichtig ist. Wir wiederholen sie innerlich so lange, bis wir sicher sind, dass sie uns nicht wieder entfällt. Das ist nötig, denn im Unterschied zu Kurzzeiterinnerungen, die auf kurzen Aktivitätsmustern basieren, gründen Langzeiterinnerungen auf neuen Verbindungen zwischen Neuronen, die durch Synapsen unterstützt werden, und die Bildung dieser neuen Verbindungen kann dadurch angeregt werden, dass man etwas tut, wie spezifische Dinge, die man erinnern will, zu wiederholen.

Neuronen leiten Signale, die als »Aktionspotenziale« bekannt sind, weiter, um Informationen vom Körper zum Gehirn gelangen zu lassen oder umgekehrt. Es ist, als würde Strom durch ein Kabel geleitet. Viele aneinandergereihte Neuronen bilden einen Nerv und befördern Signale von einem Punkt zu einem anderen. Signale müssen also von einem Neuron zum nächsten wandern, um an ihren Zielort zu gelangen. Die Verbindung zwischen zwei (oder mehr) Neuronen nennt man Synapse. Es handelt sich nicht um eine unmittelbare physische Verbindung, sondern vielmehr um eine Überbrückung eines sehr schmalen Spalts zwischen dem Ende eines Neurons und dem Anfang eines anderen (allerdings besitzen viele Neuronen multiple Anfangs- und Endpunkte, damit die Sache auch hübsch kompliziert bleibt). Wenn ein Aktionspotenzial an einem synaptischen Spalt ankommt, dann stößt das erste Neuron bestimmte als Neurotransmitter bekannte chemische Substanzen aus. Diese überqueren den Spalt und interagieren über Rezeptoren mit der Membran des gegenüberliegenden Neurons. Sobald ein Neurotransmitter auf einen Rezeptor einwirkt, lässt er in dem neuen Neuron ein weiteres Aktionspotenzial entstehen, das zum nächsten synaptischen Spalt wandert und so weiter. Wie wir noch sehen werden, gibt es viele unterschiedliche Arten von Neurotransmittern, und sie liegen praktisch der gesamten Hirnaktivität zugrunde. Jede Art erfüllt spezifische Rollen und Funktionen, und jede besitzt auch spezifische Rezeptoren, die gleichgeartete Neurotransmitter erkennen und mit ihnen interagieren. Es ist ganz ähnlich wie bei gesicherten Türen, die sich nur öffnen, wenn jemand den richtigen Schlüssel ins Schloss steckt, das richtige Passwort eingibt oder dem Scanner den richtigen Fingerabdruck oder das richtige Retinamuster präsentiert.

Man glaubt, dass Synapsen die Stellen im Gehirn sind, wo Informationen »festgehalten« werden. So wie eine bestimmte Folge von Einsen und Nullen auf einer Festplatte eine Datei konstituieren, so ist eine Erinnerung in einer bestimmten Konstellation von Synapsen an einer bestimmten Stelle niedergelegt. Sie wird »wach«, sobald die entsprechenden Synapsen aktiviert werden. Diese Synapsenkonstellationen sind also die physischen Grundlagen bestimmter Erinnerungen. Genau wie bestimmte Tintenmuster auf Papier, wenn man sie anschaut, zu Wörtern werden, die in einer Sprache, die man erkennt, Sinn ergeben, deutet das Gehirn das Aktivwerden einer (oder mehrerer) Synapsen als Erinnerung.

Die Erschaffung neuer Langzeiterinnerungen durch Ausbildung bestimmter Synapsen nennt man »Kodieren«. Das Wort bezeichnet also den konkreten Prozess, mit dem eine Erinnerung im Gehirn gespeichert wird.

Dieses Kodieren kann das Gehirn relativ rasch ausführen, jedoch nicht sofort. Um Informationen zu speichern, bedient sich das Kurzzeitgedächtnis daher nicht so dauerhafter, aber sich rascher bildender Aktivitätsmuster. Es bildet keine neuen Synapsen, sondern aktiviert nur ein Bündel bereits existierender Synapsen, die mehreren Zwecken dienen. Wenn man etwas im Kurzzeitgedächtnis durch Wiederholung »einstudiert«, sorgt man also dafür, dass die Information lange genug aktiv bleibt, damit das Langzeitgedächtnis sie kodieren kann.

Aber diese »Etwas einstudieren, bis ich es mir gemerkt habe«-Methode ist ganz klar nicht die einzige, die es uns ermöglicht, Dinge im Gedächtnis zu verankern, und wir wenden sie nicht bei *allem* an, was wir uns einprägen wollen. Das ist auch nicht nötig. Es gibt Belege dafür, dass fast alles, was wir irgendwann einmal erfahren, in der einen oder anderen Form im Langzeitgedächtnis gespeichert wird.

Alle sensorischen Informationen und die mit ihnen verbundenen emotionalen und kognitiven Aspekte werden an den Hippocampus im Schläfenlappen weitergegeben. Beim Hippocampus handelt es sich um eine äußerst aktive Gehirnregion, die unablässig die endlosen Ströme sensorischer Informationen zu »individuellen«, einzelnen Erinnerungen verknüpft. Einer großen Fülle experimenteller Belege zufolge ist der Hippocampus das Areal, in dem das eigentliche Kodieren erfolgt. Menschen, die an einer Schädigung dieses Areals leiden, können anscheinend keine neuen Erinnerungen ausbilden. Personen, die ständig neue Informationen in sich aufnehmen und kodieren, haben auffallend große Hippocampi (wie zum Beispiel Taxifahrer, bei denen vor allem die Regionen vergrößert sind, die für die Verarbeitung räumlicher Informationen und die Bestimmung eines Kurses zuständig sind). Dies weist auf eine größere Abhängigkeit von diesen Regionen und ihre gesteigerte Aktivität hin. Bei einigen Experimenten sind sogar neu ausgebildete Erinnerungen mit »Tags« versehen, also gekennzeichnet worden (ein komplexes Verfahren, bei dem nachweisbare Versionen von Proteinen, die bei der Formation von Neuronen ins Spiel kommen, injiziert werden), und man hat festgestellt, dass sie sich im Hippocampus konzentrieren.[5] Unterstützt werden diese Befunde durch neuere Untersuchungen mit bildgebenden Verfahren, die die Aktivität im Hippocampus »in Echtzeit« sichtbar machen können.

Neue Erinnerungen werden also im Hippocampus niedergelegt und wandern von dort aus langsam in den Kortex, »schrittweise vorangestupst« von sich »hinter« ihnen bildenden noch neueren Erinnerungen. Dieses allmähliche Verstärken und Absichern von kodierten Erinnerungen ist als »Konsolidierung« bekannt. Die Methode, etwas so lange zu wiederholen, bis es erinnert wird, ist also nicht *essenziell* für die Erschaffung neuer Langzeiterinnerungen, aber oft entscheidend dafür, dass eine *spezifische Anordnung von Informationen* sicher kodiert wird.

Nehmen wir an, es handelt sich bei dieser »Anordnung von Informationen« um eine Telefonnummer. Das ist nichts anderes als eine Folge von Ziffern, die für sich genommen schon im Langzeitgedächtnis gespeichert sind. Warum ist es notwendig, sie erneut zu kodieren? Durch die Wiederholung wird darauf aufmerksam gemacht, dass diese bestimmte *Abfolge* von Zahlen wichtig ist und eine eigene, gewissermaßen ihr gewidmete oder spezielle Erinnerung benötigt, damit sie langfristig im Gedächtnis bleibt. Die Wiederholung im Kurzzeitgedächtnis ist ein Äquivalent für das Aufkleben eines Etiketts mit der Aufschrift »dringend«, bevor es an die für die Registratur zuständige Stelle weitergeschickt wird.

Wenn also das Langzeitgedächtnis alles speichert, wie kann es dann trotzdem passieren, dass wir Dinge vergessen? Berechtigte Frage.

Neurowissenschaftler sind sich weitgehend darüber einig, dass vergessene Langzeiterinnerungen rein technisch immer noch im Gehirn vorhanden sind, es sei denn, dass sie durch Verletzungen physisch zerstört, ausgelöscht worden sind (wenn das der Fall ist, wird es relativ belanglos sein, ob man sich an den Geburtstag eines Freundes erinnert oder nicht). Aber Langzeiterinnerungen müssen drei Phasen durchlaufen, wenn sie von Nutzen sein sollen: Sie müssen geschaffen (kodiert) werden, effektiv gespeichert werden (erst im Hippocampus, dann im Kortex) und wieder aufgerufen werden können. Wenn man eine Erinnerung nicht wiederfinden und nicht wieder aktivieren kann, dann ist es, als wäre sie überhaupt nicht vorhanden. Um es mit einem Vergleich zu illustrieren: Wenn man seine Handschuhe nicht finden kann, dann *besitzt* man zwar Handschuhe, diese existieren noch, man bekommt aber dennoch kalte Hände.

Einige Erinnerungen lassen sich leicht wieder hervorholen, weil sie hervorstechender (prominenter, relevanter, intensiver) sind. Das sind zum Beispiel Erinnerungen an etwas, mit dem sich starke Emotionen verknüpfen – Erinnerungen an den eigenen Hochzeitstag, den ersten Kuss oder an die Gelegenheit, bei der der Automat zwei Tüten Chips ausgespuckt hat, obwohl man nur Geld für eine eingeworfen hat. Solche Erinnerungen lassen sich für gewöhnlich sehr leicht wachrufen. Nicht nur das Ereignis selbst wird wieder lebendig, sondern sämtliche Gefühle,

Empfindungen und Gedanken, die es begleitet haben. All dieses zusammengenommen lässt im Gehirn eine größere Zahl von Verbindungen zu dieser spezifischen Erinnerung entstehen. Das bedeutet, dass der erwähnte Konsolidierungsprozess dieser spezifischen Erinnerung größere Bedeutung zuschreibt und weitere Verbindungen hinzufügt, wodurch sie am Ende leichter auffindbar wird. Im Unterschied dazu erfahren Erinnerungen mit sehr geringen oder lediglich unwichtigen Assoziationen (wie zum Beispiel die ereignislose 473. morgendliche Fahrt zur Arbeit) nur ein Minimum an Konsolidierung und lassen sich viel schwerer wachrufen.

Das Gehirn nutzt dieses Faktum sogar als eine Art von Überlebensstrategie – allerdings eine sehr qualvolle. Personen, die Traumatisches erlebt haben, leiden anschließend oft an *Flashbulb memories*, »Blitzlichterinnerungen«, das heißt, dass die Erinnerung beispielsweise an einen Autounfall oder ein grässliches Verbrechen sehr lebhaft bleibt und auch lange nach dem Ereignis wiederkehrt (siehe Kapitel 8). Die Gefühle des Betreffenden zum Zeitpunkt des traumatischen Geschehens waren derart intensiv, Gehirn und Körper wurden derart mit Adrenalin überschwemmt, dass es zu einer Steigerung von Empfindung und Bewusstsein kam. Die Erinnerung wird dadurch fest verankert und bleibt akut und lebhaft. Es ist, als würde das Gehirn das schreckliche Geschehen Revue passieren lassen, das Fazit daraus ziehen und sagen: »Das war eine grässliche Sache, vergiss sie nicht, wir wollen so etwas nicht noch einmal durchmachen müssen.« Die Erinnerung kann aber so lebhaft sein, dass sie zu Störungen führt.

Keine Erinnerung bildet sich jedoch in Isolation aus. Auch bei weniger dramatischen Szenarien kann der Kontext, in dem die Erinnerung erworben wurde, als »Auslöser« herangezogen werden, das heißt, um bei ihrem Wiederaufrufen zu helfen. Das haben einige Studien erwiesen.

Bei einer ließen Wissenschaftler zwei Gruppen von Probanden neue Informationen in sich aufnehmen. Die eine Gruppe erhielt diese Informationen in einem normalen Zimmer, die andere befand sich in voller Taucherausrüstung unter Wasser.[6] Später überprüfte man die Mitglieder beider Gruppen dahingehend, inwieweit sie die Informationen, die sie hatten lernen sollen, memorierten, und zwar entweder in der gleichen Situation, in der sie mit ihnen konfrontiert worden waren, oder der jeweils anderen. Diejenigen, die in der gleichen Situation geprüft wurden, in der sie sich in der Lernphase befunden hatten, schnitten deutlich besser ab als die, bei denen sich die Testsituation nicht mit der Lernsituation deckte. Mit anderen Worten: Diejenigen, die unter Wasser lernten und später den Test unter Wasser absolvierten, erzielten viel bessere Ergebnisse als diejenigen, die unter Wasser lernten, aber die Prüfung in einem normalen Zimmer ablegten.

Das Unter-Wasser-Sein an sich wirkte sich in keiner Weise darauf aus, *ob* die Informationen erlernt worden waren, es stellte aber den Kontext dar, in dem sie erlernt wurden. Und der Kontext kann eine große Hilfe sein, wenn eine Erinnerung wieder zugänglich gemacht werden soll. Wenn jemand erneut in denselben Kontext versetzt wird, in dem eine Erinnerung ursprünglich in seinem Gehirn niedergelegt wurde, wird ein Teil dieser Erinnerung »aktiviert« und dadurch leichter wieder auffindbar.

An diesem Punkt scheint es wichtig, darauf hinzuweisen, dass es noch andere Erinnerungen gibt als solche an Dinge, die uns geschehen oder zustoßen. Erstere nennt man »episodische« oder »autobiografische« Erinnerungen, Termini, die in sich verständlich sind. Wir besitzen aber auch »semantische« Erinnerungen – das sind solche an bestimmte Informationen, aber nicht an den Kontext, in dem sie erworben wurden. Man erinnert sich, dass die Geschwindigkeit von Lichtwellen höher ist als die von Schallwellen, nicht aber an die Physikstunde, in der einem dieses Wissen vermittelt wurde. Sich daran zu erinnern, dass die französische Hauptstadt Paris heißt, ist eine semantische Erinnerung. Die Erinnerung daran, wie Ihnen hoch oben auf dem Eiffelturm speiübel wurde, ist eine episodische.

Und das sind die Langzeiterinnerungen, derer wir uns bewusst sind. Es gibt aber auch eine Fülle von Langzeiterinnerungen, die wir uns nicht ins Bewusstsein rufen müssen. Dazu gehören Fertigkeiten, über die wir verfügen, ohne nachzudenken: ein Auto zu lenken oder Fahrrad zu fahren beispielsweise. Man nennt sie »prozedurale« Erinnerungen, und wir wollen uns hier nicht weiter mit ihnen befassen, weil Sie sonst anfangen könnten, über sie nachzudenken, und das könnte es schwieriger machen, sie zu verwenden.

Um es zusammenzufassen: Das Kurzzeitgedächtnis arbeitet schnell, es verarbeitet Informationen, die es aber nur flüchtig festhält, während das Langzeitgedächtnis eine große Kapazität besitzt und die Erinnerungen in ihm beständig und dauerhaft niedergelegt sind. Das ist der Grund dafür, dass Sie sich bis an Ihr Lebensende an eine komische Episode aus Ihrer Schulzeit erinnern können, aber vielleicht einen bestimmten Raum betreten und aufgrund irgendeiner Ablenkung vergessen, was Sie dort eigentlich wollten.

He, du bist es! Hallo, äh …

Welche Mechanismen dazu führen, dass wir uns besser an Gesichter als an Namen erinnern

»Weißt du noch, dieses Mädchen, mit dem du zur Schule gegangen bist?«

»Kannst du nicht ein bisschen genauer sein?«

»Na, dieses große Mädchen. Dunkelblondes Haar, war aber, unter uns, wohl gefärbt. Sie wohnte in der Straße bei uns in der Nähe, bevor ihre Eltern sich scheiden ließen und ihre Mutter in die Wohnung zog, in der die Familie Jones wohnte, bevor sie nach Australien auswanderte. Ihre Schwester war mit deinem Vetter befreundet, bevor sie von dem Jungen aus der Stadt schwanger wurde. War ein ziemlicher Skandal. Sie hatte immer einen roten Mantel an, der ihr aber nicht wirklich stand. Weißt du jetzt, wen ich meine?«

»Wie heißt sie?«

»Keine Ahnung.«

Ich habe unzählige Gespräche dieser Art geführt, mit meiner Mutter, meiner Oma oder anderen Familienmitgliedern. Mit ihrem Gedächtnis, auch für Einzelheiten, ist ganz eindeutig alles in Ordnung, sie können einem so viele persönliche Daten über einen Menschen liefern, dass ein Wikepedia-Eintrag sich dagegen verstecken müsste. Doch sehr viele Leute haben Schwierigkeiten, auf den Namen einer Person zu kommen, selbst wenn der- oder diejenige ihnen direkt gegenübersteht. Das ist mir selbst auch schon passiert. Es kann einen in peinliche Situationen bringen, bei einer Hochzeitsfeier beispielsweise.

Warum passiert einem so etwas? Warum erkennen wir das Gesicht einer Person, können uns aber nicht entsinnen, wie sie heißt? Beides – das Erkennen seines Gesichts wie auch sein »Benennen« – sind durchaus gültige Methoden, einen anderen zu identifizieren. Um zu verstehen, was da konkret vor sich geht, müssen wir uns ein wenig intensiver mit der Arbeitsweise des menschlichen Gedächtnisses befassen.

Zunächst einmal: Gesichter sind sehr informativ. Bestimmte Mienen, Blicke, Mundbewegungen dienen in fundamentaler Weise der menschlichen Kommunikation.[7] Gesichtszüge können auch viel über jemanden preisgeben: Augenfarbe, Haarfarbe, Knochenstruktur, Stellung und Anordnung der Zähne – all dies kann dazu dienen, eine Person (wieder) zu erkennen. Es sind so charakteristische Merkmale, dass das menschliche Gehirn anscheinend verschiedene Fähigkeiten und Eigenarten entwickelt hat, die das Erkennen und kognitive Verarbeiten von Gesichtern unterstützen und fördern. Dazu gehören Mustererkennung und eine generelle Prädisposition zum Entdecken, zum »Herauspicken« von Gesichtern aus einem größeren Bild (siehe Kapitel 5). Was hat im Vergleich zum Gesicht einer Person ihr Name zu bieten? Möglicherweise enthält er einige Hinweise auf ihre soziale Abstammung oder ihre kulturelle Herkunft, doch im Allgemeinen handelt es sich einfach nur um zwei, drei Wörter, eine Sequenz von beliebigen Silben, eine kurze Folge von Lauten, die, wie man erfährt, zu einem bestimmten Gesicht gehören. Mehr nicht.

Wie wir gesehen haben, muss eine bewusst erlangte Information für gewöhnlich wiederholt und einstudiert werden, damit sie vom Kurzzeitgedächtnis ins Langzeitgedächtnis wandert – oder anders ausgedrückt, damit sie »kodiert« wird. Manchmal kann dieser Schritt aber übersprungen werden, vor allem, wenn die Information an etwas höchst Wichtiges oder Stimulierendes geknüpft ist. Das bedeutet nämlich, dass sich eine episodische Erinnerung ausbildet. Gesetzt den Fall, man begegnete jemandem, der einem der schönste Mensch zu sein scheint, den man jemals gesehen hat, und man verliebte sich im Nu in ihn, dann würde man den Namen dieses Objekts seiner Zuneigung wochenlang vor sich hinflüstern.

Für gewöhnlich geschieht dies aber (zum Glück) nicht, wenn man jemandem begegnet. Wenn man sich also dessen Namen einprägen will, besteht die einzige sichere Methode darin, ihn zu »üben«, solange er sich noch im Kurzzeitgedächtnis befindet. Das Problem ist nur, dass das Zeit braucht und mentale Ressourcen in Anspruch nimmt. Und wie uns das »Warum bin ich bloß hierhergekommen«-Beispiel gezeigt hat, kann etwas, an das man denkt, leicht von der nächsten Sache, der man begegnet und die man verarbeiten muss, überschrieben oder verdrängt werden. Wenn man jemandem zum ersten Mal begegnet, geschieht es nur selten, dass diese Person einem lediglich ihren Namen mitteilt und sonst nichts. Man wird sich unweigerlich darüber unterhalten, wo der andere und man selbst herkommen, welcher Arbeit oder welchen Hobbys man nachgeht, weswegen die Polizei einen hopsgenommen hat und so weiter. Die gesellschaftliche Etikette verlangt, dass wir bei einer solchen ersten Begegnung kleine Artigkeiten austauschen, auch wenn man gar nicht aneinander interessiert ist. Doch jede höfliche Floskel, mit der wir unser Gegenüber bedenken und dieses uns, erhöht das Risiko, dass dessen Name aus unserem Kurzzeitgedächtnis geschubst wird, bevor wir ihn kodieren konnten.

Die meisten Menschen kennen Dutzende von Namen und finden es nicht besonders anstrengend, wenn sie mal wieder einen neuen dazulernen müssen. Das liegt daran, dass unser Gedächtnis den Namen, den man hört, mit der Person assoziiert, mit der man interagiert. Im Gehirn wird dann eine Verbindung zwischen der Person und dem Namen gebildet. Wenn man diese Interaktion ausweitet, werden immer mehr Verbindungen zwischen der Person und ihrem Namen gebildet. Daher ist kein bewusstes Einüben nötig. Das Ganze geschieht auf einer eher unbewussten Ebene aufgrund des zeitlich ausgedehnten Umgangs mit dieser Person.

Das Gehirn kennt viele Strategien, um das Kurzzeitgedächtnis bestmöglich auszunutzen. Eine davon besteht darin, dass die Erinnerungssysteme in dem Moment, in dem man auf einen Schlag mit einer Fülle von Details konfrontiert wird, der ersten und der letzten Information besonderes Gewicht geben (was als »Primäreffekt« beziehungsweise »Rezenzeffekt« bezeichnet wird).[8] Der Name einer Person wird daher bei einer Vorstellung für gewöhnlich besonderes Gewicht erhalten, wenn er das Erste ist, was man hört (und im Allgemeinen ist das wohl so).

Ein Unterschied zwischen Kurzzeit- und Langzeitgedächtnis, auf den ich noch nicht zu sprechen gekommen bin, besteht darin, dass sie unterschiedliche Präferenzen für den *Typ* von Information aufweisen, den sie verarbeiten. Das Kurzzeitgedächtnis ist weitgehend *auraler* Art, das heißt, es konzentriert sich darauf, Informationen in Gestalt von Wörtern und bestimmten Lauten zu verarbeiten. Aus diesem Grund führt man einen inneren Monolog und denkt unter Verwendung von Sätzen und Sprache anstatt mithilfe einer filmähnlichen Sequenz von Bildern. Der Name einer Person stellt eine aurale Information dar. Man hört die Wörter und denkt (an) ihn in Form der Laute, die diese Wörter bilden.

Im Unterschied dazu stützt sich das Langzeitgedächtnis auch stark auf visuellen Input und auf semantische Eigenschaften (die *Bedeutung* von Wörtern und nicht so sehr die Klänge, aus denen sie gebildet werden).[9] Ein starker visueller Stimulus, wie er zum Beispiel vom Gesicht einer Person ausgeht, wird daher über einen längeren Zeitraum hinweg erinnert werden als ein eher beiläufiger auraler, wie ihn ein unbekannter Name darstellt.

Ganz objektiv gesehen stehen das Gesicht einer Person und ihr Name in keiner Beziehung zueinander. Manchmal hört man jemanden so etwas sagen wie: »Du siehst auch tatsächlich wie ein Martin aus« (wenn er erfährt, dass sein Gegenüber Martin heißt). Doch in Wirklichkeit ist es unmöglich, den Namen einer Person zu erraten, indem man einfach nur ihr Gesicht anschaut – es denn, diese hätte sich ihren Namen auf die Stirn tätowieren lassen (was wirklich ein auffallendes visuelles Merkmal wäre, das man nicht so leicht vergessen würde).

Nehmen wir einmal an, wir hätten sowohl den Namen einer Person als auch ihr Gesicht erfolgreich im Langzeitgedächtnis gespeichert. Toll, gut gemacht! Doch damit ist die Schlacht nur zur Hälfte gewonnen: Jetzt muss man auch noch dafür sorgen, dass man auf diese Information zugreifen kann, wenn man sie benötigt. Und genau das kann sich leider als schwierig erweisen.

Das Gehirn präsentiert sich als ein erschreckend komplexes Gewirr von Verbindungen und Verknüpfungen – wie ein Knäuel aus Weihnachtslichterketten von der Größe des bekannten Universums. Langzeiterinnerungen bestehen aus diesen Verbindungen oder Synapsen. Ein einzelnes Neuron kann Tausende von synaptischen Verbindungen mit anderen Neuronen eingehen, und das Gehirn besitzt viele Milliarden Neuronen. Doch diese Synapsen bewirken, dass es einen »Link« zwischen einer bestimmten Erinnerung und den für Denken und das Treffen von Entscheidungen zuständigen Arealen wie dem frontalen Kortex gibt, die für ihre Tätigkeit auf eben diese im Gedächtnis gespeicherte Information angewiesen sind. Diese Verknüpfungen erlauben es den dem Denken gewidmeten Teilen des Gehirns, an die Informationen »heranzukommen«, um es einmal salopp auszudrücken.

Je mehr Verbindungen eine Erinnerung aufweist und je »stärker« (das heißt aktiver) eine Synapse ist, desto einfacher lässt die Erinnerung sich erreichen, ähnlich wie es einfacher ist, an einen Ort zu gelangen, zu dem viele Straßen und Verkehrswege führen, als zu irgendeinem gottverlassenen Schuppen inmitten einer gottverlassenen Wildnis. Der Name und das Gesicht Ihres langjährigen Partners zum Beispiel werden in vielen Erinnerungen vorkommen. Beidem wird daher in Ihrem Denken immer eine prominente Stellung zukommen. Andere Menschen werden nicht in ähnlicher Weise »bedacht« (wenn Sie nicht in einer eher atypischen Beziehung zu ihnen stehen). Es wird Ihnen daher schwerer fallen, sich ihrer Namen zu entsinnen.

Wenn das Gehirn aber bereits das Gesicht und den Namen einer Person im Gedächtnis niedergelegt hat, warum erinnern wir uns dann trotzdem oft nur an Ersteres? Das liegt daran, dass im Gehirn eine Art zweistufiges Erinnerungssystem in Gang gesetzt wird, wenn es darum geht, Erinnerungen wieder abzurufen. Das führt dann zu einer verbreiteten, aber äußerst irritierenden Erfahrung: Man erkennt jemanden, der Name des/der Betreffenden will einem aber nicht einfallen. Das Gehirn differenziert zwischen »Recognition« (Wiederkennen) und »Recall« (Erinnerung).[10] Ein Fall von »Recognition« liegt vor, wenn man irgendjemandem oder auch irgendetwas begegnet und man weiß, dass man derselben Person oder Sache schon früher begegnet ist. Mehr Informationen bekommt man jedoch nicht. Alles, was man sagen kann, ist, dass der oder das Betreffende bereits im eigenen Gedächtnis gespeichert ist. Zu »Recall« hingegen kommt es, wenn man auf die Originalerinnerung zugreifen kann und einem wieder einfällt, wie und warum man die betreffende Person, die betreffende Sache kennenlernte.

Das Gehirn verfügt über verschiedene Mittel und Methoden, eine Erinnerung auszulösen, doch man muss nicht unbedingt eine Erinnerung aktivieren, um zu wissen, dass sie vorhanden ist. Sie kennen sicher die Situation, dass Sie, wenn Sie auf Ihrem Computer eine Datei zu speichern versuchen, die Meldung erhalten: »Diese Datei existiert bereits«. So ähnlich verhält es sich im Fall von »Recognition«. Alles, was Sie wissen, ist, dass die Information in Ihrem Gedächtnis niederlegt ist. Sie kommen nur im Moment nicht an sie ran.

Die Vorzüge eines solchen Systems erkennt man sofort: Es bedeutet, dass man nicht zu viel kostbare Gehirnenergie aufbringen muss, um herauszufinden, dass man irgendjemandem oder irgendetwas schon einmal begegnet ist. Und in der harten Realität der uns umgebenden Welt ist alles Bekannte etwas, das einen nicht umgebracht hat. Man kann sich daher auf Neues, Unbekanntes, konzentrieren − das sich möglicherweise als todbringend erweisen könnte. Es ist also im Zusammenhang mit der Evolution sinnvoll, wenn das Gehirn auf diese Weise arbeitet. Da ein Gesicht mehr (eindringlichere) Informationen liefert als ein Name, tendieren Gesichter dazu, »bekannter« zu sein, schneller und leichter »wiedererkannt« zu werden.

Das bedeutet aber nicht, dass diese größere Vertrautheit von Gesichtern nicht ungemein ärgerlich für uns moderne Menschen ist. Wir geraten ständig in die Situation, mit Leuten plaudern zu müssen, die wir (wiederer)kennen, wir uns aber in dem bewussten Augenblick nicht wirklich in Erinnerung rufen können. Es gibt aber meistens einen Punkt, an dem »Recognition« sich zu vollständigem »Recall« wandelt. Einige Wissenschaftler sprechen von »recall threshold«, der »Schwelle«, nach deren Überschreiten aus Wiedererkennen Wiedererinnern wird.[11] Man muss sich das so vorstellen, dass etwas immer vertrauter oder bekannter wird, bis schließlich der Punkt erreicht ist, an dem die ursprüngliche Erinnerung aktiviert wird. Das geschieht, weil die angestrebte Erinnerung mit mehreren anderen verknüpft ist.

Diese werden aktiviert und bewirken eine Art peripherer oder schwacher Stimulation der eigentlich gesuchten »Ziel«-Erinnerung – so wie ein im Dunkeln liegendes Haus vom Feuerwerk des Nachbarn erhellt wird. Diese »Ziel«-Erinnerung wird aber erst aktiv, wenn ein bestimmter Grad an Stimulation erreicht, eine bestimmte Schwelle überschritten ist.

Sie haben sicher schon den Ausdruck »Ich wurde von Erinnerungen überflutet« gehört oder kennen selbst die Situation, dass einem die Antwort auf eine Frage »auf der Zunge liegt«, bevor sie einem dann plötzlich wirklich einfällt. Genau das passiert hier. Die Erinnerung, die zunächst nur das Wiedererkennen bewirkt hat, ist hinreichend stimuliert und wird endlich selbst aktiviert. Das vom Nachbarn abgebrannte Feuerwerk hat die Bewohner des im Dunkel liegenden Hauses aus dem Schlaf gerissen, und sie haben alle Lichter eingeschaltet. Die mit der Erinnerung verknüpften Informationen sind jetzt greifbar. Ihre Erinnerung ist offiziell wachgerüttelt, Ihre Zunge kann sich wieder ihrer normalen Aufgabe widmen, Dinge zu schmecken, statt als Ablageplatz für Belanglosigkeiten zu dienen.

Insgesamt gesehen sind einem Gesichter leichter erinnerlich als Namen, weil sie konkreter, greifbarer sind. Sich des Namens einer Person zu entsinnen, erfordert eher vollständigen »Recall« statt lediglich einfache »Recognition«. Wenn Sie dies wissen, wird Ihnen hoffentlich klar sein, dass ich, falls wir uns noch einmal begegnen sollten und ich Sie nicht mit Namen anrede, keineswegs unhöflich sein will.

Das heißt – wenn man unsere Anstandsregeln zugrunde legt,

bin ich wohl wirklich unhöflich. Aber jetzt wissen Sie wenigstens, warum.

Alkohol setzt Dopamin frei

Ein Glas Wein, um Ihrem Gedächtnis auf die Sprünge zu helfen?

Wie Alkohol einem tatsächlich dabei helfen kann, sich an etwas zu erinnern

Die Leute mögen Alkohol. So sehr, dass es in vielen Ländern Probleme gibt, die auf übermäßigen Alkoholkonsum zurückzuführen sind. Sie sind so weitverbreitet und hartnäckig, dass es Milliarden kostet, gegen sie anzukämpfen.[12] Warum also ist etwas so Schädliches derart beliebt?

Vermutlich, weil es Spaß macht, Alkohol zu trinken. Zum einen bewirkt er, dass in den Gehirnarealen, die für Belohnung und das Empfinden von Lust zuständig sind (siehe Kapitel 8), Dopamin freigesetzt wird. Das sorgt für jene angenehme Beschwipstheit, die Leuten, die in Gesellschaft trinken, so gefällt. Um den Alkoholkonsum herum haben sich auch gesellschaftliche Konventionen ausgebildet: Etwas zu trinken ist beinahe unerlässlich bei Feiern, dem Zusammensein mit Freunden oder wenn man einfach nur »chillen« will. Das erklärt, warum die gesundheitsschädliche Wirkung von Alkohol regelmäßig ausgeblendet wird. Natürlich ist ein Kater etwas sehr Unangenehmes. Doch darüber zu lachen und den Grad der eigenen Verkatertheit mit dem der Freunde zu vergleichen, ist auch ein gemeinschaftsstiftendes Element. Und die Art und Weise, in der Leute sich zum Narren machen, wenn sie betrunken sind, wäre in einigen Kontexten, in einer Schule um zehn Uhr morgens beispielsweise, zutiefst beunruhigend. Wenn aber alle sich auf einer abendlichen Party so benehmen, dann ist es spaßig, oder? Man entkommt kurzfristig der Ernsthaftigkeit und der Konformität, die die moderne Gesellschaft einem abverlangt. Also gelten die negativen Auswirkungen des Alkoholkonsums denen, die Genuss daran finden, als etwas, das in Kauf zu nehmen sich lohnt. Eine dieser negativen Auswirkungen ist Gedächtnisverlust. Alkoholkonsum und Gedächtnisverlust gehen Hand in zitternder Hand. Es ist eine als witzig geltende Standardsituation in Sitcoms oder auch in persönlichen Anekdoten, dass jemand nach einer durchzechten Nacht aufwacht und sich in einer merkwürdigen Lage wiederfindet: von Verkehrsleitkegeln umringt, in fremden Kleidern, inmitten schnarchender Fremder, von erzürnten Schwänen bedrängt oder von anderen ungewöhnlichen Dingen umgeben.

Wie kann Alkohol unter diesen Umständen dem Gedächtnis eines Menschen auf die Sprünge helfen, wie es ja die Überschrift dieses Abschnitts suggeriert? Um das zu erklären, müssen wir uns zunächst einmal mit der Frage befassen, wieso Alkohol sich überhaupt auf das Erinnerungssystem unseres Gehirns auswirkt. Schließlich schlucken wir jedes Mal, wenn wir etwas essen, zahllose unterschiedliche chemische Substanzen. Warum bringen diese uns nicht dazu, zu lallen oder mit Laternenpfählen in den Clinch zu gehen?

Es liegt an den chemischen Eigenschaften von Alkohol. Der Körper und das Gehirn besitzen verschiedene Verteidigungsmechanismen, um potenziell schädliche Substanzen daran zu hindern, in unsere Systeme einzudringen (von Magensäure über die komplexe Innenauskleidung unseres Darms bis hin zu ausgeklügelten Barrieren, die das Gehirn frei von Schadstoffen halten sollen). Doch Alkohol (vor allem Ethanol, die Art von Alkohol, die wir trinken) löst sich in Wasser, und seine Moleküle sind klein genug, um all diese Abwehrsysteme zu durchdringen. Der Alkohol, den wir schlucken, wird also durch unseren Blutkreislauf im ganzen Körper, in all seinen Systemen verteilt. Und wenn er sich im Gehirn konzentriert, dann wird eine gehörige Portion Sand in ein sehr wichtiges Getriebe gestreut.

Alkohol ist ein »Depressivum«.[13] Nicht weil er bewirkt, dass man sich am Morgen danach furchtbar und deprimiert fühlt (obwohl das, weiß Gott, so ist), sondern weil er tatsächlich die Aktivität der Gehirnnerven niederdrückt, also dämpft. Er drosselt ihre Aktivität, als würde jemand die Lautstärke eines Radioapparats herunterdrehen. Doch wieso führt diese Minderung der Aktivität dazu, dass Leute sich *lächerlicher* als sonst benehmen? Man sollte dann doch erwarten, dass Betrunkene einfach ruhig dasitzen und vor sich hinsabbern.

Es stimmt: Einige tun genau dies. Doch denken Sie daran, dass die zahllosen Prozesse, die das menschliche Gehirn in jedem Moment, in dem jemand wach ist, ausführt, nicht nur darauf zielen, Dinge geschehen zu lassen, sondern auch darauf, zu *verhindern*, dass sie geschehen. Das Gehirn kontrolliert so gut wie alles, was wir tun, doch wir können nicht alles auf einmal tun. Daher ist ein großer Teil des Gehirns der *Hemmung* gewidmet, das heißt dem Bemühen, die Aktivierung gewisser Areale zu verhindern. Denken Sie daran, wie in einer Großstadt der Verkehr kontrolliert wird: Das ist eine komplexe Angelegenheit, bei der auch Stoppzeichen und rote Ampeln eine Rolle spielen. Ohne sie entstünde in wenigen Minuten ein gewaltiges Durcheinander, und der ganze Betrieb käme zum Erliegen. Das Gehirn funktioniert ähnlich: Es besitzt unzählige Areale, die wichtige und essenzielle Funktionen ausführen, doch *nur wenn nötig*. Zum Beispiel ist jener Teil, der für die Bewegung Ihrer Beine zuständig ist, sehr wichtig, aber nicht, wenn Sie bei einem Meeting Stunden sitzend verbringen müssen. Man ist daher darauf angewiesen, dass ein anderer Teil des Gehirns zu dem, welches die Beine kontrolliert, sagt: »Jetzt nicht, Freundchen.«

Unter dem Einfluss von Alkohol wird die Intensität der roten Lichter, die normalerweise Schwindel, Euphorie und Wut kontrollieren oder unterdrücken, gedämpft, oder sie erlöschen ganz.

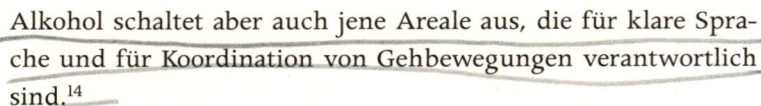

Alkohol schaltet aber auch jene Areale aus, die für klare Sprache und für Koordination von Gehbewegungen verantwortlich sind.[14]

Bemerkenswerterweise sind unsere einfacheren, grundlegenderen Systeme, die Dinge wie unsere Herzfrequenz kontrollieren, sehr widerstandfähig und robust, während die evolutionsgeschichtlich neueren, höher entwickelten Prozesse durch Alkohol leichter gestört oder geschädigt werden können. Im Bereich der modernen Technologie gibt es Parallelen dazu: Wenn man einen Walkman aus den 1980er Jahren eine Treppe hinunterschmiss, funktionierte er unter Umständen immer noch, doch wenn man mit seinem ultramodernen Smartphone leicht an eine Tischkante stößt, dann muss man möglicherweise eine saftige Summe für die Reparatur hinlegen. Es scheint, dass größere technische Raffinesse auch größere Vulnerabiliät mit sich bringt.

Jedenfalls ist das im Gehirn bei Alkoholkonsum der Fall: Die »höheren« Funktionen sind die Ersten, die auf der Strecke bleiben. Gesellschaftliche Zurückhaltung und Angst davor, sich zu blamieren, kommen zum Erliegen, und die leisen Stimmen in Ihrem Kopf, die warnend sagen:»Das ist wahrscheinlich keine gute Idee«, verstummen. Alkohol schaltet das alles ziemlich schnell aus. Wenn man betrunken ist, sagt man viel eher, was man denkt, oder ist eher bereit dazu, ein verrücktes Risiko einzugehen − wie zum Beispiel sich bereit zu erklären, ein ganzes Buch über das menschliche Gehirn zu schreiben.[15]

Die letzten Vorgänge, die von Alkohol gestört werden (und man muss schon eine Menge trinken, um an diesen Punkt zu gelangen), sind die grundlegenden physiologischen, wie Herzschlag und Atmung. Wenn man sich in einen solchen Zustand hineinsäuft, dann arbeitet vermutlich das Gehirn nicht mehr in ausreichendem Maße, um einen um sich selbst besorgt sein zu lassen − was man aber *wirklich sein sollte*.[16]

Das Erinnerungssystem ist in technischer Hinsicht sowohl

fundamental als auch komplex, einfach und raffiniert. Alkohol scheint den Hippocampus besonders stark in Mitleidenschaft zu ziehen, also jenes Areal, das maßgeblich für das Ausbilden von Erinnerungen und ihr Kodieren ist. Alkohol kann auch das Kurzzeitgedächtnis beeinträchtigen, doch es ist die Störung des Langzeitgedächtnisses aufgrund seines Einflusses auf den Hippocampus, welche die beunruhigenden Erinnerungslücken erzeugt, also einen am Morgen danach nicht mehr wissen lässt, wie man eigentlich ins Bett gekommen ist. Natürlich kommt es zu keinen vollkommenen Aussetzern: Gewöhnlich werden immer noch Erinnerungen gebildet, doch auf eine weniger effiziente und zufälligere Weise.[17]

Eine interessante Information am Rande: Wenn man als Nicht-Alkoholiker eine solche Menge Alkohol trinken würde, dass die Formation von Erinnerungen vollkommen blockiert würde (das Eintreten eines alkoholbedingten »Blackouts«), dann wäre man so vergiftet, dass man kaum noch sprechen oder aufrecht stehen könnte. Bei Alkoholikern ist das anders. Sie haben über eine lange Zeit hinweg große Mengen Alkohol zu sich genommen, und ihr Körper und ihr Gehirn haben sich darauf eingestellt, diese Menge zu verarbeiten. Beide benötigen sogar eine regelmäßige Zufuhr von Alkohol, damit der Betreffende sich auf den Beinen halten und (mehr oder weniger) kohärent reden kann. Er ist also zu beidem fähig, obwohl er weit mehr Alkohol getrunken hat, als ein normaler Mensch vertragen kann.

Der konsumierte Alkohol wirkt sich dennoch auf das Erinnerungssystem aus. Wenn genügend von dem Stoff im Kopf eines Menschen herumschwappt, kann die Ausbildung von Erinnerungen vollständig zum Erliegen kommen, obwohl die betreffende Person aufgrund einer gewissen Toleranz gegenüber Alkohol immer noch in der Lage sein mag, zu sprechen und sich einigermaßen normal zu verhalten. Nach außen hin gibt sie nicht zu erkennen, dass in ihrem Inneren etwas nicht stimmt, doch zehn Minuten später weiß sie nicht mehr, was sie gesagt oder getan hat. Es ist, als hätte sie die Kontrollhebel oder -knöpfe irgendeines Videospiels aus der Hand gelegt und jemand anders hätte sie übernommen. Für jeden Beobachter des Spiels sähe alles genauso aus wie vorher, doch der ursprüngliche Spieler hätte keine Ahnung, was passiert ist, während er auf der Toilette war.[18]

Alkohol stört also das Erinnerungssystem, doch unter ganz besonderen Umständen kann er tatsächlich dazu *beitragen*, dass man sich etwas ins Gedächtnis zurückzurufen vermag. Dieses Phänomen nennt man *state specific recall* oder *zustandsabhängige Erinnerung*. Wir haben schon gesehen, wie der äußere Kontext das Aufrufen einer Erinnerung fördern kann. Man kann besser auf sie zugreifen, wenn man sich in derselben Umgebung befindet, in der sie ursprünglich erworben wurde. Dies kann aber auch für den *inneren* Kontext gelten, den inneren »Zustand«, daher der Begriff »zustandsabhängige Erinnerung«.[19] Um es einfach auszudrücken: Substanzen wie Alkohol oder Stimulantien oder alles andere, das verändernd auf die Hirnaktivität einwirkt, lassen einen spezifischen neurologischen Zustand entstehen. Wenn das Gehirn es plötzlich mit einer störenden Substanz zu tun bekommt, die überall herumschwappt, bleibt das nicht unbemerkt, ähnlich wie es einem nicht entgehen würde, wenn sich das Schlafzimmer plötzlich mit Rauch füllte.

Das kann sich auch auf Stimmungen beziehen. Wer etwas erfährt, während er schlechte Laune hat, der kann sich später besser daran erinnern, wenn er sich in ähnlich mieser Stimmung befindet. Es ist eine grobe Simplifizierung, wenn man Stimmungen oder vielmehr Missstimmungen auf ein »chemisches Ungleichgewicht« zurückführt, wie viele es tun. Doch der Grad chemischer und elektrochemischer Aktivität, der sich in einer spezifischen Stimmung niederschlägt oder von dieser hervorgebracht wird, kann tatsächlich vom Gehirn erkannt werden. Der Kontext im Inneren des eigenen Kopfes ist daher potenziell ebenso nützlich wie der *äußere*, wenn es darum geht, Erinnerungen wachzurufen.

Alkohol behindert das Sich-Erinnern, er stört, doch erst, wenn ein bestimmter Punkt überschritten ist. Es ist absolut möglich, sich mit ein paar Gläsern Bier oder Wein einen angenehmen Schwips anzutrinken und sich am Tag darauf an alles zu erinnern. Wenn Sie aber, nachdem Sie zwei, drei Gläser Wein intus haben, irgendwelchen interessanten Klatsch erführen oder eine nützliche Information erhielten, dann würde Ihr leicht berauschter Zustand als Teil dieser Erinnerung kodiert werden. Es würde Ihnen leichter fallen, sie zu aktivieren, wenn Sie sich wieder das eine oder andere Gläschen genehmigen würden (an einem anderen Abend natürlich, nicht gleich nach den ersten zwei oder drei). Das heißt also, dass in diesem Szenario ein paar Schlückchen Alkohol dem Gedächtnis durchaus auf die Sprünge helfen können.

Bitte verstehen Sie dies nicht als wissenschaftlich abgesegnete Billigung, sich unter Alkohol zu setzen, wenn Sie für irgendwelche Examen lernen. Angesäuselt zu einer Prüfung anzutreten, wird die kleineren Erinnerungsvorteile, die sich dadurch ergeben, mehr als zunichtemachen – vor allem, wenn es sich um eine Fahrprüfung handelt.

Es gibt aber Hoffnung für schlechte Lerner: Koffein wirkt auf das Gehirn und ruft einen spezifischen inneren Zustand hervor, der das Aktivieren von Erinnerungen fördern kann. Viele Studenten schütten eimerweise Kaffee in sich rein, wenn sie die Nächte für ein Examen durchpauken. Wenn man durch ähnlich exzessive Koffeinzufuhr stimuliert zu einer Prüfung antritt, kann es einem also durchaus dabei helfen, sich an einige der wichtigeren Einzelheiten aus seinen Mitschriften zu erinnern.

Eine Episode aus meinem Leben liefert zwar keinen unwiderlegbaren Beweis für die Wahrheit dieser Behauptung, ich will sie aber trotzdem erzählen. Ich schlug die beschriebene Taktik (unwissentlich) einmal selbst während meines Universitätsstudiums ein. Ich blieb die ganze Nacht auf, um den Stoff für ein Examen zu wiederholen, das mir besonders schwer auf der Seele lag. Eine Menge Kaffee hielt mich wach, und ich gönnte mir noch unmittelbar vor Beginn der Prüfung einen besonders großen Becher, um sicherzustellen, dass ich klar im Kopf blieb. Ich erhielt 73 Prozent der möglichen Punkte und war damit einer der besten meines Jahrgangs.

Trotzdem kann ich diese Strategie nicht empfehlen. Ich erhielt zwar eine gute Note, aber ich litt auch die ganze Zeit unter entsetzlichem Harndrang, redete den Prüfungsleiter mit »Dad« an, als ich mir zusätzliches Papier bei ihm holte, und auf dem Heimweg geriet ich in einen wütenden Streit – mit einer Taube.

Natürlich kann ich mich dran erinnern, es war meine Idee!

Die egozentrische Verzerrung unserer Erinnerungen

Bislang haben wir uns damit beschäftigt, wie das Gehirn Erinnerungen verarbeitet oder aufbereitet, und wir haben gesehen, dass es dabei nicht hundertprozentig effizient und konsistent vorgeht. In der Tat lässt das Erinnerungssystem des Gehirns in vielfacher Hinsicht eine Menge zu wünschen übrig, doch am Ende besitzt man trotzdem Zugang zu einer zuverlässigen, präzisen Information, die für zukünftige Verwendung sicher im Kopf abgespeichert ist.

Schön, wenn das stimmte, oder? Leider können die Wörter »zuverlässig« und »präzise« nur selten in Bezug auf die Arbeitsweise des Gehirns verwendet werden – und vor allem nicht auf die des Gedächtnisses. Die Erinnerungen, die vom Gehirn wieder aufgerufen werden, sind manchmal mit einem Haarknäuel vergleichbar, den eine Katze hervorwürgt: das Produkt innerer Konvulsionen.

Bei unseren Erinnerungen handelt es sich nicht um unveränderlich feststehende, statische Aufzeichnungen von Informationen oder Ereignissen – wie gedruckte Texte es etwa sind –, sondern sie werden regelmäßig justiert und modifiziert, um sich dem anzupassen, was das Gehirn als unser Bedürfnis interpretiert (wie irrig diese Interpretation auch sein mag). Überraschenderweise ist eine Erinnerung etwas sehr Plastisches (Flexibles, Formbares, Nicht-Rigides) und kann in vielfacher Weise verändert, unterdrückt oder verfälscht werden. Man spricht in diesem Zusammenhang von einer *memory bias*, einer Verzerrung der Erinnerung, und dieser liegt oft das Ego des oder der Betreffenden zugrunde.

Offensichtlich besitzen einige Menschen ein übersteigertes Ego. Solche Leute können selbst äußerst denkwürdig oder erinnernswert werden, wenn auch nur in dem Sinn, dass sie andere Menschen dazu bringen, sich auszumalen, auf welch raffinierte Weise man ihnen den Garaus machen könnte. Doch wenn auch die meisten von uns nicht so furchtbar sind, nennen sie immer noch ein gewisses Ego ihr Eigen, und dieses beeinflusst die Art und die Genauigkeit der von ihnen aktivierten Erinnerungen. Warum ist das so?

In diesem Buch war bislang von »dem Gehirn« die Rede, als ob es sich um eine separate, eigenständige Entität handelte – ein Ansatz, den man in den meisten Büchern oder Artikeln über das Gehirn findet. Das ist auch sinnvoll, denn wenn man etwas einer wissenschaftlichen Untersuchung unterziehen will, muss man so objektiv und rational wie möglich vorgehen. Deshalb wird man das Gehirn so behandeln, als wäre es einfach nur ein weiteres Körperorgan, wie die Leber oder das Herz beispielsweise.

Das ist es aber nicht! Ihr Gehirn sind *Sie*. Und an diesem Punkt geraten wir bei der Behandlung unseres Themas in den Bereich der Philosophie. Sind wir als Individuen wirklich nur das Produkt einer Menge von Neuronen, die Funken abfeuern? Oder sind wir mehr als die Summe unserer einzelnen Bestandteile? Entspringt der Geist tatsächlich dem Gehirn, oder stellt er eine separate, eigene Entität dar, intrinsisch mit dem Gehirn verbunden, aber nicht wirklich »identisch« mit ihm? Was bedeutet das in Bezug auf den freien Willen und unsere Fähigkeit, nach Höherem zu streben? Das sind die Fragen, mit denen sich Denker beschäftigt haben, seit man erkannte, dass das Gehirn der Sitz unseres Bewusstseins ist. (Das scheint heutzutage selbstverständlich, doch jahrhundertelang glaubte man, unser *Herz* beherberge unseren Geist, und das Gehirn erfülle profanere Aufgaben, wie unser Blut zu filtern oder zu kühlen. Dieses Denken schlägt sich immer noch in unserer Sprache nieder, beispielsweise in dem Ausspruch: »Tu, was dein Herz dir befiehlt.«[20])

Das müsste an anderer Stelle erörtert werden. Hier möge die folgende Information genügen: Wissenschaftliche Erkenntnisse und Belege verweisen darauf, dass unser Selbstempfinden und alles, was damit zusammenhängt (Erinnern, Sprechen, Empfinden von Emotionen, Wahrnehmen und so weiter), von Prozessen in unserem Gehirn getragen wird. Alles, was man ist, beruht auf unserem Gehirn, auf dessen Eigenarten, und daher ist ein großer Teil von dessen Aktivität dem Bemühen gewidmet, einen so gut aussehen und so gut fühlen zu lassen wie möglich. Das Gehirn nimmt quasi die Rolle eines unterwürfigen Lakaien ein, der eine Zelebrität umsorgt und umhegt, also auch verhindert, dass ihr Kritik an ihrer Person oder anderes Negatives zu Ohren kommt und sie aufregen könnte. Und eine Möglichkeit, dies zu erreichen, besteht darin, die Erinnerungen so zu modifizieren, dass man bezüglich seiner Selbst ein besseres Gefühl bekommt und ein positives Bild von sich hat.

Es gibt zahlreiche unterschiedliche Erinnerungsverzerrungen oder -aussetzer, von denen viele nicht eindeutig egoistischer Natur sind. Eine überraschend große Zahl scheint aber eine ausgeprägt egoistische Wurzel zu haben, vor allem die sogenannte *egozentrische* Verzerrung. Diese liegt vor, wenn unsere Erinnerungen vom Gehirn in einer Weise »zurechtgebogen« oder modifiziert werden, dass wir selbst besser dastehen oder besser aussehen.[21] Wenn sie sich zum Beispiel einer Gelegenheit entsinnen, bei der sie an einer Gruppenentscheidung beteiligt waren, dann neigen manche Menschen dazu, sich daran zu erinnern, dass sie größeren Einfluss auf die schließlich gefällte Entscheidung hatten, als wirklich der Fall war.

Dokumentiert wurde das zum Beispiel im Zusammenhang mit der Aufdeckung des Watergate-Skandals. Der Whistleblower John Dean berichtete den Mitgliedern des Untersuchungsausschusses alles über die Planungssitzungen und Diskussionen, an denen er teilgenommen hatte, und die schließlich zu der politischen Verschwörung und ihrer Vertuschung führten. Als man jedoch später die Tonbandaufnahmen dieser Treffen abspielte, also authentische Aufzeichnungen anhörte, stellte sich heraus, dass Dean zwar den »Kern« dessen, was gesagt worden war, richtig wiedergegeben hatte, dass aber viele seiner Behauptungen in beunruhigender Weise unzutreffend waren. Das Hauptproblem bestand darin, dass er sich selbst als Schlüsselfigur bei der Planung dargestellt hatte. Die Tonbandaufnahmen zeigten jedoch, dass er allenfalls ein Komparse gewesen war. Er hatte aber gar nicht die Wahrheit verdrehen wollen, sondern nur den Wunsch verspürt, sein eigenes Ego ein wenig »aufzublähen«. Sein Gehirn veränderte seine Erinnerungen dergestalt, dass sie seinem Ich-Gefühl und seinem Bewusstsein von seiner eigenen Bedeutung entgegenkamen.[22]

Es muss aber nicht um so aufsehenerregende Dinge gehen wie die Beteiligung an kriminellen Machenschaften, die eine Regierung zu Fall brachten. Es kann sich auch um Banaleres handeln, wie zum Beispiel darum, dass man meint, bei einem Sportwettbewerb besser abgeschnitten zu haben, als wirklich der Fall war. Oder dass man sich erinnert, eine stattliche Forelle geangelt zu haben, während in Wirklichkeit eine mickrige Elritze am Haken gezappelt hat. Wichtig ist, dass es zu solchen Lügen oder Übertreibungen nicht unbedingt dann kommen muss, wenn man jemanden beeindrucken will. Solch eine Verzerrung der Erinnerung stellt sich oft auch ein, *wenn man keinem anderen etwas über das zurückliegende Ereignis erzählt.* Das ist aufschlussreich: Wir sind aufrichtig *überzeugt* davon, dass unsere Erinnerung zutrifft. Die Modifikationen, die ein schmeichelhafteres Bild von uns selbst ergeben sollen, erfolgen meistens auf ganz unbewusster Ebene.

Es gibt noch andere Erinnerungsverzerrungen, die dem Ego zugeschrieben werden können. Das ist zum Beispiel die *choice supportive bias*, eine die Wahl stützende oder rechtfertigende Verzerrung. Zu ihr kommt es, wenn man sich für eine von mehreren Optionen zu entscheiden hatte und man später glaubt, dass die, die man gewählt hat, die beste war, die einem damals offenstand – auch wenn dies nicht so war.[23] Jede Option könnte, was das potenzielle Ergebnis, den »Profit« betrifft, praktisch identisch gewesen sein. Das Gehirn wandelt Ihre Erinnerung jedoch so ab, dass die verworfenen Optionen abgewertet werden, diejenige Option aber, für die man sich entschieden hat, eine Aufwertung erfährt. Am Ende ist man überzeugt, eine kluge Wahl getroffen zu haben, selbst wenn man einfach nur Glück gehabt hat.

Dann gibt es den *self-generation effect.* Dieser bewirkt, dass man sich besser an Dinge erinnert, die man selbst gesagt oder »hervorgebracht« hat, als an solche, die andere von sich gegeben haben.[24]

Viel mehr Anlass zur Beunruhigung gibt die *own-race-bias.* Diese bereitet einem Schwierigkeiten, Menschen, die nicht der eigenen Rasse angehören, zu erinnern und wiederzuerkennen.[25] Das Ego ist alles andere als subtil oder rücksichtsvoll und kann sich auf sehr grobe Weise Geltung verschaffen, zum Beispiel, indem es Menschen mit demselben oder einem ähnlichen rassischen Hintergrund Priorität vor solchen einräumt, die diesen nicht besitzen, da der eigene »der beste« ist. Es ist möglich, dass man dies überhaupt nicht »denkt«, aber das Unterbewusstsein ist nicht immer auf solch hohem Niveau, das heißt, so aufgeklärt.

Sie kennen wohl den Spruch: »Hinterher ist man immer schlauer«, mit dem man für gewöhnlich jemanden ridikülisiert, der behauptet, schon »vorher« den Ausgang von etwas gekannt zu haben. Man unterstellt damit, dass die betreffende Person übertreibt oder lügt, weil sie nämlich dieses Vor-Wissen nicht nutzte, obwohl das wirklich von Vorteil gewesen wäre. Zum Beispiel: »Wenn du dir so sicher warst, dass Barry getrunken hatte, warum hast du dich dann von ihm zum Flughafen fahren lassen?«

Es trifft zweifellos zu, dass einige Leute ihr »Bescheidwissen« übertreiben, um klüger und informierter zu erscheinen, doch gibt es tatsächlich so etwas wie die *hindsight bias*, den »Rückschaufehler«, in Bezug auf Erinnerungen. Das bedeutet, dass wir ein Geschehnis als vorausschaubar erinnern, obwohl es das nicht war.[26] Auch dies ist keine der Selbsterhöhung dienende Erfindung, sondern unsere Erinnerungen scheinen diese Auffassung ehrlich zu bestätigen. Das Gehirn wandelt Erinnerungen um, um unserem Ego Auftrieb zu geben, indem es uns glauben lässt, dass wir informiert waren und die Situation im Griff hatten.

Schauen wir uns als Letztes die *fading-affect bias* an.[27] Sie hat zur Folge, dass mit starken Emotionen verbundene Erinnerungen an negative Ereignisse schneller verblassen als solche an positive Ereignisse. Die Erinnerungen selbst bleiben unter Umständen intakt, doch ihre emotionelle Komponente kann im Lauf der Zeit schwinden, und es scheint, dass im Allgemeinen unangenehme Emotionen schneller vergehen als angenehme. Dem Gehirn gefällt es eindeutig, wenn einem Schönes widerfährt, es beschäftigt sich aber nicht für längere Zeit mit dem Unschönen.

Dies sind nur einige der Verzerrungen, die herangezogen werden können, um zu zeigen, dass das Bedürfnis nach Erhöhung des eigenen Egos die Genauigkeit von Erinnerungen, ihr Zutreffen, beeinträchtigen kann. Solche Verzerrungen sind etwas, was das Gehirn die ganze Zeit über hervorbringt. Doch *wieso*?* Ein akkurates Erinnern von Ereignissen wäre doch sicher nützlicher als solche selbstwertdienlichen Verzerrungen?

Nun, das ist richtig und doch wieder nicht. Nur einige Verzerrungen scheinen in einer solchen Beziehung zum Ego zu stehen, andere eher in einer gegenteiligen. So gibt es beispielsweise das Phänomen der »Persistenz«. Das heißt, dass Erinnerungen an ein traumatisches Geschehen gegen den Wunsch des/der Betreffenden zurückkehren.[28] Persistenz ist ein verbreitetes Phänomen und muss nicht unbedingt sonderlich schädigend oder störend sein. Man kann etwa irgendwohin schlendern, ohne an etwas Besonderes zu denken, und dann fragt einen das Gehirn plötzlich:»Erinnerst du dich noch, wie du beim Schulfest jenes Mädchen gefragt hast, ob sie mit dir ausgehen will, und wie sie dir vor allen anderen ins Gesicht gelacht hast und du wegrennen wolltest, aber gegen einen Tisch geknallt und in den Torten gelandet bist?« Urplötzlich lässt aus nicht erkennbarem Anlass eine zwanzig Jahre alte Erinnerung Schamgefühle in einem aufsteigen. Andere Verzerrungen wie »Kindheitsamnesie« deuten eher auf Einschränkungen oder Ungenauigkeiten hin, die sich aus der Arbeitsweise des Erinnerungssystems ergeben, als dass sie auf das Verlangen nach Steigerung des Selbstwertgefühls schließen lassen.

Man muss sich der Tatsache gewahr bleiben, dass das Ausmaß der von diesen Erinnerungsverzerrungen verursachten

---

* *Wie* genau es dies tut, ist eine andere Frage, die bislang noch nicht wirklich beantwortet wurde. Eine Darstellung der Einflussnahme unseres Bewusstseins auf die Art und Weise, in der wir Erinnerungen kodieren und wieder aufrufen, Wahrnehmungen mit »Blick« auf uns selbst filtern und auf andere möglicherweise relevante Prozesse, würde wohl ein eigenes Buch erfordern.

Änderungen (gewöhnlich) beschränkt und nicht wirklich einschneidend ist: Man kann später meinen, bei einem Einstellungsgespräch eine bessere Figur gemacht zu haben, als es wirklich der Fall war. Man wird sich aber kaum daran erinnern, dass man eine bestimmte Stelle bekommen hat, wenn das nicht so war. Die *ego-bias* des Gehirns hat nicht die Macht, andere Realitäten zu schaffen, sie wirkt sich nur modifizierend darauf aus, wie man ein vergangenes Ereignis erinnert. Sie verklärt dieses, bringt aber keine neuen Ereignisse hervor.

Doch warum die Modifikationen? Erstens müssen Menschen viele Entscheidungen treffen, und das fällt ihnen leichter, wenn sie einen bestimmten Grad von Vertrauen in sich selbst besitzen. Das Gehirn konstruiert sich ein Modell davon, wie die Welt funktioniert, damit man sich in ihr zurechtfinden kann, und es muss sicher sein, dass dieses Modell stimmt (siehe Kapitel 8). Wenn man bei jeder Entscheidung, die man zu treffen hat, alle möglicherweise daraus resultierenden Folgen abwägen müsste, dann würde das extrem viel Zeit in Anspruch nehmen. Das kann jedoch vermieden werden, wenn man genügend Vertrauen in das eigene Vermögen hat, sich für das richtige Vorgehen zu entscheiden.

Zweitens werden *alle* unsere Erinnerungen von einem persönlichen, subjektiven Standpunkt aus gebildet. Wenn wir Urteile fällen, so können wir das nur aufgrund unserer eigenen Kriterien und Deutungen. Dies könnte dazu führen, dass unsere Erinnerungen Fällen, in denen diese Urteile »richtig« waren, größeres Gewicht einräumen als solchen, in denen sie es nicht waren – und zwar in einem Maße, dass unser Urteil von unserem Gedächtnis verteidigt und bekräftigt wird, selbst wenn es nicht wirklich korrekt war.

Darüber hinaus scheint für uns Menschen ein gewisses Gefühl für den eigenen Wert und das eigene Leistungsvermögen unentbehrlich, wenn wir funktionieren wollen. Wenn wir unser Selbstwertgefühl einbüßen, weil wir zum Beispiel an einer klinischen Depression leiden, kann das geradezu lähmend sein. Doch selbst wenn es normal funktioniert, neigt das Gehirn dazu, sich mit möglichen negativen Ergebnissen zu befassen und sich darüber zu sorgen. Man kann zum Beispiel nach einem wichtigen Ereignis wie einem Einstellungsgespräch nicht aufhören sich auszumalen, was hätte passieren können, selbst wenn es gar nicht passiert ist. Dieser Vorgang ist als »kontrafaktisches Denken« bekannt.[29] Ein bestimmter Grad von Selbstvertrauen und Egogefühl, selbst wenn er durch manipulierte Erinnerungen künstlich erzeugt wird, ist unerlässlich dafür, dass man normal funktioniert.

Manch einer mag die Vorstellung, dass Erinnerungen aufgrund des eigenen Egos unzuverlässig sein könnten, ziemlich beunruhigend finden. Und wenn das für jeden von uns gilt, kann man dann überhaupt noch dem trauen, was andere sagen? Vielleicht erinnern wir uns alle falsch, weil wir uns unbewusst selbst schmeicheln wollen? Zum Glück besteht aber wohl kein Anlass zur Panik. Vieles kann immer noch richtig und effizient erledigt werden, die Verzerrungen aus egoistischen Motiven, die existieren, scheinen also von ihrer Auswirkung her letztlich relativ harmlos. Dennoch könnte es ratsam sein, sich ein Gran Skeptizismus zu bewahren, wenn jemand Behauptungen anstellt, die dazu dienen, sich selbst herauszustreichen.

So habe ich zum Beispiel in diesem Abschnitt versucht, Sie, meinen Leser, zu beeindrucken, indem ich Ihnen gezeigt habe, wie Gedächtnis und Ego in Verbindung miteinander stehen. Was aber, wenn ich mich einfach nur an Dinge erinnert habe, die meine Auffassung stützen, und den Rest vergessen habe? Ich habe behauptet, dass der *self-generation effect*, der bewirkt, dass jemand Dinge, die er selbst gesagt hat, besser memoriert als solche, die andere gesagt haben, auf das Ego des Betreffenden zurückzuführen ist. Eine andere Erklärung dafür wäre aber, dass Dinge, die man selbst sagt, das Gehirn in einem viel größeren Ausmaß involvieren. Man muss daran denken, was man sagen will, den Gedanken ausarbeiten, die physischen Bewegungen ausführen, die zu seiner Artikulation nötig sind, sich selbst prüfend zuhören, mögliche Reaktionen bedenken – *natürlich* prägt der Gedanke sich einem daher tiefer ein.

Liefert die *choice-supportive bias*, die dazu führt, dass uns die Wahl oder Entscheidung, die wir getroffen haben, als die bestmögliche in Erinnerung bleibt, ein Beispiel dafür, dass unser Ego sich Geltung verschafft, oder stellt sie nur eine von mehreren Methoden dar, mit der das Gehirn uns davon abhält, über Möglichkeiten nachzusinnen, die nicht eintraten und nicht eintreten können? Wir Menschen tun das gerne, doch es bindet nur wertvolle Energie, und häufig, ohne dass wir einen nennenswerten Gewinn daraus ziehen.

Wie steht es mit dem *cross-race effect*, der es Menschen schwer macht, Gesichter von anderen wiederzuerkennen, wenn sie nicht der eigenen Rasse angehören? Weist das auf irgendeine düstere egoistische Präferenz hin? Oder liegt es daran, dass man inmitten von Menschen der eigenen Rasse aufgewachsen ist und daher einfach viel mehr Übung darin hat, Leute zu unterscheiden, die einem in rassischer Hinsicht ähneln?

All die angeführten Verzerrungen können sich anders erklären lassen als damit, dass das Ego sie bewirkt. Ist dieser ganze Abschnitt also nur das Ergebnis meines eigenen außer Rand und Band geratenen Egos? Nicht wirklich. Es gibt eine Fülle von Belegen dafür, dass egozentrische Verzerrung ein tatsächlich existierendes Phänomen ist. So haben unter anderem Studien ergeben, dass Menschen eher willens und in der Lage sind, vor vielen Jahren getätigte Handlungen zu kritisieren als solche, die nicht lange zurückliegen. Das ist wahrscheinlich vor allem so, weil die jüngeren Handlungen ihnen ein aktuelleres Bild von sich selbst vor Augen führen. Kritik an ihnen käme viel zu nahe an eine Selbstkritik heran und wird daher unterdrückt oder übersehen.[30] Manche Menschen tendieren sogar dazu, ihr »früheres« Selbst zu kritisieren und das »gegenwärtige« zu loben, auch wenn sich bezüglich dessen, um das es geht, überhaupt keine Änderung oder Verbesserung feststellen lässt. (»Als Jugendlicher habe ich nicht Autofahren gelernt, weil ich zu träge dazu war. Jetzt lerne ich es nicht, weil ich zu beschäftigt bin.«) Diese Kritik an einem früheren Selbst scheint dem Sinn und Zweck einer egozentrischen Erinnerungsverzerrung zuwiderzulaufen, doch sie dient dazu, deutlich zu machen, um wie viel besser und reifer das gegenwärtige Selbst ist, auf das man daher stolz sein kann.

Das Gehirn überarbeitet, es »redigiert« regelmäßig Erinnerungen, damit sie – aus welchem Grund auch immer – schmeichelhafter für uns werden. Dieser Prozess kann sich verselbstständigen. Wenn wir uns an ein Geschehnis in einer Weise erinnern oder es auf eine Weise schildern, die unsere Rolle dabei leicht übertreibt (wir haben bei einem Angelausflug den größten Fisch gefangen, nicht den drittgrößten), dann wird die niedergelegte, kodierte Erinnerung tatsächlich um diese Modifikation »aktualisiert« (die Modifikation stellt eigentlich ein neues Ereignis, ein neu zu erinnerndes Ereignis dar, ist aber so eng mit der existierenden Erinnerung verbunden, dass das Gehirn beides irgendwie zusammenführen muss). Und das geschieht beim nächsten Mal, wenn die Erinnerung aufgerufen wird, erneut. Und beim übernächsten Mal und dem überübernächsten Mal, ohne dass man es weiß oder realisiert. Das Gehirn ist derart komplex, dass es oft mehrere Erklärungen gleichzeitig für ein- und dasselbe Phänomen gibt, die alle gleichermaßen gültig sind.

Der Vorteil davon ist, dass Sie, auch wenn Sie diese Ausführungen nicht ganz verstehen, sie Ihrer späteren Erinnerung nach doch verstanden haben werden.

Wo bin ich? ... Wer bin ich?

Wann und wie das Erinnerungssystem irren kann

In diesem Kapitel haben wir uns mit einigen der beeindruckenderen und bizarreren Eigenschaften des Erinnerungssystems befasst, sind dabei aber immer von einem normalen »Arbeiten« (in Ermangelung eines besseren Terminus) des Gedächtnisses ausgegangen. Doch was, wenn etwas schiefgeht? Was kann das Erinnerungssystem des Gehirns stören? Wir haben gesehen, dass das Ego eines Menschen seine Erinnerungen verzerren kann, die Verzerrung aber selten so gravierend ist, dass tatsächlich neue Erinnerungen entstehen, nämlich solche an Dinge, die gar nicht geschehen sind. Damit wollte ich Sie beruhigen. Jetzt will ich das aber rückgängig machen, indem ich darauf hinweise, nicht gesagt zu haben, dass das *niemals* geschieht.

Es gibt bekanntlich »falsche Erinnerungen«. Diese können sehr gefährlich sein, vor allem, wenn es sich um eine Erinnerung an irgendetwas Grässliches handelt. Man hat von Psychologen und Psychiatern gehört, die sich, wohl in der lautersten Absicht, bemüht haben, verdrängte Erinnerungen in Patienten wachzurufen, dabei aber anscheinend (vermutlich versehentlich) die schrecklichen Erinnerungen, die sie freizulegen versuchten, erst geschaffen haben. Das kommt auf psychischer Ebene einer Brunnenvergiftung gleich.

Das Beunruhigendste dabei ist, dass man nicht an psychischen Problemen leiden muss, damit einem solche falschen Erinnerungen in den Kopf kommen. Es kann im Grunde jedem passieren. Die Vorstellung, dass uns jemand falsche Erinnerungen ins Gehirn einpflanzen kann, indem er lediglich zu uns spricht, mag ein wenig lächerlich erscheinen, doch ist das in neurologischer Hinsicht gar nicht so weit hergeholt. Sprache ist anscheinend von fundamentaler Bedeutung für unsere Weise zu denken, und unsere Weltsicht basiert zu einem großen Teil auf dem, was andere Menschen denken und uns erzählen (siehe Kapitel 7).

Ein beträchtlicher Teil der Studien zu falschen Erinnerungen befasst sich mit Augenzeugenberichten.[31] Bei wichtigen Gerichtsverfahren können die Leben Unschuldiger durch Aussagen von Augenzeugen, die ein einzelnes Detail falsch im Gedächtnis haben oder sich an etwas erinnern, das gar nicht geschah, für immer ruiniert werden.

Augenzeugenberichte mögen bei Gerichtsverfahren wertvoll sein, doch ist der Gerichtssaal einer der ungeeignetsten Orte, um sie einzuholen. Die Atmosphäre dort ist oft sehr angespannt und einschüchternd, den Personen, die dort aussagen, wird die Ernsthaftigkeit der Situation unmissverständlich klar gemacht: Sie müssen bei Gott schwören,»die Wahrheit und nichts als die Wahrheit« zu sagen. Einem Richter versprechen, dass man nicht lügen wird, und den Schöpfer als Zeugen anrufen? Damit wird man in einen Ausnahmezustand versetzt, vermutlich unter beträchtlichem Stress stehen oder geradezu verstört sein.

Die Leute neigen dazu, sich von Menschen, in denen sie Autoritätspersonen sehen, stark beeinflussen zu lassen. Man hat immer wieder festgestellt, dass bei Befragungen die Art der Frage sich entscheidend auf den Inhalt der Erinnerung auswirken kann. Die wissenschaftliche Untersuchung dieses Phänomens ist mit dem Namen von Elizabeth Loftus verbunden, die sich umfassend damit befasst hat.[32] Die Professorin führt immer wieder die beunruhigenden Fälle von Personen an, denen äußerst traumatische Erinnerungen (vermutlich unbeabsichtigt) durch fragwürdige und unerprobte therapeutische Methoden»implantiert« wurden. Ein besonders berühmter Fall ist der von Nadine Cool, einer Frau, die sich um 1980 herum von einem Psychiater von einer traumatischen Erfahrung befreien lassen wollte und im Laufe der Therapie detaillierte Erinnerungen an ihre Mitgliedschaft in einer mordenden Satanistensekte ausbildete. Doch keine dieser Erinnerungen entsprach der Realität, und Cool konnte am Ende den Therapeuten erfolgreich auf mehrere Millionen Dollar Schadensersatz verklagen.[33] Elizabeth Loftus führte mehrere Studien durch, bei denen man den Probanden Videoaufnahmen von Autounfällen oder ähnlichen Vorfällen zeigte und sie anschließend befragte, was sie gesehen hatten. Man fand (bei diesen und bei anderen) Studien immer wieder heraus, dass die Struktur der gestellten Fragen sich direkt darauf auswirkt, woran sich eine Person erinnern kann.[34] Das Phänomen ist natürlich von besonderer Relevanz, wenn man Augenzeugenberichte einholt.

Unter bestimmten äußeren Umständen – wenn der Zeuge verängstigt ist und die Frage von jemandem an ihn gerichtet wird, der Autorität besitzt (wie etwa der Anwalt in einem Gerichtssaal) – kann eine bestimmte Formulierung eine Erinnerung »erschaffen«. Wenn der Staatsanwalt zum Beispiel fragt: »War der Angeklagte zur Zeit des großen Cheddar-Raubs in der Nähe des Käseladens?«, dann kann der Zeuge mit Ja oder mit Nein antworten, je nachdem, woran er oder sie sich erinnert. Doch wenn der Staatsanwalt fragt: »Wo genau in dem Käseladen hielt sich der Angeklagte zur Zeit des großen Cheddar-Raubs auf?«, dann heißt das, dass sich der Angeklagte definitiv in dem Laden befand. Der Zeuge erinnert sich vielleicht gar nicht, ihn dort gesehen zu haben. Doch da die Frage gleichzeitig die Bestätigung eines Fakts enthält und von einer Person mit einem höheren Status an ihn gerichtet wird, beginnt das Gehirn, an seinen eigenen »Aufzeichnungen« zu zweifeln und sie so zu modifizieren, dass sie mit den neuen, von der »zuverlässigen« Quelle präsentierten »Fakten« übereinstimmen. Es kann geschehen, dass der Zeuge etwas aussagt wie:»Ich glaube, er stand neben dem Gorgonzola« und das auch wirklich glaubt, obwohl er so etwas überhaupt nicht gesehen hat. Dass etwas, das von so fundamentaler Bedeutung für unsere Gesellschaft ist, so anfällig für Verfälschungen sein kann, ist höchst beunruhigend. Ich wurde einmal aufgefordert, als Gutachter vor Gericht zu bestätigen, dass jeder Zeuge der Anklage von unzutreffenden Erinnerungen heimgesucht werden könnte, lehnte dies aber ab: Ich hatte Angst, dass ich ungewollt das gesamte britische Justizsystem über den Haufen werfen könnte.

Wir sehen, wie einfach es ist, das Erinnerungssystem zu stören, wenn es *normal funktioniert*. Wie ist es aber, wenn etwas mit den zerebralen Mechanismen, die für Erinnerung verantwortlich sind, wirklich nicht stimmt? Das kann vielfache Ursachen haben, und keine davon ist besonders angenehm.

Am extremen Ende der Skala finden wir Funktionsstörungen aufgrund einer ernsthaften Schädigung des Gehirns, wie sie durch eine aggressive neurogenerative Erkrankung – Alzheimer zum Beispiel – bewirkt werden kann. Alzheimer (und andere Formen von Demenz) sind das Ergebnis eines großflächigen Absterbens von Zellen im Gehirn. Die Krankheit kann sich durch verschiedene Symptome äußern, die bekanntesten aber sind Erinnerungsverlust und Gedächtnisstörung. Die genaue Ursache für das Leiden ist unbekannt, der derzeitigen Haupttheorie zufolge wird es aber durch Neurofibrillenbündel (NFT; *neurofibrillary tangles*) ausgelöst.[35]

Neuronen sind lange, sich verästelnde Zellen, und sie besitzen etwas, das man Cytoskelette nennt. Diese »Skelette« bestehen aus langen, dünnen Eiweißketten, den sogenannten Neurofilamenten, von denen mehrere, miteinander wie einzelne Stränge zu einem Tau verflochten, ein »festeres« Gebilde ergeben: ein Neurofibril. Diese Neurofibrillen verleihen dem Zellkörper Stabilität und unterstützen den Transport wichtiger Substanzen von einem ans andere Ende der Zelle. Aus irgendeinem Grund sind aber bei einigen Menschen diese Neurofibrillen nicht mehr sauber aufgereiht, sondern sie verknäueln sich – wie ein Gartenschlauch, den man fünf Minuten lang unbeaufsichtigt gelassen hat. Es könnte eine winzige, aber gravierende Mutation in einem entscheidenden Gen sein, das die Proteine dazu bringt, sich auf solche nicht vorherzusagende Weise zu entfalten. Doch könnte auch ein anderer, gegenwärtig noch nicht bekannter Prozess in den Zellen die Ursache sein. Je älter ein Mensch ist, desto häufiger ist diese Veränderung feststellbar. Wie auch immer: Die beobachtete Verknäuelung behindert die Abläufe im Neuron erheblich, sie drosselt die wesentlichen Prozesse und führt am Ende zu seinem Absterben. Das geschieht überall im Gehirn und zieht beinahe alle Areale in Mitleidenschaft, die mit Erinnern zu tun haben.

Eine Beeinträchtigung des Gedächtnisses muss aber nicht von einer Veränderung auf zellulärer Ebene verursacht werden. Ein Schlaganfall, also eine Störung des Blutzuflusses zum Gehirn, wirkt sich ebenfalls sehr schädlich auf das Gedächtnis aus. Die Region des Hippocampus, der für das Kodieren und Verarbeiten all unserer Erinnerungen verantwortlich ist, benötigt unglaublich viele Ressourcen. Der Hippocampus ist auf eine ununterbrochene Versorgung mit Nährstoffen und Metaboliten angewiesen – auf die Zufuhr von Treibstoff könnte man sagen. Ein Schlaganfall kann diese Versorgung unterbrechen. Auch wenn es nur für kurze Zeit ist, hat die Unterbrechung ungefähr dieselbe Wirkung, wie wenn man den Akku aus einem Laptop nimmt. Egal, wie lange die Energiezufuhr unterbrochen ist: Der Schaden ist angerichtet. Vom Zeitpunkt der Unterbrechung an wird das Erinnerungssystem nicht mehr so gut funktionieren wie zuvor. Aber es gibt ein wenig Hoffnung: Es muss schon ein heftiger oder besonders »punktgenauer« Schlaganfall sein (Blut kann auf vielen verschiedenen Wegen zum Gehirn gelangen), wenn er ernsthafte Schädigungen des Gedächtnisses verursachen soll.[36]

Es gibt einen Unterschied zwischen »unilateralen« und »bilateralen« (ein- und zweiseitigen) Schlaganfällen. Das Gehirn setzt sich aus zwei Hemisphären, zwei Hälften, zusammen, und jede weist einen Hippocampus auf. Ein Schlaganfall, der beide Hälften in Mitleidenschaft zieht, ist wirklich verheerend, während man mit einem, der nur eine Hirnhälfte betrifft, eher fertigwerden kann. Über das menschliche Erinnerungssystem haben wir viel anhand von Studien erfahren, die an Probanden durchgeführt wurden, welche aufgrund von Schlaganfällen oder bizarrschauerhaften Verletzungen bestimmter Gehirnareale unter unterschiedlichen Gedächtnisdefiziten litten. Eine Versuchsperson, über die in wissenschaftlichen Artikeln über Gedächtnisverlust berichtet wird, litt an Amnesie. Diese war dadurch verursacht worden, dass jemand ihr ein Billardqueue in die Nase gerammt hatte, und zwar so tief oder weit, dass das Gehirn physischen Schaden nahm.[37] Es geht wirklich nichts über »non-contact«-Sport, bei dem man nicht in physischen Kontakt mit einem Gegner (oder einem Queue) kommt.

Es gibt Fälle, in denen die für die Verarbeitung von Erinnerungen zuständigen Teile des Gehirns per chirurgischem Eingriff, also absichtlich, entfernt worden sind. Auf diese Weise hat man erstmals herausgefunden, welche Gehirnpartien für Erinnerung verantwortlich sind. Lange bevor es Gehirnscans und andere raffinierte technologische Verfahren gab, erlangte der Patient »HM« Bekanntheit. Der Mann litt an einer schweren Schläfenlappen-Epilepsie. Bestimmte Areale seines Schläfenlappens verursachten bei ihm häufig Anfälle, die ihn derart entkräfteten, dass den Ärzten nichts anderes übrig blieb, als sie zu entfernen. Die Operation gelang, und die Anfälle blieben fortan aus. Leider kam aber auch das Langzeitgedächtnis von Patient HM zum Erliegen. Er konnte sich nur noch an die Monate vor dem Eingriff erinnern, an sonst nichts mehr. Dinge, die ihm vor weniger als einer Minute widerfahren waren, hatte er noch in Erinnerung, danach vergaß er sie aber. Auf diese Weise fand man heraus, dass der Schläfenlappen die Gehirnregion ist, in der sich Erinnerungen herausbilden.[38]

Patienten mit hippocampaler Amnesie werden immer noch intensiven Forschungen unterzogen, bei denen man zu immer mehr Erkenntnissen über die umfassenden Funktionen des Hippocampus kommt. Eine Studie aus dem Jahr 2013 deutet darauf hin, dass eine Schädigung des Hippocampus die Fähigkeit zu kreativem Denken beeinträchtigt.[39] Das scheint logisch: Es muss einem schwerer fallen, kreativ zu sein, wenn man interessante Ereignisse und Kombinationen von Reizen nicht in Erinnerung behalten und wieder aufrufen kann.

Vielleicht noch aufschlussreicher war, welche Erinnerungssysteme HM *nicht einbüßte*: Sein Kurzzeitgedächtnis blieb eindeutig erhalten, doch konnten die Informationen in ihm nirgendwohin weitergeleitet werden. Deswegen vergingen sie einfach. Er war in der Lage, neue motorische Fähigkeiten zu erlernen, wie bestimmte Zeichentechniken, doch jedes Mal, wenn man ihn etwas mithilfe einer solchen Technik ausführen ließ, war er überzeugt, dass er sie zum ersten Mal anwendete, obwohl er sie sehr geschickt zu handhaben wusste. Offenkundig wurde diese unbewusste Erinnerung an anderer Stelle von verschiedenen Mechanismen verarbeitet, die verschont geblieben waren.*

---

* Ein Referent erzählte mir einmal auf einer Vortragsveranstaltung, dass eines der wenigen Dinge, die HM lernte und an die er sich erinnerte, der Ort war, an dem seine Kekse aufbewahrt wurden. Er konnte sich aber nie daran erinnern, dass er gerade einen gegessen hatte. Deswegen kehrte er immer wieder zu dem Aufbewahrungsort zurück, um sich noch einen Keks zu genehmigen. Erinnerungen bildete er nie aus, aber er nahm an Gewicht zu. Ich kann mich nicht dafür verbürgen, dass diese Geschichte stimmt, ich habe keine Berichte oder Belege gefunden. Jeffrey Brunstrom und sein Team haben aber bei einer Studie hungrigen Versuchspersonen mitgeteilt, dass man ihnen entweder 500 Milliliter oder 300 Milliliter Suppe verabreichen würde. Die erhielten sie auch. Ein ausgeklügelter Mechanismus, bei dem manipulierte Pumpen ins Spiel kamen, bewirkte aber, dass einige, denen man 300 Milliliter in Aussicht gestellt hatten, tatsächlich 500 erhielten, während andere, denen man 500 Milliliter versprochen hatte, nur 300 erhielten. (P.S. Hogenkamp u. a.: »Expected satiation after repeated consumption of low- or high-energy-dense soup.« In: *British Journal of Nutrition.* 2012, 108 (01), S. 182–190.) Das interessante Ergebnis der Studie war, dass die tatsächlich konsumierte Menge irrelevant war. Es war die Menge, die eine Person sich erinnerte, verzehrt zu haben (auch wenn diese Erinnerung irrig war), die über ihr Sättigungsgefühl entschied. Diejenigen, die 500 Milliliter zu sich genommen hatten, je-

Seifenopern wollen einen glauben machen, dass eine »retrograde Amnesie« häufig eintritt. Darunter versteht man die Unfähigkeit, Erinnerungen zu aktivieren, die in eine Zeit vor einem traumatischen Ereignis fallen. Normalerweise kommt es in solchen Werken der Unterhaltungsindustrie zu einer retrograden Amnesie, wenn eine der handelnden Personen einen Stoß oder Schlag auf den Schädel versetzt bekommt (zum Beispiel, weil sie aus irgendeinem hanebüchenen Grund stürzt), ohnmächtig wird und beim Aufwachen fragt: »Wo bin ich hier? Und wer seid ihr?« Nach und nach stellt sich heraus, dass die betreffende Person nicht mehr weiß, was in den letzten zwanzig Jahren ihres Lebens geschah.

Dass es im wirklichen Leben zu so einer Amnesie kommt, ist höchst unwahrscheinlich. Dass ein Schlag auf den Schädel eine ganze Lebensgeschichte und das Wissen um die eigene Identität auslöscht, ist ein äußerst seltenes Ereignis. Die einzelnen Erinnerungen sind im gesamten Gehirn verteilt niedergelegt. Wenn sie alle ausradiert sein sollen, muss also nahezu das gesamte Gehirn verletzt worden sein. Wenn es dazu gekommen ist, räumt man aber wohl der Fähigkeit, sich des Namens seines besten Freundes zu entsinnen, keine Bedeutung ein.[40] Überdies sind die exekutiven Areale im Stirnlappen, die für das Erinnern zuständig sind, auch ziemlich wichtig für das Treffen von Entscheidungen, rationales Abwägen und andere Fähigkeiten. Wenn sie zerstört werden, wird der Gedächtnisverlust daher im Vergleich zu den anderen, gravierenderen Problemen von relativ geringer Bedeutung sein. Es gibt Menschen, die eine retrograde Amnesie durchleben, doch geht diese gewöhnlich vorüber, und die Erin-

---

doch glaubten, es seien nur 300 Milliliter gewesen, bekundeten viel früher Hungergefühle als diejenigen, die dachten, 500 Milliliter konsumiert zu haben, in Wirklichkeit aber nur 300 erhalten hatten. Erinnerungen können also eindeutig aktuelle physiologische Signale »übertönen«. Es sieht demnach so aus, als könne eine ernsthafte Gedächtnisstörung sich nachhaltig auf unsere Ernährungsweise und unser Essverhalten auswirken.

nerungen kehren nach einer gewissen Zeit zurück. Daraus lassen sich weniger gut dramatische Plots für Seifenopern stricken, doch für den Einzelnen ist es vermutlich besser.

Falls und wenn eine retrograde Amnesie eintritt, lässt sich diese Störung aufgrund ihrer Natur schlecht erforschen. Das Ausmaß, in dem eine Person Erinnerungen an ihr früheres Leben verloren hat, lässt sich nur schwer einschätzen und bemessen, denn wie soll ein anderer Mensch so genau über die Ereignisse dieses Lebens Bescheid wissen? Der Patient könnte zum Beispiel sagen: »Ich glaube mich zu erinnern, wie ich mit dem Bus zum Zoo gefahren bin, als ich elf war«. Doch der Arzt war nicht selbst dabei. Wie soll er wissen, ob diese Erinnerung zutrifft? Es könnte sich leicht um eine suggerierte oder neu geschaffene Erinnerung handeln. Um also festzustellen oder zu überprüfen, in welchem Ausmaß jemand die Erinnerungen an sein früheres Leben verloren hat, und um zu eruieren, wie umfassend die Gedächtnislücken sind, benötigte man genaue und zutreffende Aufzeichnungen über das *gesamte Leben* des Betreffenden − und solche Aufzeichnungen besitzt man nur selten.

Es gibt eine bestimmte Art retrograder Amnesie, die aus dem sogenannten »Wernicke-Korsakoff-Syndrom« resultiert. Es geht auf exzessiven Alkoholkonsum zurück.[41] Forschungen zu dieser Amnesie-Art haben einer nur als »Patient X« bekannten Person viel zu verdanken. Dieser Mann hatte nämlich, bevor ihn die Amnesie ereilte, seine Autobiografie verfasst. Das versetzte die Ärzte in die Lage, das Ausmaß des Gedächtnisverlustes genauer zu ermitteln, da sie die von ihm selbst zu Papier gebrachten Aufzeichnungen zur Kontrolle heranziehen konnten.[42] In der Zukunft könnte sich dieser günstige Fall öfter ergeben, da immer mehr Menschen mithilfe der sozialen Medien über ihr Leben berichten. Doch spiegelt das, was sie online über sich bekanntgeben, nicht immer ihr Leben zutreffend wider. Man kann sich gut vorstellen, wie klinische Psychologen die Facebook-Profile von Patienten mit Amnesie studieren und zu dem Schluss kommen, dass deren Erinnerungen in erster Linie daraus bestehen müssten, wie sie sich witzige Katzenvideos angeschaut und über sie gelacht haben.

Der Hippocampus kann leicht geschädigt oder in seiner Funktion gestört werden – durch Verletzungen, Schlaganfall oder verschiedene Arten von Demenz. Sogar Herpes simplex kann gelegentlich sehr aggressiv werden und den Hippocampus angreifen.[43] Und da er von wesentlicher Bedeutung für das Bilden neuer Erinnerungen ist, ist der wahrscheinlichste Typ von Amnesie, der sich bei seiner Schädigung einstellt, ein *anterograder*, das heißt die Unfähigkeit, nach einer Verletzung *neue* Erinnerungen niederzulegen. An dieser Art von Amnesie litt der erwähnte Patient HM (der 2008 im Alter von achtundsiebzig starb). Es ist genau wie in dem Film *Memento*. Falls Sie ihn gesehen haben, sich aber nicht wirklich an den Inhalt erinnern, ist es nicht besonders hilfreich – aber es liegt Ironie darin.

Das war nur ein kurzer Überblick über die vielen Dinge, die in den Erinnerungssystemen des Gehirns falsch laufen können – infolge von Verletzungen, chirurgischen Eingriffen, Krankheiten, Alkoholkonsum oder allem möglichen anderen. Es kommen noch weitere sehr spezifische Arten von Amnesie vor, wie zum Beispiel die Unfähigkeit, Ereignisse im Gedächtnis zu behalten, Fakten aber durchaus zu erinnern, und einige dieser Erinnerungsdefizite besitzen keine erkennbaren physischen Ursachen. Solche Amnesien sind vermutlich rein psychischen Ursprungs und möglicherweise auf Verweigerung oder auf eine traumatische Erfahrung zurückzuführen.

Aber wie kann ein solches verworrenes und verwirrendes, inkonsistentes, anfälliges und fragiles System wie das Erinnerungsvermögen überhaupt von Nutzen sein? Einfach deswegen, weil es die meiste Zeit über funktioniert – trotz allem. Es ist überwältigend und von einer solchen Kapazität und Anpassungsfähigkeit, dass es sogar den allermodernsten Supercomputer in den Schatten stellt. Seine Flexibilität und seine unheimlich ausgeklügelte Organisation haben sich über Millionen von Jahren hinweg entwickelt. Wie könnte ich mir also herausnehmen, Kritik an ihm zu üben? Das menschliche Erinnerungsvermögen ist nicht perfekt, aber es ist gut genug.

Wir brauchen vor nichts Angst zu haben außer vor der Angst selbst

Wie unser Gehirn uns unablässig in Angst und Schrecken versetzt

Worüber machen Sie sich gerade Sorgen? Vermutlich über eine Menge Dinge. Haben Sie alles besorgt, was Sie für die bevorstehende Geburtstagsfeier Ihrer Kinder benötigen? Läuft Ihr großes Arbeitsprojekt auch wirklich gut? Wird die Gasrechnung höher ausfallen, als Sie es sich leisten können? Wann hat eigentlich Mutter zum letzten Mal angerufen: Ob wohl alles in Ordnung mit ihr ist? Der Schmerz in der Hüfte will einfach nicht abklingen: Ist es am Ende vielleicht doch Arthritis? Dieser Hackfleischrest liegt schon seit einer Woche im Kühlschrank: Was, wenn jemand ihn isst und sich eine Lebensmittelvergiftung holt? Warum juckt mein Fuß bloß so? Weißt du noch, wie dir in der Schule die Hose auf die Knöchel gerutscht ist, als du neun warst: Ob sich einige Leute immer noch daran erinnern? Reagiert das Auto nicht ein bisschen träge aufs Gas? Was ist das für ein Geräusch? Eine Ratte? Was ist, wenn sie mit Pestbazillen infiziert ist? Und so weiter und so weiter und so weiter.

Wie wir in dem Abschnitt über »Kampf oder Flucht« erfahren haben, ist unser Gehirn ständig darauf ausgerichtet, potenzielle Bedrohungen zu entdecken. Ein Nachteil unserer hoch entwickelten Intelligenz besteht wohl darin, dass wir alles Mögliche als »Bedrohung« auffassen können. An irgendeinem Punkt in unserer im Dunkeln liegenden evolutionären Vergangenheit war unsere Intelligenz ausschließlich auf aktuelle, physische, lebensgefährdende Risiken fokussiert, von denen die Welt damals voll war. Aber diese Zeiten sind lange vorbei. Die Welt hat sich geändert, doch unser Gehirn ist mit diesem Wandel nicht mitgekommen und kann alles Mögliche entdecken, um das man sich Sorgen machen muss.

Die obige Liste bildet nur die winzige Spitze des gewaltigen Neurosen-Eisbergs, den unser Gehirn kreiert. Alles, was eine negative Folge haben könnte, ganz egal, wie gering diese wäre oder wie subjektiv ihre Einstufung als »schädlich« ist, wird als »wert, sich Sorgen zu machen« klassifiziert. Und manchmal ist das noch nicht einmal nötig. Haben Sie jemals einen Schlenker gemacht, um nicht unter einer Leiter durchlaufen zu müssen, oder Salz über Ihre Schulter geworfen, oder es vermieden, an einem Freitag dem Dreizehnten das Haus zu verlassen? All das wären Symptome dafür, dass Sie abergläubisch sind – mit anderen Worten, dass Sie sich wegen Situationen oder Vorgängen aufrichtig beunruhigen, die in Wirklichkeit keinen Anlass dazu geben –, und sich infolgedessen in einer bestimmten Weise verhalten. Sie können zwar mit diesem Verhalten das Geschehen in keiner Weise beeinflussen, aber Sie fühlen sich sicherer.

Ähnlich wie von abergläubischen Vorstellungen lassen wir uns von Verschwörungstheorien vereinnahmen und steigern uns in Erregung und Verfolgungswahn wegen irgendwelcher Dinge hinein, deren Existenz zwar rein theoretisch möglich, aber höchst unwahrscheinlich ist. Oder das Gehirn kann Phobien ausbrüten – was bedeutet, dass wir von etwas gepeinigt werden, von dem wir wissen, dass es harmlos ist, vor dem wir aber dennoch schreckliche Angst haben. Bei anderen Gelegenheiten macht sich das Gehirn noch nicht einmal die Mühe, auch nur die geringste Erklärung dafür zu bieten, warum es beunruhigt ist, und sorgt sich tatsächlich wegen nichts. Wie oft haben Sie andere sagen hören: »Es ist viel zu ruhig«, oder: »Es ist zu lange gut gegangen, also muss jetzt etwas Schlimmes passieren«? So etwas kann sich zu einer chronischen Angststörung auswachsen. Die Tendenz des Gehirns, sich Sorgen zu machen, kann konkrete körperliche Folgen haben (hoher Blutdruck, innere Anspannung, Zittern, Gewichtszunahme/-abnahme) und sich auf unser Leben im Allgemeinen auswirken, indem es zu einem zwanghaften Sich-Beschäftigen mit ganz harmlosen Dingen führt. Diese Tendenz fügt uns also Schaden zu. Institutionen wie unter anderem das Office for National Statistics haben Erhebungen durchgeführt, aus denen hervorgeht, dass einer von zehn im Vereinigten Königreich lebenden Erwachsenen es zu irgendeinem Zeitpunkt seines Lebens mit einer durch Angst verursachten Störung zu tun bekommen wird.[1] In dem Bericht der britischen Mental Health Foundation für 2009, der den Titel »In the Face of Fear« (Das Gesicht der Angst) trug, wurde ein Anstieg von Angsterkrankungen um 12,8 Prozent im Zeitraum zwischen 1993 und 2007 vermeldet.[2] Das heißt, dass die Zahl der Erwachsenen im Vereinigten Königreich, die an solchen Problemen leiden, um nahezu eine Million zugenommen hat.

Wozu brauchen wir Säbelzahntiger, wenn unsere erweiterten Gehirne uns unablässig in Angst und Schrecken versetzen und damit runterziehen?

Was haben vierblättrige Kleeblätter und Ufos gemeinsam?

Die Verbindung zwischen Aberglaube, Verschwörungstheorien und anderen bizarren Überzeugungen

Lassen Sie mich Ihnen ein paar wissenswerte Dinge anvertrauen: Ich bin in viele dubiose Verschwörungen verwickelt, Mitglied von Gruppen, die die Gesellschaft insgeheim kontrollieren. Ich habe mich mit »Big Pharma« verbündet, um alle Naturheilmittel, alternative Medikamente und Krebstherapien zu unterdrücken – alles um des Profits willen. Ich bin an einem Komplott beteiligt, dessen Ziel es ist, sicherzustellen, dass die Öffentlichkeit niemals erfährt, dass die Mondlandungen nur ein raffinierter Schwindel waren. Als jemand, der seinen Lebensunterhalt im Bereich der Fürsorge für geistige Gesundheit und Psychiatrie verdient, bin ich selbstverständlich an einer gigantischen Gaunerei beteiligt, die alle Freidenker zum Schweigen bringen und Konformität erzwingen soll. Ich bin auch an der großen Verschwörung von Wissenschaftlern auf der ganzen Welt beteiligt, deren Ziel es ist, den Mythen vom Klimawandel, der Evolution, dem Nutzen von Impfungen und der Behauptung, dass die Erde eine Kugel sei, Vorschub zu leisten. Schließlich ist niemand auf der Erde reicher und mächtiger als die Wissenschaftler, und sie können es nicht riskieren, diese privilegierte Stellung einzubüßen, indem sie zulassen, dass die Menschheit im Allgemeinen herausfindet, wie die Welt wirklich funktioniert.

Es mag Sie überraschen zu erfahren, bei wie vielen Verschwörungen ich angeblich meine Finger im Spiel habe. Es hat mich selbst umgehauen. Ich habe es nur zufällig herausgefunden, und zwar dank der unermüdlichen Arbeit derer, die meine für den *Guardian* verfassten Online-Artikel kommentierten. Neben Mutmaßungen, dass ich der miserabelste Schreiberling aller Zeiten, der ganzen weiten Welt und der gesamten Menschheit sei und ich losziehen und Unaussprechliches mit meiner Mutter, meinen Haustieren, meinem Mobiliar veranstalten sollte, werden Sie in diesen Zuschriften »Beweise« für meine wiederholte und verbrecherische konspirative Tätigkeit finden.

Mit so etwas muss man anscheinend rechnen, wenn man Beiträge für eine größere Medienplattform verfasst. Ich war trotzdem schockiert. Einige der Verschwörungstheorien, in denen meiner Person eine Hauptrolle zugewiesen wurde, ergaben noch nicht einmal Sinn. Als ich einen Artikel schrieb, in dem ich Transgender-People verteidigte, nachdem diese in einem anderen Artikel einer besonders bösartigen Attacke ausgesetzt gewesen waren, wurde ich bezichtigt, an einer Anti-Transgender-Verschwörung beteiligt zu sein (weil ich diese Menschen nicht aggressiv genug verteidigt hätte). Andere beschuldigten mich, in eine Pro-Transgender-Verschwörung involviert zu sein (weil ich mich für diese Menschen eingesetzt hatte). Ich nehme also nicht nur an vielen Verschwörungen teil, ich mache auch aktiv Front gegen mich selbst.

Es passiert häufig, dass Leser, die einen Artikel aus meiner Feder/meinem Computer lesen, in dem ich ihre eigenen Ansichten oder Überzeugungen kritisiere, sofort zu dem Schluss kommen, dass hier eine finstere Kraft am Werk sei, die wild entschlossen ist, die Wahrheit zu unterdrücken, und nicht ein vor der Zeit kahl werdender Typ, der in Cardiff auf einem Sofa sitzt.

Die Einführung und Verbreitung des Internets und die Entstehung einer zunehmend untereinander vernetzten Gesellschaft hat das Aufkommen von Verschwörungstheorien stark gefördert: Die Leute können leichter »Belege« für ihre Theorien zu den Attentaten vom 11. September finden oder ihre Schlussfolgerungen bezüglich der CIA oder AIDS mit Gleichgesinnten teilen – sie brauchen dafür noch nicht einmal das Haus zu verlassen.

Verschwörungstheorien sind aber beileibe kein neues Phänomen.[3] Vielleicht ist also eine merkwürdige »Windung« im menschlichen Gehirn daran schuld, dass die Leute sich so bereitwillig paranoiden Phantasien hingeben. In gewisser Weise ist das wirklich so. Doch, um auf die Überschrift dieses Kapitels zurückzukommen – was hat das mit Aberglauben zu tun? Ufos für wirklich existent zu erklären und davor zu warnen, dass sie versuchen, in die Area 51, das große militärische Sperrgebiet in Nevada, einzudringen, ist etwas ganz anderes, als zu glauben, dass vierblättrige Kleeblätter Glück bringen. Worin besteht also die Verbindung?

Das ist eine rhetorische Frage. Das, was den Glauben an Verschwörungen und abergläubische Vorstellungen miteinander verknüpft, ist ganz klar die Tendenz, Muster in (oft völlig unverbundenen) Dingen und Geschehen zu erkennen. Es gibt sogar einen eigenen Terminus für dieses Erkennen oder Wahrnehmen von Beziehungen, wo in Wirklichkeit keine existiert: Apophänie[4]. Wenn man zum Beispiel seine Unterhosen verkehrt herum, »auf links«, anzieht und dann ein bisschen Geld gewinnt und von da an seine Unterhosen immer dann verkehrt herum trägt, wenn man vorhat, Rubbellose zu kaufen, dann leidet man an Apophänie. Wie herum man seine Unterwäsche trägt, kann sich unmöglich darauf auswirken, ob man einen Gewinn oder eine Niete aus der Lostrommel fischt. Doch Sie haben eine Beziehung erkannt und glauben an sie. Ähnlich ist es, wenn zwei prominente Personen, die nichts miteinander zu tun haben, innerhalb eines Monats entweder eines natürlichen Todes sterben oder durch Unfälle ums Leben kommen: Das ist tragisch. Wenn Sie sich aber näher mit den beiden befassen und herausfinden, dass beide einer bestimmten politischen Einrichtung oder einer Regierung kritisch gegenüber standen und zu dem Schluss kommen, dass sie deswegen umgebracht wurden, dann liegt ebenfalls Apophänie vor. Jeder Glaube an eine Verschwörung und jeder Aberglaube können im Grunde darauf zurückverfolgt werden, dass jemand eine »bedeutsame« Verbindung zwischen zwei in keinem Zusammenhang stehenden Vorkommnissen herstellt. Es sind nicht nur Menschen mit extrem paranoider Veranlagung oder argwöhnischem Charakter, die zum Erkennen solcher Verbindungen neigen; jedem kann dies geschehen. Und es ist ziemlich evident, wie es dazu kommen kann.

Das Gehirn empfängt einen nicht abreißenden Strom unterschiedlichster Informationen und muss diese irgendwie in einen sinnvollen Zusammenhang bringen. Die Welt, die wir wahrnehmen, ist das Endergebnis der Verarbeitung dieses Informationsstroms durch das Gehirn. Es bedient sich, um die unterschiedlichen Funktionen ausüben zu können, vieler verschiedener Areale – von der Retina über den visuellen Kortex und den Hippocampus bis zum präfrontalen Kortex. Und alle diese Areale kooperieren mit anderen. Zeitungsmeldungen über wissenschaftliche »Entdeckungen«, denen zufolge eine ganz bestimmte Gehirnregion einer ganz bestimmten Funktion und nur dieser gewidmet ist, sind irreführend. Das trifft allenfalls partiell zu.

Obwohl zahlreiche Hirnregionen in das Erspüren, das gefühlsmäßige Erfassen und Wahrnehmen der uns umgebenden Welt einbezogen sind, bleibt beides immer noch stark limitiert. Es ist nicht so, dass das Gehirn zu wenig Kraft hätte, sondern es liegt daran, dass es die ganze Zeit mit Hagelschauern von Informationen bombardiert wird, von denen nur einige wirklich von Bedeutung für uns sind. Das Gehirn muss diese Informationen in Sekundenbruchteilen so aufarbeiten, dass wir sie nutzbringend verwenden können. Deswegen existieren mehrere Abkürzungen, die das Gehirn nimmt, um die Dinge (mehr oder weniger) in den Griff zu bekommen.

Ein Verfahren des Gehirns, die wichtigen von den unwichtigen Informationen zu trennen, besteht darin, »Muster« zu erkennen und sich auf diese zu fokussieren. Konkrete Beispiele dafür liefert das visuelle System (siehe Kapitel 5). An dieser Stelle möge die Information genügen, dass das Gehirn ständig nach

Verbindungen zwischen Dingen oder Vorkommnissen sucht, die wir beobachtet haben. Das ist zweifelsohne eine Überlebenstaktik, die auf die Zeit zurückgeht, als unsere Spezies unablässig von konkreten Gefahren bedroht war – denken Sie an »Kampf oder Flucht« – und ohne Zweifel wird durch diese Taktik hin und wieder falscher Alarm ausgelöst. Doch was machen schon ein paar Fehlalarme aus, wenn das Überleben sichergestellt wird?

Diese Fehlalarme sind es aber, die Probleme verursachen. Am Ende leiden wir an Apophänie, und wenn noch die Kampf-oder-Flucht-Reaktion des Gehirns und unsere Tendenz, uns immer den schlimmstmöglichen Fall auszumalen, hinzukommen, dann lastet plötzlich einiges auf unserem Herzen – oder genauer: auf unserem Gehirn. Wir erkennen *patterns* dort, wo keine existieren, messen ihnen gravierende Bedeutung bei, weil sie – mag das noch so unwahrscheinlich sein – negative Auswirkungen auf uns haben könnten. Überlegen Sie mal, wie viele abergläubische Rituale der Abwendung von Unglück oder Missgeschicken dienen. Man hört nie von Verschwörungen, deren Ziel es ist, den Menschen im Allgemeinen zu helfen. Die mysteriöse Elite organisiert keine Verkäufe von Selbstgebackenem zu wohltätigen Zwecken.

Das Gehirn erkennt auch Muster und Tendenzen, die auf Informationen beruhen, welche im Gedächtnis gespeichert sind. Das, was wir erfahren, prägt logischerweise unser Denken. Die ersten Erfahrungen sammeln wir aber in unserer Kindheit, und sie beeinflussen einen großen Teil unseres späteren Lebens. Wenn man zum ersten Mal vergeblich versucht, seinen Eltern das neueste Videospiel zu erklären, reicht das vermutlich aus, um einem das bisschen Glauben an ihre Allwissenheit und Allmächtigkeit, das man sich noch bewahrt hat, für alle Zeiten auszutreiben. Doch solange man Kind ist, ist es gut möglich, dass sie einem als Wesen erscheinen, die alles wissen und alles können. In der Zeit unseres Heranwachsens ist ein großer Teil (wenn nicht die Gesamtheit) unserer Umgebung kontrolliert. Praktisch alles, was wir wissen, haben wir von Erwachsenen erfahren, die wir anerkennen und denen wir vertrauen. Alles, was geschieht, geschieht unter ihrer Aufsicht. Sie stellen während der prägendsten Jahre unseres Lebens die primären Beziehungspunkte und Vorbilder für uns dar. Wenn Ihre Eltern abergläubisch sind, ist es daher äußerst wahrscheinlich, dass Sie ihre Vorstellungen übernehmen, auch ohne dass Ihnen etwas widerfährt, was deren Richtigkeit zu bestätigen scheint.[5]

Das bedeutet aber auch – und dies ist entscheidend –, dass viele unserer frühesten Erinnerungen sich in einer Welt ausbilden, die anscheinend von mächtigen Gestalten, die schwer zu verstehen sind, organisiert und kontrolliert ist (und nicht in einer chaotischen Welt, in der der Zufall regiert). Solche Vorstellungen können tiefe Wurzeln schlagen und in das Erwachsenenleben mit hinübergenommen werden. Auch für manche Erwachsene kann der Glaube, dass die Welt den Plänen mächtiger Autoritäten entsprechend organisiert ist, etwas Tröstliches haben – ob es sich bei diesen Autoritäten nun um reiche Magnaten, um eidechsenartige Aliens mit einer Vorliebe für Menschenfleisch oder um Wissenschaftler handelt.

Der vorangegangene Absatz könnte den Eindruck erweckt haben, dass Leute, die an Verschwörungstheorien glauben, unsichere, unreife Individuen sind, die sich unbewusst nach elterlicher Zustimmung sehnen, wie sie ihnen als Heranwachsenden nie zuteilwurde. Ohne Zweifel trifft das auf einige zu, aber ebenso auf zahllose Menschen, die keine Anhänger von Verschwörungstheorien sind. Ich habe nicht seitenlang über die Risiken, unbegründete Beziehungen zwischen nicht miteinander verbundenen Dingen herzustellen, schwadroniert, um dann selbst genau das zu tun. Mit dem Ausgeführten wollte ich nur darauf hinweisen, dass gewisse für die Entwicklung des Gehirns bestimmende Faktoren und Bedingungen das Entstehen von Verschwörungstheorien »plausibler« erscheinen lassen können.

Doch eine hervorstechende Folge (vielleicht ist es auch die Ursache) unserer Neigung, nach Mustern zu suchen, ist die, dass das Gehirn schlecht mit »Zufälligkeit« umgehen kann. Es scheint Probleme mit der Vorstellung zu haben, dass etwas ohne erkennbaren Grund, aus reinem Zufall geschehen kann. Das ist unter Umständen nur eine weitere Folge davon, dass unser Gehirn überall nach Gefahren Ausschau hält – wenn es keine reale Ursache für ein Vorkommnis gibt, dann kann man nichts dagegen tun, wenn dieses sich als gefährlich erweisen sollte. Und das kann man nicht tolerieren. Es könnte aber auch an etwas ganz anderem liegen. Vielleicht ist die Abneigung des Gehirns gegenüber allem Zufälligen nur eine zufällige Mutation, die sich als nützlich erwiesen hat. Darin läge zumindest grausame Ironie.

Welches auch immer die Ursache ist: Die Ablehnung von Zufälligkeit hat zahlreiche Konsequenzen. Eine davon ist die reflexhafte Annahme, dass alles, was geschieht, aus einem bestimmten Grund geschieht. Oft wird etwas dem »Schicksal« zugeschrieben, es wird als »Los« des Betreffenden gesehen, als etwas, das über ihn »verhängt« ist. In Wirklichkeit haben einige Leute einfach nur Pech, doch das ist keine Erklärung, die das Gehirn akzeptieren kann. Deshalb muss es eine andere finden, der ein Anschein von Rationalität innezuwohnen scheint. »Viel Pech gehabt in letzter Zeit? Vieles schiefgegangen ... Das muss daran liegen, dass du den Spiegel zertrümmert hast, in dem deine Seele eingefangen war. Jetzt ist sie in Stücke zerbrochen. Vielleicht suchen dich auch böse Feen heim! Die hassen Eisen, also besorg dir ein Hufeisen, das wird sie fernhalten.«

Man könnte dagegenhalten, Anhänger von Verschwörungstheorien seien überzeugt, dass finstere Organisationen die Welt lenkten, weil das *besser als die Alternative ist*. Die Vorstellung, dass die gesamte menschliche Gesellschaft sich einfach nur so durchwurstelt und Glück und Zufälle ihr Leben bestimmen, ist in vielerlei Hinsicht bedrückender als die, dass es eine geheimnisvolle Elite gibt, die die Zügel in der Hand hält, selbst wenn sie nur ihre eigenen Zwecke verfolgt. Besser ein besoffener Pilot im Cockpit als gar keiner!

In der Persönlichkeitspsycholgie kennt man das Konzept des *pronounced locus of control*. Es bezieht sich darauf, in welchem Ausmaß ein Individuum glaubt, die Ereignisse, von denen es betroffen ist, kontrollieren zu können. Je»größer« dieser *locus of control* ist, desto mehr Kontrolle glaubt man innezuhaben (das Ausmaß, in dem man *wirklich* auf ein Geschehen einwirken kann, ist in diesem Kontext irrelevant).[6] Warum einige Menschen eine ausgeprägtere Kontrollüberzeugung besitzen als andere, ist noch relativ unerforscht; einige Studien haben einen vergrößerten Hippocampus mit einer stark ausgeprägten Kontrollüberzeugung in Zusammenhang gebracht,[7] doch das Stresshormon Cortisol kann anscheinend den Hippocampus zum Schrumpfen bringen. Menschen mit einer schwächer ausgeprägten Kontrollüberzeugung tendieren dazu, sich schneller gestresst zu fühlen. Die Größe des Hippocampus kann also auch eher eine Folge des Grades der Kontrollüberzeugung sein als dessen Ursache.[8] Das Gehirn macht es uns nie leicht, es zu durchschauen.

Wie auch immer: Ein größerer *locus of control* bedeutet, dass man den Eindruck hat, auf die Ursache von Ereignissen, die einen betreffen, einwirken zu können (eigentlich existiert diese Ursache nicht, aber egal). Wenn man abergläubisch ist, dann wirft man eine Prise Salz über die Schulter, klopft auf Holz oder schlägt einen Bogen um Leitern und schwarze Katzen. Auf diese Weise beruhigt man sich: Man ist überzeugt, mit seinem Verhalten eine Katastrophe abgewendet zu haben, auch wenn rational nicht zu erklären ist, warum das so sein sollte.

Personen mit einer sogar noch ausgeprägteren Kontrollüberzeugung versuchen, die»Verschwörung«, die sie zu erkennen meinen, zu vereiteln, indem sie Kenntnis von ihr verbreiten, sich um»tieferen« Einblick in die Details bemühen (die Verlässlichkeit der Informationsquelle ist dabei selten von Belang) und jeden, der bereit ist zuzuhören, auf sie hinweisen. All diejenigen, die ihnen keinen Glauben schenken wollen, erklären sie zu »dummen Schafen« oder einem anderen, Arglosigkeit symbolisierenden Tier. Wer abergläubisch ist, der bleibt für gewöhnlich recht passiv; er hält einfach an seinem Aberglauben fest und macht ansonsten ganz normal mit seinem Leben weiter. Verschwörungstheoretiker sind viel hingebungsvoller und legen viel mehr Energie an den Tag. Oder wann hat Sie zum letzten Mal jemand davon überzeugen wollen, dass Kaninchenpfoten Glück bringen, und Ihnen Einblick in den wahren Grund dafür vermitteln wollen?

Insgesamt gesehen scheint es, als würde die Vorliebe des Gehirns für Muster und seine Abneigung gegenüber Zufälligkeit viele Leute zu recht extremen Schlussfolgerungen verleiten. Das wäre an sich kein Problem, doch sein Gehirn macht es auch ziemlich schwer, einen Menschen davon zu überzeugen, dass seine tiefsten Überzeugungen und seine Schlussfolgerungen falsch sind, egal, wie viele Beweise man ihm dafür präsentieren kann. Abergläubische Personen und Verschwörungstheoretiker halten an ihren bizarren Überzeugungen fest, mag die rationale Welt ihnen den Unfug, an den sie glauben, noch so vehement ausreden wollen. Und das ist alles unseren idiotischen Gehirnen geschuldet.

Oder doch nicht? Alles, was ich ausgeführt habe, beruht auf dem aktuellen Erkenntnisstand von Neurowissenschaft und Psychologie, doch ist deren Wissen recht limitiert. Der Untersuchungsgegenstand selbst lässt sich so schwer fassen. Was ist ein Aberglaube in psychologischer Hinsicht? Wie sieht die dazugehörige Hirnaktivität aus? Ist es ein Glaube? Eine Vorstellung? In technologischer Hinsicht sind wir so weit, dass wir die mit Aberglaube verbundene zerebrale Aktivität mit Scans erfassen können. Doch die Tatsache, dass wir diese Aktivität sichtbar machen können, heißt nicht, dass wir verstehen, was sie bedeutet. Die Tasten eines Klaviers sehen zu können, heißt ja auch nicht, dass wir etwas von Mozart auf ihm spielen können.

Es ist keineswegs so, dass die Wissenschaftler sich nicht bemüht hätten. So haben zum Beispiel Marjaana Lindman und Kollegen fMRI-Scans an zwölf Personen durchgeführt, die eigenem Bekunden zufolge an Übernatürliches glaubten, und an einer Kontrollgruppe aus elf Skeptikern.[9] Die Versuchspersonen sollten sich eine kritische Lebenssituation ausmalen (den unmittelbar bevorstehenden Verlust des Arbeitsplatzes, das baldige In-die-Brüche-gehen einer Beziehung) und erhielten dann »emotionell aufgeladene Fotos von leblosen Objekten und Landschaften« vorgelegt. Motive also, wie man sie auf Postern zu sehen bekommt – ein Paar roter Kirschen, ein spektakulärer Berggipfel oder ähnlich »Anregendes«. Die Personen der ersten Gruppe entdeckten auf den Bildern Hinweise darauf, wie ihre (imaginierte) persönliche Situation sich entwickeln würde. Wenn sie sich das Zerbrechen einer Beziehung vorgestellt hatten, dann glaubten sie, dass sich doch noch alles zum Guten wenden würde, weil zwei miteinander verbundene Kirschen für feste Bindungen und gegenseitige Hingabe stehen. Wie zu erwarten war, erkannten die »Ungläubigen« keine solchen Zeichen.

Das interessanteste Ergebnis dieser Studie war, dass beim Anblick der Bilder bei allen Versuchspersonen der linke untere temporale Gyrus aktiviert wurde, eine Region, die mit der Verarbeitung von Bildern zu tun hat. Bei den Personen der ersten Gruppe beobachteten die Wissenschaftler in der rechten unteren temporalen Windung eine viel geringere Aktivität als bei denen der zweiten Gruppe. Diese Region ist mit kognitiver Hemmung in Zusammenhang gebracht worden, was bedeutet, dass sie kognitive Prozesse moduliert und reduziert.[10] In diesem speziellen Fall dämmt sie vermutlich die Aktivität ein, die zur Wahrnehmung unlogischer Muster und Beziehungen führt. Das würde erklären, warum einige Leute bereitwillig an irrationale oder unwahrscheinliche Ereignisse glauben, während andere erst mühsam von ihnen überzeugt werden müssen. Wenn die rechte untere temporale Windung schwach aktiv ist, können die stärker auf das Irrationale gerichteten zerebralen Prozesse eine größere Wirkung ausüben.

Das Experiment ist jedoch alles andere als beweiskräftig, und dies aus einer ganzen Reihe von Gründen. Zum einen wurde es mit einer sehr kleinen Zahl von Versuchspersonen vorgenommen. Das Hauptproblem besteht aber darin, wie man die Neigungen eines Menschen zum Übernatürlichen ermitteln oder quantitativ bestimmen soll. Das ist nichts, was sich mithilfe eines metrischen Systems messen lässt. Einige Menschen sehen sich gern als vollkommen rationale Wesen, das kann aber eine Selbsttäuschung sein.

Die Sachlage ist noch komplizierter, wenn man erforschen will, warum Menschen an Verschwörungstheorien glauben. Grundsätzlich gelten dieselben Regeln, doch in Anbetracht des speziellen Forschungsgegenstands ist es schwerer, kooperationsbereite Versuchspersonen zu finden. Verschwörungstheoretiker neigen zu Verschlossenheit, sie sind oft paranoid und misstrauisch gegenüber anerkannten Autoritäten. Wenn also ein Wissenschaftler einen von ihnen fragt: »Möchten Sie mit in unsere geheime Einrichtung kommen, damit wir ein paar Experimente an Ihnen vornehmen können? Dabei würden Sie möglicherweise in eine Metallröhre gesteckt, damit wir Ihr Gehirn scannen können«, dann ist es eher unwahrscheinlich, dass die Antwort »Ja, gerne« lautet. Ich kann hier also nur eine Reihe von Theorien vorstellen, die vernünftig scheinen, und Annahmen, die auf den Daten basieren, welche uns gegenwärtig zur Verfügung stehen.

Aber es ist klar, dass ich das behaupte. Oder? Dieses ganze Kapitel kann doch sehr gut jener Verschwörung dienen, deren Ziel es ist, dass die Leute weiterhin im Dunkeln tappen…

Einige Leute würden lieber mit einer Wildkatze kämpfen als Karaoke singen

Phobien, soziale Ängste und ihre zahlreichen Manifestationen

Karaoke ist ein sehr populärer Zeitvertreib. Einigen Menschen macht es ungeheuren Spaß, sich vor einer Menge – für gewöhnlich stark angeheiterter – Fremder aufzubauen und ein Lied zu schmettern, mit dem sie oft nur vage vertraut sind. Ihr sängerisches Talent ist dabei ohne Belang. Man hat noch keine Experimente zu diesem Phänomen durchgeführt, doch ich gehe einfach mal davon aus, dass Enthusiasmus und Fähigkeit des Sängers oder der Sängerin in einem umgekehrt proportionalen Verhältnis zueinander stehen. Und Alkoholkonsum erhöht mit Sicherheit den Spaßfaktor. In diesen Tagen der vom Fernsehen übertragenen Talentwettbewerbe kann man sogar vor Millionen von Fremden singen statt vor einer kleinen Schar benebelter Betrunkener.

Für einige von uns wäre das eine erschreckende Aussicht. Stoff, aus dem Albträume gemacht sind. Wenn man bestimmte Menschen fragt, ob sie sich vor eine Menge Zuschauer hinstellen und ihnen etwas vorsingen möchten, dann reagieren sie, als hätte man sie aufgefordert, splitterfasernackt mit scharfen Handgranaten zu jonglieren, während all ihre verflossenen Partner/innen zuschauen. Sie werden bleich werden, sich verkrampfen, schneller atmen und viele andere klassische Symptome einer Kampf-oder-Flucht-Reaktion an den Tag legen. Ließe man ihnen die Wahl, entweder auf der Bühne zu stehen und zu singen oder sich einem Kampf zu stellen, dann würden sie lieber zu einem Kampf auf Leben und Tod antreten (es sei denn, auch der fände vor Publikum statt).

Was geht da vor sich? Was immer man von Karaoke hält, es

ist ungefährlich – falls sich das Publikum nicht aus Musikfans zusammensetzt, die sich durch Missbrauch von Steroiden Muskelpakete angezüchtet haben. Sicher, es kann danebengehen. Sie können einen Song derart verhunzen, dass jeder im Publikum sich wünscht, durch den Tod (den eigenen oder Ihren) von Ihrer Darbietung erlöst zu werden. Doch was soll's. Es bedeutet ja nur, dass eine Handvoll Leute, denen Sie nie wieder begegnen werden, merken wird, dass Ihre Talente als Sänger/in unter aller Sau sind. Was ist daran schon schlimm? Unserem Gehirn zufolge einiges. Beschämung, Verlegenheit, öffentliche Demütigung – das sind alles äußerst unangenehme Gefühle, die sich niemand außer einem eingefleischten perversen Masochisten aus eigenem Antrieb zu verschaffen versucht. Die bloße Möglichkeit, dass sich solche Gefühle einstellen könnten, reicht, um die meisten Leute von Dingen Abstand nehmen zu lassen, die diese Gefahr mit sich bringen.

Menschen haben vor Dingen Angst, die viel alltäglicher sind als Karaoke-Singen: zu telefonieren (etwas, das ich selbst nach Möglichkeit meide), etwas zu bezahlen, wenn eine Schlange von Menschen hinter einem wartet, eine Runde auszugeben, Geschenke zu machen, sich einen Haarschnitt verpassen zu lassen – Dinge, die Millionen von Menschen tagaus, tagein tun, ohne dass etwas passiert, die andere aber mit Furcht und Panik erfüllen.

Das sind soziale Ängste. Praktisch jeder von uns hat sie bis zu einem gewissen Grad, doch wenn sie so stark werden, dass sie jemanden tatsächlich nicht mehr richtig funktionieren lassen, ihn lähmen, dann können sie als soziale Phobien eingestuft werden. Soziale Phobien sind eine der verbreitetsten Formen, in denen solche Angststörungen sich manifestieren. Um sie aus neurowissenschaftlicher Sicht zu ergründen, sollten wir uns ein wenig Zeit nehmen und Phobien im Allgemeinen in den Blick nehmen.

Bei einer Phobie handelt es sich um eine *irrationale* Angst vor etwas. Wenn plötzlich eine Spinne über Ihre Hand krabbelt und Sie schreien und mit der Hand wedeln, dann verstehen die Leute das: Ein gruseliges Krabbeltier hat Sie überrascht, und die meisten scheuen vor der Berührung durch ein Insekt – oder ein insektenähnliches Tier – zurück: Ihre Reaktion ist also gerechtfertigt. Wenn eine Spinne über Ihre Hand krabbelt und Sie unkontrolliert zu kreischen beginnen, aufspringen, den Tisch umschmeißen, dann losrennen, um Ihre Hand mit einem Bleichmittel zu schrubben, Ihre gesamte Kleidung verbrennen und sich schließlich einen ganzen Monat lang weigern, ins Freie zu gehen, dann kann das als »irrational« angesehen werden. Es war doch nur eine Spinne!

Interessant an Phobien ist, dass Leute, die an ihnen leiden, sich für gewöhnlich völlig im Klaren darüber sind, wie irrational sie sich verhalten.[11] Menschen mit Arachnophobie wissen eigentlich genau, dass eine Spinne, die nicht größer als eine Erbse ist, keine Gefahr für sie darstellt, doch sie vermögen nichts gegen ihre übersteigerte Angstreaktion auszurichten. Aus diesem Grund sind auch die üblichen Versuche, sie mit Phrasen wie »Sie kann Ihnen nichts tun!« zu beruhigen, wohlgemeint, aber vollkommen sinnlos. Zu wissen, dass etwas nicht gefährlich ist, macht keinen nennenswerten Unterschied. Die Angst, die sich für uns mit dem auslösenden Element verbindet, sitzt also offenbar tiefer, ist irgendwo im Unterbewussten verankert. Aus diesem Grund können Phobien so problematisch und hartnäckig sein.

Es gibt spezifische (»einfache«) oder komplexe Phobien. Beide Etiketten beziehen sich auf ihre Quelle, ihren Auslöser. Einfache Phobien sind Ängste vor einem bestimmten Objekt (vor Messern zum Beispiel), bestimmten Tieren (wie Spinnen oder Ratten), Situationen (in einem Aufzug zu fahren) oder Dingen (Blut, Erbrochenem). Solange der jeweils davon Betroffene das, was die Phobie in ihm hervorruft, meidet, ist er in der Lage, den Alltag zu bewältigen. Manchmal ist es zwar unmöglich, die Auslöser ganz zu meiden, doch für gewöhnlich ist man nicht auf Dauer mit ihnen konfrontiert: Man kann Angst davor haben, in einen Aufzug zu steigen, doch die Fahrt in ihm dauert normalerweise nur Sekunden – es sei denn, es handelt sich um einen Wonkavator, diesen bis in den Himmel schießenden gläsernen Fahrstuhl, der in dem Film *Charlie und die Schokoladenfabrik* vorkommt. Es existiert eine Vielfalt von Gründen für die Entstehung solcher Phobien. Da gibt es zum Beispiel auf der fundamentalsten Ebene das assoziative Lernen, das uns einen spezifischen Respons (wie eine Angstreaktion) mit einem spezifischen Stimulus (wie einer Spinne) in Zusammenhang bringen lässt. Sogar die in neurologischer Hinsicht am wenigsten entwickelten, einfachsten Geschöpfe scheinen zu solchem Lernen fähig zu sein. Aplysia zum Beispiel, auch als kalifornischer Seehase bekannt, eine Meeresschnecke von fast einem Meter Länge und sehr einfachem Aufbau, wurde in den 1970er-Jahren bei den frühesten Experimenten zur Untersuchung neuronaler Veränderungen, zu denen es beim Lernen kommt, benutzt.[12] Im Vergleich zum Menschen mögen diese Tiere sehr einfach aufgebaut sein und nur ein rudimentäres Nervensystem besitzen, sie sind jedoch trotzdem zu assoziativem Lernen in der Lage. Vor allem aber besitzen sie Neuronen, die so groß sind, dass man Elektroden in sie einführen kann. Mit deren Hilfe lassen sich die Vorgänge in ihrem Inneren aufzeichnen. Aplysia-Neuronen besitzen Axone (ein Axon ist der längliche, schlauchartige Nervenzellfortsatz), deren Durchmesser bis zu einem Millimeter betragen kann. Das hört sich nach wenig an, ist aber doch verhältnismäßig viel. Wenn man sich vorstellt, menschliche Axone hätten die Dimensionen von Trinkhalmen, dann wären die von Seehasen so groß wie der Tunnel unter dem Ärmelkanal.

Diese überdimensionierten Neuronen würden aber der Wissenschaft nichts nutzen, wenn die Aplysia nicht assoziatives Lernen zu erkennen gäben – und um das geht es hier. Ich habe das Phänomen schon zuvor gestreift: Im Abschnitt über Essen und Appetit in Kapitel 1 habe ich berichtet, wie das Gehirn die Assoziation zwischen Torte und Unwohlsein herstellen kann und es dann reicht, an Torte zu denken, damit einem übel wird. Durch denselben Mechanismus kann es zu Ängsten und Phobien kommen.

Wenn man vor etwas gewarnt wird (einer Begegnung mit Fremden, elektrischen Leitungen, Ratten, Krankheitskeimen), dann wird das Gehirn all die schlimmen Dinge extrapolieren, die passieren könnten, wenn man wirklich mit dieser Bedrohung konfrontiert würde. Begegnet man ihr dann tatsächlich, aktiviert das Gehirn alle die Szenarien, die Sie sich ausgemalt haben, und löst die Kampf-oder-Flucht-Reaktion aus. Die Amygdala, die für das Kodieren der Angstkomponente einer Erinnerung verantwortlich ist, drückt Erinnerungen an die Begegnung das Etikett »Gefahr« auf. Wenn man der gleichen Sache wiederbegegnet, dann erinnert man sich, dass Gefahr von ihr ausgeht, und wird erneut entsprechend reagieren. Wenn wir es lernen, einer bestimmten Sache nicht zu trauen, dann fürchten wir sie schließlich. Und bei einigen Leuten kann diese Furcht sich zu einer Phobie auswachsen.

Dieser Prozess impliziert, dass eigentlich alles zum Gegenstand einer Phobie werden kann. Ein Verzeichnis der bekannten Phobien scheint dies zu bestätigen. Darin sind aufgeführt: Turophobie (Angst vor Käse), Xanthophobie (Angst vor der Farbe Gelb, die sich aus naheliegenden Gründen mit der vor Käse überschneidet), Hippopotomonstrosesquippedaliophobie (Angst vor langen Wörtern, weil Psychologen von ihrem Wesen her böse sind) und Phobiaphobie (Angst davor, eine Phobie zu entwickeln). Einige Phobien sind aber wesentlich verbreiteter als andere, was darauf hindeutet, dass noch weitere Faktoren ins Spiel kommen.

Unsere *Evolution* hat uns dazu gebracht, gewisse Dinge zu fürchten. Bei einer Studie von Verhaltensforschern wurde Schimpansen Angst vor Schlangen beigebracht. Das ist relativ einfach: Gewöhnlich zeigt man den Tieren eine Schlange und koppelt das mit dem Hervorrufen eines unangenehmen Gefühls, etwa, indem man den Schimpansen einen leichten elektrischen Schlag versetzt oder etwas schlecht Schmeckendes zu fressen gibt, also eine Empfindung vermittelt, die sie nach Möglichkeit zu vermeiden suchen. Interessant an diesem Experiment war, dass andere Schimpansen, wenn sie die Furchtreaktion ihrer Artgenossen auf Schlangen sahen, rasch lernten, sich ebenfalls vor Schlangen zu fürchten, ohne dass man sie entsprechend konditionieren musste.[13] Ein solches Phänomen wird oft als »soziales Lernen« bezeichnet.*

---

* Soziales Lernen kann die Existenz von Furcht vor bestimmten Dingen teilweise erklären. Wir lernen und übernehmen vieles aus den Aktionen anderer, vor allem Verhaltensweisen wie solche gegenüber einer Bedrohung, und Schimpansen ähneln uns in dieser Beziehung. Doch kann das nicht alles erklären, denn das Merkwürdige ist, dass, wenn man das Verfahren mit Blumen anstatt mit Schlangen wiederholte, es immer noch möglich war, die Affen so zu konditionieren, dass sie Furcht empfanden. Artgenossen hingegen übernahmen nur selten diese Reaktion aufgrund von Beobachtung. Furcht vor Schlangen lässt sich also leicht weitergeben, solche vor Blumen hingegen nicht. Wir haben im Lauf der Evolution einen inhärenten Argwohn vor potenziell lebensgefährlichen Dingen und Wesen ausgebildet, daher ist Furcht vor Spinnen und Schlangen stark verbreitet. (K. M. Mallan, O. V. Lipp und B. Cochrane: »Slithering snakes, angry men and out-group-members: What and whom are we evolved to fear? In: *Cognition & Emotion*, 2013, 27 (7), S. 168–180.) Im Unterschied dazu fürchtet niemand Blumen, was ein Fall von Anthophobie wäre, es sei denn, er litte in schon fast lebensbedrohlicher Weise unter Heuschnupfen. Zu Phobien, die nicht so offenkundig evolutionär bedingt sind, zählen solche vor Aufzügen, Spritzen oder Zahnärzten. Aufzüge vermitteln das Gefühl, »in der Falle zu sitzen«, was in unserem Kopf die Alarmglocken schrillen lassen kann. Spritzen und Zahnbehandlungen sind mit potenziellen Schmerzen und einer Verletzung unserer körperlichen Integrität assoziiert, lösen daher Angstreaktionen aus. Die evolutionär entwickelte inhärente Furcht vor Leichen (deren Anblick nicht nur per se verstörend ist, sondern die auch ansteckend sein kann oder auf eine in der Nähe befindliche Gefahr hinweisen könnte), mag sich hinter dem »uncanny valley effect«, einer sogenannten Akzeptanzlücke verbergen. (M. Mori, K. F. MacDorman und N. Kageki: »The uncanny valley.« In: *Robotics & Automation Magazine, IEEE* 2012, 19 (2), S. 98–100.) Diese Lücke betrifft Computeranimationen oder Roboter, die nahezu lebensecht wirken. Sie werden als bedrohlich empfunden, eine Socke mit zwei aufgemalten Augen hingegen nicht. Dem nahezu menschlichen Gebilde mangelt es an den Details eines echten Menschen und an den Signalen, die von einem solchen ausgehen; es wirkt daher weniger unterhaltend als vielmehr Furcht einflößend.

Soziales Lernen und die Auslösereize für Phobien sind unglaublich wirkungsmächtig, und die »Lieber Vorsicht walten lassen, als es später bereuen«-Maxime, an die sich das Gehirn in Bezug auf Gefahren hält, bedeutet, dass wir, wenn wir jemanden sehen, der Angst vor etwas hat, sehr wahrscheinlich auch Angst davor entwickeln. Zu einer solchen Übertragung kommt es vor allem in der Kindheit, einer Zeit, in der sich unser Verständnis von der Welt noch entwickelt, und zwar vor allem dank des Inputs anderer, von denen wir glauben, dass sie mehr wissen als wir selbst. Wenn also unsere Eltern eine besonders starke Phobie haben, ist es sehr wahrscheinlich, dass wir sie übernehmen, als eine Art negatives Erbe. Das ergibt Sinn: Wenn ein Kind erlebt, wie ein Elternteil, sein primärer Erzieher/Lehrer/Versorger, sein Vorbild in fast allem, anfängt zu kreischen und herumzufuchteln, weil er eine Maus gesehen hat, dann muss das zwangsläufig eine tief gehende und beunruhigende Erfahrung sein, eine, die starken Eindruck auf einen jungen Geist macht.

Die dem Gehirn inhärente Angstreaktion bedeutet, dass man sich nur schwer von Phobien befreien kann. Die Mehrzahl der erlernten Assoziationen kann im Laufe der Zeit durch eine Methode, deren Wirksamkeit Pawlow mit seinen berühmten Hundeexperimenten nachgewiesen hat, aufgehoben werden. Bei diesen Experimenten wurde das Erklingen einer Glocke mit der Verabreichung von Futter assoziiert, was bei den Hunden einen erlernten Respons (Speichelfluss) auslöste. Wenn die Glocke dann aber wiederholt geläutet wurde, ohne dass Futter verabreicht wurde, verging die Assoziation wieder. Diese Prozedur kann in vielerlei Kontexten angewendet werden: Sie ist als »Extinktion«, Auslöschung oder Aufhebung, bekannt (man sollte das nicht mit dem verwechseln, was den Dinosauriern widerfahren ist).[14] Das Gehirn lernt, dass ein Stimulus – wie das Erklingen der Glocke – mit gar nichts assoziiert ist und daher auch keinen spezifischen Respons erfordert.

Man sollte annehmen, dass Phobien auf ähnliche Weise verschwinden: Schließlich hat die Begegnung mit ihren Ursachen kaum jemals eine negative oder »schädliche« Folge. Doch hier kommen wir zu dem, was sie so problematisch macht: Die von der Phobie ausgelöste Angstreaktion *rechtfertigt* die Phobie. Einen meisterhaften logischen Zirkelschluss ausführend, befindet das Gehirn etwas für gefährlich und aktiviert die Kampf-oder-Flucht-Reaktion, wenn es auf dieses Etwas trifft. Das ruft all die üblichen körperlichen Reaktionen hervor: erhöhten Adrenalinausstoß, Anspannung, Panik und so weiter. Die Kampf-oder-Flucht-Reaktion ist in biologischer Hinsicht anstrengend, sie erschöpft einen, und ihre Erfahrung ist oft unangenehm. Das Gehirn hat ihr Eintreten ungefähr so in Erinnerung: »Beim letzten Mal, als ich diesem Ding begegnete, ist der Körper durchgedreht. Ich hatte also recht: Es ist gefährlich!« Die Phobie wird auf diese Weise bestätigt und verstärkt, nicht abgeschwächt, ganz gleich, ob dem Betreffenden etwas Schlimmes zugestoßen ist oder nicht.

Die Art einer Phobie spielt ebenfalls eine Rolle. Bisher haben wir uns mit den einfachen Phobien befasst, solchen, die durch bestimmte Dinge oder Objekte ausgelöst werden und damit eine leicht zu identifizierende und zu vermeidende Ursache haben. Es gibt aber auch komplexe Phobien, die kompliziertere Ursachen haben, wie Kontexte oder Situationen. Agoraphobie ist eine Art davon; fälschlicherweise setzte man sie mit Angst vor großen offenen Flächen oder Plätzen gleich. Agoraphobie ist aber genau genommen die Angst davor, sich in einer Situation zu befinden, der man sich nicht durch Flucht entziehen kann und in der einem keine Hilfe zuteilwird.[15] In eine solche Situation könnte man theoretisch überall außerhalb der eigenen vier Wände geraten, deshalb hält schwere Agoraphobie die von ihr Betroffenen davon ab, das Haus zu verlassen, was zu dem Missverständnis führt, dass es sich um die Angst vor weiten Plätzen handelt.

Agoraphobie ist eng mit Panikanfällen assoziiert. Von diesen kann jeder befallen werden – die Angstreaktion übermannt uns, wir können nichts dagegen tun und fühlen uns verzweifelt, in Schrecken versetzt, unfähig zum Atmen, gefangen, übel und wirr im Kopf. Die Symptome unterscheiden sich von Person zu Person. In einem interessanten Artikel für die *Huffington Post* mit dem Titel »This is what a panic attack feels like« hat Lindsay Holmes 2014 einige persönliche Beschreibungen solcher Attacken von Leuten, die an ihnen leiden, zusammengetragen. Um aus einer davon zu zitieren: »Bei mir ist es so, als könnte ich nicht aufrecht stehen. Ich kann nicht sprechen. Alles, was ich fühle, sind starke Schmerzen im ganzen Körper, als würde irgendetwas mich zu einem kleinen Ball zusammenpressen. Wenn es ganz schlimm ist, kriege ich keine Luft, ich fange an zu hyperventilieren, und ich muss mich erbrechen.«

Es gibt viele andere Manifestationen von Panikanfällen, die nicht weniger schlimm zu sein scheinen.[16] Es läuft immer auf die gleiche Ursache hinaus: Das Gehirn schaltet den Vermittler aus und beginnt ohne vernünftige Gründe, Angstreaktionen auszulösen. Da es keine erkennbaren Ursachen gibt, kann man buchstäblich nichts tun, um die Situation zu ändern, und diese wird schnell erdrückend, »übermächtig«. Das ist eine Panikstörung. Wer an einer solchen leidet, wird in eigentlich harmlosen Situationen, die er aber mit Angst und Panik assoziiert, von Schrecken und Furcht ergriffen. Am Ende reagiert er ganz und gar phobisch auf diese Situationen.

Wie eine Panikstörung entsteht, was ihr eigentlicher Grund ist, weiß man noch nicht. Es gibt aber mehrere überzeugende Theorien dazu. Sie könnte Ergebnis eines zuvor von der betreffenden Person erlittenen Traumas sein, dessen bleibende Folgen das Gehirn noch nicht effektiv verarbeitet hat. Es könnte aber auch an einem Überschuss oder an einem Mangel an bestimmten Neurotransmittern liegen. Möglicherweise ist auch eine genetische Komponente verantwortlich, denn Menschen, die mit jemandem, der an Panikstörungen leidet, blutsverwandt sind, laufen eher Gefahr, ebenfalls an solchen Störungen zu erkranken.[17] Es gibt sogar die Theorie, dass Menschen, die an Panikstörungen leiden, zu »Katastrophendenken« neigen, das heißt, dass sie ein relativ harmloses physisches Leiden in einem Maß aufbauschen, das in keiner Weise mehr rational ist.[18] Es könnte auch eine Kombination aus allem zugrunde liegen, genauso gut aber auch etwas von der Wissenschaft noch überhaupt nicht Entdecktes. Wenn es um die Ursachen für übersteigerte Angstreaktionen geht, kennt das Gehirn keinen Mangel an Möglichkeiten.

Und dann gibt es noch die sozialen Ängste. Wenn diese so stark sind, dass sie den Betroffenen lähmen, spricht man von einer Sozialphobie. Sozialphobien gründen auf der Angst vor negativen Reaktionen seitens anderer – etwa davor, dass die eigenen Karaoke-Darbietungen beim Publikum nicht ankommen könnten. Wir haben nicht nur Angst von Feindseligkeit und Aggression: Schlichte Missbilligung reicht schon aus, um uns zu blockieren. Die Tatsache, dass andere Leute eine mächtige Quelle für Phobien sein können, liefert ein weiteres Beispiel dafür, wie unsere Gehirne auf andere Menschen zurückgreifen, um unsere Sicht von der Welt und unserer Stellung in ihr festzulegen. Infolgedessen *ist* die Zustimmung anderer *von Bedeutung*, wobei es oft keine Rolle spielt, wer diese anderen sind. Ruhm ist etwas, nach dem Millionen streben, und was ist Ruhm denn anderes als die Anerkennung durch Fremde? Wir haben schon dargelegt, wie egoistisch das Gehirn ist. Vielleicht sind alle berühmten Menschen also nur von einem Verlangen nach Anerkennung durch die Massen beseelt. Das wäre eigentlich ein bisschen traurig (falls es sich nicht um eine berühmte Person handelt, die dieses Buch gelobt hat).

Zu sozialen Ängsten kommt es, wenn die Tendenz des Gehirns, Negatives vorherzusehen und sich darüber Sorgen zu machen, mit seinem Bedürfnis nach gesellschaftlicher Anerkennung und Zustimmung zusammenkommt. Mit jemandem zu telefonieren, bedeutet, mit ihm zu interagieren, ohne die gewöhnlich von einer Person ausgehenden nonverbalen Zeichen wahrnehmen zu können. Daher fällt einigen (ich zähle dazu) diese Art der Kommunikation schwer, und sie geraten in Panik, dass sie den Gesprächspartner beleidigen oder langweilen könnten. Seine Einkäufe an der Supermarktkasse zu bezahlen, während eine lange Schlange anderer Kunden hinter einem wartet, kann nervenaufreibend sein, da man rein theoretisch eine Menge Menschen aufhält, die einen anstarren, während man seinen Grips zusammenzunehmen versucht, um die korrekte Summe Geldes aus dem Portemonnaie zu kramen. Diese und andere zahllose Situationen gestatten es dem Gehirn, sich »auszumalen«, dass man andere verärgert oder nervt und dadurch negative Urteile über einen selbst in ihnen hervorruft. Man fühlt sich dadurch beschämt. Letzten Endes handelt es sich um eine Art »performance anxiety«: Versagensangst oder die Angst, sich vor Publikum zu blamieren.

Einige Leute kennen diese Probleme nicht, andere aber umso mehr. Dafür, wie es dazu kommt, gibt es eine Reihe verschiedener Erklärungen. Roselind Lieb fand durch eine Studie heraus, dass die Art und Weise, wie Eltern sich gegenüber ihren Kindern verhalten, sich darauf auswirkt, ob die Kinder Versagensängste entwickeln oder nicht[19] – und das scheint nur logisch zu sein. Überkritische Eltern können einem Kind die ständige Angst einflößen, eine wertvolle Autoritätsperson auch durch bloß belanglose Handlungen zu verärgern, wohingegen Eltern, die überfürsorglich sind, ihrem Kind die Möglichkeit vorenthalten können, auch nur geringfügig negative Konsequenzen aus ihren Handlungen zu erfahren. Wenn diese Kinder dann älter sind und nicht mehr unter der elterlichen Obhut stehen und etwas, was sie tun, ein negatives Ergebnis zeitigt, dann setzt ihnen das unter Umständen in unangemessener Weise zu, denn sie sind eine solche Erfahrung nicht gewöhnt. Das bedeutet, dass sie sich schwer tun, mit dieser Lage fertig zu werden, und eher Angst davor empfinden werden, sie könnte sich wiederholen. Auch wenn einem von frühester Jugend an ständig eingebläut wird, dass man vor Fremden Angst haben muss, kann das die Furcht, die man schließlich vor ihnen empfindet, über einen angemessenen Grad hinaus steigern.

Leute, die an solchen Phobien leiden, legen oft ein Vermeidungsverhalten an den Tag. Das heißt, sie bemühen sich bewusst, nicht in eine Situation zu geraten, in der sich die phobische Reaktion einstellen könnte.[20] Das mag gut für ihre Gemütsruhe sein, doch auf lange Sicht schlecht für die jeweilige Phobie, da diese nicht bekämpft wird. Je angestrengter man die Reaktion vermeidet, desto länger bleibt die Phobie im Gehirn stark und lebendig. Es ist ein bisschen so, als würden Sie ein Mauseloch in der Wand übertapezieren: Für den flüchtigen Beobachter sieht dann alles wunderbar aus, aber Sie haben immer noch einen unerwünschten tierischen Mitbewohner.

Das verfügbare Forschungsmaterial deutet darauf hin, dass soziale Ängste und Phobien die verbreitetsten aller Art von Phobien sind.[21] Das überrascht nicht angesichts der paranoiden Tendenzen des Gehirns, uns dazu zu bringen, Dinge zu fürchten, die überhaupt nicht gefährlich sind, sowie unserer Abhängigkeit von der Anerkennung durch andere. Beides zusammen kann bewirken, dass wir eine übertrieben große Angst davor empfinden, andere könnten aufgrund unserer Unfähigkeit auf einem bestimmten Gebiet eine schlechte Meinung von uns haben oder bekommen. Den Beweis dafür liefert die Tatsache, dass dies die ~~neunte, zehnte, elfte, zwölfte~~, achtundzwanzigste Fassung dieses Abschnitts ist, die ich zu Papier gebracht habe, und dass ich dennoch davon überzeugt bin, dass sie vielen Leuten nicht gefallen wird.

Vermeiden Sie Albträume – es sei denn, sie gefallen Ihnen

Warum es manchen Menschen Spaß macht, sich zu gruseln, und sie sich aktiv um solche Empfindungen bemühen

Warum ergreifen so viele Menschen begierig die Chance, als hässlicher Fleck auf dem harten Erdboden zu enden, um sich ein paar flüchtige Momente der Erregung zu verschaffen? Denken Sie an all die Basejumper, Bungeespringer, Fallschirmspringer. Alles, was wir bisher gelesen haben, legt den Drang des Gehirns nach Selbsterhaltung offen, und wie dieser in nervöser Unruhe, Vermeidungsverhalten und Ähnlichem resultiert. Doch Schriftsteller wie Stephen King und Dean R. Koontz verfassen Bücher, in denen furchteinflößende übernatürliche Ereignisse vorkommen und Personen eines grausigen, gewalttätigen Todes sterben – und sie scheffeln Geld damit. Die Reihe der »Saw«-Filme, in denen die einfallsreichsten und schauerlichsten Methoden vorgestellt werden, mit denen Menschen aus obskuren Gründen der Garaus gemacht werden kann, umfasst gegenwärtig sieben Folgen. Alle wurden überall auf der Welt in ganz normalen Kinos gezeigt, anstatt in Bleicontainer eingeschweißt und dann dem Sonnenlicht ausgesetzt zu werden. Wir erzählen einander Gruselgeschichten am Lagerfeuer, wir besuchen Geisterbahnen und Spukhäuser und verkleiden uns an Halloween als lebende Tote, um unseren Nachbarn Süßigkeiten abzupressen. Wie können wir uns das Vergnügen, das wir an solchem Zeitvertreib empfinden, erklären? Einiges davon zielt ja sogar auf Kinder.

Zufälligerweise sind der Kitzel, den Angst verursacht, und die Befriedigung, die der Verzehr von Süßigkeiten vermittelt, wohl von derselben Hirnregion abhängig. Dies ist das mesolimbische System, auch als mesolimbischer dopaminerger Pfad bekannt, weil dieser Teil des Gehirns für Belohnungsempfindungen zuständig ist und auf Dopaminneuronen zurückgreift, um derartige Empfindungen auszulösen. Dieser Pfad ist nur einer von mehreren Schaltkreisen und Pfaden, die das Gefühl von Belohnung vermitteln, aber er gilt generell als der »zentralste«. Und das macht seine Bedeutung für das »Lust an der Angst«-Syndrom aus.

Der mesolimbische Pfad setzt sich aus dem ventralen Tegmentum (VTA) und dem Nucleus accumbens (NAc) zusammen.[22] Das sind sehr kompakte Zusammenballungen von Schaltkreisen und neuralen Relais tief im Gehirn, mit zahlreichen Verbindungen zu den entwickelteren Regionen wie dem Hippocampus und den Stirnlappen, sowie zu den primitiveren wie dem Hirnstamm. Es handelt sich also um einen sehr einflussreichen Teil des Gehirns.

Die Area tegmentalis ventralis ist die Komponente, die einen Stimulus entdeckt und entscheidet, ob dieser positiv oder negativ war, also etwas, das gefördert oder aber vermieden werden sollte. Sie meldet dann ihre Entscheidung an den NAc, welcher die entsprechende Erfahrung – angenehm oder unangenehm – hervorruft. Wenn man sich also einen leckeren Snack gönnt, dann registriert das VTA das als etwas Gutes, meldet es an den NAc, der dann dafür sorgt, dass man es als lustvoll und vergnüglich erfährt. Wenn man aus Versehen sauer gewordene Milch trinkt, dann registriert das VTA dies als schlecht, leitet die Information an den NAc weiter, der einen Ekel und Abscheu empfinden lässt – nahezu alles, was dem Gehirn möglich ist, um einem die Botschaft einzutrichtern: »Mach das nicht noch mal!« Das aus diesen beiden Komponenten bestehende System ist der mesolimbische Belohnungspfad.

Der Terminus »Belohnung« steht in diesem Kontext für die positiven, angenehmen Gefühle, die wir verspüren, wenn wir etwas tun, das unser Gehirn billigt, also »gut« findet. Das sind normalerweise biologische Funktionen wie zum Beispiel das

Aufnehmen von Nahrung, wenn wir hungrig oder die betreffenden Lebensmittel nahrhaft oder gehaltvoll sind (Kohlenhydrate stellen für das Gehirn eine wertvolle Energiequelle dar, daher kann es Leuten, die eine Diät machen, schwerfallen, auf sie zu verzichten). Anderes verursacht eine noch stärkere Aktivierung des Belohnungssystems. Sex gehört dazu, deswegen wenden die Menschen eine Menge Zeit und Energie auf, um ihn sich zu verschaffen, obwohl wir auch ohne Sex existieren könnten. Ehrlich, das könnten wir!

Es braucht noch nicht einmal etwas derart Essenzielles oder stark Empfundenes zu sein. Sich zu kratzen, wenn es einen juckt, kann einem ein angenehm-wollüstiges Gefühl bereiten, das vom Belohnungssystem vermittelt wird. Das Gehirn sagt einem, dass das, was gerade geschehen ist, gut war, und dass man es wieder tun sollte.

Im psychologischen Sinn ist eine Belohnung eine (nach subjektivem Empfinden) positive Reaktion auf ein Vorkommnis, eine, die potenziell zu einer Verhaltensänderung führt. Eine Belohnung kann also ganz unterschiedliche Formen annehmen. Wenn eine Ratte einen Hebel niederdrückt und ein Stückchen Obst erhält, dann wird sie den Hebel öfter niederdrücken, das Obst gilt ihr also als Belohnung.[23] Wenn sie aber anstelle des Obstes das neueste Spiel für eine Playstation erhält, dann wird sie den Hebel wohl kaum noch öfter niederdrücken. Ein Teenager könnte natürlich anderer Meinung sein, doch eine Ratte kann mit einer Playstation nichts anfangen, von ihr geht kein Reiz für sie aus, sie besitzt keinen Wert und stellt daher keine Belohnung für sie dar. Man muss also betonen, dass verschiedene Leute (oder Lebewesen) verschiedene Dinge als eine Art Belohnung empfinden – einigen Menschen gefällt es, erschreckt oder verunsichert zu werden, während andere keinen positiven Reiz darin erkennen.

Es gibt unterschiedliche Wege, wie Angst und Gefahr »begehrenswert« werden können. Zunächst einmal besitzen wir eine angeborene Neugier. Sogar Ratten zeigen die Tendenz, etwas Neues zu erkunden, wenn sie die Gelegenheit dazu erhalten. Und bei Menschen ist dieser Trieb noch stärker ausgeprägt.[24] Denken Sie mal darüber nach, wie oft wir etwas tun, nur um zu sehen, »was dann passiert«. Jedem, der Kinder hat, wird diese oft zerstörerische Neigung wohlvertraut sein. Neues zieht uns an. Uns steht eine solche Vielfalt neuer Empfindungen und Erfahrungen offen – warum sollten wir dann nach denen streben, bei denen Angst und Gefahr ins Spiel kommen, zwei negative Phänomene, statt nach den vielen »gutartigen«, angenehmen, die uns ebenfalls unbekannt sind?

Der mesolimbische Pfad liefert Vergnügen, wenn man – sich selbst – etwas Gutes tut. Dieses »etwas Gutes« deckt aber eine riesige Palette von Möglichkeiten ab. Etwas Gutes widerfährt einem auch, wenn *etwas Schlechtes zu geschehen aufhört*. Aufgrund des Adrenalinausstoßes und der Kampf-oder-Flucht-Reaktion empfindet man Phasen der Angst und des Schreckens ungeheuer intensiv. Alle Sinne und physischen Systeme befinden sich im Alarmzustand und sind zur Abwehr von Gefahren bereit. Für gewöhnlich wird aber die Quelle für die Gefahr oder die Angst wieder verschwinden (vor allem, weil unsere Gehirne zu Paranoia neigen und gerne dort Gefahr sehen, wo keine ist). Das Gehirn erkennt dann, dass eine Bedrohung existierte, dass diese aber wieder vergangen ist oder die Gefahr nur eingebildet war.

Man ist in einem Spukhaus umhergeirrt, und jetzt ist man wieder im Freien. Man ist durch die Luft gesaust und hatte den sicheren Tod vor Augen, doch jetzt steht man wieder mit beiden Beinen auf der Erde, und man lebt. Man hat eine gruselige Geschichte gehört, doch die ist jetzt zu Ende, und der blutrünstige Serienkiller hat sich nicht sehen lassen. In jedem dieser Fälle erkennt der Belohnungspfad Gefahr, die plötzlich vergeht. Was immer man getan hat, um die Gefahr zu beseitigen, es ist *(über) lebenswichtig, dass man das beim nächsten Mal auch wieder tut*. Weil es so wichtig ist, löst es einen äußerst starken Belohnungsrespons aus. In den meisten Fällen – wenn man gegessen oder Sex gehabt hat – hat man nur etwas getan, das die eigene Existenz für eine Weile angenehmer macht, doch jetzt ist man *dem Tod entronnen!* Man hat etwas viel Wichtigeres getan. Und da zudem noch das Adrenalin, das durch die Kampf-oder-Flucht-Reaktion freigesetzt wurde, durch unsere Systeme strömt, empfindet man alles stärker und gesteigert. Das Hochgefühl und die Erleichterung, die sich einstellen, wenn ein Schreck nachlässt, können sehr stimulierend sein – mehr als die meisten anderen Dinge.

Der mesolimbische Pfad weist wichtige neuronale Verbindungen wie auch solche physischer Art zum Hippocampus und der Amygdala auf. Sie ermöglichen es ihm, anlässlich bestimmter Vorkommnisse, welche er als bedeutend einstuft, bestimmte Erinnerungen in den Vordergrund zu rücken und ihnen einen starken emotionalen Widerhall zu verleihen.[25] Er belohnt nicht nur ein Verhalten, solange dieses andauert, sondern stellt sicher, dass die Erinnerung an das Ereignis ebenfalls besonders eindringlich ist.

Das gesteigerte Bewusstsein, die Intensität des Empfindens, die lebhaften Erinnerungen: all dies zusammen bewirkt, dass die Begegnung mit etwas Gruseligem in einem das Gefühl auslösen kann, »lebendiger« zu sein, als man es zu anderen Zeiten ist. Wenn jede andere Erfahrung im Vergleich dazu gedämpft und banal erscheint, kann das eine starke Motivation darstellen, nach ähnlichen »Erfahrungshöhen« zu streben. Jemand, der für gewöhnlich doppelte Espressi trinkt, findet ja auch den Genuss von extra-sahnigem Latte macchiato nicht besonders befriedigend.

Und sehr oft muss es ein *echter* Nervenkitzel sein statt eines synthetischen. Die für Bewusstsein und Denken zuständigen Teile unseres Gehirns können in vielen Fällen (von denen in diesem Buch zahlreiche behandelt werden) leicht in die Irre geführt werden, aber vollkommen einfältig sind sie nicht. Ein Videospiel, bei dem man ein Fahrzeug mit hoher Geschwindigkeit über eine Rennstrecke steuern muss, kann noch so realistisch sein, es wird trotzdem nie dasselbe rauschhafte Gefühl vermitteln können wie eine echte Fahrt in einem Rennwagen. Und das Gleiche gilt für den Kampf gegen Zombies oder das Steuern von Raumschiffen: Das menschliche Gehirn erkennt, was real ist und was nicht – wenn auch die sattsam bekannten »Videospiele machen gewalttätig«-Argumente das Gegenteil behaupten.

Doch wenn realistische Videospiele nicht gruselig sind, wie können einen dann völlig abstrakte Dinge wie Geschichten in einem Buch derart in Angst und Schrecken versetzen? Vielleicht hat es mit Kontrolle zu tun. Wenn man sich mit einem Videospiel amüsiert, dann besitzt man die totale Kontrolle über sein Umfeld: Man kann das Spiel anhalten, es reagiert auf die Aktionen und Kommandos des Spielers und so weiter. Das trifft aber auf gruselige Bücher oder Filme nicht zu: Der Leser beziehungsweise Zuschauer nimmt die Rolle des passiven Beobachters ein, er wird von der Handlung mitgerissen, kann aber nicht in sie eingreifen. (Man kann ein Buch zuklappen, das verändert aber die Geschichte nicht.) Bestimmte Eindrücke bleiben haften; noch lange nachdem man den Film gesehen oder das Buch gelesen hat, wühlen sie einen auf. Die Erinnerungen sind eben sehr lebhaft, und sie werden, nachdem sie niedergelegt worden sind, immer wieder abgerufen oder aktiviert. Je mehr Kontrolle das Gehirn über die Ereignisse erlangt, je mehr es diese verarbeitet, desto weniger gruselig sind sie im Großen und Ganzen. Aus diesem Grund sind einige Dinge, die man »am besten der Phantasie überlässt«, erschreckender als die blutigsten *special effects* in einem Film.

Die 1970er-Jahre gelten bei vielen Kennern als das Goldene Zeitalter des Horrorfilms. Computergenerierte Bilder und hoch entwickelte Prothesen waren noch längst nicht erfunden. Andeutungen, Timing, Atmosphäre und clever gehandhabte Tricks mussten für die gruselige Wirkung sorgen. Aus diesem Grund spielte das Gehirn mit seiner Tendenz, nach Gefahren und Bedrohungen Ausschau zu halten und diese zu wittern, die größte Rolle: Die Leute bekamen im wahrsten Sinne des Wortes vor ihren eigenen Schatten Angst. Die Einführung innovativer Technologien zur Erzeugung spektakulärer visueller Effekte durch große Hollywood-Filmgesellschaften führte später dazu, dass der Horror viel plakativer und direkter wurde: Eimerweise Blut und CGI (Computer Generated Images) ersetzten die mit psychologischen Mitteln erzeugten Schau(d)er. Beide Ansätze und auch noch andere haben ihre Berechtigung, doch wenn der Horror so direkt hervorgebracht beziehungsweise vermittelt wird, ist das Gehirn nicht so stark beschäftigt und hat die Muße, über das Gezeigte nachzudenken und es zu analysieren. Es kann sich dann eher bewusst machen, dass es sich nur um ein fiktives Szenario handelt, dem man sich nicht aussetzen muss, sondern das man jederzeit von sich fernhalten könnte – daher haben die gruseligen Effekte keine so starke Wirkung. Die Erfinder und Produzenten von Videospielen haben das erkannt: Survival Horror Games sind ein neues Genre. Bei diesen Spielen muss eine Person großen Gefahren in einem unsicheren, unberechenbaren Umfeld entkommen, anstatt das bedrohliche Objekt mit einer überdimensionalen Laserkanone in tausend zuckende Stücke zu zerfetzen.[26]

Mit Extremsport und anderen risikobehafteten Aktivitäten verhält es sich wohl genauso. Das menschliche Gehirn ist ohne Weiteres in der Lage, ein tatsächliches Risiko von einem künstlich erzeugten zu unterscheiden. Gewöhnlich muss daher die reale Möglichkeit unangenehmer Folgen bestehen, damit sich echter Nervenkitzel einstellt. Mithilfe einer raffinierten Staffage unter Verwendung von Leinwänden, Gurtzeug und großen Ventilatoren könnte man die Empfindungen simulieren, die sich beim Bungee-Jumping einstellen, doch wären diese vermutlich nicht authentisch genug, um das Gehirn des Springers davon zu überzeugen, dass er wirklich aus großer Höhe nach unten fällt: Die Gefahr, auf dem Boden aufzuprallen, besteht also für ihn nicht, und die Erfahrung ist nicht die Gleiche. Das Gefühl, rasend schnell durch einen Raum befördert und dabei noch auf und ab bewegt zu werden, lässt sich nur schwer künstlich erzeugen. Das ist die *raison d'être* für Achterbahnen. Je weniger Kontrolle man über das gruselige Gefühl besitzt, desto erregender ist dieses. Doch gibt es ein Limit: Man muss noch einigen Einfluss auf das Geschehen haben, damit es »lustvoll«-erschreckend bleibt und nicht einfach nur erschreckend ist. Sich mit einem Fallschirm auf dem Rücken aus einem Flugzeug fallen zu lassen, gilt als Vergnügen. *Ohne* so ein Ding auf dem Rücken aus einem Flieger zu purzeln nicht. Damit das Gehirn eine erregende Aktivität *genießen* kann, scheint tatsächlich eine gewisses Maß an Bedrohung vorhanden sein zu müssen, aber ebenso die Möglichkeit, bis zu einem gewissen Grad Einfluss auf den Ablauf des Geschehens auszuüben, also den Gefahren aus dem Weg gehen zu können. Die meisten Leute, die einen schweren Autounfall überleben, freuen sich, davongekommen zu sein, verspüren aber wohl kaum das Verlangen, so etwas noch einmal zu erleben.

Das Gehirn besitzt auch die merkwürdige Angewohnheit des kontrafaktischen Denkens, auf das ich schon kurz eingegangen bin. Das bedeutet, dass es sich mit den potenziellen negativen Folgen eines Ereignisses befassen kann, zu dem es *nie gekommen ist*.[27] Diese Angewohnheit macht sich noch stärker bemerkbar, wenn das Ereignis ein beängstigendes ist, da sich dann das Gefühl echter Gefährdung einstellen kann. Wenn man beim Überqueren der Straße einem heranrasenden Auto entgangen ist, dann malt man sich möglicherweise noch tagelang aus, was wohl *gewesen wäre*, wenn es einen tatsächlich *erwischt hätte*. Man wurde aber nicht überfahren. In physischer Hinsicht hat sich nichts für einen geändert. Dem Gehirn gefällt es jedoch, sich auf eine potenzielle Bedrohung zu konzentrieren, sei es eine vergangene, eine gegenwärtige oder eine zukünftige.

Menschen, denen derartige Erfahrungen Spaß bereiten, werden oft »Adrenalinjunkies« genannt. *Sensation seeking*, das Streben danach, sich immer wieder neue, komplexe intensive Gefühle zu verschaffen und zwar, indem man Risiken physischer, finanzieller oder juristischer Art eingeht (Geld zu verlieren oder ins Gefängnis zu wandern sind ebenfalls Gefahren, die die meisten Leute angestrengt zu meiden suchen), ist ein anerkannter Persönlichkeitszug.[28] In den letzten Abschnitten habe ich dargelegt, dass ein gewisses Maß am Kontrolle über das Geschehen nötig ist, damit man einen Nervenkitzel wirklich genießen kann. Es ist aber möglich, dass die Neigung zum *sensation seeking* die Fähigkeit, Risiko und Kontrolle zutreffend einzuschätzen oder zu erkennen, trüben kann. Bei einer psychologischen Studie aus den späten 1980er-Jahren wurden Skifahrer untersucht. Man verglich solche, die sich bei ihrem Zeitvertreib verletzten, mit anderen, die während des Skifahrens keinen körperlichen Schaden davontrugen.[29] Dabei erwies sich, dass die mit den Blessuren eher zum *sensation seeking* neigten als die anderen. Das wiederum legte den Schluss nahe, dass ihr Verlangen nach solchen erregenden Gefühlen sie veranlasste, Entscheidungen zu treffen oder Aktionen auszuführen, die ihr Kontrollvermögen überstiegen. Unfälle waren die Folge. Es liegt grausame Ironie darin, dass ein Verlangen nach Gefahren auch die Fähigkeit, solche zu erkennen, beeinträchtigen kann.

Warum Menschen derart extreme Tendenzen ausbilden, ist unklar. Es kann sein, dass es allmählich geschieht: Ein flüchtiger Flirt mit einer Gefahr löst ein paar vergnügliche Reize aus. Das wiederum führt dazu, dass der Betreffende sich immer mehr dieser Reize zu verschaffen sucht, mit ständig wachsender Intensität. Man nennt das das »Dammbruchargument« oder im Englischen *slippery slope argument*, womit impliziert werden soll, dass eine bestimmte Handlung einen auf eine »schiefe Ebene« führt und man unaufhaltsam in negative Folgen hineinschlittern wird. Letzterer Terminus scheint für die *sensation seekers* unter den Skifahrern wirklich angebracht zu sein.

Bei anderen Studien hielt man nach Faktoren von eher biologischer oder neurologischer Art Ausschau. Es gibt einige Belege dafür, dass bestimmte Gene, wie *DRD4*, das eine gewisse Klasse von Dopaminrezeptoren kodiert, bei *sensation seekers* eine Mutation erfahren haben können. Dies wiederum lässt vermuten, dass die Aktivität im mesolimbischen System verändert ist, und zwar derart, dass die Art und Weise, in der Empfindungen »belohnt« werden, verändert ist.[30] Wenn das mesolimbische System aktiviert ist, können intensive Erfahrungen noch stärker wirken. Wenn die Aktivität dagegen reduziert ist, ist möglicherweise eine stärkere Stimulation vonnöten, um wahres Vergnügen hervorzurufen. Was bei den meisten von uns ausreichen würde, um uns »Lust« verspüren zu lassen, würde dann eine Verstärkung durch ein zusätzliches Gefahrenmoment erfordern. Steigerung wie auch Reduktion der Aktivität im mesolimbischen System könnte also Menschen dazu bringen, nach immer stärkeren Reizen zu suchen. Der Versuch, die Rolle eines spezifischen Gens für zerebrale Abläufe zu ermitteln, ist aber immer ein langer und komplexer Prozess, wir wissen daher noch immer nicht mit Sicherheit darüber Bescheid.

Bei einer anderen Studie, die 2007 durchgeführt wurde, scannten Sarah B. Martin und ihre Kollegen und Kolleginnen die Gehirne Dutzender Versuchspersonen, die auf der sogenannten *experience-seeking personality scale* unterschiedliche Punktzahlen erzielt hatten. Dabei stellten sie fest, dass das aktive Suchen nach starken Gefühlen und Empfindungen mit einem vergrößerten rechten vorderen Hippocampus korreliert.[31] Dies ist wohl der Teil des Gehirns und des Erinnerungssystems, dem das Erkennen und Verarbeiten von Neuem obliegt. Vereinfacht dargestellt, leitet das Erinnerungssystem Informationen durch dieses Gebiet und sagt: »Schau dir das mal an, haben wir das früher schon gesehen?« Der rechte vordere Hippocampus antwortet dann mit Ja oder Nein. Wir wissen nicht genau, worauf die Vergrößerung dieses Gebiets zurückzuführen ist. Es könnte sein, dass der oder die Betreffende so viel Neues erfahren hat, dass die Region, die für dessen Erkennen zuständig ist, sich erweitert hat, um ihrer Aufgabe gewachsen zu sein. Möglich ist aber auch, dass die Region, die für das Entdecken von Neuem zuständig ist, überentwickelt ist und daher mit viel mehr Neuem konfrontiert werden muss, damit sie »zu tun hat« und dieses Neue wirklich als solches auffasst oder erkennt. Wenn Letzteres der Fall wäre, dann könnten neue Reize und Erfahrungen für Personen, bei denen diese Region überentwickelt ist, von viel größerer Bedeutung sein und einen größeren Stellenwert besitzen.

Welches auch immer die Ursache für die Vergrößerung des vorderen Hippocampus ist – für einen Neurowissenschaftler ist es richtig cool, so etwas komplexes und schwer Fassbares wie einen Persönlichkeitszug (zumindest potenziell) in erkennbaren Unterschieden im Gehirn gespiegelt zu sehen. Ein solches Erlebnis hat man längst nicht so oft, wie die Medien es einem weismachen.

Um es zusammenzufassen: Einigen Leuten bereitet es in der Tat Vergnügen, wenn ihnen etwas Furchteinflößendes begegnet. Die davon ausgelöste Kampf-oder-Flucht-Reaktion führt dazu, dass es im Gehirn zu einer Fülle gesteigerter Empfindungen kommt und dass man, wenn die Gefahr vorüber ist, Erleichterung verspürt. Das kann innerhalb gewisser Grenzen zum Zweck der Unterhaltung ausgenützt werden. Bei einigen Leuten mag es feine Unterschiede in der Struktur des Gehirns oder in seiner Arbeitsweise geben, die sie dazu bringen, sich aktiv um diese mit Furcht gekoppelten starken Empfindungen zu bemühen, und zwar manchmal mit alarmierender Intensität. Doch steht einem kein Urteil darüber zu: Wenn man von den strukturellen Gemeinsamkeiten absieht, sind unsere Gehirne alle ganz unterschiedlich, und man braucht vor diesen Abweichungen keine Angst zu haben – selbst wenn man zu denen gehört, für die Angst ein lustvolles Gefühl ist.

»Du siehst toll aus! Ich finde es großartig, wenn Menschen sich keine Gedanken wegen ihres Gewichts machen.«

Warum Kritik mehr bewirkt als Lob

»Sticks and stones will break my bones, but names will never hurt me« (Stöcke und Steine brechen manches Bein, aber böse Wörter bereiten niemals Pein).

Das ist eine »Weisheit«, die der Überprüfung kaum standhält, oder? Erstens ist bei einem Knochenbruch der Schmerz derartig heftig, dass man ihn nicht pauschal zur Charakterisierung aller möglicher anderer Schmerzen oder auch Wehwehchen heranziehen sollte. Zweitens: Wenn »böse Wörter«, also Verbalinjurien, wirklich nicht wehtun, warum braucht es dann überhaupt diesen Spruch? Es gibt keinen vergleichbaren, der etwa besagt: »Messer und Klingen werden dich schlitzen, doch recht ungefährlich sind Lakritzen.« Ein Lob kann »runtergehen wie Öl«, doch seien wir ehrlich: »Kritik kann ätzend sein.« Sie verletzt.

Wenn man ihn wörtlich nimmt, ist die Überschrift zu diesem Abschnitt ein Kompliment. Eigentlich sogar ein zweifaches, da sowohl die äußere Erscheinung als auch die Einstellung des/der Angesprochenen mit schmeichelhaften Worten bedacht werden. Es ist aber unwahrscheinlich, dass diese/r es so auffassen wird. Die Kritik ist subtil und muss erst einmal herausgearbeitet werden, da sie zum größten Teil nur *implizit* vorgebracht wird. Trotzdem gewinnt das kritische Element die Oberhand. Es ist nur ein Beispiel von vielen für ein Phänomen, das sich aus den Abläufen in unserem Gehirn ergibt: Kritik hat normalerweise mehr Gewicht als Lob, sie wirkt stärker.

Wenn man sich eine neue Frisur zugelegt oder sich neu eingekleidet hat, oder wenn man einer Gruppe von Zuhörern eine witzige Geschichte erzählt hat, dann spielt es keine Rolle, wie viele Leute Ihr neues Aussehen loben oder über Ihre Witze lachen. Wenn nur einer zögert, bevor er etwas sagt, oder angeödet die Augen rollt, ist *das* die Reaktion, die sich Ihnen einprägen wird und dafür sorgt, dass Sie sich mies fühlen. Was geschieht hier? Wenn Kritik so unangenehm ist, warum nehmen unsere Gehirne sie dann so ernst? Liegt dem ein neurologischer Mechanismus zugrunde? Oder ist ein morbides psychologisches Angezogensein von Unangenehmem schuld daran – etwas, das sich zum Beispiel auch in dem bizarren Drang äußert, an einem Schorf zu pulen oder an einem lockeren Zahn zu ruckeln. Natürlich gibt es mehr als eine mögliche Antwort.

Schlimme, schlechte Dinge üben in der Regel eine größere Wirkung auf das Gehirn aus als gute.[32] Auf der fundamentalen neurologischen Ebene ist die Wirkung von Kritik vielleicht auf das Hormon Cortisol zurückzuführen. Dieses Hormon wird vom Gehirn in Reaktion auf stressige Geschehnisse freigesetzt. Es ist eines der chemischen Auslöser der Kampf-oder-Flucht-Reaktion und gilt allgemein als Verursacher der vielen verschiedenen Probleme, die durch Stress hervorgerufen werden. Die Freisetzung von Cortisol wird vor allem durch die HPA-Achse kontrolliert. Bei dieser handelt es sich um eine komplexe Verbindung von neurologischen und endokrinen (was»hormonregulierend« bedeutet) Regionen des Gehirns und des Körpers. Die HPA-Achse koordiniert den allgemeinen Respons auf Stress. Früher glaubte man, sie würde in Reaktion auf irgendein belastendes Ereignis, wie das plötzliche Ertönen eines lauten Geräuschs, aktiviert. Bei späteren Forschungen fand man aber heraus, dass die Achse ein wenig wählerischer ist und nur unter bestimmten Bedingungen in Aktion tritt. Einer heutigen Theorie zufolge kommt es erst dazu, wenn das Erreichen eines bestimmten Ziels gefährdet ist.[33] Wenn man zum Beispiel draußen herumschlendert und ein bisschen Vogelscheiße auf einem landet, dann ist das ärgerlich und unter Umständen auch gefährlich, da der Kot Krankheitserreger enthalten kann. Es wird aber wohl kaum den von der HPA-Achse ausgelösten Respons hervorrufen, da »nicht von einem umherfliegenden Vogel vollgekleckert zu werden« nicht auf der Liste dessen stand, was Sie sich vorgenommen hatten, also kein bewusstes Ziel von Ihnen darstellte. Doch wenn derselbe irregeleitete Vogel Sie aufs Korn nehmen würde, wenn Sie auf dem Weg zu einem Einstellungsgespräch sind, dann würde das höchstwahrscheinlich den HPA-Respons auslösen, weil Sie ein konkretes Ziel hatten: sich in dem Gespräch zu präsentieren, Eindruck zu machen, den Job zu bekommen. Und das Erreichen dieses Ziels ist jetzt mehr oder weniger durchkreuzt. Es gibt sehr viele unterschiedliche Ansichten darüber, was man zu einem Vorstellungsgespräch tragen sollte, doch »eine dicke Schicht aviarer Ausscheidungsprodukte« steht nicht auf der Liste.

Das offenkundigste Ziel eines Menschen ist Selbsterhaltung. Wenn aber Ihr Ziel darin besteht, am Leben zu bleiben, und irgendetwas eintritt, das Sie daran hindern könnte, dann aktiviert die HPA-Achse die Stress-Reaktion. Das war mit der Grund für die Annahme, dass der HPA-Respons auf alles reagiert: Menschen vermögen ja überall und in allem eine Bedrohung ihrer Existenz zu erkennen und tun dies auch.

Menschen sind jedoch komplexe Wesen, und daraus ergibt sich unter anderem, dass sie in beträchtlichem Maß von den Meinungen anderer und dem von ihnen gelieferten Feedback abhängig sind. Die Theorie von der gesellschaftlichen Selbsterhaltung besagt, dass Menschen eine tief verwurzelte Motivation besitzen, ihre soziale Position zu bewahren (das heißt, sie wollen weiterhin von denen gemocht werden, an deren Wertschätzung ihnen liegt). Das lässt eine Bedrohung entstehen. Insbesondere alles, was den sozialen Status gefährdet, den eine Person ihrer eigenen Auffassung nach besitzt, oder das Bild, das sie von sich selbst hat, stört das Streben danach, gemocht zu werden. Es aktiviert die HPA-Achse und löst die Freisetzung von Cortisol aus.

Kritik, Beleidigungen, Zurückweisungen, Spott – all dies greift unser Selbstwertgefühl an und fügt ihm potenziell Schaden zu, vor allem, wenn man dieser Kritik in der Öffentlichkeit ausgesetzt wird. Das Erreichen unseres Ziels, gemocht und akzeptiert zu werden, wird damit infrage gestellt. Der dadurch verursachte Stress führt zur Freisetzung von Cortisol, was zahlreiche physiologische Auswirkungen hat (wie eine vermehrte Ausschüttung von Glukose), sich aber auch unmittelbar auf unser Gehirn auswirkt. Wir wissen, dass unsere Kampf-oder-Flucht-Reaktion unsere Konzentration erhöht und unsere Erinnerungen durch sie lebendiger und stärker in den Vordergrund gerückt werden. Cortisol sorgt im Verein mit anderen Hormonen ebenfalls potenziell dafür, dass so etwas eintritt (in unterschiedlichen Graden), wenn wir kritisiert werden. Wir erfahren dann eine konkrete physische Reaktion, die uns sensibilisiert und der Erinnerung an das Ereignis mehr Gewicht verleiht. Das ganze Kapitel, das Sie gerade vor sich haben, basiert auf der Tendenz des Gehirns, beim Aufspüren von Gefahren zu übertreiben, und es gibt keinen Grund, warum zu den Gefahren nicht auch Kritik zählen sollte. Wenn etwas Negatives geschieht und wir es hautnah erfahren, sodass es all die relevanten Gefühle und Empfindungen hervorruft, dann kommen die Prozesse in Hippocampus und Amygdala wieder in Gang, reichern die Erinnerung emotionell an und legen sie an prominenterer Stelle nieder.

Auch nette Erlebnisse, wie Lob einzustreichen, rufen eine neurologische Reaktion hervor: Das Gehirn setzt Oxytocin frei. Dieser Stoff lässt uns Vergnügen empfinden, allerdings weniger stark und eher flüchtig. Die chemische Zusammensetzung von Oxytocin bewirkt, dass es in ungefähr fünf Minuten wieder aus dem Blutkreislauf verschwunden ist, während Cortisol sich mehr als eine Stunde, vielleicht sogar bis zu zwei Stunden, im Blut halten kann. Die Wirkung von Cortisol dauert also wesentlich länger an als die von Oxytocin.[34] Dass die Natur die Dauer von Vergnügenssignalen so stark begrenzt, mag wie ein etwas gemeiner Schachzug ihrerseits wirken, doch wenn Dinge uns über längere Zeit hinweg Vergnügen bereiten, tendieren sie dazu, uns außer Gefecht zu setzen. Dazu später mehr.

Es ist jedoch genauso leicht wie irreführend, alles, was im Gehirn vor sich geht, auf das Wirken bestimmter chemischer Substanzen zurückzuführen. Genau das geschieht allerdings häufig in Artikeln, die mehr dem neurowissenschaftlichen Mainstream angehören. Lassen Sie uns daher ein paar andere Erklärungen für das große Gewicht, das wir Kritik beimessen, in Augenschein nehmen.

Allem, was Online-Kommentar-Plattformen suggerieren, zum Trotz interagieren die meisten Menschen (wobei es von Kultur zu Kultur gewisse Varianten gibt) mit anderen auf respektvolle Weise, weil sie sozialen Normen und Verhaltensregeln gehorchen. Jemanden auf der Straße unflätig zu beschimpfen, ist etwas, das anständige Leute nicht tun, es sei denn, dass ihr Zorn sich gegen Parkuhrkontrolleure richtet. Die sind anscheinend von dieser Regel ausgenommen. Rücksichtnahme und zurückhaltendes Loben sind die Norm. Man bedankt sich bei der Kassiererin, wenn sie einem das Wechselgeld zurückgibt, obwohl es einem ja gehört und sie kein Recht hätte, es zu behalten. Wenn etwas die Norm wird, dann filtert unser Neues liebendes Gehirn es heraus, und zwar meistens mithilfe des Prozesses der Habituation, der Gewöhnung.[35] Denn wenn etwas sich ständig ereignet, warum sollte dann das Gehirn wertvolle Energien verschwenden, indem es sich darauf fokussiert? Es ist ja ungefährlich, es zu ignorieren.

Mildes Lob ist die Norm, Kritik hat also vielleicht allein deswegen größere Wirkung, weil es atypisch ist, sie zu äußern. Ein griesgrämiges Gesicht sticht einfach deswegen aus einer Menge lachender Menschen heraus, weil es *anders* ist. Unsere visuellen Systeme und diejenigen, die für Aufmerksamkeit zuständig sind, haben sich im Lauf der Evolution so entwickelt, dass Neuigkeit, Anderssein und Bedrohung bevorzugt wahrgenommen werden – und all dies wird von der griesgrämig aus der Wäsche schauenden Person verkörpert. Wenn wir aber daran gewöhnt sind, mit an und für sich leeren Floskeln wie »Gut gemacht« gelobt zu werden, dann ist es umso schockierender, wenn einem einer ein »Da hast du aber Scheiße gebaut« an den Kopf wirft. So etwas bekommt man – zum Glück – nicht so oft zu hören, und es klingt daher besonders misstönend in den eigenen Ohren. Mit etwas Unangenehmem beschäftigt man sich auch länger und intensiver, weil man herausfinden möchte, warum es einem widerfahren ist. Man könnte dann vielleicht vermeiden, dass es noch einmal geschieht.

In Kapitel 2 habe ich dargestellt, dass die Arbeitsweise des Gehirns dazu tendiert, uns alle ein wenig egoistisch zu machen sowie Ereignisse auf eine Weise zu deuten und zu erinnern, dass wir vor unseren eigenen Augen »besser dastehen«. Wenn das unser Standardzustand ist, dann verrät jemand, der uns lobt, uns nur etwas, das wir bereits wissen. Direkte Kritik aber lässt sich kaum fehldeuten und versetzt dem System einen Schock.

Wenn man sich der Öffentlichkeit stellt, durch irgendeine Darbietung, etwas, das man geschaffen hat, oder auch nur durch eine Meinung, die man kundtut, dann sagt man im Grunde: »Ich bin sicher, das wird Ihnen gefallen.« Man bemüht sich eindeutig um die Zustimmung der anderen. Wenn man kein schon krankhaft übersteigertes Selbstvertrauen besitzt, dann bleibt jedoch immer ein wenig Zweifel bestehen: Es könnte ja doch sein, dass man falsch liegt. In diesem Fall ist man sensibel für die Gefahr, auf Ablehnung zu stoßen, und man hält aufmerksam nach Anzeichen für Missbilligung oder Kritik Ausschau, vor allem, wenn das eine oder andere sich auf etwas bezieht, auf das man sehr stolz ist, oder das einen viel Zeit und Mühe gekostet hat. Wenn man aber quasi darauf geeicht ist, etwas zu finden, das »gegen einen« ist, dann wird man dies viel eher auch wirklich entdecken. Ein Hypochonder entdeckt ja auch immer Symptome für rare Krankheiten an sich. Diese verzerrte Sichtweise nennt man *confirmation bias*, im Deutschen spricht man von einem »Bestätigungsfehler«: Wir sehen das, wonach wir Ausschau halten, und ignorieren alles, was nicht ins Bild passt.[36]

Unsere Gehirne können nur auf der Grundlage dessen urteilen, was wir wissen, und das wiederum gründet auf unseren eigenen Schlussfolgerungen und Erfahrungen: Wir neigen demnach dazu, die Handlungen unserer Mitmenschen auf der Basis dessen zu beurteilen, was wir selbst tun. Wenn wir also höflich und zuvorkommend sind, weil die sozialen Normen uns das vorschreiben, dann gehen wir davon aus, dass alle anderen sich auch so verhalten. Infolgedessen haftet aber jedem Lob, das man erhält, ein bisschen etwas Dubioses an: Ist es aufrichtig gemeint oder nicht? Wenn man jedoch von einem anderen kritisiert wird, dann hat man nicht nur etwas Schlimmes getan, sondern man war so böse, dass jemand bereit war, gegen die gesellschaftlichen Normen zu verstoßen und einen darauf hinzuweisen. Und wieder einmal hat Kritik mehr Gewicht als Lob.

Das ausgefeilte System des Gehirns, das dazu dient, potenzielle Bedrohungen zu erkennen und auf sie zu reagieren, hat wohl die Menschheit befähigt, in der Wildnis zu überleben und zu der zivilisierten, hoch entwickelten Spezies zu werden, die sie heute ist. Doch hat dieses System auch seine Nachteile: Unser komplexer Intellekt gestattet es uns nicht nur, Bedrohungen zu identifizieren, sondern sie auch zu antizipieren oder gar zu imaginieren. Man kann einen Menschen auf vielfache Weise bedrohen oder erschrecken und damit eine neurologische, psychologische oder soziologische Reaktion im Gehirn auslösen.

Das kann, leider, eine Verletzlichkeit hervorbringen, die andere Menschen ausnützen können. In gewisser Weise kann das dann eine echte Bedrohung, eine echte Gefahr entstehen lassen. Vielleicht sagt Ihnen das Wort »negging« etwas. Es bezeichnet eine Taktik, die von Männern zur Anmache verwendet wird und darin besteht, dass man etwas zu einer Frau sagt, das sich wie ein Kompliment anhört. In Wirklichkeit aber enthält es eine

Kritik oder Beleidigung und untergräbt so das Selbstvertrauen der Angesprochenen. Wenn ein Mann sich einer Frau nähern und das zu ihr sagen würde, was diesem Abschnitt als Überschrift dient, dann wäre das »negging«. Er könnte auch etwas sagen wie: »Ich mag Ihre Frisur, die meisten Frauen mit einem Gesicht wie dem Ihren würden sich nicht trauen, ihr Haar auf diese Weise zu tragen.« Oder: »Normalerweise gefallen mir Mädchen, die so klein sind, nicht, doch du wirkst cool.« Oder aber: »Dieses Kleid wird toll an dir aussehen, wenn du erst einmal abgenommen hast«. Oder: »Ich habe nicht die geringste Ahnung, wie man Frauen anspricht, weil ich sie bislang nur durchs Fernrohr gesehen hab, deswegen werde ich zu billigen psychologischen Tricks greifen, in der Hoffnung, Ihrem Selbstvertrauen genug Schaden zuzufügen, dass Sie bereit sind, mit mir zu schlafen.« Das letzte Beispiel ist zugegebenermaßen kein typisches »negging«, läuft aber auf dasselbe hinaus. Es ist auch eine Art der Anmache.

Es muss sich jedoch nicht immer eine finstere Absicht hinter solcher Kritik verbergen. Wir alle kennen wahrscheinlich den Typ Mensch, der, wenn jemand etwas getan hat, auf das er oder sie stolz sein kann, loslegt und darauf verweist, was der/die Betreffende alles falsch gemacht hat. Denn warum soll man sich abmühen, selbst etwas zu vollbringen, wenn es reicht, andere in den Dreck zu ziehen, um sich selbst besser zu fühlen?

Es liegt eine grausame Ironie darin, dass das Gehirn, indem es so eifrig nach Gefahren Ausschau hält, selbst welche erschafft.

4

Du hältst dich wohl für schlau, was?

*Die verwirrende und komplexe Wissenschaft
von der Intelligenz*

Was macht das menschliche Gehirn so besonders oder einzigartig? Darauf gibt es zahlreiche mögliche Antworten. Am plausibelsten ist aber die Tatsache, dass es uns mit überlegener Intelligenz ausstattet. Viele andere Lebewesen sind ebenfalls in der Lage, die grundlegenden Funktionen auszuführen, die unser Gehirn ermöglicht. Aber bis heute hat kein anderes uns bekanntes Geschöpf seine eigene Philosophie geschaffen, Fahrzeuge oder Kleidung erfunden, Energiequellen erschlossen, religiöse Überzeugungen entwickelt oder auch nur eine einzige Nudelart kreiert, ganz zu schweigen von mehr als dreihundert verschiedenen. In diesem Buch geht es zwar hauptsächlich um die Dinge, die das menschliche Gehirn auf ineffiziente oder bizarre Weise ausführt, doch muss man sich immer wieder bewusst machen, dass es auch vieles *richtig* macht: Es hat die Menschen befähigt, eine so reiche, vielfältige und abwechslungsreiche innere Existenz aufzubauen und sie so viel erreichen lassen, wie sie es getan haben.

Ein bekannter Spruch lautet: »Wenn das menschliche Gehirn so simpel wäre, dass wir es verstehen können, dann wären wir so simpel, dass wir es nicht könnten.« Wenn man sich die wissenschaftliche Erforschung des Gehirns und seiner Beziehung zur Intelligenz anschaut, dann erkennt man, dass in diesem Aphorismus Wahres liegt. Unsere Gehirne verleihen uns genügend Intelligenz, um uns erkennen zu lassen, dass wir intelligent *sind*, und dass das nicht die Norm in der Welt ist. Und sie lassen uns neugierig genug werden, um uns zu fragen, *warum* dies so ist. Wir sind aber offenbar nicht intelligent genug, um ohne Weiteres zu begreifen, woher unsere Intelligenz kommt und wie sie eigentlich funktioniert. Wir müssen daher auf wissenschaftliche Studien zum Gehirn und auf die Psychologie zurückgreifen, wenn wir eine Vorstellung davon bekommen wollen, wie Prozesse des Verstehens oder Begreifens eigentlich ablaufen. Die Wissenschaft selbst existiert dank unserer Intelligenz − und jetzt wollen wir die Wissenschaft einsetzen, um herauszubekommen, wie unsere Intelligenz funktioniert? Das ist entweder eine sehr effiziente Methode, oder man vollzieht damit eine Art Zirkelschluss. Ich bin nicht klug genug, um das zu entscheiden.

Verwirrend, chaotisch und schwer zu verstehen: Das ist eine gute Beschreibung der Intelligenz selbst, eine bessere kann man kaum finden. Sie lässt sich nur schwer messen oder definieren, doch ich werde mich in diesem Kapitel damit befassen, wie wir unsere Intelligenz (be)nutzen, sowie einige ihrer merkwürdigen Eigenschaften darstellen.

Ich habe einen IQ von 270 … oder in der Größenordnung.

Warum das Messen von Intelligenz schwieriger ist, als man denkt

»Bin ich intelligent?«

Wenn man sich selbst diese Frage stellt, lautet die Antwort unweigerlich Ja. Sie zeigt, dass man zu vielen kognitiven Prozessen in der Lage ist, die einen automatisch dazu berechtigen, sich zur »intelligentesten Spezies auf der Erde« zu zählen. Man ist in der Lage, ein Konzept wie Intelligenz zu begreifen und zu memorieren, also etwas, das keine allgemein anerkannte, »feste« Definition und keine physische Präsenz in der realen, dinglichen Welt besitzt. Man ist sich seiner selbst als individueller Entität bewusst, als etwas mit einer eigenen, begrenzten Wesenheit. Man ist in der Lage, seine eigenen Eigenschaften und Fähigkeiten zu erkennen und sie mit Bezug auf ein ideales Ziel einzuschätzen oder zu dem Schluss zu kommen, dass diese Eigenschaften und Fähigkeiten im Vergleich zu denen anderer beschränkt sein könnten. Kein anderes Lebewesen auf der Erde ist zu einer derartigen geistigen Leistung fähig – wenn es sich in Wirklichkeit auch um eine leichte Neurose handelt

Menschen sind also, sogar mit einigem Abstand, die intelligenteste Spezies auf der Erde. Was bedeutet das aber? Die meisten Menschen haben eine Grundvorstellung von Intelligenz – so wie von Ironie oder von der Sommerzeit –, es fällt ihnen aber schwer, genau zu erklären, um was genau es sich handelt.

Das stellt auch ein Problem für die Forschung dar. Wissenschaftler haben über Jahrzehnte hinweg viele verschiedene Definitionen von Intelligenz vorgebracht. Die Franzosen Alfred Binet und Théodore Simon, die Erfinder eines der ersten streng wissenschaftlichen IQ-Tests, befanden: »Gut zu urteilen, gut zu verstehen, gut zu schlussfolgern – dies sind die wesentlichen Manifestationen von Intelligenz.« David Wechsler, ein amerikanischer Psychologe, hat zahlreiche Theorien zur Intelligenz aufgestellt und Methoden zu ihrer quantitativen Bestimmung entwickelt, die heute noch benutzt werden. Bei vielen Tests kommt immer noch seine »Wechsler Adult Intelligence Scale« zum Einsatz. Wechsler definierte Intelligenz als »die zusammengesetzte oder globale Fähigkeit des Individuums, zweckdienlich zu handeln, vernünftig zu denken und sich mit seiner Umgebung wirkungsvoll auseinanderzusetzen«. Philip E. Vernon, eine weitere Kapazität auf dem Gebiet, fasste Intelligenz als die Fähigkeit auf, »die effektiven kognitiven Fähigkeiten zu verstehen, Zusammenhänge zu erkennen und Ursachen zu entdecken«.

Denken Sie aber nicht, dass das alles sinnlose Spekulation ist, dass man doch nicht ergründen und festlegen kann, was Intelligenz ist: Es gibt viele Aspekte von ihr, die allgemein anerkannt werden. Intelligenz reflektiert die Fähigkeit des Gehirns... *etwas zu tun.* Genauer: seine Fähigkeit, Informationen zu verarbeiten und auszunutzen. Denken, abstraktes Denken, Erkennen von *patterns*, Begreifen oder Verstehen – all dies wird immer wieder als Kennzeichen überlegener Intelligenz angeführt. Das ergibt in gewisser Hinsicht Sinn. Denn bei all den genannten kognitiven Prozessen kommt das Einschätzen und Verwenden von Informationen auf einer absolut immateriellen Grundlage ins Spiel. Einfacher ausgedrückt: Menschen sind intelligent genug, um Dinge zu verstehen und zu durchschauen, ohne unmittelbar mit ihnen interagieren zu müssen.

Wenn zum Beispiel ein Mensch vor ein Tor kommt, das mit großen Vorhängeschlössern zugesperrt ist, dann wird er sofort denken: »Das ist verschlossen«, und sich nach einer anderen Zugangsmöglichkeit umsehen. Das mag trivial erscheinen, es ist aber ein klares Anzeichen für Intelligenz. Der Betreffende beobachtet eine Situation, erschließt ihre Bedeutung und verhält sich entsprechend. Er unternimmt keinen Versuch, das Tor zu öffnen, der ihm ohnehin nur zeigen würde: »Es ist zu!« Er ist *nicht* auf einen solchen physischen Akt *angewiesen.* Logisches Nachdenken, Begreifen, Planen – all dies ist angewendet worden, um angemessenes Handeln hervorzubringen: *Das ist Intelligenz.* Doch sagt uns das noch nichts darüber, wie wir Intelligenz erforschen und messen sollen. Die Verarbeitung von Informationen auf komplexe Art und Weise im Gehirn ist nichts, was unmittelbar sichtbar gemacht werden kann (auch die derzeit fortschrittlichsten Gehirnscanner zeigen uns nur verschwommene Gebilde mit unterschiedlichen Farben, was nicht besonders nützlich ist). Ein Messen von Intelligenz kann also nur auf indirektem Weg erfolgen, durch das Beobachten des Verhaltens von Personen und ihrer Leistung bei eigens zu diesem Zweck entwickelten Tests.

Sie könnten jetzt auf die Idee kommen, dass ich etwas Wichtiges übersehe. Wir kennen doch eine Methode zum Messen von Intelligenz: Tests zur Ermittlung des IQ, also des Intelligenzquotienten. Das ist ein Begriff, den jeder kennt. Der IQ gibt an, wie klug man ist. Ihr Body-Mass-Index wird durch Messen Ihres Gewichts ermittelt, Ihre Größe durch Messen Ihrer Körperlänge. Ihr Grad an Trunkenheit wird gemessen, indem Sie in eines dieser Röhrchen pusten, die die Polizei einem vor den Mund hält, und Ihre Intelligenz wird eben mithilfe von IQ-Tests gemessen. Ist doch einfach, oder?

Nicht wirklich. Die meisten Leute halten den Wert, der bei einem IQ-Test herauskommt, für definitiver, als er ist, denn die Angabe der Höhe des IQ berücksichtigt die sich entziehende, unspezifizierte Natur von Intelligenz. Hier einige der wichtigeren Fakten zum IQ-Test, die Sie bedenken sollten: Der durchschnittliche Intelligenzquotient der Bevölkerung eines Landes liegt bei 100. Eines *jeden* Landes. Es gibt keine *Ausnahme*. Wenn jemand sagt: »Der durchschnittliche IQ der Einwohner von xy liegt nur bei 85«, dann stimmt das nicht. Es wäre im Grunde so, als behauptete man, in dem und dem Land sei ein Meter nur 85 Zentimeter lang.

Seriöse Intelligenztests sagen einem, wo, in welchem Bereich man als Individuum in Bezug auf die Verteilung des Intellekts innerhalb der eigenen Bevölkerung liegt, wenn man eine »normale« Verteilung zugrunde legt. Diese Normalverteilung geht davon aus, dass das Mittel bei 100 liegt. Ein IQ zwischen 90 und 110 wird als »durchschnittlich« angesehen, einer zwischen 110 und 119 als »hoch«, zwischen 120 und 129 als »sehr hoch«, und jeder, dessen IQ höher als 130 ist, gilt als »hochbegabt«. Auf der anderen Seite der Skala gilt ein Wert zwischen 80 und 89 als »etwas unterdurchschnittlich«, zwischen 70 und 79 als »unterdurchschnittlich«, und alles unter 69 wird als »weit unterdurchschnittlich« angesehen.

Wenn man dieses System verwendet, fallen mehr als 80 Prozent der Bevölkerung in die als mehr oder weniger »durchschnittlich« klassifizierten Zonen, ihr IQ liegt also zwischen 80 und 110. Je näher der IQ an eines der extremen Enden der Skala rückt, desto weniger Menschen wird man finden, denen man einen entsprechenden – hohen oder niedrigen – Wert attestieren kann. Weniger als 5 Prozent der Bevölkerung haben einen sehr hohen oder extrem niedrigen IQ. Ein typischer Test zur Ermittlung des IQ misst also nicht eigentlich Ihre Intelligenz, die Rohmaterie sozusagen, sondern deckt auf, wie intelligent Sie im Vergleich zum Rest der Bevölkerung sind.

Das kann einige verwirrende Folgen haben. Nehmen wir einmal an, dass ein wirksames, aber bizarr spezifisches Virus alle Menschen auf der Welt auslöschen würde, die einen IQ von mehr als 100 haben. Die Überlebenden wiesen dann immer noch einen durchschnittlichen IQ von 100 auf. Diejenigen, die vor Ausbruch der Seuche einen IQ von 99 aufwiesen, hätten jetzt plötzlich einen von 130+ und würden als *crème de la crème*, als Mitlieder der geistigen Elite, eingestuft. Man kann sich das verdeutlichen, indem man an unsere Währung denkt. In Großbritannien fluktuiert der Wert des Pfunds im Einklang mit dem Stand der Wirtschaft, doch ganz gleich, wie die wirtschaftliche Lage ist: 100 Pence machen immer ein Pfund aus. Der Wert des Pfunds ist beides: veränderlich und feststehend. Mit dem IQ verhält es sich im Grunde genauso: Der durchschnittliche IQ liegt immer bei 100, doch über welches Maß an Intelligenz jemand mit einem solchen IQ wirklich verfügt, steht nicht fest. Es ist eine veränderliche Größe.

Dieses Normalisierungsverfahren und das Festhalten an den Durchschnittswerten innerhalb einer Bevölkerung kann ein wenig restriktiv sein. Albert Einstein und Stephen Hawking sollen IQs in der Größenordnung von 160 gehabt haben beziehungsweise haben. Das ist immer noch sehr hoch, hört sich aber nicht mehr ganz so eindrucksvoll an, wenn man berücksichtigt, dass der durchschnittliche Wert der Bevölkerung bei 100 liegt. Wenn man also jemandem begegnet, der behauptet, einen IQ von 270 (oder in dieser Größenordnung) zu haben, dann irrt der Mensch vermutlich. Er hat sich einer anderen Art von Test unterzogen, einem, der wissenschaftlichen Ansprüchen nicht genügt, oder er hat die von ihm erzielten Ergebnisse falsch gedeutet und bewertet. Auf jeden Fall kann er seinen Anspruch, ein Superhirn zu sein, nicht aufrechterhalten.

Das heißt nicht, dass es derart hohe IQs nicht gibt. Einige der intelligentesten Leute, die wir kennen, besaßen IQs von mehr als 250. Jedenfalls steht das im *Guiness Book of Records*. Die Kategorie »Höchster IQ« wurde allerdings im Jahr 1990 abgeschafft, da es keine Tests gibt, die zuverlässige und eindeutige Ergebnisse liefern.

Die von Wissenschaftlern und Forschern verwendeten Intelligenztests sind sorgfältig ausgearbeitet worden und werden wie Werkzeuge eingesetzt – nicht anders als Mikroskope und Massenspektrometer beispielsweise. Ihre Entwicklung kostet viel Geld, deswegen werden sie nicht kostenlos online zur Verfügung gestellt. Sie sollen zur Messung normaler, durchschnittlicher Intelligenz bei einem breitestmöglichen Spektrum von Menschen dienen. Infolgedessen sind sie normalerweise weniger effektiv, je näher man einem der beiden Extreme des Spektrums kommt. Man kann in einer Schulklasse viele physikalische Gesetze mittels alltäglicher Objekte veranschaulichen (zum Beispiel mit Gewichten verschiedener Größe die Konstanz der Anziehungskraft demonstrieren oder mit einer Spiralfeder Elastizität veranschaulichen), doch wenn man tiefer in die komplexe Physik eintauchen will, dann braucht man Teilchenbeschleuniger oder Kernreaktoren, oder man ist auf erschreckend komplizierte höhere Mathematik angewiesen.

Ähnlich verhält es sich, wenn man jemanden von extrem

hoher Intelligenz vor sich hat. Diese ist viel schwerer zu messen. Die dafür von Wissenschaftlern entwickelten Tests messen Dinge wie räumliches Denken mithilfe von Muster-Vervollständigungs-Aufgaben, die Geschwindigkeit von Auffassen und Begreifen mithilfe eigens dazu ersonnener Fragen, die Geläufigkeit des verbalen Ausdrucks, indem man die Probanden Wörter, die bestimmten Kategorien entstammen, auflisten lässt, und Ähnlichem. Es ist sinnvoll, das zu untersuchen, doch wird es ein Superhirn kaum in einem solchen Maß fordern, dass die Grenzen seiner geistigen Kapazität sichtbar würden. Es ist ein bisschen so, als benützte man Badezimmerwaagen, um Elefanten zu wiegen. Solche Waagen können für Objekte von einem gewissen »Normalgewicht« verwendet werden, doch für Schwergewichte wie Elefanten liefern sie keine nützlichen Daten, sondern nur ein zerborstenes Plastikgehäuse und ein paar Metallfedern.

Ein weiteres Problem besteht darin, dass Intelligenztests behaupten, sie würden Intelligenz messen, und dass wir zu wissen glauben, was Intelligenz ist, weil Intelligenztests es uns sagen. Sie werden sofort einsehen, warum einige zynischer veranlagte Wissenschaftler unglücklich über diese Situation sind. Ein paar der am häufigsten benutzten Tests sind wiederholt überarbeitet und auf ihre Zuverlässigkeit hin überprüft worden, dennoch haben manche Forscher das Gefühl, dass man damit nur das Grundproblem kaschiert.

Viele Forscher weisen gerne darauf hin, dass das Abschneiden bei einem solchen Test eher etwas über die gesellschaftliche Herkunft, die generelle Gesundheit, das Bildungsniveau des oder der Geprüften aussagt – und auch darüber, ob er/sie mit Prüfungssituationen fertig werden kann. Mit anderen Worten: über Dinge, die nicht (unbedingt) etwas mit Intelligenz zu tun haben. Die Tests können also nützlich sein, aber nicht für den Zweck, für den sie entwickelt wurden.

Man braucht aber deswegen nicht gleich in Weltuntergangsstimmung zu verfallen. Die Wissenschaftler kennen nämlich diese Kritik, und sie sind ein einfallsreicher Haufen. Die Intelligenztests von heute haben einen größeren Nutzen. Sie überprüfen eine ganze Palette von unterschiedlichen mentalen Fähigkeiten (räumliches Denken, arithmetische Begabung usw.), anstatt nur global so etwas wie die »generelle Intelligenz« zu erkunden. Das ermöglicht uns eine gründlichere und sicherere Einschätzung des geistigen Vermögens eines Menschen. Studien haben überdies ergeben, dass die Leistung eines Menschen bei einem Intelligenztest sein Leben lang relativ konstant bleibt, obwohl er in dieser Zeit viele Veränderungen erlebt oder neue Dinge lernt. Also müssen solche Tests eine Art inhärenter Eigenschaft aufdecken, etwas, das von den jeweiligen äußeren Umständen unabhängig ist.[1]

Sie wissen also jetzt, was wir über Intelligenz wissen, oder was wir zu wissen glauben. Eines der generell anerkannten Zeichen für Intelligenz ist ein Gewahrsein dessen, was man nicht weiß: ein Wissen um das eigene Nichtwissen. Super.

Wo sind Ihre Hosen, Herr Professor?

Wie es kommt, dass intelligente Leute Unfug machen

Die Klischeevorstellung von einem Akademiker ist die von einem weißhaarigen Burschen Ende fünfzig, der gerne und schnell über sein Fachgebiet redet, während ihm gleichzeitig die Welt um ihn herum völlig fremd ist. Er kann zum Beispiel bei Tisch einen Vortrag über das Genom der Fruchtfliege aus dem Ärmel schütteln, streicht aber geistesabwesend Butter auf seine Krawatte, während er redet. Gesellschaftliche Normen und alltägliche Verrichtungen sind ihm völlig fremd und rätselhaft. Er weiß alles über sein Fach, was es zu wissen gibt, darüber hinaus aber wenig oder gar nichts.

Intelligent zu sein ist nicht so, wie stark zu sein. Eine starke Person ist in jeder Situation stark. Dagegen kann jemand, der in einer Situation geistreich wirkt, in einer anderen den Eindruck eines hoffnungslosen Hohlkopfs machen.

Das liegt daran, dass Intelligenz (anders als physische Stärke) ein Produkt des – niemals unkomplizierten – Gehirns ist. Welches sind also die zerebralen Prozesse, die der Intelligenz zugrunde liegen, und warum ist diese so variabel? In der Psychologie wird gegenwärtig darüber debattiert, ob Menschen eine einzige Art von Intelligenz nutzen oder vielmehr mehrere verschiedene Typen. Aktuelle Forschungsergebnisse deuten darauf hin, dass es sich vermutlich um eine Kombination verschiedener Arten von Intelligenz handelt.

Einer vorherrschenden Ansicht zufolge liegt verschiedenen Intelligenzleistungen vermutlich eine einzige, universelle Fähigkeit zugrunde, die sich aber auf unterschiedliche Weise ausdrückt. Diese wird oft als »Spearman's g« oder einfach nur »g-Faktor« der Intelligenz bezeichnet. Namensgeber ist Charles Spearman, ein Wissenschaftler, der in den 1920er-Jahren einen wertvollen Beitrag zur Intelligenzforschung und zur Wissenschaft im Allgemeinen leistete, indem er die Faktorenanalyse entwickelte. Im vorangegangenen Abschnitt habe ich dargestellt, dass Intelligenztests trotz einiger Vorbehalte ihnen gegenüber häufig vorgenommen werden. Die Faktorenanalyse ist etwas, das ihre Verwendung (sowie die anderer Tests) sinnvoll macht.

Bei dieser Analyse handelt es sich um einen komplexen mathematischen Prozess, es genügt aber zu wissen, dass sie eine Form statistischer Dekomposition darstellt. Dabei nimmt man große Datenmengen (wie solche, die IQ-Tests hervorbringen) und zergliedert sie mathematisch auf verschiedene Arten und Weisen. Dann hält man nach den Faktoren Ausschau, die sie miteinander verbinden oder die die Ergebnisse beeinflussen. Diese Faktoren sind vorher nicht bekannt, doch die Faktorenanalyse kann sie »an die Oberfläche spülen«. Wenn Schüler bei ihren Prüfungen insgesamt gesehen durchschnittlich gute Noten erreichten, dann könnte der Direktor der Schule genauer wissen wollen, wie diese Noten zustande gekommen sind. Die Faktorenanalyse könnte verwendet werden, um alle Examensergebnisse zu untersuchen. Sie könnte zeigen, dass die Mathematikaufgaben generell gut gelöst, die Fragen zur Geschichte aber oft falsch beantwortet wurden. Der Direktor kann daraus die Berechtigung ableiten, die Geschichtslehrer zusammenzustauchen, weil sie öffentliche Gelder und Zeit nutzlos vergeudet haben (obwohl er angesichts der vielen möglichen Erklärungen für schlechte Ergebnisse diese Berechtigung nicht wirklich besitzt).

Spearman wandte ein ähnliches Verfahren an, um IQ-Tests zu beurteilen, und fand heraus, dass es anscheinend einen Faktor gab, der die Gesamtleistung eines Probanden bei einem Test prägte. Diesen nannte er den »Generalfaktor der Intelligenz« oder einfach g-Faktor, und wenn die Wissenschaft etwas kennt, das das repräsentiert, was der Normalmensch unter Intelligenz versteht, dann ist es dieses »g«.

Es wäre falsch zu sagen, dass g die gesamte mögliche Intelligenz bezeichnet, da Intelligenz sich auf so vielfältige Weise manifestiert. Eher bezeichnet g einen allgemeinen »Kern« intellektueller Fähigkeit. Man muss so etwas wie die Grundmauern und die tragende Struktur eines Hauses darin sehen. Man kann Erweiterungen vornehmen und es mit Möbeln vollstopfen, doch wenn die Grundstruktur nicht stabil genug ist, dann wird das alles nutzlos sein. So ähnlich verhält es sich mit der Intelligenz: Sie können alle möglichen komplizierten Wörter lernen und sich so viele Erinnerungshilfen aneignen, wie Sie wollen: Wenn Ihr g nicht den Anforderungen entspricht, werden Sie mit alldem kaum etwas anfangen können.

Forschungsergebnisse lassen vermuten, dass es einen Teil des Gehirns gibt, der für g verantwortlich ist. In Kapitel 2 wurde das Kurzzeitgedächtnis ausführlich dargestellt und der Ausdruck »Arbeitsgedächtnis« kurz erläutert. Er bezieht sich auf das tatsächliche Verarbeitetwerden der Information, ihr »Verwendetwerden« im Kurzzeitgedächtnis. Zu Beginn des 21. Jahrhunderts haben Professor Klaus Oberauer und seine Kollegen eine Reihe von Tests durchgeführt, die ergaben, dass die Leistung einer Versuchsperson bei Überprüfungen des Arbeitsgedächtnisses stark mit der bei Tests korrespondierte, die zur Ermittlung ihres g-Faktors dienten. Das weist darauf hin, dass die Kapazität des Arbeitsgedächtnisses einer Person einen maßgeblichen Faktor für ihre Intelligenz insgesamt darstellt.[2] Wenn man bei einem Test zur Überprüfung des Arbeitsgedächtnisses gut abschneidet, ist die Wahrscheinlichkeit groß, dass man auch bei verschiedenen Typen von IQ-Tests gut abschneidet. Das scheint nur logisch: Für Intelligenz sind das Erlangen, Speichern und möglichst effektive Ausnutzen von Informationen von Bedeutung, und IQ-Tests dienen dazu, diese Fähigkeiten zu messen. Zur Ausführung der genannten Prozesse ist aber das Arbeitsgedächtnis da.

Untersuchungen mit Gehirnscannern und solche an Menschen mit Hirnverletzungen liefern zwingende Beweise für die entscheidende Rolle, die der präfrontale Kortex sowohl für die Aktivität von g als auch des Arbeitsgedächtnisses spielt. Menschen mit einer Schädigung des Stirnlappens weisen eine Reihe unterschiedlicher und ungewöhnlicher Erinnerungsprobleme auf, die für gewöhnlich auf ein Defizit des Arbeitsgedächtnisses zurückgeführt werden können. Dies deutet erneut auf ein starkes Sich-Überschneiden von präfrontalem Kortex und g hin. Dieser präfrontale Kortex liegt direkt hinter dem Stirnknochen und bildet den Anfang des Stirnlappens, der wiederum an sämtlichen höheren »exekutiven« Funktionen wie Denken beteiligt sowie für Aufmerksamkeit und Bewusstsein zuständig ist.

Doch Arbeitsgedächtnis und g sind nicht alles. Die Prozesse im Arbeitsgedächtnis basieren zumeist auf verbalen Informationen, sie stützen sich auf Wörter und Ausdrücke, die man auch laut aussprechen könnte und die sich zu einer Art innerem Monolog zusammensetzen. Intelligenz hingegen lässt sich auf Informationen aller Art – visuelle, räumliche, numerische – anwenden. Dies wiederum veranlasst Forscher, bei dem Versuch, Intelligenz zu definieren und zu erklären, ihre Blicke über *g* hinaus zu richten.

Raymond Cattell (ein früherer Student von Charles Spearman) und sein Schüler John Horn entwickelten neuere Methoden zur Faktorenanalyse. Bei Studien, die sie zwischen den 1940er- und den 1960er-Jahren vornahmen, identifizierten sie zwei Arten von Intelligenz. Sie bezeichneten sie als »fluid« und als »kristallisiert«.

Fluide Intelligenz ist die Fähigkeit, Informationen zu *nutzen*, mit ihnen zu arbeiten, sie praktisch zu verwenden und so weiter. Die einzelnen Quadrate eines jener sogenannten Zauberwürfel, auch bekannt als »Rubik's Cube«, so anzuordnen, dass jede Seite des Würfels eine einheitliche Farbe aufweist, erfordert fluide Intelligenz, genauso wie herauszufinden, warum der Partner oder die Partnerin nicht mit einem spricht, obgleich man sich nicht daran erinnert, etwas Böses getan zu haben. In beiden Fällen ist die Information, die man besitzt, neu, und man muss ermitteln, wie man sie einsetzen kann, um zu einem für einen selbst vorteilhaften Ergebnis zu gelangen.

Kristallisierte Intelligenz gründet auf den Informationen, die man im Gedächtnis gespeichert hat und dazu verwenden kann, um eine bestimmte Situation zu meistern. Um bei einem Kneipenquiz den Hauptdarsteller eines obskuren Films aus den 1950er-Jahren nennen zu können, ist kristallisierte Intelligenz vonnöten. Ebenso, um alle Hauptstädte auf der nördlichen Halbkugel der Erde runterbeten zu können. Auch beim Erlernen einer Zweitsprache (oder einer dritten oder vierten) kommt kristallisierte Intelligenz ins Spiel. Kristallisierte Intelligenz ist das Wissen, das man angehäuft hat. Von fluider Intelligenz dagegen hängt ab, wie gut man dieses Wissen ausnutzen oder mit unvertrauten Dingen, die man sich erst »erklären« muss, fertig werden kann.

Man kann fluide Intelligenz wohl mit Fug und Recht als eine weitere Variante von *g* und dem Arbeitsgedächtnis betrachten; sie ist quasi identisch mit der Be- und Verarbeitung von Informationen. Kristallisierte Intelligenz jedoch wird zunehmend als ein separates System angesehen, und die Abläufe im Gehirn stützen diese Ansicht. Ein vielsagendes Faktum ist, dass unsere fluide Intelligenz mit zunehmendem Alter abnimmt. Ein Achtzigjähriger wird bei einem Test zur Ermittlung seiner fluiden Intelligenz schlechter abschneiden, als er es mit dreißig getan hat oder mit fünfzig. Neuroanatomische Studien (und zahlreiche Autopsien) haben gezeigt, dass der präfrontale Kortex, von dem man glaubt, dass er für fluide Intelligenz zuständig ist, im Laufe des Lebens stärker atrophiert – vulgo: schrumpft – als die meisten anderen Regionen des Gehirns.

Im Unterschied dazu bleibt die kristallisierte Intelligenz während des ganzen Lebens stabil. Jemand, der mit achtzehn Französisch gelernt hat, wird es auch mit fünfundachtzig noch beherrschen, es sei denn, er hätte mit neunzehn aufgehört, die Sprache zu sprechen, und sie vergessen. Die kristallisierte Intelligenz stützt sich auf Langzeiterinnerungen, die im gesamten Gehirn verteilt niedergelegt sind und dazu tendieren, gegen die Verwüstungen, die der Zahn der Zeit anrichten kann, gefeit zu sein. Der präfrontale Kortex ist eine anspruchsvolle, dynamische Region, die sich unablässig mit der Verarbeitung von Informationen befassen muss, um die fluide Intelligenz zu erhalten. Solche Aktionen können zu allmählicher Abnutzung und zu Verschleiß führen (intensive neuronale Aktivität bringt eine Menge Abfallprodukte hervor wie freie Radikale, dynamische Molekülfragmente, die Zellen schädigen).

Beide Typen von Intelligenz hängen voneinander ab: Es ist sinnlos, wenn man in der Lage ist, Informationen zu verarbeiten, aber keinen Zugang zu ihnen hat, und umgekehrt. Es ist daher schwer, die beiden Typen zum Zweck der Forschung voneinander zu separieren. Zum Glück lassen sich Intelligenztests ausarbeiten, die sich (zur Hauptsache) auf einen Intelligenz-Typen konzentrieren. Mit Tests, die von den Probanden verlangen, nicht vertraute *patterns* zu analysieren oder nicht zu den anderen passende zu identifizieren oder aber herauszufinden, wie sie miteinander zusammenhängen, glaubt man, fluide Intelligenz bewerten zu können: Die Gesamtmenge an Informationen ist neu und muss weiterverarbeitet werden, folglich muss nur in ganz geringem Maß auf die kristallisierte Intelligenz zurückgegriffen werden. Im Unterschied zu diesen Tests überprüfen solche, bei denen es um Erinnern und Wissen geht, wie *word list memory tasks*, bei denen man sich Wortreihen merken muss, und das schon erwähnte Kneipenquiz, die kristallisierte Intelligenz.

Natürlich ist es nie *ganz so* einfach. Bei Aufgaben, bei denen man einem nicht vertraute *patterns* einander zuordnen muss, ist man immer noch auf seine Kenntnis von Bildern, Farben usw. angewiesen und sogar auf die der Mittel, mit deren Hilfe man die Prüfungsaufgabe lösen soll. Wenn man aufgefordert wird, eine Reihe von Karten wieder in die richtige Reihenfolge zu bringen, dann wird man sich seines Wissens darum, was Karten sind und wie sie aufeinander folgen, bedienen. Das ist ein weiterer Faktor, der Untersuchungen mit Hirnscannern problematisch macht: Selbst das Ausführen einer noch so simplen Aufgabe bezieht mehrere Hirnregionen ein. Doch im Allgemeinen lösen solche, die fluide Intelligenz erfordern, eine verstärkte Aktivität im präfrontalen Kortex und mit ihm in Verbindung stehenden Regionen aus. Bei solchen, zu deren Lösung kristallisierte Intelligenz erforderlich ist, kommen der Kortex in umfassenderer Hinsicht, Regionen des Scheitellappens wie der Gyrus supramarginalis und das Broca-Areal ins Spiel. Von Ersterem glaubt man im Allgemeinen, dass er notwendig sei für das Speichern und Verarbeiten von Informationen, die mit Emotionen verknüpft sind, sowie von einigen Sinneseindrücken. Das Broca-Areal dagegen ist eine der Hauptkomponenten unseres Sprachzentrums. Beide sind untereinander verbunden, und ihre (wahrscheinlichen) Funktionen machen Zugang zu Daten im Langzeitgedächtnis erforderlich. Wenn auch noch nicht hundertprozentig erwiesen ist, dass die generelle Intelligenz des Menschen sich in eine fluide und ein kristallisierte aufgliedern lässt, gibt es doch immer mehr Belege dafür, dass die Zweikomponententheorie zutrifft.

Miles Kingston hat diese Theorie brillant in dem Satz zusammengefasst:»Wissen heißt, sich im Klaren darüber zu sein, dass eine Tomate eine Frucht ist, Klugheit bedeutet, sie nicht in einen Obstsalat zu schnippeln.« Kristallisierte Intelligenz ist erforderlich, um zu wissen, wie eine Tomate klassifiziert wird, fluide Intelligenz, um diese Information für die Zubereitung eines Obstsalats fruchtbar zu machen. Sie könnten jetzt meinen, dass fluide Intelligenz etwas ganz Ähnliches wie »gesunder Menschenverstand« ist. Stimmt, dieser wäre ein anderes Beispiel für fluide Intelligenz.

Vielen Wissenschaftlern reicht die Unterscheidung in zwei klar voneinander abgegrenzte Typen aber noch nicht: Sie verlangen mehr.

Die Begründung dafür ist, dass man mit der Existenz *einer generellen* Intelligenz nicht die große Vielfalt von intellektuellen Fähigkeiten erklären kann, die Menschen an den Tag legen. Nehmen Sie zum Beispiel Fußballspieler, die sich auf dem akademischem Sektor eher selten als große Leuchten erweisen. Sich als Profi in einem komplizierten Sport wie Fußball zu etablieren und zu behaupten, verlangt aber eine ganze Reihe intellektueller Fähigkeiten: Man muss den Ball kontrollieren, die Schusskraft genau kalkulieren, Winkel berechnen können, ein ausgeprägtes räumliches Vorstellungsvermögen besitzen, und so weiter. Sich auf seinen Job zu konzentrieren und dabei das Gebrüll der tobenden Fans auszublenden erfordert beträchtliche mentale Stärke. Das gewöhnliche Konzept von »Intelligenz« ist eindeutig ein wenig restriktiv.

Das überzeugendste Beispiel dafür liefern vielleicht die »Savants«. Das sind Menschen, die an einer neurologischen Störung leiden, aber eine große Begabung und Vorliebe für komplexe Aufgaben im Bereich von Mathematik und Musik besitzen, oder für solche, für deren Lösung ein ungewöhnliches Erinnerungsvermögen nötig ist. In dem Film *Rain Man* verkörpert Dustin Hoffman Raymond Babbit, einen mathematisch begabten Autisten. Diese Figur hat ein reales Vorbild, einen Mann namens Kim Peek, der aufgrund seiner Fähigkeit, den Inhalt von bis zu zwölftausend Büchern Wort für Wort zu memorieren, als »Mega-Savant« bezeichnet wurde.

Diese und weitere Beispiele hatten die Entwicklung von Theorien zur Folge, denen zufolge es multiple Intelligenz geben müsse, denn wie kann jemand unintelligent sein in einem Bereich und hochbegabt in einem anderen, wenn es nur einen Typus von Intelligenz gibt? Der Erste, der eine solche Theorie vorbrachte, war wohl Louis Leon Thurstone. Er stellte 1938 die These auf, dass menschliche Intelligenz sich aus sieben »intellektuellen Primärfaktoren« zusammensetzte, als da wären:

- Sprachverständnis (das Begreifen von Wörtern: »He, ich weiß, was das heißen soll!«)
- Flüssige verbale Ausdrucksfähigkeit (das Verwenden von Wörtern: »Komm her und sag es, du hirnloser Hanswurst!«)
- Gedächtnis (»Halt mal, ich weiß, wer Sie sind, Sie sind der Weltmeister im Cage-Fighting!«)
- Zahlenrechnen (»Die Chancen, dass ich diesen Kampf gewinne, stehen ungefähr bei 82 523 zu 1.«)
- Auffassungsgeschwindigkeit (das Erkennen von Einzelheiten und Konfigurationen: »Trägt er etwa eine Halskette aus Menschenzähnen?«)
- Schlussfolgerndes Denken (das Herleiten von Ideen und Regeln aus Situationen: »Jeder Versuch, diese Bestie zu beruhigen, wird sie nur noch weiter in Rage versetzen.«)
- Räumliches Vorstellungsvermögen (die mentale Visualisierung und Verarbeitung eines dreidimensionalen Umfelds: »Wenn

ich diesen Tisch umstürze, wird es ihn stoppen, und ich kann aus dem Fenster hechten.«)

Thurstone stellte diese Liste intellektueller Primärfunktionen auf, nachdem er seine eigenen Methoden der Faktorenanalyse erarbeitet und auf die IQ-Testergebnisse von Tausenden von Collegestudenten angewendet hatte.[3] Bei einer Überprüfung seiner Ergebnisse unter Verwendung einer traditionelleren Art der Faktorenanalyse stellte sich aber heraus, dass eine einzige Fähigkeit sich auf die Ergebnisse aller Test ausgewirkt hatte. Thurstone hatte im Grunde *g* neu entdeckt. Diese Erkenntnis und andere kritische Einwände gegen seine Studien (zum Beispiel der, dass er nur mit Collegestudenten gearbeitet hatte, die, wenn es um *allgemeine* menschliche Intelligenz geht, kaum die repräsentativste Gruppe sind) hatten zur Folge, dass Thurstones intellektuelle Primärfunktionen nicht in größerem Umfang akzeptiert wurden.

In den 1980er-Jahren führte Howard Gardner »multiple intelligences« wieder in die wissenschaftliche Diskussion ein. Der angesehene Wissenschaftler meinte, es gebe mehrere Modi (Typen) von Intelligenz, und veröffentlichte nach Studien an Patienten, die trotz Hirnverletzungen noch über bestimmte intellektuelle Fähigkeiten verfügten, sein entsprechend betiteltes Werk *Theory of Multiple Intelligences*.[4] Die von ihm identifizierten Intelligenzen deckten sich in mancher Hinsicht mit den Primärfunktionen Thurstones. Gardner erweiterte die Liste aber noch um musikalische Intelligenz und um inter- und intrapersonale, worunter er die Fähigkeit verstand, problemlos mit anderen zu interagieren und seinen eigenen inneren Zustand zu beurteilen.

Diese Theorie der multiplen Intelligenz hat Anhänger. Sie ist vor allem deswegen so populär, weil sie letztendlich besagt, dass jeder potenziell intelligent sein kann, wenn auch nicht auf die konventionelle, die »intellektuelle« Art und Weise. Diese Generalisierbarkeit ist aber etwas, für das Gardners Theorie kritisiert wird: Wenn jedermann intelligent ist, wird das Konzept selbst im wissenschaftlichen Sinn inhaltsleer. Es ist so, als verliehe man jedem, der sich zum Schulsportfest präsentiert hat, eine Medaille. Es ist schön, dass jeder sich dann prächtig fühlt, aber der Sinn von Sport und sportlichen Wettbewerben wird damit zunichtegemacht.

Die vorgebrachten »Beweise« für die Existenz von multipler Intelligenz bleiben bis heute anfechtbar. Die verfügbaren Daten gelten in weiten Kreisen als zusätzliche Belege für die Existenz von g oder etwas Vergleichbarem, kombiniert mit persönlichen individuellen Varianten und Präferenzen. Das bedeutet, dass zwei Menschen, von denen der eine sich auf dem Sektor der Musik hervortut, der andere hingegen auf dem der Mathematik, nicht wirklich zwei verschiedene Arten von Intelligenz unter Beweis stellen, sondern die gleiche allgemeine Intelligenz, die aber unterschiedlichen Arten von Aufgaben gewidmet ist. Um es mit einem Vergleich zu erläutern: Profi-Schwimmer und Tennisspieler nutzen zur Ausübung ihres Sports die gleichen Gruppen von Muskeln, der Körper besitzt keine dem Tennisspiel vorbehaltene oder eigens für das Tennis bestimmte Muskeln. Dennoch vermag ein Top-Schwimmer nicht automatisch Spitzentennis zu spielen. Man glaubt, dass es sich mit Intelligenz ähnlich verhält.

Mancher Wissenschaftler meint, es sei absolut plausibel, dass Menschen eine hohe allgemeine Intelligenz, g, besitzen, diese aber auf spezifische Arten und Weisen benutzen, was sich in unterschiedlichen »Typen« von Intelligenz manifestieren würde, wenn man es von einem bestimmten Blickwinkel aus betrachtet. Andere vertreten die Ansicht, dass diese angeblichen unterschiedlichen Typen eher auf persönliche Neigungen hindeuten, die vom biografischen Hintergrund, persönlichen Vorlieben und anderen Faktoren beeinflusst sind.

Aktuelle neurologische Forschungsergebnisse sprechen für die Existenz von g und für die Gliederung in fluide und kristallisierte Intelligenz. Man glaubt, dass Intelligenz davon abhängt, in welchem Maß das Gehirn in der Lage ist, die unterschiedlichen Typen von Information zu organisieren und zu koordinieren, anstatt für jeden Typus ein separates System einzusetzen. Wir alle lenken unsere Intelligenz auf eine bestimmte Weise und in bestimmte Richtungen, je nach unseren Vorlieben, unserer Erziehung, unserem Umfeld oder einer tief verwurzelten psychischen Ausrichtung, die subtile neurologische Eigenheiten verursacht haben. Deswegen tun angeblich sehr kluge Leute Dinge, die uns dämlich vorkommen. Es ist nicht so, dass sie nicht klug genug wären, um es besser hinzukriegen, sondern sie sind einfach zu sehr auf etwas anderes fokussiert, um sich darum zu scheren. Das Positive daran ist, dass es vermutlich ganz in Ordnung ist, über sie zu lachen, da sie höchstwahrscheinlich zu abgelenkt sein werden, um das überhaupt zu merken.

Hohlkörper machen den meisten Krach

Warum intelligente Menschen bei einer Auseinandersetzung oft den Kürzeren ziehen

Wohl kaum eine Erfahrung bringt einen derart in Rage, wie mit jemandem zu streiten, der überzeugt ist, recht zu haben, obgleich man genau weiß, dass er irrt und man ihm das auch mithilfe von Fakten und Logik nachweisen kann, er aber trotzdem nicht klein beigeben will. Ich war einmal Zeuge eines Riesenkrachs zwischen zwei Leuten, von denen der eine darauf beharrte, dass wir uns im 20. und nicht im 21. Jahrhundert befänden, denn »Wir haben doch Zwanzigfünfzehn, du Dummkopf!« Darum ging es bei ihrem Streit.

Stellen Sie dem das psychologische Phänomen gegenüber, das als »Hochstapler-Syndrom« bekannt ist: Leute, die auf allen möglichen Gebieten Großes zustande bringen, zweifeln ständig an ihren Fähigkeiten und Leistungen, obwohl sie die *Beweise* dafür erbracht haben, wie tüchtig sie sind. Dabei kommen viele soziale Faktoren ins Spiel. Das Phänomen ist besonders verbreitet bei Frauen, die in einem traditionell von Männern dominierten Umfeld Erfolge erzielen. Es ist daher wahrscheinlich, dass sie unter dem Einfluss von Klischeevorstellungen, Vorurteilen, kulturellen Normen und so weiter stehen. Doch ist das Phänomen nicht ausschließlich auf Frauen beschränkt, und eines seiner interessanteren Aspekte ist, dass es sich vor allem bei Personen manifestiert, die wirklich Großes leisten – in der Regel Menschen, die einen hohen Grad an Intelligenz besitzen.

Raten Sie mal, welcher Wissenschaftler kurz vor seinem Tod Folgendes sagte:»Die übertriebene Wertschätzung, die man meinem Lebenswerk entgegenbringt, bereitet mir großes Unbehagen. Sie bewirkt, dass ich mir wie ein Schwindler wider Willen vorkomme.«

Antwort: Albert Einstein. Nicht gerade jemand, der wenig geleistet hat.

Diese beiden gegensätzlichen Charakterzüge, das Geringschätzen der eigenen Leistungen bei intelligenten Personen und das auf nichts gründende Selbstvertrauen bei weniger intelligenten, kollidieren immer wieder auf missliche Weise, das heißt, die Menschen, denen diese Züge zu eigen sind, geraten aneinander. Das beeinträchtigt heutzutage die öffentliche Debatte über alle möglichen Themen, vom Sinn und Nutzen von Impfungen bis hin zum Klimawandel. Unweigerlich wird die Diskussion von dem leidenschaftlichen Gezeter jener beherrscht, die eine ausgeprägte, aber keinesfalls auf Wissen beruhende persönliche Meinung zu dem jeweiligen Thema besitzen, während die besonneneren und reflektierteren Stellungnahmen von Personen, die aufgrund ihrer Ausbildung als Experten gelten können, in den Hintergrund treten. Und das alles ist auf ein paar Marotten des menschlichen Gehirns zurückzuführen.

Im Grunde ist es so, dass wir Menschen uns auf andere Menschen als Informationsquellen und als Bestätiger unserer eigenen Ansichten und Überzeugungen sowie unseres Selbstwertgefühls stützen. In Kapitel 7, das von Sozialpsychologie handelt, werde ich das eingehender ausführen. Fürs Erste möge aber die Aussage genügen, dass eine Person umso *überzeugender* wird, je *überzeugter* sie auftritt. Andere schenken dann ihren Behauptungen bereitwilliger Glauben. Das wurde durch eine Reihe von Studien bestätigt, unter anderem den in den 1990er-Jahren von Penrod und Custer durchgeführten. Die beiden Forscher überprüften mithilfe nachgestellter Gerichtsverhandlungen, in welchem Grad Geschworene von Zeugenaussagen überzeugt wurden. Es stellte sich heraus, dass die Geschworenen eher solchen Zeugen Glauben schenkten, die einen selbstsicheren Eindruck machten, als solchen, die nervös wirkten, ihre Aussage nur zögerlich ablegten oder sich über Einzelheiten unsicher waren. Das war ein beunruhigendes Ergebnis: Der Inhalt einer Zeugenaussage hatte weniger Einfluss auf die Urteilsfindung als die Art und Weise, in der diese Aussage präsentiert wurde. Das kann ernste Auswirkungen auf das Justizsystem haben. Und ein solches ungutes Überwiegen von Form über Inhalt muss nicht notwendigerweise auf den Gerichtssaal beschränkt sein. Für politische Aussagen und Statements kann ganz Ähnliches gelten.

Politiker sind heute für den Auftritt vor Kameras und Mikrofonen geschult: Sie können selbstbewusst und ohne zu stocken längere Zeit über jedes beliebige Thema reden, ohne irgendetwas von Belang zu sagen. Oder schlimmer noch: Sie können etwas regelrecht Idiotisches von sich geben. Zum Beispiel: »They misunderestimated me« (Man hat mich missunterschätzt, eine Formulierung von George W. Bush) oder: »Die meisten unserer Importe kommen aus dem Ausland« (noch einmal George W. Bush). Man sollte annehmen, dass die klügsten Leute am Ende die Zügel in der Hand halten. Je klüger eine Person ist, desto besser sollte sie in der Lage sein, ihre Sache, was auch immer es ist, gut zu machen. Doch so widersinnig es scheint: Je klüger eine Person ist, desto größer die Wahrscheinlichkeit, dass sie weniger überzeugt von ihren eigenen Ansichten ist, und je weniger selbstbewusst sie auf andere wirkt, desto weniger vertraut man ihr. Es lebe die Demokratie.

Intelligente Typen sind möglicherweise deswegen weniger selbstbewusst, weil sich oft eine generelle Feindseligkeit gegenüber Intellektuellen bemerkbar macht. Ich bin zum Neurowissenschaftler ausgebildet, was ich aber nur dann sage, wenn ich direkt danach gefragt werden, da ich einmal zur Antwort erhielt:»Oh, Sie halten sich wohl für klug, was?«

Bekommen andere etwas Ähnliches zu hören? Wenn jemand erzählt, dass er als Kurzstreckenläufer bei den Olympischen Spielen angetreten ist, wirft man ihm dann an den Kopf:»Oh, Sie glauben wohl, schnell zu sein, was?« Das ist eher unwahrscheinlich. Doch wie auch immer: Bei mir führt das dazu, dass ich etwas von mir gebe wie:»Ich bin Neurowissenschaftler, aber das besagt nicht so viel, wie man meinen könnte.« Es gibt unzählige soziale und kulturelle Gründe für Anti-Intellektualismus. Doch eine Möglichkeit ist die, dass er eine Manifestation der egozentrischen und selbstwertdienlichen Verzerrung ist, zu der das Gehirn neigt, sowie von dessen Tendenz, sich vor bestimmten Dingen zu fürchten. Ihr sozialer Status und ihr persönliches Wohlergehen liegt den Menschen am Herzen, und jemand, der intelligenter scheint als sie selbst, kann daher als Bedrohung wahrgenommen werden. Menschen, die körperlich stärker und größer sind, können gewiss einschüchternd wirken, doch ist dieses physische Plus eine bekannte Größe. Eine körperlich fitte Person ist leicht zu verstehen, der Grund für ihre Überlegenheit liegt auf der Hand: Sie geht öfter zum Training oder ist schon seit Langem in der von ihr erwählten sportlichen Disziplin tätig, nicht wahr? Auf diese Weise sind die Muskelpakete entstanden, ist doch klar. Jedermann könnte sie entwickeln, wenn er täte, was diese Person tut. Man braucht nur Zeit dazu – und den Willen.

Doch jemand, der intelligenter ist als man selbst, stellt so etwas wie eine unbekannte Größe dar. Und als solche könnte er sich auf eine Art und Weise verhalten, die man nicht vorhersagen und erklären kann. Das bedeutet aber, dass das Gehirn nicht ermitteln kann, ob der Betreffende eine Gefahr darstellt oder nicht, und wenn solch eine Situation eintritt, wird der »Besser auf Nummer sicher gehen«-Instinkt aktiviert und löst Argwohn und Feindseligkeit aus. Es stimmt zwar, dass jemand auch lernen und studieren könnte, um ebenfalls klüger zu werden, doch ist das ein viel komplexeres und ungewisseres Unterfangen als der Aufbau von Muskeln. Gewichte zu stemmen, macht die Arme stark. Die Beziehung zwischen Lernen und gesteigerter Intelligenz ist wesentlich diffuser.

Das Phänomen, dass weniger intelligente Leute selbstbewusster sind, hat einen eigenen wissenschaftlichen Namen. Man spricht vom »Dunning-Kruger-Effekt«. Die Namensgeber sind David Dunning und Justin Kruger von der Cornell University. Die beiden Forscher haben sich als Erste mit dem Phänomen befasst, und zwar, nachdem sie von einem Kriminellen erfahren hatten, der Banken überfiel und sich vorher sein Gesicht mit Zitronensaft bestrichen hatte: Er hatte gehört, dass dieser Saft als unsichtbare Tinte zu verwenden war, meinte daher, dass sein damit benetztes Gesicht von den Überwachungskameras nicht eingefangen werden könnte.[5]

Lassen Sie das einfach mal für einen Moment sacken.

Dunning und Kruger ließen Versuchspersonen eine Reihe von Tests absolvieren, forderten sie aber auch auf, einzuschätzen, wie sie bei diesen abgeschnitten hatten. Das gab ein bemerkenswertes Muster zu erkennen: Diejenigen, die bei den Tests schlecht abgeschnitten hatten, schätzten ihre Ergebnisse durchweg viel zu hoch ein, während diejenigen, die sich gut geschlagen hatten, sie ausnahmslos zu niedrig einschätzten. Die beiden Forscher schlossen daraus, dass es denjenigen mit geringerer Intelligenz nicht nur an intellektuellen Fähigkeiten mangelte, sondern auch an dem *Vermögen zu erkennen, dass sie in irgendetwas schlecht sind.* Die egozentrischen Tendenzen des Gehirns machen sich wieder mit Macht bemerkbar und unterdrücken alles, was zu einem negativen Bild von sich selbst führen könnte. Davon abgesehen ist schon dazu, seine eigenen Grenzen und die überlegenen Fähigkeiten anderer zu erkennen, Intelligenz erforderlich. Deswegen passiert es immer wieder, dass Menschen sich mit anderen über Dinge streiten, mit denen sie keine unmittelbare Erfahrung gemacht haben oder von denen sie keine wirkliche Kenntnis besitzen, selbst wenn der/die andere sich ein Leben lang mit der betreffenden Materie befasst hat. Unser Gehirn kann sich nur auf die Erfahrungen stützen, die wir selbst gemacht haben, und unsere Grundannahme ist, dass alle anderen genau so sind wie wir selbst. Wenn man selbst also ein Idiot ist …

Man geht davon aus, dass ein »Lowbrainer« nicht wirklich fühlen, nachempfinden kann, was es bedeutet, wesentlich intelligenter zu sein. Es ist so ähnlich, als würde man einen Farbenblinden auffordern, ein rot-grünes Muster zu beschreiben.

Es kann sein, dass ein »Intelligenzler« eine ähnlich eingeschränkte Weltsicht hat wie ein »Lowbrainer«, das heißt, wenn ein intelligenter Mensch etwas als leicht empfindet, nimmt er möglicherweise an, dass es auch jedem anderen leicht vorkommen muss. Er geht davon aus, dass sein Kompetenzniveau die Norm darstellt, und glaubt daher, dass seine Intelligenz der Norm entspräche (und intelligente Leute befinden sich oft in beruflichen und sozialen Situationen, in denen sie von ähnlichen Typen von Menschen umgeben sind, was ihre Annahme bestätigt).

Doch wenn intelligente Menschen generell daran gewöhnt sind, Neues zu erlernen und neue Informationen zu erwerben, dann sind sie sich auch eher der Tatsache bewusst, dass sie *nicht alles wissen* und auch wissen, was es in Bezug auf eine bestimmte Materie noch alles zu lernen gibt. Dies muss ihr Selbstvertrauen beeinträchtigen, wenn sie Behauptungen aufstellen oder Erklärungen von sich geben.

Auf dem Gebiet der Naturwissenschaft beispielsweise analysiert man (im Idealfall) seine Daten und Forschungsergebnisse mit großer Sorgfalt, bevor man Erkenntnisse darüber veröffentlicht, wie etwas funktioniert. Die Tatsache, dass man von ähnlich intelligenten Leuten umgeben ist, hat zur Folge, dass man, wenn man einen Fehler macht oder eine vollmundige Behauptung aufstellt, eher ertappt und darauf angesprochen wird. Eine logische Konsequenz daraus ist ein geschärftes Bewusstsein dafür, was man alles nicht weiß oder nicht genau weiß, und das erweist sich in einer Diskussion oder einem Streitgespräch oft als Handicap.

Solche Manifestationen des »Hochstapler-Syndroms« sind verbreitet und können problematisch werden, doch natürlich gibt es auch andere Fälle: Nicht jeder intelligente Mensch wird von Zweifeln gequält, genauso wenig, wie jede weniger intelligente Person ein aufgeblasener Hohlkopf ist. Es gibt viele Intellektuelle, die vom Klang ihrer eigenen Stimme so trunken sind, dass sie anderen Tausende abknöpfen, damit sie ihr auch lauschen können, und es gibt genügend nicht so intelligente Menschen, die ihre beschränkte geistige Kapazität offen eingestehen. Möglicherweise spielt auch ein kultureller Aspekt eine Rolle: Die Studien zum Dunning-Kruger-Effekt konzentrieren sich nahezu immer auf westliche Gesellschaften. Einige ostasiatische Gesellschaften haben jedoch ganz andere Verhaltensmuster zu erkennen gegeben, und eine mögliche Erklärung dafür ist, dass diese Kulturen sich die (gesündere) Einstellung zu eigen machen, Mangel an Kenntnis biete die Gelegenheit zu Verbesserung. Die Prioritäten und das daraus sich ableitende Verhalten sind also ganz andere.[6]

Lässt dieses Phänomen sich mit konkreten Hirnregionen in Verbindung bringen? Gibt es einen Teil des Gehirns, der für die Beantwortung der Frage zuständig ist: »Mache ich das, was ich tue, auch gut?« Erstaunlicherweise kann das sehr wohl der Fall sein. 2009 testeten Howard Rosen und seine Kollegen eine Gruppe von ungefähr vierzig Patienten mit neurogenerativen Erkrankungen und kamen zu dem Schluss, dass Genauigkeit in Bezug auf Selbsteinschätzung mit der Menge an Gewebe in der ventromedialen Region des präfrontalen Kortex korrelierte.[7] Die Wissenschaftler meinen, dass dieses Areal für die emotionellen und physiologischen Verarbeitungsprozesse zuständig ist, die nötig sind, wenn man seine eigenen Neigungen und Fähigkeiten bewerten will. Dies deckt sich mehr oder weniger mit der gewöhnlich dem präfrontalen Kortex zugewiesenen Funktion: dem Verarbeiten und Verwenden komplexer Informationen, dem Ermitteln ihrer Bedeutung und der bestmöglichen Reaktion auf sie.

Man muss sich der Tatsache bewusst bleiben, dass diese Studie für sich allein genommen nicht beweiskräftig ist. Vierzig Patienten sind keine ausreichend große Zahl, um sagen zu können, dass die durch ihre Untersuchung gewonnenen Daten für jedermann gelten. Doch die Erforschung dieser Fähigkeit, die eigene intellektuelle Leistung zutreffend zu beurteilen – sie ist als »metakognitive Fähigkeit« (also die Fähigkeit, über das Denken nachzudenken) bekannt –, gilt als ziemlich wichtig, da die Unfähigkeit, sich selbst korrekt einzuschätzen, ein bekanntes Symptom bei Demenz ist. Vor allem macht sie sich bei frontolobaler Demenz, der sogenannten Pick-Krankheit, bemerkbar. Das ist eine Abart der Störung, die in erster Linie den Stirnlappen befällt, die Region, in der sich der präfrontale Kortex befindet. Versuchspersonen, die an dieser Krankheit leiden, sind häufig nicht in der Lage, ihr Abschneiden bei einer Vielfalt verschiedener Tests zutreffend einzuschätzen. Diese Unfähigkeit, die eigene Performanz, seine Leistungsfähigkeit bezüglich vieler verschiedener Dinge zu beurteilen, wird bei anderen Typen von Demenz, die andere Hirnregionen befallen, nicht manifest. Das wiederum lässt vermuten, dass ein Teil des Stirnlappens stark an Selbsteinschätzung beteiligt ist.

Einige Wissenschaftler sind der Ansicht, dies sei einer der Gründe dafür, dass Demenzkranke ausgesprochen aggressiv werden können: Sie sind unfähig, gewisse Dinge zu tun, verstehen oder begreifen aber nicht, warum das so ist – und das muss einen natürlich in Rage bringen.

Doch auch wenn man keine neurodegenerative Störung hat und sich eines uneingeschränkt funktionsfähigen präfrontalen Kortex erfreut, bedeutet das nur, dass man grundsätzlich zur Selbsteinschätzung fähig ist. Ob diese zutreffend ist oder nicht, steht auf einem anderen Blatt. Also bleiben uns die selbstbewussten Unterbelichteten und die unsicheren Intelligenzler erhalten. Und anscheinend will die menschliche Natur, dass wir den Selbstbewussteren mehr Beachtung schenken.

Kreuzworträtsel halten Ihr Gehirn nicht wirklich fit

Warum es sehr schwierig ist, die Kapazität des Gehirns zu steigern

Es gibt viele Tricks, um intelligenter zu *erscheinen* (etwa, pompöse Ausdrücke wie *au courant* zu benutzen oder mit dem *Economist* unter dem Arm herumzulaufen), doch kann man wirklich intelligenter *werden*? Ist es möglich, seine »Gehirnleistung« zu verbessern, dem Gehirn mehr »Power« zu verleihen? Auf den Körper bezogen, bedeutet Power im Sinne von Kraft gewöhnlich die Fähigkeit, etwas zu tun oder auf eine bestimmte Art und Weise zu handeln. Mit den Begriffen »Brain power« oder »Gehirnleistung« assoziiert man Fähigkeiten, die man als »intellektuelle Fähigkeiten« klassifizieren würde. Man könnte die Menge an Energie, die im Gehirn enthalten ist, vergrößern, indem man mit seinem Kopf einen Stromkreis schließt. Das wäre aber nicht sehr vorteilhaft, es sei denn, es läge einem daran, sein Gehirn im wahrsten Sinn des Wortes vor Energie zum Bersten zu bringen.

Sie haben sicherlich schon Anzeigen für Substanzen, Gerätschaften oder Techniken gesehen, die Ihre Gehirnleistung angeblich zu steigern vermögen. Es ist höchst unwahrscheinlich, dass irgendetwas davon eine signifikante Wirkung haben wird. Wenn diese Mittel eine Steigerung der Gehirnleistung hervorriefen, dann wären sie viel populärer, jedermann würde mit ihrer Hilfe unentwegt klüger, und unsere Gehirne würden immer stärker anschwellen, bis wir eines Tages unter dem Gewicht unseres eigenen Schädels zusammenbrächen. Doch wie kann man tatsächlich die Gehirnleistung steigern, seine Intelligenz vergrößern?

Zu diesem Zweck wäre es nützlich zu wissen, was einen intelligenten Kopf von einem hohlen unterscheidet und wie man Letzteren in Ersteren verwandeln kann. Ein potenziell ausschlaggebender Unterschied liegt in etwas begründet, das völlig widersinnig erscheint: Intelligente Gehirne verbrauchen anscheinend weniger Energie.

Das erbrachten Studien, bei denen mithilfe von bildgebenden Verfahren wie der funktionellen Magnetresonanztomographie *(functional magnetic resonance imaging)* Hirnaktivität sichtbar gemacht und aufgezeichnet wurde. Bei diesem Verfahren legt man die Versuchspersonen in fMRI-Scanner und beobachtet die Stoffwechselaktivität. Für diese Aktivität ist Sauerstoff erforderlich, der vom Blut geliefert wird. Ein fMRI-Scanner differenziert zwischen oxygeniertem Blut und deoxygeniertem Blut und gibt zu erkennen, wenn aus dem einen das andere wird. Das geschieht in hohem Maß in Teilen des Körpers, die metabolisch aktiv sind, wie zum Beispiel in den Regionen des Gehirns, die gerade angestrengt an einer Aufgabe arbeiten. Ein fMRI-Scanner kann die Gehirnaktivität nachverfolgbar machen und aufzeigen, wenn ein bestimmter Teil des Gehirns besonders aktiv ist. Wenn zum Beispiel »Erinnern« verlangt ist, dann werden die für die Aktualisierung von Erinnerungen zuständigen Partien aktiver sein als für gewöhnlich, und das kann man dann auf dem Scanner sehen. Areale, die gesteigerte Aktivität zeigen, könnten also für die Erinnerung zuständig sein.

Das ist aber nicht ganz so einfach, wie es sich anhört, weil das Gehirn unablässig auf vielfache Weise tätig ist. Die aktiveren Regionen ausfindig zu machen, erfordert daher viel »Heraussieben« und analytische Arbeit. Dennoch sind beim größten Teil moderner Forschungsarbeiten zur Identifizierung der Funktion von Gehirnarealen fMRI-Scanner eingesetzt worden.

So weit, so gut: Man würde erwarten, dass ein Areal, das für eine bestimmte Handlung zuständig ist, aktiver ist, wenn diese Handlung ausgeführt wird – so wie der Bizeps eines Gewichthebers mehr Energie verbraucht, wenn er eine Langhantel hochstemmen muss. Doch so ist es nicht. Mehrere Studien, wie eine 1995 von Larson und anderen durchgeführte,[8] erbrachten ein bizarres Ergebnis. Sie zeigten, dass es bei Aufgaben, die zur Überprüfung fluider Intelligenz gedacht waren, im präfrontalen Kortex zu erhöhter Aktivität kam ... außer, wenn die Versuchsperson die betreffende Aufgabe *sehr gut* zu bewältigen verstand.

Um es ganz klarzumachen: Die Region, die vermutlich für fluide Intelligenz verantwortlich ist, wurde von Menschen, die einen hohen Grad an dieser Art von Intelligenz aufweisen, nicht benutzt. Das ergab nicht viel Sinn – es war so, als würde man Personen wiegen und herausfinden, dass nur die Leichtgewichte von der Waage registriert wurden. Bei weitergehenden Untersuchungen fand man heraus, dass auch die intelligenteren Versuchspersonen Aktivität im präfrontalen Kortex zu erkennen gaben, doch nur dann, wenn sie mit anspruchsvollen Aufgaben konfrontiert wurden, das heißt solchen, die schwierig genug waren, um ihnen einige Anstrengung zur Lösung abzuverlangen. Das hatte ein paar interessante Erkenntnisse zur Folge.

Intelligenz ist nicht das Produkt einer speziellen Gehirnregion, sondern mehrerer untereinander verbundener Teile des Gehirns. Es scheint, als seien bei intelligenten Leuten diese Verbindungen und Beziehungen effizienter und besser organisiert, was insgesamt gesehen einen niedrigeren Level an Aktivität erfordert. Stellen Sie sich ein Auto vor, dessen Motor wie ein Rudel Löwen brüllt, die einen Hurrikan nachmachen wollen, und ein anderes, dessen Motor nur leise schnurrt: Das Erste ist dann nicht automatisch das bessere. Der ganze Krach entsteht dadurch, dass der laute Motor etwas zu bewerkstelligen sucht, das das effizientere Modell mit minimaler Anstrengung zu leisten vermag. In der Wissenschaft herrscht zunehmender Konsens darüber, dass das Ausmaß und die Effizienz der Verbindungen zwischen den beteiligten Regionen (präfrontaler Kortex, Scheitellappen und so weiter) einen großen Einfluss auf die Intelligenz einer Person hat. Je besser er oder sie *intrazerebral* zu kommunizieren und interagieren vermag, desto schneller läuft die Informationsverarbeitung ab, und desto weniger Aufwand ist nötig, um Entscheidungen zu fällen und Berechnungen anzustellen.

Das belegen Studien, die zeigen, dass die Integrität und Dichte der weißen Materie im Gehirn eines Menschen ein zuverlässiger Indikator für Intelligenz sind. Bei dieser Masse handelt es sich um die »andere«, oft nicht beachtete, Gewebemasse im Gehirn. Die graue Materie zieht die ganze Aufmerksamkeit auf sich, doch 50 Prozent des Gehirns bestehen aus dieser weißen Materie, und sie ist ebenfalls sehr wichtig. Sie erhält vermutlich weniger Beachtung, weil sie nicht so viel »tut«. Alle wichtige Aktivität wird in der grauen Materie generiert. Weiße Masse besteht aus Nervenbündeln und Strängen, die die Aktivität in andere Regionen weiterleiten (den Axonen, jenen langen Fortsätzen an Neuronen). Wenn wir die graue Materie mit Fabriken, mit Produktionsstätten vergleichen, dann stellt die weiße das Geflecht der Transportwege dar, die zur Anlieferung und Versorgung benötigt werden.

Je besser die von der weißen Masse gebildeten Verbindungen zwischen zwei Regionen sind, desto weniger Energie und Aufwand ist nötig, um diese Regionen und die Aufgaben, für die sie zuständig sind, miteinander zu koordinieren. Und daher lassen sich diese Verbindungen auch weniger leicht mithilfe eines Scanners nachweisen. Es ist so, als suchte man die sprichwörtliche Nadel im Heuhaufen, nur dass der Haufen nicht aus Heu, sondern aus geringfügig größeren Nadeln besteht, und das ganze Gebilde sich zu allem Überfluss in einer Waschmaschine befindet.

Weitere Untersuchungen mit Scannern beschäftigen sich mit dem *Corpus callosum,* der die »Brücke« zwischen der linken und der rechten Gehirnhälfte bildet. Die Untersuchungsergebnisse deuten darauf hin, dass die Stärke – im Sinne von »Dicke« – des *Corpus callosum* ebenfalls mit dem Intelligenzgrad in Zusammenhang steht. Es handelt sich beim *Corpus callosum* um einen großen Strang aus weißer Materie, und je dicker dieser ist, desto mehr Verbindungen laufen zwischen den beiden Hälften hin und her und steigern die Kommunikation. Wenn eine Erinnerung auf einer Seite gespeichert ist, die vom präfrontalen Kortex auf der gegenüberliegenden Seite verwendet werden muss, dann wird das umso einfacher und geht umso schneller vonstatten, je stärker der *Corpus callosum* ist. Die Effektivität und Effizienz, mit der diese Regionen miteinander verknüpft sind, scheint großen Einfluss darauf zu haben, wie wirksam jemand seinen Intellekt zur Lösung von Aufgaben und Problemen einsetzen kann. Infolgedessen können Gehirne, deren Struktur (die Größe bestimmter Regionen, ihre Anordnung im Kortex und so weiter) recht unterschiedlich ist, einen ganz ähnlichen Level an Intelligenz aufweisen.

Wir wissen also jetzt, dass Effizienz wichtiger ist als Leistung im Sinne von »Energie«. Wie kann uns das bei dem Versuch helfen, intelligenter zu werden? Sich zu bilden und zu lernen, also sich aktiv einer größeren Zahl von Fakten, Informationen und

Ideen auszusetzen, ist eine mögliche Methode, die Intelligenz zu steigern. Alles, woran man sich erinnert, bringt eine Erweiterung der kristallisierten Intelligenz mit sich, und wenn man seine fluide Intelligenz regelmäßig auf so viele Szenarien wie möglich zur Anwendung bringt, wird das zu deren Verbesserung führen. Das ist kein leeres Gerede: Neue Dinge zu lernen und neue Fähigkeiten einzuüben, kann strukturelle Veränderungen im Gehirn bewirken. Das Gehirn ist ein (ver)formbares Organ: Es kann sich physisch an die gestellten Anforderungen anpassen und tut dies auch. Wir sind in Kapitel 2 darauf gestoßen: Neuronen bilden neue Synapsen, wenn sie eine neue Erinnerung kodieren müssen, und ein solcher Prozess kann im gesamten Gehirn stattfinden.

Der motorische Kortex im Scheitellappen zum Beispiel ist für die Planung und die Kontrolle bewusster Bewegungsabläufe verantwortlich. Verschiedene Teile des motorischen Kortex kontrollieren verschiedene Teile des Körpers, und wie viel vom Kortex einem Körperteil gewidmet ist, hängt davon ab, wie viel Kontrolle dieser benötigt. Der Oberkörper beispielsweise braucht nicht viel, weil man nicht viel mit ihm machen kann. Er ist für die Atmung wichtig und bietet den Armen ihre Befestigungspunkte, doch in Bezug auf Bewegungen ist wenig mit ihm los: Wir können ihn leicht drehen oder beugen, und das ist es eigentlich schon. Dem Gesicht und den Händen ist hingegen ein großer Teil des motorischen Kortex gewidmet, da sie ein großes Maß an subtiler Kontrolle erfordern. Und das gilt schon für eine Normalperson. Untersuchungen haben ergeben, dass bei in klassischer Musik ausgebildeten Instrumentalisten wie Violinisten oder Pianisten häufig ein relativ großer Teil des motorischen Kortex der Feinsteuerung der Hände und Finger gewidmet ist.[9] Diese Menschen verbringen ihr ganzes Leben damit, komplexe und verzwickte Bewegungsabläufe mit ihren Händen auszuführen (gewöhnlich mit großer Schnelligkeit), daher hat sich das Gehirn in einer Weise verändert, dass es dieses »Gebaren« unterstützt.

Der Hippocampus wird für das räumliche Gedächtnis (das Erinnern von Orten und den Wegen von einem zum anderen) wie auch für das episodische Gedächtnis benötigt. Das ist logisch, da er verantwortlich für das Erinnern komplexer Kombinationen von Wahrnehmungen ist, und das ist wiederum notwendig, damit man seinen Weg durch sein eigenes Umfeld hindurch finden kann. Untersuchungen von Professor Eleanor Maquire und ihren Kollegen haben ergeben, dass Londoner Taxifahrer, die über »the knowledge«, die Kenntnis des unglaublich umfassenden und verworrenen Straßennetzes der britischen Hauptstadt verfügen, einen vergrößerten hinteren Hippocampus aufweisen.[10] Das ist der Teil, der für Navigation zuständig ist. Diese Studien wurden allerdings zum größten Teil durchgeführt, bevor mit GPS arbeitende Navigationsgeräte gebräuchlich wurden. Man kann also nicht sagen, wie die Ergebnisse heute ausfallen würden.

Es gibt sogar Belege dafür, dass das Erlernen neuer Fähigkeiten und Fertigkeiten eine Zunahme der jeweils daran beteiligten weißen Substanz bewirkt (ein Großteil dieser Belege haben die Forscher allerdings bei Studien gewonnen, die sie an Mäusen vorgenommen haben, und wie klug können diese Tiere schon werden?). Die Zunahme der weißen Substanz wird durch das Anwachsen des Myelins bewirkt, der Deckschicht, die die meisten Axone spiralförmig überzieht und die Geschwindigkeit und Effizienz der Weiterleitung von Signalen regelt. Es gibt also – rein technisch gesehen – Methoden, um die Leistungsfähigkeit des Gehirns zu erhöhen.

Das war die frohe Botschaft. Jetzt kommt die schlechte.

All das, was ich vorgestellt habe, erfordert eine Menge Zeit und Anstrengung, und der Zugewinn kann sich trotz allem immer noch stark in Grenzen halten. Das Gehirn ist ein komplexes Gebilde und für eine absurd hohe Zahl von Funktionen zuständig. Aus diesem Grund ist es möglich, die Leistung in einer Region zu erhöhen, ohne dass andere Regionen davon berührt werden. Musiker können sich hervorragend darauf verstehen, Noten zu lesen, Einsatzzeichen wahrzunehmen, komplexe Klänge aufzuschließen und so weiter. Das bedeutet aber nicht, dass sie im Bereich der Mathematik oder von Sprachen ähnliche Fähigkeiten an den Tage legen. Das Niveau der fluiden Intelligenz insgesamt anzuheben ist schwierig. Da sie das Produkt eines Zusammenspiels von vielen Regionen und Verbindungen ist, lässt sich mit begrenzten Maßnahmen und Methoden kaum auf sie einwirken.

Während das Gehirn unser Leben lang relativ verformbar bleibt, liegt seine Einrichtung und Struktur zu einem großen Teil mehr oder wenig fest. Die langen Stränge und Pfade aus weißer Materie haben sich früh im Leben, als die Entwicklung noch in vollem Gang war, gebildet. Wenn wir Mitte zwanzig sind, ist unser Gehirn mehr oder weniger vollständig entwickelt, und von jenem Zeitpunkt an findet eine Art von »Feinabstimmung« statt. Das ist jedenfalls der allgemein akzeptierte heutige Forschungsstand. Das bedeutet also, dass unsere fluide Intelligenz, wenn wir das Erwachsenenalter erreicht haben, relativ festliegt, und dass sie zu einem großen Teil auf genetischen Faktoren beruht sowie auf Einflüssen, denen wir in der Zeit des Heranwachsens ausgesetzt waren – wie dem Verhalten unserer Eltern, unserem sozialem Umfeld und unserer Erziehung.

Für die meisten Menschen ist das eine eher niederschmetternde Erkenntnis, vor allem für diejenigen, die auf die schnelle Behebung eines geistigen Defizits hoffen, auf eine Patentlösung für ihre Probleme: eine Methode, sich rasch größere mentale Fähigkeiten zu verschaffen. So etwas gibt es nach dem derzeitigen Stand der Wissenschaft nicht. Leider, aber wohl unvermeidlicherweise, ist die Welt trotzdem voller Leute, die solche Rezepte und Mittel zur Steigerung der Intelligenz anbieten und anderer, die sie kaufen – wobei Letzteres eigentlich nicht erstaunlich ist.

Zahllose Unternehmen bieten Spiele zum »Gehirntraining«

und Anleitungen zu Übungen an, die angeblich die Intelligenz erhöhen. Dabei handelt es sich fast immer um Puzzles oder Denkaufgaben von unterschiedlichem Schwierigkeitsgrad, und es trifft tatsächlich zu, dass man sie immer besser zu lösen vermag, je öfter man sich mit ihnen beschäftigt. Doch gilt das nur für *genau diese* Spiele und Aufgaben. Es gibt gegenwärtig keinerlei anerkannten Beweis dafür, dass eines dieser Produkte eine Zunahme der generellen Intelligenz herbeiführen kann. Sie bewirken nur, dass man in Bezug auf eine ganz spezifische Fertigkeit besser wird, und das Gehirn ist so komplex, dass es nicht *alles* weiterentwickeln, ausdehnen oder vergrößern muss, damit das eintritt.

Einige Leute, vor allem Schüler und Studenten, haben sich angewöhnt, wenn sie für Prüfungen lernen, Mittel wie Ritalin zu schlucken, die eigentlich zur Behandlung von Störungen wie ADHS gedacht sind. Diese Medikamente sollen die Konzentrationsfähigkeit fördern. Das bewirken sie vielleicht auch, aber nur für kurze Zeit und in sehr beschränktem Umfang. Die langfristigen Konsequenzen der Einnahme von starken Medikamenten, die die Gehirnfunktionen verändern, können aber sehr gefährlich sein – vor allem, wenn man nicht an der Krankheit leidet, gegen die sie wirken sollen. Außerdem können sie gewissermaßen »nach hinten losgehen«: Wenn man seine Konzentrationsfähigkeit mit Medikamenten in unnatürlicher Weise heraufsetzt, kann das zu allgemeiner Erschöpfung führen und einen auslaugen. Das bedeutet, dass man schneller ausgebrannt ist und es einem zum Beispiel passieren kann, dass man bei dem Examen, für das man gelernt hat, einschläft.

Medikamente, die die geistige Leistung steigern oder verbessern sollen, heißen »Nootropika« und sind auch als »intelligente Drogen« oder Gehirndopingmittel bekannt. Die meisten sind relativ neu auf dem Markt und beeinflussen nur spezifische Fähigkeiten wie das Erinnern oder die geistige Regheit. Wie sie sich langfristig auf die allgemeine Intelligenz auswirken, darüber kann man im Augenblick also nur Spekulationen anstellen. Die stärkeren Nootropika sind vorwiegend für den Einsatz bei neurogenerativen Erkrankungen wie Alzheimer vorgesehen, bei denen das Gehirn tatsächlich mit alarmierender Geschwindigkeit verfällt.

Es gibt auch eine Vielzahl von Nahrungsmitteln (zum Beispiel Fischöle), denen man nachsagt, dass sie die allgemeine Intelligenz steigern. Es ist jedoch fraglich, ob das stimmt. Einige mögen sich positiv auf einzelne Bereiche des Gehirns auswirken, doch reicht das nicht, um die Intelligenz dauerhaft und umfassend zu erhöhen.

Heutzutage werden sogar technologische Verfahren zur Intelligenzsteigerung angepriesen. Da gibt es vor allem eine Technik, die sich *transcranial direct current stimulation* (tDCS) nennt und bei der Schwachstrom durch ausgewählte Gehirnregionen geleitet wird. Einer kritischen Besprechung durch Djamila Benabi und ihre Kollegen aus dem Jahr 2014 kann man entnehmen, dass das tDCS-Verfahren anscheinend das Sprach- und Erinnerungsvermögen sowohl bei geistig gesunden als auch bei geistig gestörten Patienten erhöhen kann. Außerdem sieht es bislang so aus, als habe es keine Nebenwirkungen. Anderen Studien und Besprechungen zufolge bedarf die tatsächliche Wirksamkeit des Verfahrens aber noch eines Nachweises. Es muss wohl noch viel Forschungsarbeit geleistet werden, bevor derartige Verfahren auf breiter Basis therapeutisch eingesetzt werden können.[11]

Trotzdem bieten viele Unternehmen derzeit Geräte an, die die tDCS-Technik nutzen, um es zum Beispiel Nutzern von Videogames zu ermöglichen, bessere Ergebnisse zu erzielen. Da ich nicht der üblen Nachrede bezichtigt werden will, werde ich hier nicht verkünden, dass diese Dinger nicht funktionieren. Doch falls sie funktionieren, bedeutet das, dass diese Unternehmen Apparaturen verkaufen, die die Hirnaktivität verändern (wie starke Medikamente es tun), ohne dass sie wissenschaftlich überprüft worden wären. Auch sind die Käufer weder für die

Anwendung dieser Mittel ausgebildet worden, noch unterliegen sie irgendeiner Überwachung, wenn sie sie anwenden. Das ist ein bisschen so, als würde man Antidepressiva im Supermarkt anbieten, in dem Regal zwischen dem mit den Schokoriegeln und dem mit den Batterien.

Also: Man kann seine Intelligenz steigern, doch es braucht dazu eine Menge Zeit und Anstrengung über längere Zeitspannen hinweg, und man kann nicht einfach etwas tun, das man schon gut beherrscht oder gut kennt. Wenn man eine bestimmte Sache wirklich gut kann, dann wird Ihr Gehirn so effizient darin, dass es im Grunde nicht mehr merkt, dass es diese bestimmte Sache tut. Und wenn es nicht merkt, was vor sich geht, dann kann es sich nicht darauf einstellen oder reagieren. Es ergibt sich folglich eine Art *self-limiting effect*, man setzt sich also im Grunde selbst Schranken.

Das Hauptproblem besteht wohl darin, dass man, wenn man intelligenter werden will, sehr entschlossen oder sehr schlau sein muss, um das eigene Gehirn zu überrumpeln.

»Sie sind ganz schön klug für so ein kleines Persönchen«

Warum groß gewachsene Leute klüger sind – und ob Intelligenz vererbbar ist

Groß gewachsene Menschen sind klüger als kleinwüchsige. Das stimmt wirklich. Es ist eine Feststellung, die für viele überraschend ist oder gar als beleidigend aufgefasst werden kann (wenn sie zu den Kleinen zählen). Es ist doch wohl albern, wenn man die Körpergröße eines Menschen in Beziehung setzt zu seiner Intelligenz, oder? Nein, ist es anscheinend nicht.

Bevor eine Meute tobender Kleinwüchsiger über mich herfällt, will ich rasch darauf hinweisen, dass das keinesfalls immer gelten muss: Basketballspieler sind nicht zwangsläufig intelligenter als Jockeys. Der französische Profiringer und Schauspieler André the Giant war nicht klüger als Einstein. Der Halbriese Hagrid aus *Harry Potter* hätte Marie Curie nicht an Intelligenz überflügelt: Eine Korrelation zwischen Körpergröße und Intelligenz soll nur bei einem von fünf Menschen bestehen.

Und hinzu kommt: Die Körpergröße wirkt sich nur geringfügig auf die Intelligenz aus. Nehmen Sie einen x-beliebigen großen und einen x-beliebigen kleinen Menschen, und messen Sie den IQ der beiden. Man wird nicht vorhersagen können, wer von ihnen der Intelligentere ist. Doch wenn man einen solchen Vergleich oft genug durchführt – sagen wir, mit zehntausend großen und zehntausend kleinen Personen –, dann wird der durchschnittliche IQ der Großen geringfügig höher sein als der der Kleinen. Der Unterschied könnte nicht mehr als 3 oder 4 Punkte betragen, doch es ist ein Muster, das sich bei zahllosen Studien zu diesem Phänomen regelmäßig herauskristallisiert hat.[12] Was ist da los? Warum sollte eine stattlichere körperliche Statur jemanden auch zu einer geistigen Größe machen? Wir stoßen hier auf eine der sonderbaren und verwirrenden Eigenschaften der menschlichen Existenz.

Eine der möglichen Ursachen für diese Beziehung zwischen Körpergröße und Intelligenz ist, dem gegenwärtigen Erkenntnisstand der Wissenschaft zufolge, genetischer Natur. Man weiß, dass Intelligenz bis zu einem gewissen Grad vererbbar ist. Um es klarzumachen: Die sogenannte Heritabilität bezeichnet das Ausmaß, in dem eine Person sich bezüglich einer Eigenschaft oder eines Charakterzugs aufgrund ihrer Gene von anderen Individuen unterscheidet. Die Werte können zwischen 1,0 und 1,1 liegen. Wenn eine Heritabilität von 1,0 vorliegt, bedeutet das, dass diese Variation in ihrer Gesamtheit auf die Gene zurückzuführen ist. Eine Heritabilität von 0,0 bedeutet, dass sie nicht im Geringsten genetisch bedingt ist.

Die Spezies, der Sie angehören, ist ausschließlich Ergebnis Ihrer Gene; die Heritabilität von »Spezies« beträgt also 1,0. Wenn Ihre Eltern Schweine waren, dann sind Sie auch ein Schwein, gleichgültig, was Ihnen widerfährt, wenn Sie heranwachsen und sich entwickeln. Es gibt keine äußeren Faktoren, keine Einflüsse des Umfelds, die ein Schwein in eine Kuh verwandeln könnten. Wenn Sie dagegen momentan in Flammen stehen, dann ist das einzig und allein das Ergebnis äußerer Einflüsse, die Heritabiliät dieses Zustands beträgt 0,0. Es gibt keine Gene, die Menschen in Brand setzen; Ihre DNA lässt Sie nicht ständig vor sich hin glimmen oder kleine brennende Babys zeugen. Zahllose Eigenschaften des Gehirns sind aber sowohl Resultat der Gene als auch des Umfelds.

Intelligenz an sich ist in einem erstaunlich hohen Maß vererbbar. Eine Metastudie der wissenschaftlichen Ergebnisse dazu von Thomas J. Bouchard deutet darauf hin, dass ihre Heritabiliät bei Erwachsenen im Durchschnitt bei zirka 0,85 liegt, bei Kindern interessanterweise aber nur bei 0,45.[13] Das mag sonderbar erscheinen: Wie können Gene einen größeren Einfluss auf den Intellekt von Erwachsenen ausüben als auf den von Kindern? Doch es handelt sich um eine ungenaue Interpretation dessen, was Heritabiliät bedeutet. Es ist eine Angabe des Ausmaßes, bis zu dem in der Natur die Variation zwischen Individuen einer Gruppe genetisch bedingt ist, nicht des Ausmaßes, in dem Gene etwas *verursachen*. Gene können die Intelligenz eines Kindes genauso stark beeinflussen wie die eines Erwachsenen, doch was Kinder betrifft, scheint es einfach *mehr* andere Dinge zu geben, die die Intelligenz *ebenfalls* beeinflussen. Die Gehirne von Kindern befinden sich noch in der Entwicklung und lernen noch, es geschieht also vieles, was zur wahrnehmbaren Intelligenz beitragen kann. Die Gehirne von Erwachsenen sind »stabiler«. Sie haben die gesamte Entwicklung und den Reifeprozess durchlaufen, externe Faktoren besitzen daher keine so große Wirkung mehr. Unterschiede zwischen Individuen (die in Gesellschaften mit Schulzwang über eine annähernd ähnliche Bildung verfügen dürften) sind eher auf innere (genetische) Unterschiede zurückzuführen.

Dies alles mag eine irreführende Vorstellung davon entstehen lassen, welchen Einfluss Gene auf die Intelligenz haben. Und es impliziert, dass es sich um eine weit einfachere und direktere Beziehung handelt, als es in Wirklichkeit der Fall ist. Einige Leute glauben gerne (oder hoffen), dass es ein für Intelligenz verantwortliches Gen gibt, etwas, das uns klüger machen könnte, wenn es aktiviert oder gestärkt würde. Das ist aber unwahrscheinlich: Genauso wie Intelligenz die Summe vieler verschiedener Prozesse ist, so werden diese Prozesse auch von vielen verschiedenen Genen gesteuert, und jedes von ihnen spielt eine bestimmte Rolle. Wenn man sich fragt, welches Gen für einen Wesenszug wie Intelligenz verantwortlich ist, dann ist das, als fragte man sich, welche Taste auf einem Klavier eine Symphonie erklingen lässt.*

Auch die Körpergröße wird von zahlreichen Faktoren determiniert, von denen viele genetischer Art sind. Einige Wissenschaftler sind der Meinung, es könnte ein Gen (oder mehrere) geben, das Intelligenz beeinflusst und ebenso das Größenwachstum. Das würde eine Beziehung zwischen »groß gewachsen« und »intelligent« herstellen. Es ist durchaus möglich, dass ein einzelnes Gen mehrere verschiedene Funktionen hat. Man nennt das »Pleiotropie«.

Einer gegenteiligen Ansicht zufolge gibt es kein Gen (keine Gene), das sowohl Körpergröße als auch Intelligenz hervor-

---

* Zugegebenermaßen gibt es einige Gene, die an der Ausbildung von Intelligenz entscheidend mitbeteiligt sein könnten oder sich auf diese auswirken könnten. Zum Beispiel das Gen Apolipoprotein-E, das zur Bildung spezifischer fettreicher Moleküle führt, die eine Vielzahl körperlicher Funktionen haben, und bei Alzheimer und unserer Erkenntnisfähigkeit eine Rolle spielt. Der Einfluss von Genen auf Intelligenz ist aber atemberaubend komplex – obwohl wir bislang nur über eine beschränkte Zahl von Belegen dafür verfügen –, das Thema soll daher hier nicht vertieft werden.

bringt. Die Beziehung zwischen beidem ist, so die Meinung, auf sexuelle Selektion, also die Auswahl des Sexualpartners zurückzuführen. Eine stattliche Statur und Intelligenz eines Mannes seien beides Eigenschaften, die Frauen anzögen. Das bedeutet, dass große, intelligente Männer die meisten Sexualpartnerinnen haben und besser als die anderen dazu in der Lage sind, ihre DNA über ihre Nachfahren innerhalb der Bevölkerung zu verbreiten. Ihre Nachkommen hätten dann alle die Gene, die für Körpergröße *und* Intelligenz verantwortlich sind, in ihrer DNA.

Das ist eine interessante Theorie, die aber nicht allgemein akzeptiert wird. Erstens zeugt sie von einem gewissen männlichen Dünkel, da sie davon ausgeht, dass ein Mann nur ein paar attraktive Wesenszüge aufzuweisen braucht, um die Frauen unwiderstehlich anzuziehen, so wie ein besonders helles Licht Mücken anlockt. Körpergröße ist bei Weitem nicht das einzige Merkmal, von dem andere angezogen werden. Auch neigen große Männer dazu, größere Töchter zu haben, und viele Männer fühlen sich von großen Frauen abgeschreckt oder eingeschüchtert (das erzählen mir jedenfalls die Großgewachsenen unter meinen Freundinnen).

Dasselbe gilt für intelligente Frauen (das erzählen mir jedenfalls die Intelligenten unter meinen Freundinnen – also *alle*). Es gibt auch keine wirklichen Beweise dafür, dass Frauen sich unweigerlich von intelligenten Männern angezogen fühlen. Es gibt sogar Verschiedenes, das dagegen spricht: So wird Selbstvertrauen häufig als sexy empfunden, und wie wir gesehen haben, ist es durchaus möglich, dass intelligente Menschen ein geringeres Selbstvertrauen besitzen. Ich will gar nicht erst davon sprechen, dass Intelligenz enervieren und penetrant wirken kann: Die englischen Ausdrücke »nerd« oder »geek« (Streber, Langeweiler) erfahren heute vielleicht eine Wiederaufwertung, doch waren sie in der Vergangenheit überwiegend abfällig und beleidigend gemeint, und dem Klischee zufolge sind solche Menschen besonders tollpatschig im Umgang mit dem anderen Geschlecht.

Das sind nur ein paar Gründe dafür, warum die Verbreitung von Genen, die sowohl für Größe als auch für Intelligenz zuständig sind, eingeschränkt sein könnte.

Eine andere Erklärung dafür, dass körperliches Wachstum und Ausbildung von Intelligenz aneinander gekoppelt sein könnten, geht davon aus, dass das physische Wachstum eine robuste Gesundheit und gute Ernährung voraussetzt – beides Faktoren, die auch für die Entwicklung des Gehirns und damit der Intelligenz förderlich sein können. Es könnte tatsächlich so simpel sein: Zugang zu guter Nahrung und ein gesünderes Leben in der Entwicklungsphase können sowohl in überdurchschnittlicher Körpergröße als auch gesteigerter Intelligenz resultieren. Es kann jedoch nicht *ausschließlich* daran liegen, denn zahllose Leute, die im Genuss eines überaus privilegierten und gesunden Lebens waren, sind klein geblieben. Oder geistig unterbelichtet. Oder beides.

Könnte es mit der Größe des Gehirns zu tun haben? Groß gewachsene Menschen haben in der Regel auch größere Gehirne, und es gibt eine schwache Korrelation zwischen Gehirnvolumen und allgemeiner Intelligenz.[14] Doch ist die Theorie, dass größere Menschen deswegen intelligenter sein können, sehr umstritten. Vor allem die Effizienz, mit der das Gehirn Informationen verarbeitet, und die Zahl und Art der Verbindungen sind ausschlaggebend für die Intelligenz eines Individuums. Doch es ist tatsächlich so, dass bei Menschen mit größerer Intelligenz bestimmte Areale wie der präfrontale Kortex und der Hippocampus größer sind und mehr graue Materie aufweisen als bei weniger intelligenten. Größere Gehirne würden das logischerweise wahrscheinlicher oder auch leichter möglich machen, weil sie einfach den Platz für eine solche Erweiterung und Zunahme bieten würden. Der generelle Eindruck ist, dass ein größeres Gehirn unter Umständen der Ausbildung von größerer Intelligenz zuträglich, nicht aber deren definitive Ursache ist. Große Gehirne eröffnen einem vielleicht die Möglichkeit, intelligent zu *werden*, es ist aber nicht zwangsläufig, dass das auch *geschieht*. Die Anschaffung von teuren neuen Trainingsgeräten lässt einen nicht automatisch zu einem schnelleren Läufer werden, sie könnten einem aber den Anstoß dazu geben, sich darum zu bemühen. Dasselbe gilt für Gene.

Die genetische Veranlagung, das Verhalten der Eltern, das Niveau der Erziehung, kulturelle Normen, die allgemeine Gesundheit, persönliche Interessen, Störungen: All dies und noch mehr kann sich darauf auswirken, in welchem Maß das Gehirn dazu fähig ist, intelligente Handlungen auszuführen. Man kann die Intelligenz eines Menschen ebenso wenig von der Kultur loslösen, die ihn umgibt, wie man die Entwicklung eines Fisches von dem Wasser separieren könnte, in dem er lebt. Wenn man ihn aus dem Wasser holte, wäre seine Entwicklung sehr kurz.

Die Kultur spielt eine wichtige Rolle dafür, auf welche Art und Weise Intelligenz sich manifestiert. Ein perfektes Beispiel für diese These lieferte in den 1980er-Jahren Michael Cole.[15] Er zog mit seinem Team zu dem abgeschieden lebenden Stamm der Kpelle in Afrika. Die Kpelle waren relativ unberührt von der modernen Kultur und hatten kaum Kontakt mit der Welt außerhalb ihres Lebensbereiches. Cole und seine Mitarbeiter wollten erforschen, ob die den Einflüssen der Zivilisation nicht ausgesetzten Eingeborenen ein ähnliches Maß an Intelligenz aufwiesen wie die Angehörigen der westlichen Kultur. Anfangs machten die Forscher frustrierende Erfahrungen: Die Kpelle zeigten nur rudimentäre Intelligenz und konnten noch nicht einmal die simpelsten Denkaufgaben lösen, solche, mit denen ein Kind aus einem entwickelten Land mit Sicherheit keine Probleme gehabt hätte. Selbst wenn die Wissenschaftler ihnen »versehentlich« Hinweise auf die richtige Antwort gaben, kamen die Kpelle immer noch nicht dahinter. Das deutete darauf hin, dass ihre primitive Kultur nicht reich oder stimulierend genug war, um höhere Intelligenz hervorzubringen, oder dass irgendeine biologische »Macke« verhinderte, dass sie ein höheres intellektuelles Niveau erreichten. Doch dann forderte einer der Forscher die Probanden in seiner Frustration auf, die Testaufgaben so zu lösen, »wie ein Narr es tun würde«, und sie lieferten sofort die »richtigen« Lösungen.

Wegen der sprachlichen und der kulturellen Barrieren bestanden die Tests darin, dass die Probanden Objekte gruppieren sollten. Die Wissenschaftler gingen davon aus, dass ein solches Zuordnen von Dingen zu Kategorien (Werkzeuge, Tiere, Gegenstände aus Stein, aus Holz usw.) abstraktes Denken, also höhere Intelligenz erforderte. Die Kpelle ordneten die Objekte aber immer ihrer Funktion entsprechend (Dinge, die ich essen kann, die ich anziehen kann, mit denen ich graben kann), was das Forscherteam als weniger intelligent einstufte. Die Kpelle waren eindeutig anderer Meinung. Es waren Menschen, die von dem lebten, was sie dem Boden abringen konnten, was die Natur ihnen bot. Dinge willkürlichen Kategorien zuzuordnen, war daher für sie eine sinn- und nutzlose Aktivität, etwas, das nur ein »Narr« machen würde. Dieses Beispiel liefert uns eine wertvolle Lektion, da es uns deutlich macht, dass wir andere Menschen nicht unseren eigenen Maßstäben entsprechend beurteilen sollten (und vielleicht sorgfältigere Vorarbeiten anstellen sollten, bevor wir mit einem Experiment beginnen). Es zeigt uns aber auch, dass das Konzept von Intelligenz selbst vom Umfeld und der gesellschaftlichen Auffassung von ihr geprägt wird.

Ein weniger drastischer Beleg dafür ist der sogenannte Pygmalion-Effekt. 1965 führten Robert Rosenthal und Leonore Jacobson ein Experiment durch, bei dem sie Grundschullehrern mitteilten, dass bestimmte Schüler besonders begabt oder fortgeschritten seien und deshalb entsprechend unterrichtet und besonders aufmerksam im Auge behalten werden sollten.[16] Wie zu erwarten, bestätigten die Prüfungsergebnisse dieser Schüler und ihre allgemeine Leistung, dass sie tatsächlich über eine höhere Intelligenz verfügten. Das Problem war nur, dass sie in Wirklichkeit nicht besonders begabt, sondern ganz normale Schüler waren. Da sie aber so behandelt wurden, als wären sie klüger und aufgeweckter als der Rest, begannen sie sich so zu verhalten, dass sie den in sie gesetzten Erwartungen entsprachen. Vergleichbare, mit Collegestudenten durchgeführte Versuche haben ähnliche Ergebnisse erbracht. Wenn man Studenten sagt, dass Intelligenz eine feststehende Größe ist, dann tendieren sie dazu, bei Prüfungen schlechtere Noten zu erzielen. Wenn man ihnen dagegen sagt, dass es eine variable Größe ist, dann schneiden sie besser ab.

Könnte dies ein weiterer Grund dafür sein, dass größere Menschen insgesamt gesehen intelligenter zu sein scheinen? Wenn man als Jugendlicher schon relativ hoch aufgeschossen ist, könnten andere einen möglicherweise so behandeln, als wäre man schon älter. Das heißt, sie könnten einen in eine anspruchsvollere Unterhaltung einbeziehen, und das sich noch entwickelnde Gehirn könnte beginnen, sich so auszubilden, dass es diesen Erwartungen gerecht wird. Doch in jedem Fall ist Glauben an sich selbst wichtig. Jedes Mal, wenn ich in diesem Buch erwähnt habe, dass Intelligenz von ihrem Ausmaß oder ihrem Grad her »feststeht«, habe ich also Ihre Entwicklung gehemmt. Tut mir leid, mea culpa!

Wollen Sie noch etwas Sonderbares über Intelligenz hören? Sie nimmt weltweit zu, und wir wissen nicht, warum. Man nennt das den Flynn-Effekt, und damit ist die Tatsache gemeint, dass die gemessene Intelligenz, sowohl die fluide als auch die kristallisierte, innerhalb einer Vielfalt von Bevölkerungsgruppen zahlreicher Länder auf der ganzen Welt trotz der in ihnen herrschenden unterschiedlichen Verhältnisse zugenommen hat. Das mag auf verbesserte Bildungsmöglichkeiten zurückzuführen sein, auf verbesserte Gesundheitsfürsorge und gesteigertes Gesundheitsbewusstsein, leichteren Zugang zu Informationen und komplexen Technologien, vielleicht sogar auf das Erwachen bisher schlafender Kräfte, die Mutationen hervorrufen, welche die menschliche Rasse nach und nach in ein Geschlecht von Geistesriesen verwandeln werden.

Es existieren keinerlei Anhaltspunkte dafür, dass Letzteres sich wirklich vollzieht, aber es wäre ein wunderbares Sujet für einen Film.

Es gibt viele mögliche Erklärungen dafür, warum Körpergröße und Intelligenz in Beziehung zueinander stehen. Sie mögen alle zutreffen. Es kann aber auch keine von ihnen richtig sein. Die Wahrheit liegt vielleicht, wie so oft, irgendwo in der Mitte. Im Grunde genommen ist das ein weiteres Beispiel für das klassische »nature versus nurture«-Argument: Die höhere Intelligenz kann angeboren oder anerzogen sein, auf die Gene oder auf Einflüsse des Umfelds zurückzuführen sein, oder auf beides zugleich.

Kann es angesichts dessen, was wir über Intelligenz wissen, überraschen, dass in Bezug auf dieses Thema eine solche Ungewissheit herrscht? Intelligenz ist schwer zu definieren, zu messen und zu isolieren, doch sie ist definitiv »da«, und wir können sie untersuchen. Es ist eine spezifische allgemeine Fähigkeit, die sich aus verschiedenen Einzelfähigkeiten zusammensetzt. Zahlreiche Hirnregionen sind an der Hervorbringung von Intelligenz beteiligt, die Art und Weise, in der diese miteinander vernetzt sind, macht aber unter Umständen den Unterschied. Intelligenz ist kein Garant für Selbstvertrauen, und ein Mangel an Intelligenz bringt nicht automatisch Unsicherheit mit sich. Die Arbeitsweise des Gehirns stellt die Logik auf den Kopf: Was ist Ursache, was ist Wirkung? Wenn Leute behandelt werden, als wären sie intelligent, scheint sie das allerdings klüger zu machen; mithin ist sich noch nicht einmal das Gehirn sicher, was es mit der Intelligenz, die ihm gegeben wurde, machen soll. Und das Niveau der allgemeinen Intelligenz wird für gewöhnlich von den Genen und der Erziehung festgelegt und bleibt, wie es ist, es sei denn, man ist willens, daran zu arbeiten. Dann kann man es heben – unter Umständen.

Intelligenz zu erforschen ist, wie einen Pullover ohne Strick-muster zu stricken und dabei Zuckerwatte statt Wolle zu ver-wenden. Letztlich ist es schon unglaublich beeindruckend, dass man überhaupt den Versuch unternehmen kann.

5

Haben Sie dieses Kapitel kommen sehen?

*Die unberechenbaren Eigenschaften der
Beobachtungssysteme des Gehirns*

Eine der faszinierendsten und (anscheinend) einzig und allein uns Menschen vorbehaltenen Fähigkeiten, die unsere leitungsstarken Gehirne uns verleihen, ist die, »nach innen« zu schauen. Wir sind uns unser selbst bewusst, wir »spüren« uns, wir besitzen ein Empfinden für unseren Gemüts- und unseren Geisteszustand, und wir beurteilen und studieren beides sogar. Introspektion und das Nachdenken über uns selbst werden von vielen als etwas Lohnenswertes und Bedeutendes angesehen. Wie das Gehirn die Welt außerhalb des Craniums wahrnimmt, ist jedoch ebenfalls ungeheuer wichtig, und viele der zerebralen Abläufe sind einem Aspekt davon gewidmet. Wir nehmen die Welt mittels unserer Sinne wahr, fokussieren uns auf die wichtigen Elemente und handeln entsprechend.

Manch einer glaubt, dass es sich bei dem, was wir in unseren Köpfen wahrnehmen, um eine zu 100 Prozent zutreffende Darstellung der Welt handelt, *wie sie ist*; so, als ob Augen, Ohren und der ganze Rest nichts anderes als passive Aufzeichnungsgeräte wären, die Informationen empfangen und an das Gehirn weiterleiten, das alles sortiert und organisiert und an die zuständigen Stellen weitersendet. Das Gehirn ähnelte dann einem Piloten, der seine Instrumente überprüft und bedient. Doch läuft das in Wirklichkeit nicht so ab. Biologie hat nichts mit Technologie gemein. Die Informationen, die das Gehirn über unsere

Sinne erreichen, setzen sich nicht zu einem solchen üppigen und detailreichen Strom von visuellen, akustischen und taktilen Eindrücken zusammen, wie wir gemeinhin annehmen: Die rohen Daten, die unsere Sinne liefern, stellen eher ein schlammiges Rinnsal dar, und unser Gehirn muss Großes leisten, um diese Daten so aufzubereiten, dass wir zu einem umfassenden und detaillierten Bild von der Welt gelangen.

Stellen Sie sich einen Polizeizeichner vor, der anhand von Beschreibungen aus zweiter Hand ein Phantombild von einer gesuchten Person anfertigt. Stellen Sie sich weiter vor, dass nicht *eine* Person die Beschreibung liefert, sondern Hunderte, und zwar alle auf einmal. Und es ist nicht die Skizze einer Person, die auf diese Weise entstehen soll, sondern eine farbige 3-D-Abbildung der Stadt, in der es zu dem Verbrechen kam, samt aller ihrer Einwohner. Und diese Darstellung soll minütlich aktualisiert werden. Das ist so ungefähr die Aufgabe, vor die sich das Gehirn gestellt sieht, nur dass es sich vermutlich nicht ganz so zermürbt von ihr fühlt, wie der Zeichner es wohl sein würde.

Es ist beeindruckend, dass das Gehirn eine solch detaillierte Darstellung unserer Umgebung auf der Basis begrenzter Informationen schaffen kann, doch schleichen sich in dieses Bild unweigerlich Fehler und Irrtümer ein. Die Art und Weise, wie das Gehirn die Welt um sich herum wahrnimmt, und was davon es für wichtig genug erachtet, um ihm Aufmerksamkeit zu schenken, verdeutlichen sowohl sein phantastisches Leistungsvermögen als auch seine vielen Unvollkommenheiten.

Das, was wir Rose nennen, würde unter jedem anderen Namen ebenso lieblich duften

Warum der Geruchssinn stärker ist als der Geschmackssinn

Wie jedermann weiß, kann das Gehirn auf fünf Sinne zurückgreifen. Allerdings glauben Neurowissenschaftler, dass es noch mehr gibt.

Verschiedene »zusätzliche« Sinne sind schon erwähnt worden, darunter die Propriozeption (das Empfinden für das physische Ausgerichtetsein von Körper und Gliedern), das Gleichgewichtsgefühl (durch das Innenohr vermitteltes Empfinden der Schwerkraft und unserer Bewegung im Raum) und letztlich auch der Appetit, denn das Gespür für den Nährstoffgehalt in unserem Blut und unserem Körper ist ebenfalls etwas wie eine Sinnesempfindung. Die meisten dieser zusätzlichen Sinne richten sich auf unseren inneren Zustand, während die fünf »richtigen« für die Apperzeption und die Überwachung der Welt um uns herum verantwortlich sind. Diese sind natürlich: der Gesichtssinn, der Gehörsinn, der Geschmackssinn, der Geruchssinn und der Tastsinn. Oder, um es hochwissenschaftlich auszudrücken: Ophtalmoception, Audioception, Gustaoception, Olfaktoception und Tactioception – auch bekannt als visueller, auditiver, gustatorischer, olfaktorischer und taktiler Sinn. Die meisten Wissenschaftler benutzen aber aus Gründen der Zeitersparnis diese Termini gar nicht. Jeder dieser Sinne basiert auf äußerst raffinierten neurologischen Mechanismen, und das Gehirn erreicht sogar noch ein höheres Stadium von Raffinement, wenn es die Informationen, die sie ihm liefern, verwertet. Was die Sinne tun, ist letztlich nichts anderes, als Dinge in unserer Umgebung zu entdecken und in die elektrochemischen Signale zu übersetzen, die von Neuronen, welche mit dem Gehirn verbunden sind, genutzt werden. Diesen ganzen Input zu koordinieren ist eine große Aufgabe, auf die das Gehirn viel Zeit verwendet.

Über die einzelnen Sinne sind dicke Wälzer verfasst worden. Wir wollen hier mit dem sonderbarsten beginnen: dem Geruchssinn. Er wird nämlich im Verhältnis zu den anderen weniger beachtet, »übersehen« könnte man sagen: Die Nase sitzt ja auch *unter* den Augen. Diese mangelnde Beachtung ist bedauerlich, da das olfaktorische System des Gehirns, also der Teil, der die Geruchswahrnehmung weiterverarbeitet, merkwürdig und faszinierend ist. Man glaubt, dass dieser Sinn der Erste ist, der sich im Mutterleib entwickelt, und man hat nachweisen können, dass ein ungeborenes Baby tatsächlich das riecht, was die Mutter riecht. Von der Mutter inhalierte Partikel gelangen in das Fruchtwasser, in dem der Fötus sie entdecken kann. Früher nahm man an, dass Menschen bis zu zehntausend verschiedene Gerüche wahrnehmen könnten. Das hört sich nach einer Menge an, doch findet man diese Angabe in einer Studie aus den 1920er-Jahren, und sie basiert auf theoretischen Überlegungen und Annahmen, die lange Zeit nicht wirklich überprüft wurden.

Erst im Jahr 2014 gingen Caroline Bushdid und ihr Team dem Wahrheitsgehalt der Behauptung nach, indem sie Versuchspersonen aufforderten, chemische Cocktails mit sehr ähnlicher Geruchsnote voneinander zu unterscheiden – eine Aufgabe, die sie kaum hätten lösen können, wenn unser olfaktorisches System nur für zehntausend Gerüche ausreichte. Überraschenderweise konnten die Probanden die Aufgabe sehr leicht bewältigen. Am Ende des Experiments schätzte man, dass Menschen ungefähr eine Milliarde unterschiedliche Gerüche wahrnehmen können. Das ist eine Ziffer, die für gewöhnlich für die Bemessung astronomischer Distanzen verwendet wird und nicht im Zusammenhang mit etwas so Irdisch-Alltäglichem wie einem Sinn des Menschen. Es ist, als würde man entdecken, dass der Wandschrank, in dem man den Staubsauger verstaut, in Wirklichkeit der Eingang zu einer unterirdischen, von Maulwurfsmenschen bewohnten Stadt ist.*

Wie also funktioniert der Geruchssinn? Wir wissen, dass Geruch über den olfaktorischen Nerv an das Gehirn weitergeleitet wird. Es gibt zwölf sogenannte Hirnnerven, die eine Verbindung zwischen im Kopf angesiedelten Sinnesorganen, aber auch bestimmten Muskeln und dem Gehirn herstellen. Der *Nervus olfactorius* ist in der Anatomie mit der Ziffer I gekennzeichnet, der *Nervus opticus* trägt die Ziffer II. Die olfaktorischen Neuronen, die den *Nervus olfactorius* bilden, sind in vielfacher Hinsicht einzigartig. Ihr bemerkenswertestes Charakteristikum ist, dass sie zu den wenigen Typen von menschlichen Neuronen gehören, die regenerationsfähig sind. Dass diese »Nasenneuronen« solche Kräfte besitzen, hat zur Folge, dass sie intensiv erforscht sind: Man bemüht sich, ihre Regenerationsfähigkeit für andere beschädigte Neuronen nutzbar zu machen – zum Beispiel für Nervenzellen im Rückenmark von Querschnittsgelähmten.

Olfaktorische Neuronen besitzen die Fähigkeit, sich zu erneuern, weil sie zu den wenigen Arten von Neuronen gehören, die Einflüssen der Umwelt unmittelbar ausgesetzt sind, was häufig zur Degeneration fragiler Nervenzellen führt. Die olfaktorischen Neuronen befinden sich in der Riechschleimhaut in den oberen Teilen der Nase; die in der Schleimhaut eingebetteten Rezeptoren können Partikel entdecken, die durch die Luft zu ihnen transportiert wurden. Wenn sie mit einem spezifischen Molekül in Berührung kommen, senden sie ein Signal an den Riechkolben, die Region des Gehirns, die dafür zuständig ist, Informationen zum Geruch zusammenzutragen und zu organisieren.

---

* Einige Wissenschaftler haben diese Zahlen in Zweifel gezogen und gemeint, sie seien eher das Ergebnis fragwürdiger Rechenoperationen als das unserer mächtigen Nüstern. (R. C. Gerkin und J. B. Castro: »The number of olfactory stimuli that humans can discriminate is still unknown«. Hg. von A. Borst, in: *eLife*, 2015, 4 e08127; http://www.ncbi.nlm.nih.gov/pmc/articles/PMC4491703/. [Letzter Zugriff: September 2015])

Es gibt eine Fülle unterschiedlicher Geruchsrezeptoren; Richard Axel und Linda Buck erhielten 1991 den Nobelpreis für ihre Entdeckung, dass 3 Prozent des menschlichen Genoms Typen olfaktorischer Rezeptoren kodieren.[1] Das scheint auch zu bestätigen, dass der menschliche Geruchssinn wesentlich komplexer ist als früher angenommen.

Wenn die olfaktorischen Neuronen eine spezifische Substanz entdecken (ein Molekül von Käse, eine süß riechende chemische Verbindung, etwas, das aus dem Mund von jemandem dringt, dem Zahnhygiene fremd ist), dann senden sie elektrische Impulse an den *Bulbus olfactorius*, den Riechkolben, der seinerseits diese Informationen an Areale wie den olfaktorischen Nukleus und den *Cortex praepiriformis* weiterleitet – was zur Folge hat, dass Sie einen Geruch wahrnehmen.

Erinnerungen sind oft an einen Geruch gekoppelt. Das olfaktorische System ist direkt neben dem Hippocampus und anderen Hauptkomponenten des Erinnerungssystems angesiedelt, sogar in solcher Nähe zu Letzterem, dass Wissenschaftler, die anatomische Studien durchführten, früher glaubten, das Erinnerungssystem diene der Wahrnehmung von Gerüchen. Beide Systeme existieren aber nicht einfach nebeneinander her, so wie ein leidenschaftlicher Veganer neben einem Fleischer wohnen könnte. Der Riechkolben ist Teil des limbischen Systems, genau wie die Regionen, die der Verarbeitung von Erinnerungen dienen, und steht in aktiver Verbindung zum Hippocampus und der Amygdala. Infolgedessen sind bestimmte Gerüche besonders stark mit lebhaften und gefühlsbesetzten Erinnerungen assoziiert: Der Geruch eines Bratens kann plötzlich die im Haus der Großeltern verbrachten Sonntage heraufbeschwören.

Sie haben es wahrscheinlich schon persönlich des Öfteren erlebt, wie ein bestimmter Geruch oder Duft intensive Erinnerungen an die Kindheit auslösen kann und/oder bestimmte Stimmungen hervorrufen kann. Wenn man als Kind viele glückliche Stunden im Haus seines Großvaters verbrachte und dieser Pfeife zu rauchen pflegte, dann wird man vermutlich eine Art wehmütiges Glücksgefühl empfinden, wenn einem der Geruch von Pfeifentabak in die Nase steigt. Da der Geruchssinn zum limbischen System gehört, kann ein Geruch Emotionen auf einem viel direkteren Weg auslösen als andere Sinneswahrnehmungen, was auch erklärt, dass er häufig viel stärkere Reaktionen hervorruft. Der Anblick eines frisch gebackenen Laibs Brot ist eine Erfahrung, die einen relativ wenig berührt, der *Geruch* aber kann sehr angenehm und merkwürdig tröstlich sein, da er stimuliert und gleichzeitig mit positiven Erinnerungen gekoppelt ist, die mit dem Geruch, der beim Backen entsteht, und dem Verzehr des wohlschmeckenden fertigen Produkts assoziiert sind. Ein Geruch kann natürlich auch die entgegengesetzte Wirkung haben: Verfaultes Fleisch zu sehen ist nicht angenehm, es ist aber der Geruch, der einem das Essen wieder hochkommen lässt.

Die starke Wirkung von Gerüchen und ihre Tendenz, Erinnerungen und Emotionen auszulösen, sind natürlich nicht unbemerkt geblieben. Viele versuchen, das gewinnbringend auszubeuten: Immobilienmakler, Supermarktbetreiber, Kerzenmacher und alle möglichen anderen Geschäftsleute setzen Düfte ein, um auf die Stimmung von potenziellen Kunden einzuwirken, sodass sie eher bereit sind, Geld rauszurücken. Die Effektivität dieser Beeinflussungsmethode ist bekannt, ihr sind aber Grenzen dadurch gesetzt, dass die Personen, auf die sie zielt, sich beträchtlich voneinander unterscheiden: Jemand, der sich einmal durch den Verzehr von Vanilleeis eine Lebensmittelvergiftung eingehandelt hat, wird den Geruch von Vanille kaum einlullend oder entspannend finden.

Eine weitere irrige Ansicht über den Geruchssinn: Lange hat man angenommen, dass die Nase sozusagen nicht an der Nase herumgeführt, der Geruchssinn also nicht getäuscht werden kann. Mehrere Studien haben aber inzwischen gezeigt, dass das nicht stimmt. Man lässt sich in dieser Beziehung ständig irreführen, empfindet zum Beispiel eine Duftprobe als angenehm oder unangenehm, je nachdem, was auf dem Behälter steht (etwa »Fichtennadel-Raumspray« oder »WC-Reiniger« – und das ist kein zur Belustigung des Lesers erfundenes Beispiel, sondern entstammt einem 2001 von den Wissenschaftlern Herz und von Clef durchgeführten Experiment).

Der Grund dafür, dass man die Existenz olfaktorischer Täuschungen für ausgeschlossen hielt, ist wohl in der Tatsache zu sehen, dass das Gehirn durch Gerüche nur »begrenzte« Informationen erhält. Tests haben gezeigt, dass Menschen mit einiger Übung in der Lage sind, Dinge über ihren Geruch »ausfindig zu machen«, doch ist diese Fähigkeit auf ein sehr rudimentäres Entdecken beschränkt: Es steigt einem etwas in die Nase und man weiß, dass etwas, das diesen Geruch abgibt, in der Nähe sein muss. Das ist es auch schon: Es ist entweder »da« oder »nicht da«. Wenn das Gehirn die Geruchssignale durcheinanderbrächte, man also etwas anderes röche als das, was tatsächlich den Geruch abgibt, wie sollte man von dessen Existenz dann überhaupt erfahren? Ein Geruch kann sehr wirksam sein, doch seine praktische Verwendungsmöglichkeit für den geschäftigen Menschen ist beschränkt.

Es gibt auch olfaktorische Halluzinationen,* das heißt, dass man Dinge riecht, die gar nicht da sind. Diese Halluzinationen können sogar beunruhigend häufig auftreten. Einige Menschen leiden unter eingebildeten Brandgerüchen: Ihnen steigt der Geruch von verbranntem Toast, Gummi oder Haaren in die Nase, oder sie finden einfach, dass etwas »Brenzliges« in der Luft liegt. Diese Halluzination ist immerhin so häufig, dass ihr zahlreiche Webseiten gewidmet sind. Sie tritt oft im Zusammenhang mit neurologischen Phänomenen wie Epilepsie, Tumoren

---

* Es ist wichtig, den Unterschied zwischen *Illusionen* und *Halluzinationen* zu klären. Illusionen liegen dann vor, wenn die Sinne etwas entdecken, es aber falsch deuten, man also etwas anderes wahrnimmt, als wirklich »da« ist. Wenn man hingegen etwas riecht, für das *überhaupt keine Quelle* da ist, handelt es sich um eine Halluzination: Man nimmt etwas Nicht-Existentes wahr.

oder Schlaganfällen auf – Störungen, die unerwartete Aktivität im Riechkolben oder anderswo im olfaktorischen System verursachen und als Brandgeruch gedeutet werden könnten. Das ist eine weitere nützliche Unterscheidung: Zu Täuschungen im Sinne von Illusionen oder Einbildungen kommt es, wenn das sensorische System sich irrt oder hereingelegt worden ist. Halluzinationen sind eher auf zerebrale Funktionsstörungen zurückzuführen, also darauf, dass das Gehirn nicht richtig arbeitet.

Der Geruchssinn operiert oft mit einem anderen zusammen. Beide werden häufig als »chemischer« Sinn bezeichnet, weil sie bestimmte Chemikalien wahrnehmen und von diesen stimuliert werden. Der andere chemische Sinn ist der gustatorische, vulgo: der Geschmackssinn. Geruchs- und Geschmackssinn werden oft gemeinsam eingesetzt; das meiste von dem, was wir essen, hat einen bestimmten, eigenen Geruch. Auch die Mechanismen des Schmeckens und des Riechens weisen Ähnlichkeiten auf, da Rezeptoren in der Zunge und in anderen Partien des Mundes auf bestimmte Chemikalien reagieren, gewöhnlich auf in Wasser (also Speichel) lösliche Moleküle. Diese Rezeptoren sind zu Geschmacksknospen verbunden, die die Zunge bedecken. Generell geht man von fünf verschiedenen Richtungen des Geschmacks aus: salzig, süß, bitter, sauer und »fleischig-herzhaft«. Letztere Empfindung wird durch Mononatriumglutamat ausgelöst, es ist das vollmundige Aroma von Fleisch. Es gibt aber tatsächlich noch mehrere andere Geschmacksqualitäten wie »herb« (der Geschmack von Cranberries etwa), »scharf« (der Geschmack von Ingwer) und »metallisch« (der Geschmack … nun von Metall eben).

Der Geruchssinn ist wichtig, wird aber unterbewertet, mit dem Geschmackssinn hingegen ist wirklich nicht besonders viel los. Er ist der schwächste unserer fünf Hauptsinne, und viele Studien zeigen, dass unsere Geschmackswahrnehmung weitgehend von anderen, fremden Faktoren beeinflusst wird. Sie wissen wahrscheinlich, wie eine Weinprobe vonstattengeht: Ein

Connaisseur schlürft ein Schlückchen Wein und erklärt feierlich, dass es sich um einen vierundfünfzig Jahre alten Shiraz von einem Weingut in Südwestfrankreich handelt, mit einer Note von Eiche, Muskatnuss, Apfelsine und Schweinefleisch, und dass die Trauben von einem Achtundzwanzigjährigen namens Jacques mit einer Warze an der linken Ferse zerstampft wurden.

Alles sehr eindrucksvoll und raffiniert. Doch viele Untersuchungen haben ergeben, dass das eher der Phantasie entspringt, als dass es mit der Zunge wahrgenommen würde. Jemanden mit einem so feinen Geschmackssinn gibt es nicht. Die Urteile von professionellen Weinexperten über einen bestimmten Cru gehen in der Regel weit auseinander: Einer kann einen Wein zum größten erklären, der jemals gekeltert wurde, während ein anderer, der über ebenso große Erfahrung verfügt, befindet, dass er im Grunde wie Brackwasser schmeckt.[2] Ein großer Wein muss doch von jedermann als solcher erkannt werden, oder? Nein, der Geschmackssinn ist so unzuverlässig, dass das nicht so ist. Man hat auch Sommeliers verschiedene Weine verkosten lassen, und sie haben sich als unfähig erwiesen, herauszuschmecken, welche Proben von einem berühmten Grand Cru stammten und welche von einem in Massen produzierten Billiggesöff. Noch peinlicher für die Experten sind Tests ausgefallen, bei denen man ihnen verschiedene Rotweine zur Bewertung vorgesetzt hat und sie gar nicht gemerkt haben, dass man ihnen in Wirklichkeit Weißwein mit Lebensmittelfarbe darin kredenzt hatte. Unser Geschmackssinn lässt also eindeutig an »Treffsicherheit« und Genauigkeit zu wünschen übrig.

Um es klarzustellen: Wissenschaftler hegen keinen bizarren geheimen Groll gegenüber Weinverkostern, es ist einfach so, dass es nicht so viele Berufe gibt, in denen es in einem solch hohen Grad auf einen gut entwickelten Geschmackssinn ankommt. Es ist auch nicht so, dass diese Weinkenner lügen: Sie nehmen mit großer Sicherheit all die verschiedenen Geschmacksnoten wahr, von denen sie schwärmen, doch sind ihre Wahrnehmungen in erster Linie das Resultat von Erwartung, Erfahrung und einem Kreativitätsdrang. Sie werden nicht wirklich durch die Geschmacksknospen hervorgerufen. Es mag sein, dass Weinverkoster trotzdem gegen die ständige Unterminierung ihrer Kunst durch Neurowissenschaftler Protest erheben.

Fakt ist, dass das Wahrnehmen eines Geschmacks in vielen Fällen eine multisensorische Erfahrung ist. Menschen, die eine böse Erkältung haben oder an irgendetwas anderem leiden, das ihnen die Nase verstopft, klagen häufig darüber, dass ihr Essen nach nichts schmeckt. Die Interaktion der Sinne, die einen Geschmack bestimmen, ist derart eng, dass sie das Gehirn verwirren, und der Geschmackssinn wird, schwach wie er ist, ständig von unseren anderen Sinnen beeinflusst, und zwar vor allem, Sie werden es schon erraten haben, vom olfaktorischen. Viel von dem, was wir schmecken, geht auf den Geruch dessen zurück, was wir zu uns nehmen. Man hat Experimente angestellt, bei denen den Versuchspersonen die Nase verschlossen und die Augen verbunden wurden (um auch den Einfluss des visuellen Sinns auszuschließen). Es zeigte sich, dass sie nicht in der Lage waren, festzustellen, ob sie in Äpfel, Kartoffeln oder Zwiebeln bissen, wenn sie allein auf ihren Geschmackssinn angewiesen waren.[3]

In einem Aufsatz von 2007 teilten Malika Auvrey und Charles Spence mit, dass unser Gehirn, wenn etwas, während wir es essen, einen intensiven Duft verströmt, diesen als Geschmack interpretiert und nicht als Geruch, selbst wenn es die Nase ist, die die Signale weiterleitet.[4] Die Mehrheit der Empfindungen findet im Mund statt, deswegen verallgemeinert das Gehirn zu stark und geht davon aus, das alles von dort ausgeht und deutet die Signale entsprechend. Doch das Gehirn hat sowieso einen Großteil der Arbeit, die zum Erzeugen von Geschmacksempfindungen nötig ist, zu übernehmen, es wäre daher kleinlich, wenn man ihm solche Irrtümer übel nähme.

Fazit von alldem ist, dass man, auch wenn man ein miserabler

Koch ist, Gäste zum Essen einladen kann, vorausgesetzt, diese leiden an einer schlimmen Erkältung und sind bereit, im Dunkeln um den Tisch zu hocken.

Komm her, fühl mal den Krach!

Wie Hören und Fühlen zusammenhängen

Der akustische und der taktile Sinn hängen fundamental zusammen. Das ist etwas, das die meisten Menschen nicht wissen, doch denken Sie einmal darüber nach: Ist es nicht ein unglaublich angenehmes Gefühl, wenn Sie Ihr Ohr mit einem Wattestäbchen säubern? Ja? Nun, das hat mit der ganzen Sache nichts zu tun, ich mache nur Quatsch. Doch Tatsache ist, dass das Gehirn einen taktilen und einen akustischen Eindruck ganz anders registriert, dass aber die für das eine wie das andere notwendigen Mechanismen sich erstaunlich stark überschneiden.

Im vorigen Abschnitt haben wir uns mit Geruch und Geschmack befasst und damit, wie beides sich oft überlagert. Zugegeben: Sie erfüllen oft ähnliche Funktionen, dienen zum Beispiel der Identifizierung von Lebensmitteln und können sich gegenseitig beeinflussen (vor allem der Geruch den Geschmack), doch die Hauptgemeinsamkeit und -verbindung besteht darin, dass Nase und Zunge Rezeptoren besitzen, die auf spezifische chemische Substanzen reagieren – auf Fruchtsaft oder Gummibärchen beispielsweise.

Was aber haben Fühlen und Hören gemeinsam? Wann haben Sie zum letzten Mal gedacht, dass etwas sich »klebrig« anhört? Oder sich »schrill« anfühlt? Niemals, stimmt's?

Haben Sie doch. Fans der lauteren Arten von Musik genießen sie häufig am meisten, wenn der Pegel derart hochgeschraubt ist, dass die Töne körperlich fühlbar werden. Clubs, Autos, Konzerthallen sind mit Soundsystemen ausgestattet, die die Bässe derart verstärken und wummern lassen, dass einem die Plomben in den Zähnen rattern. Wenn ein Klang laut genug ist oder eine bestimmte Tonhöhe erreicht, dann scheint er oft eine sehr »physische« Präsenz anzunehmen.

Hören und Fühlen werden als *mechanische* Sinne klassifiziert, was bedeutet, dass sie durch Druck oder Einwirken einer physischen Kraft aktiviert werden. Das mag zunächst sonderbar erscheinen, da ja Hören auf Klängen basiert, aber Klänge sind nichts anderes als Vibrationen in der Luft, die auf unser Trommelfell treffen und es ebenfalls vibrieren lassen. Diese Vibrationen werden dann in die Schnecke weitergeleitet, ein spiralförmiges Gebilde. Auf diese Weise gelangt der Klang in unsere Köpfe. Die Schnecke ist eine geniale Konstruktion, im Grunde handelt es sich um eine lange, zusammengerollte, mit Lymphe gefüllte Röhre. Klang pflanzt sich innerhalb dieser Röhre fort, ihre Gestalt und die physikalische Eigenschaft der Schallwellen haben zur Folge, dass deren Frequenz (die in Hertz, Hz gemessen wird) bestimmt, wie weit sich die Vibrationen in ihr fortpflanzen. Die Röhre ist innen mit dem Corti-Organ ausgekleidet. Dabei handelt es sich nicht wirklich um eine separate eigenständige Struktur, sondern eher um eine membranähnliche Schicht. Diese ist wiederum mit Haarzellen bedeckt, bei denen es sich nicht wirklich um Haare handelt, sondern um Rezeptoren. Manchmal sind Wissenschaftler anscheinend der Ansicht, dass Dinge für sich genommen noch nicht verwirrend genug sind, und dass sie durch die Nomenklatur zur Steigerung der Konfusion beitragen sollten.

Diese Haarzellen erspüren die Vibrationen in der Cochlea, der Schnecke, und senden als Reaktion darauf Signale aus. Doch werden nur Haarzellen in bestimmten Bereichen der Schnecke aktiviert, da die Distanz, die die Schallwellen in der Röhre zurücklegen, ja von deren jeweiliger Frequenz abhängt. Das bedeutet, dass es so etwas wie eine »Frequenzkarte« der Cochlea gibt: Die Regionen an ihrem Anfang werden von hochfrequentigen Schallwellen stimuliert (von schrillen Geräuschen wie zum Beispiel den Schreien eines Kleinkinds, das Helium eingeatmet hat), die am Ende hingegen von niederfrequentigen (von sehr tiefen Geräuschen wie von einem Wal, der Songs von Barry White singt). Die Regionen der Schnecke zwischen diesen beiden Extremen reagieren auf den Rest des für den Menschen hörbaren Klangspektrums (zwischen 20 und 20000 Hz).

Die Hörschnecke wird vom Hirnnerv Nr. VIII innerviert, dem *Nervus vestibulocochlearis*. Dieser leitet bestimmte Informationen mittels Impulsen von den Haarzellen in der Schnecke an den Hörkortex im Gehirn weiter, der für die Verarbeitung von Klangwahrnehmungen zuständig ist. Er befindet sich im oberen Teil des Schläfenlappens. Der spezifische Teil der Cochlea, aus dem die Signale hervorgehen, informiert das Gehirn darüber, welche Frequenz die Töne haben, wir nehmen diese also entsprechend wahr. Daher die Cochlea-»Karte«. Wirklich sehr clever gemacht.

Das Problem ist nur, dass ein solches System, das auf einem sehr empfindlichen und genauen sensorischen Mechanismus gründet, der im Grunde ständig erschüttert wird, zwangsläufig ein wenig fragil ist. Das Trommelfell selbst besteht aus drei winzigen Knochen, die auf eine bestimmte Weise angeordnet sind, und dieses Ensemble kann leicht durcheinandergebracht oder zerstört werden – durch Flüssigkeit, durch Ohrenschmalz, durch eine Verletzung oder alles Mögliche andere. Der Alterungsprozess bringt es ebenfalls mit sich, dass das Gewebe im Innenohr steifer und spröder wird, was die Vibrationen reduziert, und keine Vibrationen bedeutet keine Klangwahrnehmungen. Man könnte sagen, dass das altersbedingte allmähliche Nachlassen des Hörsystems genauso viel mit Physik wie mit Biologie zu tun hat.

Unser Gehörsinn wird auch von einer ganzen Reihe von Störungen geplagt wie Tinnitus zum Beispiel und anderen Leiden. Sie lassen uns Klänge wahrnehmen, die gar nicht existieren. Diese Klänge werden »endaural« genannt, das heißt, es gibt keine äußere Quelle für sie, sondern sie werden durch Defekte des Hörsystems selbst hervorgerufen (zum Beispiel dadurch, dass Ohrenschmalz sich in wichtigen Teilen ablagert oder wichtige Membranen sich zu sehr versteifen). Diese endauralen Wahrnehmungen müssen von akustischen Halluzinationen unterschieden werden, die nicht dort ihren Ursprung haben, von wo die Informationen ausgehen (also im Innenohr), sondern vielmehr auf Aktivitäten in den »höheren« Regionen des Gehirns, wo diese verarbeitet werden, zurückzuführen sind. Für gewöhnlich handelt es sich bei solchen Halluzinationen um das »Hören von Stimmen«, es gibt aber auch das Phänomen der Musikhalluzinationen – die Betroffenen hören ständig irgendwelche Melodien – oder eine als »Exploding Head Syndrome« (EHS) bekannte Störung, die in die Kategorie »Leiden, die sich viel schlimmer anhören, als sie tatsächlich sind« gehört: Menschen, die von diesem Syndrom befallen sind, hören unvermutet laute Knallgeräusche – die aber nicht wirklich dadurch zustande kommen, dass ihnen der Schädel birst.

Wenn es auch diverse Störungen dieser Arbeit gibt, erledigt das Gehirn seine Aufgabe, Schallwellen zu den komplexen akustischen Wahrnehmungen und Empfindungen zu verarbeiten, die wir täglich erfahren, in beeindruckend kompetenter Weise.

Hören ist also ein mechanischer Sinn, der auf Vibrationen anspricht und auf physischen, von Schallwellen ausgeübten Druck. Der andere mechanische Sinn ist der Tastsinn. Wenn Druck auf die Haut ausgeübt wird, dann können wir das fühlen. Möglich ist uns das dank einer Vielzahl von Mechanorezeptoren, die sich überall in unserer Haut befinden. Die von diesen Rezeptoren ausgelösten Signale werden über dazu bestimmte Nerven zum Rückenmark geleitet (wenn die Stimulation nicht im Bereich des Kopfes stattfindet; in diesem Fall nehmen die Hirnnerven sich ihrer an). Von dort werden sie dann zum Gehirn geschickt. Sie kommen im somatosensorischen Kortex im Scheitellappen an, der feststellt, von wo die Signale ausgehen, und eine entsprechende Wahrnehmung entstehen lässt. Das scheint alles relativ unkompliziert vonstattenzugehen, was natürlich bedeutet, dass es das nicht tut.

Erstens setzt sich das, was wir eine »taktile« oder »haptische« Empfindung nennen, aus mehreren Elementen zusammen, die zusammen diese Empfindung oder Erfahrung ergeben. Außer dem physischen Druck üben Vibration und Temperatur, Dehnung der Haut und in manchen Fällen sogar Schmerz einen Reiz aus, und für all diese äußeren Einflüsse gibt es Rezeptoren in der Haut, den Muskeln, den Organen oder Knochen. Zusammen ergibt das das somatosensorische System (daher die Bezeichnung »somatosensorischer Kortex«), und unser gesamter Körper ist von Nerven durchzogen, die diesem System dienen. Schmerz, auch als Nozizeption bekannt, verfügt über seine eigenen Rezeptoren und Nervenstränge im ganzen Körper.

So ungefähr das einzige Organ ohne Schmerzrezeptoren ist das Gehirn, und das ist so, weil es für das Empfangen und Verarbeiten der Schmerzsignale verantwortlich ist. Man könnte argumentieren, dass es zu verwirrend wäre, wenn das Gehirn selbst Schmerz empfände – es wäre so, als ob man von seinem eigenen Telefon aus seine eigene Nummer anriefe und erwarte, dass jemand abhöbe.

Interessant ist, dass die Empfindlichkeit für Berührung nicht überall am Körper gleich groß ist: Verschiedene Körperpartien reagieren unterschiedlich auf den gleichen Berührungsdruck. Wie der motorische Kortex, von dem schon in einem früheren Kapitel die Rede war, ist auch der somatosensorische entsprechend der verschiedenen Teile des Körpers strukturiert, von denen der Kortex Informationen erhält: Die Fußregion verarbeitet Informationen, die von den Füßen ausgehen, die Armregion solche, die ihren Ursprung im Arm haben und so weiter.

Doch entsprechen die Dimensionen der einzelnen Areale des

Kortex nicht denen der einzelnen Körperteile. Die Areale des somatosensorischen Kortex, die für Brust und Rücken zuständig sind, sind relativ klein, die für Hand und Lippen hingegen sehr groß. Einige Partien des Körpers reagieren daher weitaus empfindlicher auf Berührung als andere. Unsere Fußsohlen sind nicht besonders sensibel – was auch sinnvoll ist, denn es wäre bestimmt von Nachteil, würde einen jedes Mal, wenn man auf ein Steinchen oder ein Stöckchen tritt, ein heftiger Schmerz durchzucken. Händen und Lippen sind überproportional große Gebiete des somatosensorischen Kortex zugeordnet, weil wir sie für subtile Verrichtungen benutzen. Sie sind daher sehr empfindlich. Wie auch die Genitalien – aber das wollen wir hier nicht vertiefen.

Wissenschaftler messen diese Empfindlichkeit mit einer sehr simplen Methode: Sie pieken jemanden sachte mit einem zweizinkigen Instrument und ermitteln, wie nahe beieinander die beiden Zinken liegen dürfen, damit der Proband noch zwei getrennte Druckpunkte fühlt.[5] Die Fingerspitzen sind besonders sensibel, das ist einer der Gründe für die Entwicklung der Blindenschrift Braille. Sie besteht aus erhabenen Punkten, weil die Sensibilität der Fingerspitzen dennoch nicht ausreichen würde, um die Buchstaben des Alphabets, wenn sie in normaler Gestalt in Papier geprägt würden, voneinander zu unterscheiden.[6]

Wie das Gehör, so kann auch der Tastsinn zum Narren gehalten werden. Ein Teil unserer Fähigkeit, Dinge mithilfe des Tastsinns zu identifizieren, beruht darauf, dass das Gehirn sich bewusst ist, wie die Stellung unserer Finger aussieht. Wenn man etwas Kleines (eine Murmel zum Beispiel) mit Zeige- und Mittelfinger aufnimmt, dann fühlt man nur dieses eine Objekt. Wenn man aber die beiden Finger übereinander und zwischen sie die Murmel legt und dabei die Augen schließt, dann hat man das Gefühl, zwei separate Objekte zu berühren. Es hat keine direkte Kommunikation zwischen dem die Berührung verarbeitenden somatosensorischen Kortex und dem die Finger bewegenden motorischen Kortex stattgefunden, durch die die Information »Finger sind jetzt gekreuzt« hätte übermittelt werden können. Die Augen sind zudem geschlossen, sodass sie auch keine Informationen liefern können, die die falsche Schlussfolgerung des Gehirns außer Kraft setzen könnten. Das ist die sogenannte Aristotelische Täuschung.

Es gibt also mehr Überschneidungen zwischen Fühlen und Hören, als es auf den ersten Blick scheint, und neuere Studien lassen vermuten, dass die Verbindung zwischen beidem viel grundlegender sein könnte, als bisher angenommen. Es war schon lange bekannt, dass gewisse Gene eng mit dem Hörvermögen und dem erhöhten Risiko zu ertauben verknüpft sind. Henning Frenzel und seine Mitarbeiter[7] fanden aber 2012 heraus, dass Gene auch die haptische Sensibilität beeinflussen und dass interessanterweise Menschen mit einem feinen Gehör auch »feinfühliger« in haptischer Hinsicht sind. Auf der anderen Seite gaben Personen mit vermindertem Hörvermögen auch öfter einen weniger gut ausgebildeten Tastsinn zu erkennen. Man entdeckte zudem ein mutiertes Gen, das sowohl Hör- als auch Tastsinn beeinträchtigte.

Wenn auch auf diesem Gebiet noch mehr Forschungsarbeit zu leisten ist, so legen die bisherigen Ergebnisse die Vermutung nahe, dass das Gehirn ganz ähnliche Prozesse zur Weiterverarbeitung akustischer und taktiler Stimuli einsetzt – Faktoren, die das Hören beeinflussen können, also auch das Fühlen beeinflussen, und umgekehrt. Das ist vielleicht nicht das allerlogischste Arrangement, doch steht es mehr oder weniger im Einklang mit der Geschmack-Gehör-Interaktion, mit der wir uns im vorigen Abschnitt beschäftigt haben. Das Gehirn tendiert öfter dazu, unsere Sinne zu koppeln, als es praktisch scheint. Andererseits jedoch lässt es darauf schließen, dass Menschen den »Rhythmus« in einem viel wörtlicheren Sinn »fühlen« können, als man landläufig meint.

Jesus ist zurückgekehrt ... in Gestalt einer Scheibe Toast?

Was Sie alles über unser visuelles System nicht wussten

Was haben Toast, Tacos, Pizza, Eiskrem, Brotaufstrich in Gläsern, Bananen, Brezel und Tortilla-Chips gemeinsam? Antwort: Das Antlitz Jesu ist auf oder in allen diesen Lebensmitteln entdeckt worden (im Ernst, schauen Sie es nach). Doch sind es nicht immer essbare Bildträger: Auch auf Objekten aus lackiertem Holz taucht Jesus des Öfteren auf. Und es ist nicht immer die Gestalt Jesu, die jemandem auf diese Weise erscheint, sondern manchmal auch die der Jungfrau Maria. Oder die von Elvis Presley.

Was steckt wirklich dahinter? Antwort: Es gibt unzählige Objekte auf der Welt, auf deren Oberfläche sich Muster finden, die von unterschiedlich gefärbten Partien oder hellen und dunklen Flecken gebildet werden und aus reinem Zufall einer bekannten Person oder einem bekannten Gesicht ähneln. Und wenn es sich um das Gesicht einer Gestalt von metaphysischen Dimensionen handelt (Elvis fällt für viele in diese Kategorie), dann wird das Bild einen großen Widerhall finden und viel Aufmerksamkeit auf sich ziehen.

Das Merkwürdige (von wissenschaftlicher Warte aus) daran ist, dass sogar diejenigen, denen es klar ist, dass sie einfach nur einen Snack vor sich haben und keineswegs der Messias in dem Toast seine Wiedergeburt erlebt hat, ihn immer noch *sehen*. Jeder kann das erkennen, was angeblich zu sehen sein soll, selbst wenn er nicht daran »glaubt«.

Das menschliche Gehirn räumt dem Gesichtssinn Vorrang vor allen anderen Sinnen ein, und das visuelle System fällt durch eine beeindruckende Reihe von Merkwürdigkeiten auf. Was schon für die anderen Sinne galt, gilt auch für den Gesichtssinn: Die Vorstellung, dass unsere Augen alles von unserer Umwelt einfangen und diese Informationen unverändert, 1:1, an das Gehirn weitergeben wie zwei Videokameras, die beunruhigend unscharfe Bilder liefern, entspricht in keiner Weise dem wirklichen Vorgang.*

Viele Neurowissenschaftler sind der Ansicht, die Netzhaut sei *Teil* des Gehirns: Sie entwickelt sich aus dem identischen Gewebe und ist direkt mit dem Gehirn verbunden. Die Augen fangen durch die Pupillen und die Linsen an ihrer Vorderseite Licht ein, das dann auf die Netzhaut an der Rückseite fällt. Bei der Retina handelt es sich um eine komplexe Schicht von Photorezeptoren, also Neuronen, die auf das Erfassen von Licht spezialisiert sind. Einige können bereits von nur sechs Photonen (den einzelnen »Lichtteilchen«) aktiviert werden. Ein beeindruckend hoher Grad an Empfindlichkeit: Es ist so, als ob das Alarmsystem einer Bank ausgelöst würde, weil jemand daran *gedacht hat*, sie auszurauben. Die Photorezeptoren von diesem Empfindlichkeitsgrad werden primär zum Wahrnehmen von Kontrasten, von Hell und Dunkel, verwendet und sind als »Stäbchen« bekannt. Sie arbeiten bei wenig Licht, zum Beispiel in der Nacht. Strahlend helles Tageslicht stimuliert sie zu sehr und setzt sie außer Gefecht. Es ist, als ob man versuchte, mehrere Liter Flüssigkeit in einen Eierbecher zu gießen. Die anderen, tageslichtfreundlichen Photorezeptoren erfassen Photonen von bestimmten Wellenlängen und lassen uns auf diese Weise Farben wahrnehmen. Sie heißen »Zäpfchen«, und sie vermitteln uns ein wesentlich

---

* Das heißt nicht, dass die Augen keine beeindruckenden Gebilde sind. Im Gegenteil: Sie sind derart komplex, dass sie oft von Kreationisten und anderen, die die Theorie von der Evolution für ein Hirngespinst halten, als Beleg dafür angeführt werden, dass es so etwas wie natürliche Auswahl nicht gibt. Das Auge sei so kompliziert aufgebaut, dass es sich nicht einfach »entwickelt« haben könne, es müsse von einem mächtigen Schöpfer geschaffen worden sein. Doch wenn man sich die Arbeitsweise des Auges genau anschaut, muss man zu dem Schluss kommen, dass dieser Schöpfer es an einem Freitagnachmittag entworfen haben muss oder verkatert während der Morgenschicht, denn vieles am Auge ergibt wenig Sinn.

detaillierteres Bild der Umgebung, brauchen aber viel mehr Licht, um aktiviert zu werden – was der Grund dafür ist, dass wir bei trübem Licht keine Farben erkennen.

Photorezeptoren sind nicht gleichmäßig dicht über die Retina verteilt. In einigen Partien sind sie in höherer Konzentration vorhanden als in anderen. In der Mitte der Netzhaut gibt es einen Bereich, der für das Erkennen von Details zuständig ist, während ein großer Teil der Randzonen uns nur verschwommene Konturen erkennen lässt. Das ist auf die Konzentration und die Verbindungen der unterschiedlichen Typen von Photorezeptoren in diesen Gebieten zurückzuführen. Jeder Photorezeptor ist mit anderen Zellen verbunden (für gewöhnlich mit einer bipolaren und einer Ganglienzelle), die die Informationen von den Photorezeptoren ans Gehirn weiterleiten. Jeder Photorezeptor ist Teil eines rezeptiven Felds (das aus allen Rezeptoren, die mit den gleichen Übertragungszellen verbunden sind, besteht). Dieses Feld bedeckt einen bestimmten Teil der Retina. Stellen Sie es sich vor wie einen Mobilfunk-Mast, der all die verschiedenen Informationen empfängt, die von den Telefonen in dem von ihm abgedeckten Bereich gesendet werden, und sie weiterverarbeitet. Die bipolaren und die Ganglienzellen sind der Mast, die Rezeptoren die Telefone. Auf diese Weise entsteht ein spezifisches rezeptives Feld. Wenn Licht auf dieses Feld trifft, dann aktiviert es eine spezifische bipolare oder eine Ganglienzelle über die an sie angeschlossenen Photorezeptoren, und das Gehirn erkennt das.

In den Randzonen der Retina können die rezeptiven Felder recht groß sein. Das Ganze ähnelt vom Aufbau her einem Regenschirm, mit nach außen hin größer werdenden Stoffflächen um einen zentralen Mittelstab herum. Diese größenmäßige Ausweitung der Fläche geht aber auf Kosten der Präzision – es fällt schwer festzustellen, wo genau auf einem Regenschirm ein Regentropfen auftrifft, man weiß nur, *dass* er es tut. Zum Glück sind die Felder weiter zur Mitte der Retina hin kleiner und dichter mit Rezeptoren bedeckt, sodass sie scharfe und genaue Bilder liefern, die es uns auch ermöglichen, kleine Details zu erkennen, wie die Buchstaben von Kleingedrucktem.

Bizarrerweise ist nur ein Teil der Retina in der Lage, solche sehr feinen Strukturen zu erkennen. Dieser Teil, der sich genau in ihrer Mitte befindet, heißt Fovea oder Fovea centralis und nimmt weniger als 1 Prozent ihrer gesamten Fläche ein. Wäre die Retina ein Widescreen-Fernsehapparat, dann wäre die Fovea nicht mehr als ein Fingerabdruck in der Mitte des Bildschirms. Der Rest der Netzhaut vermittelt uns eher verschwommene Konturen, unscharfe Umrisse und Farben.

Vielleicht denken Sie, dass das nicht stimmen kann, denn wir Menschen sehen die Welt doch klar und scharf. Doch beunruhigenderweise ist das unscharfe Bild genau das, was wir im wortwörtlichen Sinn »sehen«. Das Gehirn leistet aber Großes, indem es dieses Bild optimiert, bevor wir es bewusst »wahrnehmen«. Das überzeugendste mit Photoshop bearbeitete Bild ist wenig mehr als eine grobe Buntstiftskizze, verglichen mit dem, was unser Gehirn aus den visuellen Informationen schafft, die es empfängt. Doch wie geht dieses Optimieren vor sich?

Unsere Blicke wandern viel in der Gegend herum, was darauf zurückzuführen ist, dass wir unsere Fovea auf verschiedene Dinge in unserer Umgebung richten, die wir uns anschauen müssen. Früher benutzte man für Experimente zum Nachvollziehen von Augenbewegungen spezielle Kontaktlinsen aus Metall! Denken Sie mal darüber nach! Sie können nur ehrfürchtig darüber staunen, wie hingebungsvoll einige Menschen der Wissenschaft zu dienen bereit sind (oder waren).*

---

* Moderne Kameras und die Computertechnologie haben es viel leichter (und für die Probanden auch wesentlich weniger unangenehm) gemacht, Augenbewegungen zu verfolgen. Einige Marktforschungsunternehmen haben sogar »eye scanner« auf Einkaufswagen montiert, um festzustellen, wohin Kunden beim Einkaufen ihre Blicke richten. Davor wurden am Kopf befestigte »laser tracker« für solche Studien benutzt. Die technologische Entwicklung ist derart rasch vorangeschritten, dass die ganze Lasertechnologie heute schon überholt ist. Echt cool!

Von dem, worauf wir unsere Blicke richten, scannt die Fovea so viel wie möglich und so schnell wie möglich. Stellen Sie sich einen Suchscheinwerfer vor, der auf ein Fußballfeld gerichtet ist und von jemandem bedient wird, der eine nahezu tödliche Dosis Koffein intus hat – dann haben Sie's ungefähr. Die auf diese Weise erlangten visuellen Informationen im Verein mit den weniger detaillierten, aber dennoch verwendbaren Bildern, die der Rest der Netzhaut liefert, genügen dem Gehirn, um ein ernsthaftes Optimieren vorzunehmen und ein paar begründete Vermutungen anzustellen – und uns das sehen zu lassen, was wir sehen.

Das scheint ein sehr ineffizientes System zu sein, da einem so kleinen Bereich der Retina eine so große Aufgabe zugewiesen ist. Doch man muss bedenken, wie viel von unserem Gehirn aktiv werden muss, um die empfangene Menge an visuellen Informationen zu verarbeiten. Schon eine Verdoppelung der Größe der Fovea, sodass sie mehr als 1 Prozent der Fläche der Retina ausmachte, würde eine solche quantitative Zunahme der für die Verarbeitung der visuellen Informationen zuständigen Gehirnmasse – der zerebralen Areale – erforderlich machen, dass unsere Gehirne groß wie Basketbälle werden müssten.

Doch wie läuft diese Verarbeitung der Informationen ab? Wie setzt das Gehirn solch grobe Informationen in solch detaillierte Bilder um? Es beginnt damit, dass die Photorezeptoren Lichtinformationen in neuronale Signale umwandeln, die über die beiden Sehnerven (einer für jedes Auge) zum Gehirn geschickt werden.* Über diese Nerven gelangen visuelle Informationen in

---

* Nur fürs Protokoll: Einige Leute behaupten, sie seien am Auge operiert worden, und dabei habe man ihr Auge »herausgenommen« und es habe am Ende des Sehnervs auf ihrer Wange gebaumelt. Das ist unmöglich, da der Sehnerv nicht dehnbar genug dafür wäre. Bei Augenoperationen werden für gewöhnlich die Lider zurückgezogen und das Auge selbst mit Klammern fixiert, außerdem wird es mithilfe von Betäubungsspritzen ruhiggestellt. Für den

verschiedene Teile des Gehirns. Zuerst erreichen sie den Thalamus, die zentrale Schaltstelle des Gehirns, und von dort aus verbreiten sie sich in alle möglichen Regionen. Einige von ihnen gelangen in den Hirnstamm, entweder bis zu einer Stelle namens Pretectum, die die Pupillen in Reaktion auf den Helligkeitsgrad des Lichts erweitert oder zusammenzieht, oder zu den Colliculi superiores, einem Bereich, der die sogenannten »Sakkaden«, kurze, ruckartige Augenbewegungen, bewirkt.

Wenn Sie sich darauf konzentrieren, wie genau sich Ihre Augen bewegen, wenn Sie die Blicke von links nach rechts oder umgekehrt schweifen lassen, werden Sie merken, dass diese Bewegung nicht gleitend oder fließend vonstattengeht, sondern sich in einer Reihe von kurzen Sprüngen vollzieht. Das sind die Sakkaden. Sie gestatten dem Gehirn, durch Zusammenfügen einer raschen Folge von Einzelbildern, die nach jedem Ruck auf der Retina erscheinen, ein zusammenhängendes Gesamtbild herzustellen. Rein technisch gesehen »sehen« wir nicht viel von dem, was zwischen jedem Ruck geschieht, die Unterbrechung ist so kurz, dass sie uns nicht auffällt – so wie die Lücke zwischen zwei Bildern bei einem Trickfilm. Die Sakkade ist eine der schnellsten Bewegungen, zu denen der menschliche Körper fähig ist, neben Blinzeln und dem Schließen des Laptops, wenn die Mama unerwartet in dein Schlafzimmer kommt.

Zu den ruckartigen Sakkaden kommt es jedes Mal, wenn wir unseren Blick von einem Objekt zu einem anderen wandern lassen. Wenn wir aber mit dem Blick einem Objekt folgen, das sich in Bewegung befindet, dann gleitet er ohne jeden Ruck fließend hinter ihm her wie eine Bowlingkugel über ihre Bahn. Das ist ein sinnvolles Ergebnis der Evolution: Wenn man ein sich bewegendes natürliches Objekt mit dem Blick verfolgt, dann handelt es sich gewöhnlich um Beute oder um eine Bedrohung, deswegen muss man es ständig im Auge behalten. Doch wir sind nur dazu in der Lage, wenn es sich um etwas handelt, das in Bewegung ist. Sobald das Objekt aus unserem Gesichtsfeld verschwindet, zucken unsere Augen in einer Folge von Sakkadenbewegungen wieder in die Stellung zurück, in der sie sich vorher befanden. Diesen Prozess nennt man den »optokinetischen Reflex«. Summa summarum: Das Gehirn *kann* unsere Augen fließend bewegen, es tut es aber oft nicht.

Doch warum nehmen wir, wenn wir unsere Augen bewegen, die Welt um uns herum nicht als in Bewegung befindlich wahr? Immerhin sind doch die Bilder, die auf der Retina ankommen, identisch, egal, ob unsere Augen sich bewegen oder die Umwelt sich bewegt. Zum Glück verfügt das Gehirn über ein sehr cleveres System, um mit diesem Problem fertigzuwerden. Die Augenmuskeln erhalten einen regelmäßigen Input vom Gleichgewichtsorgan und dem motorischen System in unserem Innenohr und verwenden diese Informationen, um zwischen Augenbewegung und Bewegung von und in der Welt um uns herum zu unterscheiden. Das bedeutet auch, dass wir ein Objekt dann weiterhin zu fixieren vermögen, wenn wir in Bewegung sind. Dieses System kann jedoch durcheinandergebracht werden, da die Elemente, welche die Bewegung entdecken, manchmal Signale an die Augen senden, wenn wir uns gar nicht bewegen. Das führt zu unkontrollierten Augenbewegungen, die man »Nystagmus« nennt. Mediziner überprüfen einen Patienten auf dieses Augenzucken oder -zittern hin, wenn sie feststellen wollen, ob mit seinem visuellen System alles in Ordnung ist, denn wenn die Augen grundlos zucken, ist das gar nicht gut, sondern deutet darauf hin, dass mit den grundlegenden Systemen, die die Augenbewegungen steuern, irgendetwas nicht stimmt. Für einen Arzt oder Optiker ist Nystagmus das, was für einen Automechaniker ein Rattern des Motors ist: Es könnte eine recht harmlose Ursache haben oder auch nicht. In jedem

Fall ist es etwas, das nicht da sein sollte und abgestellt werden muss.

All das tut Ihr Gehirn, nur um herauszufinden, wohin es Ihre Blicke lenken muss. Wir haben uns noch gar nicht damit beschäftigt, wie die visuellen Informationen verarbeitet werden.

Der Großteil dieser Informationen wird zum visuellen Kortex im Okzipital- oder Hinterhauptlappen weitergeleitet. Ist es Ihnen jemals passiert, dass Sie sich den Kopf irgendwo angeschlagen und »Sterne gesehen« haben? Eine Erklärung dafür ist, dass der Stoß Ihr Gehirn im Schädel herumtanzen lässt, wie eine widerliche Schmeißfliege, die in einem Marmeladenglas gefangen ist, und zwar so, dass die Hinterseite Ihres Gehirns gegen den Schädelknochen schlägt. Das löst Druck auf die Areale aus, die der Verarbeitung visueller Informationen dienen, bringt sie kurz durcheinander und lässt uns merkwürdige Farben und Formen sehen, die Sternen ähneln.

Der visuelle Kortex selbst ist aus mehreren Schichten aufgebaut, die ihrerseits wiederum häufig in verschiedene Schichten unterteilt sind.

Der primäre visuelle Kortex, der Ort, wo die von den Augen eingeholten Informationen zuerst ankommen, ist sauber in »Kolumnen« gegliedert. Das sieht aus wie geschnittenes Brot, von oben betrachtet. Diese Kolumnen sind sehr sensibel für die Ausrichtung von etwas, das heißt, sie reagieren ausschließlich auf den Anblick von Linien, die in eine bestimmte Richtung verlaufen. In der Praxis bedeutet das, dass wir *Ränder* erkennen. Die Bedeutung davon kann gar nicht hoch genug eingeschätzt werden, denn Ränder sind Grenzen. Es bedeutet also, dass wir einzelne, separate Objekte erkennen und sie genau in den Blick nehmen können, statt nur die gleichförmige Oberfläche zu sehen, die einen großen Teil ihrer Gestalt ausmacht. Es bedeutet auch, dass wir die Bewegung von Objekten nachvollziehen können, da verschiedene Kolumnen rasend schnell auf Ortsveränderungen reagieren. Wir können also einzelne Objekte und ihre

Bewegungen erkennen und einem auf uns zusausenden Fußball ausweichen, anstatt uns einfach nur zu wundern, warum dieser helle Fleck immer größer wird. Diese Orientierungsempfindlichkeit ist so wichtig, dass David Hubel und Torsten Wiesel 1981 für ihre Entdeckung den Nobelpreis erhielten.[8]

Der sekundäre visuelle Kortex ist für das Erkennen von Farben zuständig. Besonders beeindruckend an ihm ist, dass er Farbwerte unabhängig von äußeren Lichtfaktoren, also konstant, wahrnehmen kann. Ein rotes Objekt hinterlässt bei hellem Licht auf der Retina einen ganz anderen Eindruck als bei trübem Licht. Der sekundäre visuelle Kortex kann die Lichtverhältnisse aber anscheinend berücksichtigen und ermitteln, welche Farbe das Objekt »haben soll«. Das ist großartig, funktioniert aber nicht mit hundertprozentiger Zuverlässigkeit. Wenn Sie jemals mit jemandem uneins darüber gewesen sind, welche Farbe eine Sache hat (zum Beispiel, ob ein bestimmtes Auto dunkelblau ist oder schwarz), dann haben Sie selbst erlebt, was passiert, wenn der sekundäre visuelle Kortex sich verwirren lässt.

So geht es weiter: Die für visuelle Informationsverarbeitung zuständigen Areale verbreiten sich weiter im Gehirn, und je weiter sie vom primären visuellen Kortex entfernt sind, desto spezifischer ist ihre Funktion. Sie überschreiten sogar die Grenzen zu anderen Hirnlappen. So weist zum Beispiel der Scheitellappen Areale auf, die für räumliches Bewusstsein zuständig sind, während im unteren Schläfenlappen das Erkennen spezifischer Objekte und Gesichter (und damit kommen wir zum Anfang des Kapitels zurück) vonstattengeht. Wir besitzen Gehirnareale, die eigens dem Erkennen von Gesichtern dienen, deswegen sehen wir überall welche. Sogar wenn sie gar nicht da sind, weil wir doch nur eine Scheibe Toast vor uns haben.

Das sind nur einige der beeindruckenden Facetten unseres visuellen Systems. Die vielleicht wichtigste ist aber die, dass wir dreidimensional sehen, also unsere Umwelt – wie die Kids sagen – »in 3D« wahrnehmen können. Das ist eine große Leistung, denn das Gehirn muss diesen Eindruck der Dreidimensionalität mithilfe fleckiger 2D-Bilder schaffen. Die Retina hat eine »plane« Oberfläche, also kann sie genauso wenig 3D-Bilder hervorbringen, wie eine Wandtafel es vermag. Zum Glück kennt das Gehirn ein paar Tricks, um dieses Manko auszugleichen.

Zunächst einmal ist es eine große Hilfe, dass wir nicht nur ein Auge, sondern zwei besitzen. Sie mögen sich nahe beieinander befinden, doch sitzen sie immer noch weit genug auseinander, um leicht unterschiedliche Bilder ans Gehirn zu liefern. Das Gehirn nutzt diesen Unterschied, um dem Bild, das wir am Ende wahrnehmen, Tiefe zu verleihen, das heißt, um einiges ferner und anderes näher erscheinen zu lassen.

Doch ist nicht nur die Parallaxe, die sich aus der optischen Disparität ergibt (so drückt man das, was ich gerade gesagt habe, in der Fachsprache aus), für die Entstehung von Dreidimensionalität ausschlaggebend. Dafür ist ja das Zusammenspiel von zwei Augen notwendig, doch wenn wir eines von den beiden schließen oder uns zuhalten, haben wir nicht sofort ein zweidimensionales Abbild der Welt vor uns. Das liegt daran, dass das Gehirn auch Elemente des von der Retina gelieferten Bildes verwenden kann, um den Eindruck von unterschiedlichen Entfernungen und von Tiefe zu vermitteln. Dinge wie Okklusion (Verdecktwerden von Objekten durch andere Objekte), Textur (Erkennen der Feinstruktur einer Oberfläche, wenn sie nahe, nicht aber wenn sie fern ist) und Konvergenz (Dinge in der Nähe scheinen sich weiter auseinander zu befinden als solche in der Ferne; stellen Sie sich eine lange Straße vor, die bei wachsender Entfernung zu einem Punkt zusammenschrumpft) und Weiteres in der Art. Zwei Augen sind hilfreicher und effektiver als alles andere, wenn es um das Entstehen von optischer Tiefe geht, doch kommt das Gehirn auch mit einem Auge aus. Man kann dann sogar Aufgaben ausführen, die besonders große Genauigkeit erfordern. Ich kannte einmal einen Zahnarzt, der nur auf einem Auge sehen konnte; wenn man nicht zu räumlichem

Sehen in der Lage ist, dann überlebt man normalerweise in diesem Beruf nicht lange.

Diese Methoden des visuellen Systems, räumliche Tiefe wahrzunehmen, werden von 3D-Filmen genutzt. Wenn man auf eine Kinoleinwand schaut, dann nimmt man Tiefe wahr, weil alle oben erwähnten Auslösereize da sind. Doch ist man sich immer noch bis zu einem gewissen Grad bewusst, dass man auf eine plane Fläche schaut, weil es eben so *ist*. Bei 3D-Filmen werden im Grunde zwei sich überlagernde, leicht unterschiedliche Bildfolgen auf die Leinwand projiziert. 3D-Brillen filtern diese Bilder, indem das eine Brillenglas das eine Bild herausfiltert, und das andere das zweite Bild. Das heißt, dass jedes Auge ein geringfügig andersgeartetes Bild empfängt. Das Gehirn interpretiert das als räumliche Tiefe, und plötzlich springen uns die Bilder von der Leinwand her an, und wir müssen das doppelte Eintrittsgeld hinblättern.

Das System zur visuellen Informationsverarbeitung ist derart komplex und umfassend, dass sich auf vielfache Weise Fehler einschleichen können. Weil es so komplex ist, ist es auch störanfällig. Zu einem Phänomen wie dem Erkennen vom Antlitz Jesu auf einer Scheibe Toast kommt es, weil eine eigene Schläfenkortexregion für das Erkennen und Verarbeiten von Gesichtern zuständig ist. Deswegen wird alles, was ein bisschen wie ein Gesicht aussieht, auch als Gesicht wahrgenommen. Das Erinnerungssystem kann sich auch noch einschalten und melden, ob es ein bekanntes Gesicht ist oder nicht. Eine andere häufige optische Täuschung besteht darin, dass zwei Dinge von genau derselben Farbe unterschiedlich aussehen, wenn man sie vor einem unterschiedlichen Hintergrund wahrnimmt. Das liegt daran, dass der sekundäre visuelle Kortex durcheinandergebracht wird.

Andere optische Täuschungen sind subtiler. Am bekanntesten ist wohl die klassische Zeichnung, die – je nach Betrachtungsweise – entweder die Konturen zweier einander zugewandter Gesichter oder einen Kerzenhalter zeigt. Beide Deutungen sind möglich, beide Bilder »korrekt«, schließen sich aber gegenseitig aus. Das Gehirn kommt nicht gut mit Ambiguität zurecht, es wählt daher eine Möglichkeit, entscheidet sich für eine Interpretation und stiftet so »Ordnung«. Doch es kann sich später auch anders entscheiden, da es zwei gültige Lösungen gibt.

Mit alldem sind wir kaum unter die Oberfläche gedrungen. Es ist unmöglich, die ganze Komplexität und Raffinesse des Systems zur visuellen Informationsverarbeitung auf ein paar Seiten darzustellen. Ich fand den Versuch aber lohnend, weil Sehen ein so komplexer neurologischer Prozess ist, der für unser Leben eine so große Rolle spielt. Den meisten Leuten wird das aber erst bewusst, wenn irgendetwas damit schiefzugehen beginnt. In diesem Abschnitt haben Sie gewissermaßen in Bezug auf das Sehen nur die Spitze des Eisbergs kennengelernt: In den Tiefen darunter ist noch viel mehr verborgen. Und Sie können nur in diese Tiefen hineinblicken, weil das visuelle System so komplex ist.

Warum Ihnen die Ohren klingen

Stärken und Schwächen des menschlichen Aufmerksamkeitsvermögens und warum Sie nicht umhinkönnen, andere zu belauschen

Unsere Sinne liefern uns eine Fülle von Informationen, aber das Gehirn wird nicht mit allen fertig, wenn es sich auch noch so anstrengt. Und warum sollte es das auch? Wie viel davon ist denn wirklich relevant? Das Gehirn ist ungeheuer anspruchsvoll, was den Verbrauch von Ressourcen anbelangt, und wenn man es einfach nur benutzte, um Farbe beim Trocknen zuzuschauen, wäre das reine Vergeudung. Das Gehirn *muss* auswählen, was es wert ist, dass es ihm Beachtung schenkt. Das heißt, dass es in der Lage sein muss, unsere Wahrnehmung auf Dinge von potenziellem Interesse zu lenken und diese einer bewussten Weiterverarbeitung zuzuführen. Das nennt man »Aufmerksamkeit«, und wie wir unsere Aufmerksamkeit einsetzen, spielt eine große Rolle dafür, was von der Welt um uns herum wir beobachten. Oder – und das ist oft wichtiger – was wir zu beobachten *unterlassen*.

Für das Studium der menschlichen Aufmerksamkeitsfähigkeit sind zwei Fragen von Belang. Die Erste ist: Wie groß ist die Aufmerksamkeitskapazität oder das Fassungsvermögen des Gehirns? Wie viel kann es aufnehmen, bevor es von den Informationen überwältigt, »zugeschüttet« wird? Die andere Frage ist: Was entscheidet, worauf die Aufmerksamkeit sich richtet? Wenn das Gehirn unablässig mit sensorischen Informationen bombardiert wird, was ist es, das gewissen Stimuli oder Signalen den Vorrang vor anderen einräumt?

Fangen wir also mit der Kapazität an. Den meisten wird es schon aufgefallen sein, dass diese begrenzt ist. Sie haben es sicher schon selbst erlebt, dass mehrere Menschen gleichzeitig auf Sie eingeredet und »Ihre Aufmerksamkeit erheischt« haben. Das ist eine frustrierende Erfahrung, die dazu führt, dass man irgendwann die Geduld verliert und brüllt: »Einer nach dem anderen!«

Frühe Experimente wie die 1953 von Colin Cherry[9] durchgeführten schienen zu zeigen, dass die Aufmerksamkeitskapazität in geradezu beunruhigender Weise limitiert ist. Das wurde mit einer Technik, die sich »dichotisches Hören« nannte, nachgewiesen. Die Testpersonen trugen Kopfhörer und empfingen in jedem Ohr eine andere Folge von akustischen Signalen – für gewöhnlich waren es Wörter. Man wies sie an, die in einem Ohr vernommenen Wörter zu wiederholen, anschließend fragte man sie, was ihnen von dem in Erinnerung geblieben war, das sie im anderen Ohr gehört hatten. Die meisten konnten angeben, ob es eine männliche oder eine weibliche Stimme gewesen war, aber das war es auch schon. Sie wussten noch nicht einmal, in welcher Sprache die betreffende Person geredet hatte. Die Aufmerksamkeitskapazität ist also begrenzt, wir können unsere Beachtung nicht zwei Audiostreams gleichzeitig schenken.

Diese und vergleichbare Befunde schlugen sich in »Flaschenhalsmodellen« (auch »Engpassmodelle«) zur Veranschaulichung nieder: Diesen Modellen zufolge wird die Gesamtmenge an sensorischen Informationen, die das Gehirn erreicht, durch die Aufmerksamkeit gefiltert wie durch eine enge Röhre. Denken Sie an ein Teleskop: Es liefert ein äußerst detailliertes Bild eines sehr kleinen Ausschnitts aus dem Himmel oder der Landschaft – darüber hinaus aber gar nichts.

Spätere Experimente führten zu einer anderen Sicht. Von Wright und seine Mitarbeiter konditionierten im Jahr 1975 verschiedene Versuchspersonen so, dass sie einen leichten elektrischen Schlag erwarteten, wenn sie bestimmte Wörter hörten. Dann wurden die Probanden dem dichotischen Hörtest unterzogen. In der Sequenz von Wörtern im *anderen* Ohr, also der, der sie nicht ihre Aufmerksamkeit schenken sollten, waren auch die Reizwörter enthalten, die mit dem elektrischen Schlag assoziiert waren. Die Versuchspersonen zeigten eine messbare Angstreaktion, wenn diese Wörter fielen, was bewies, dass das Gehirn ganz eindeutig dem »anderen« akustischen Strom Beachtung schenkte. Doch wird nicht das Niveau *bewusster* Weiterverarbeitung erreicht. Wir merken es daher nicht. Die Flaschenhalsmodelle erweisen sich also aufgrund solcher Daten als nicht zutreffend. Sie zeigen jedoch, dass Menschen Dinge, die außerhalb der angeblichen Grenzen ihrer Aufmerksamkeit liegen, immer noch erkennen und verarbeiten können.

Das kann auch in einer weniger klinischen Umgebung nachgewiesen werden. Sie kennen sicher den Ausdruck, den ich als Titel für diesen Abschnitt gewählt habe. Dass einem »die Ohren klingen« sagt man für gewöhnlich, wenn man mitbekommen hat, dass ein anderer Mensch über einen selbst spricht – eine Situation, die sich oft ergibt, vor allem bei gesellschaftlichen Anlässen wie Hochzeitsempfängen, Abschiedspartys, Sportereignissen, das heißt, wenn viele Leute in Gruppen beisammen sind und alle sich miteinander unterhalten. Irgendwann ist man selbst in ein anregendes Gespräch mit jemandem über seine beiderseitigen Interessen (Fußball, Kuchenbacken, Sellerie, weiß der liebe Himmel was) verwickelt, dann hört man plötzlich jemanden in Hörweite seinen eigenen Namen sagen. Diese beiden anderen Personen, die sich da über Sie unterhalten, gehören in dem Moment nicht zu Ihrer eigenen Gruppe, vielleicht wussten Sie noch nicht einmal, dass sie ebenfalls anwesend waren. Aber sie haben Ihren Namen genannt, dem vielleicht eine Bemerkung folgte wie: »Es ist eine schreckliche Vergeudung von Platz«, und plötzlich achten Sie mehr auf das Gespräch dieser beiden anderen als auf das, das Sie selbst gerade führen – und fragen sich, warum Sie diesen Kerl da jemals gebeten haben, Ihren Trauzeugen abzugeben.

Wenn unser Aufmerksamkeitsvermögen derart beschränkt wäre, wie das Flaschenhalsmodell suggeriert, dann wäre das Beschriebene unmöglich. Was es aber eindeutig nicht ist. Es ist als »Cocktailpartyphänomen« bekannt, denn berufsmäßige Psychologen sind ein raffinierter Haufen, der stilvoll zu leben weiß.

Die Limitationen des Flaschenhalsmodells führten zur Entwicklung des Kapazitätsmodells, das normalerweise Daniel Kahneman zugeschrieben wird. Seitdem er das Modell im Jahr 1973 vorstellte,[10] haben es sich viele andere Wissenschaftler zu eigen gemacht. Während Flaschenhalsmodelle verdeutlichen sollten, dass es einen Aufmerksamkeits-»Strahl« gibt, der wie der Lichtstrahl eines Suchscheinwerfers hierhin und dorthin springt, je nachdem, wo er benötigt wird, ist dem Kapazitätsmodell zufolge Aufmerksamkeit eher eine quantitativ festliegende Ressource, die aufgeteilt und auf viele verschiedene Dinge gerichtet wird – die also in viele »Strahlen« aufgeteilt werden kann, solange sie nicht erschöpft oder aufgebraucht ist.

Beide Modelle erklären, warum Multitasking so schwierig ist. Folgt man dem Flaschenhalsmodell, dann gibt es einen einzelnen Aufmerksamkeitsstrom, der fortwährend zwischen den verschiedenen Aufgaben hin und her springt und es schwierig macht, den Überblick zu behalten. Das Kapazitätsmodell gesteht einem die Fähigkeit zu, mehr als einer Sache zur gleichen Zeit Aufmerksamkeit zu schenken, doch nur bis zu dem Punkt, an dem die Ressourcen ausreichen, um die Informationen nutzbringend zu verarbeiten. Wenn die Ressourcen erschöpft sind, man seine eigene Kapazität überschreitet, dann verliert man ebenfalls den Überblick über das Geschehen. Und die Ressourcen sind so begrenzt, dass sie in vielen Szenarien wie ein »einzelner« Strom aussehen.

Doch warum diese Kapazitätsbegrenzung? Eine Erklärung könnte sein, dass Aufmerksamkeit eng mit dem Arbeitsgedächtnis verbunden ist, das uns zum Speichern der Informationen dient, die wir bewusst verarbeiten. Die Aufmerksamkeit liefert die Informationen, die verarbeitet werden sollen. Wenn das Arbeitsgedächtnis bereits »voll« ist, wird es sehr schwer, wenn nicht sogar unmöglich, weitere Informationen hinzuzufügen. Und wir wissen, dass das Arbeits- oder Kurzzeitgedächtnis ein beschränktes Fassungsvermögen hat.

Für einen normalen Menschen reicht dieses limitierte Fassungsvermögen häufig aus, doch ist der Kontext entscheidend. Viele Studien untersuchen, welche Rolle der Aufmerksamkeit für das Autofahren zukommt, bei dem ja ein Mangel an Konzentration fatale Folgen haben kann. In Großbritannien ist es, wie auch in anderen europäischen Ländern, verboten, ein Telefon in der Hand zu halten, wenn man hinter dem Steuer sitzt. Man benötigt eine Freisprechanlage, die es einem gestattet, beide Hände am Steuer lassen. Eine 2013 an der Universität Utah durchgeführte Untersuchung ergab jedoch, dass die Verwendung einer Freisprechanlage sich nicht weniger störend auswirkt als die eines in der Hand gehaltenen Telefons, da beides ein ähnlich großes Maß an Aufmerksamkeit erfordert.[11]

Die Tatsache, dass man zwei Hände am Steuer hat anstatt nur einer, mag einen leichten Vorteil erbringen, doch bei der Studie wurde die allgemeine Reaktionsgeschwindigkeit gemessen, das Erfassen der Umgebung und das Wahrnehmen von wichtigen Signalen. Das alles war in dem gleichen beunruhigenden Maß beeinträchtigt, ob nun eine Freisprechanlage benutzt wurde oder nicht, weil immer ein ähnliches Maß an Aufmerksamkeit erforderlich war. Es mag sein, dass man seine Augen auf die Straße gerichtet hält, doch das ist irrelevant, wenn man nicht das beachtet, was die Augen einem zeigen.

Was noch beunruhigender ist: Die Daten deuten darauf hin, dass nicht nur das Telefonieren sich störend auswirkt. Den Sender im Radio zu wechseln oder sich mit einem Beifahrer zu unterhalten kann den Fahrer genauso stark ablenken. Und da die Technologie, die man in Autos findet und die Telefone bieten, immer raffinierter wird, gibt es zwangsläufig immer mehr Möglichkeiten zur Ablenkung.

Sie könnten sich jetzt fragen, wie jemand überhaupt sein Auto mehr als zehn Minuten lang auf der Straße halten kann, bevor er es in ein qualmendes Wrack im Straßengraben verwandelt. Die Erklärung ist, dass wir die ganze Zeit über *bewusste* Aufmerksamkeit gesprochen haben. Wie wir in Kapitel 2 schon erfahren haben, braucht man aber etwas nur oft genug zu tun, und das prozedurale Gedächtnis, das im Kontext einer bestimmten Prozedur, eines bestimmten Verhaltens aktiv wird, übernimmt. Ein Auto zu lenken kann für Anfänger eine furchteinflößende Erfahrung sein, doch werden einem die ganzen Abläufe mit der Zeit so vertraut, dass die unbewussten Systeme übernehmen und die bewusste Aufmerksamkeit auf anderes gerichtet werden kann. Ganz ohne zu denken kann man allerdings nicht Auto fahren, man muss unablässig die anderen Verkehrsteilnehmer im Auge behalten und nach möglichen Gefahren Ausschau halten – also auf etwas achten, das sich ständig ändert und daher bewusstes Wahrnehmen erfordert.

In neurologischer Hinsicht wird die Aufmerksamkeit von vielen Regionen mitgetragen, eine davon ist der präfrontale Kortex, dieser Wiederholungstäter, der ja auch Sitz des Arbeitsgedächtnisses ist. Ebenfalls beteiligt sind der vordere *Gyrus cinguli*, eine große und komplexe Region tief im Schläfenlappen, die sich bis in den Scheitellappen erstreckt und in der eine große Menge von sensorischen Informationen verarbeitet und mit höheren Funktionen wie bewusstem Denken verknüpft werden.

Die die Aufmerksamkeit kontrollierenden Systeme sind aber weit verstreut, was Konsequenzen hat. In Kapitel 1 haben wir erfahren, wie die weiter entwickelten, für bewusste Prozesse zuständigen Teile des Gehirns und die primitiveren »protoreptilischen« sich oft gegenseitig behindern. Bei den die Aufmerksamkeit kontrollierenden Systemen verhält es sich ähnlich. Sie sind besser organisiert, doch kommt es in Bezug auf sie zu der vertrauten Verbindung oder dem vertrauten Konflikt bewussten und unbewussten Verarbeitens.

Zum Beispiel wird Aufmerksamkeit von exogenen und endogenen Stimuli gesteuert. Anders ausgedrückt: Unsere Aufmerksamkeit wird durch etwas wachgerufen, das entweder innerhalb unseres Kopfes oder außerhalb passiert. Das verdeutlicht bereits das Cocktailpartyphänomen, bei dem es zu »selektivem Hören« kommt, das heißt, dass wir unsere Aufmerksamkeit auf spezifische Laute richten. Das Erklingen Ihres eigenen Namens führt dazu, dass Ihre Aufmerksamkeit sich plötzlich verlagert. Sie wussten nicht, dass er fallen würde, sie haben nicht bewusst damit gerechnet, bis es geschah. Doch nachdem es in Ihr Bewusstsein gedrungen ist, dass jemand Ihren Namen ausgesprochen hat, wenden Sie dem Urheber Ihre ganze Aufmerksamkeit zu, unter Ausschluss von allem anderen. Ein externer Klang – ein exogener Faktor – hat Ihre Aufmerksamkeit auf sich gezogen, und Ihr Verlangen, mehr zu erfahren – ein endogener Faktor –, sorgt dafür, dass Ihre Aufmerksamkeit weiter auf den Urheber gerichtet bleibt. Es handelt sich bei Letzterem also um einen Prozess, der seinen Ursprung im Bewusstsein hat.*

Die meisten Forschungen zur Aufmerksamkeit stellen das visuelle System in den Vordergrund. Wir sind in der Lage, unsere Augen in einem ganz konkreten physischen Sinn auf das Objekt zu richten, dem unsere Aufmerksamkeit gilt, und das Gehirn verlässt sich vornehmlich auf visuelle Daten. Daher drängt sich die Erforschung des visuellen Systems geradezu auf, und die unzähligen ihm gewidmeten Studien haben viele Erkenntnisse zur Arbeitsweise unserer Aufmerksamkeit erbracht.

Das frontale Augenfeld im Stirnlappen empfängt Informationen von den Netzhäuten und schafft auf deren Grundlage eine »Karte« des Gesichtsfelds. Es wird dabei vom Scheitellappen unterstützt, der sich am »kartografischen« Erfassen und Sammeln von Informationen beteiligt. Wenn sich im visuellen Feld etwas von Belang ereignet, kann dieses System die Augen sehr schnell in die entsprechende Richtung lenken, um festzustellen, um was genau es sich handelt. Das nennt man »offensichtliche« oder »Zielorientierung«, weil Ihr Gehirn ein Ziel hat. Dieses lautet: »Ich will mir das anschauen!« Nehmen wir einmal an, Sie

---

* Wie genau wir unseren Gehörsinn auf bestimmte interessante Klänge ausrichten können, ist nicht ganz klar. Wir können unsere Ohren nicht drehen und wenden wie viele Tiere. Auf eine Möglichkeit scheint eine Studie hinzudeuten, die Edward Chang und Nima Mesgarani von der University of California in San Francisco angestellt haben. Sie untersuchten die Hörrinde von drei Epileptikern, denen man, um die Aktivität bei Anfällen zu messen, Elektroden in die relevanten Regionen eingepflanzt hatte. (N. Mesagarani u. a.: »Phonetic-feature-encoding in human superior temporal gyrus.« In: *Science*, 2014, 343 (6174), S. 1006–1010.) Als diese Patienten aufgefordert wurden, sich auf einen bestimmten von zwei oder mehr gleichzeitig erklingenden Audiostreams zu konzentrieren, brachte nur derjenige Stream, dem ihre Aufmerksamkeit galt, Aktivität in der Hörrinde hervor. Das Gehirn scheint konkurrierende Informationen irgendwie zu unterdrücken, sodass den maßgeblichen volle Aufmerksamkeit zukommt. Das deutet darauf hin, dass das Gehirn tatsächlich Klänge ausblenden kann, wie zum Beispiel, wenn jemand nicht aufhört, sich über sein langweiliges Hobby (Igelbeobachten oder Ähnliches) auszulassen.

sehen ein Schild, auf dem steht: »Sonderangebot: Kostenloser Frühstücksspeck«, dann wenden Sie diesem Schild sofort Ihre Aufmerksamkeit zu, damit Sie herausfinden, was genau Sie tun müssen, um an den Gratisspeck zu kommen. Das Bewusstsein aktiviert die Aufmerksamkeit und dirigiert sie, es handelt sich also um einen *top-down*-Prozess. Gleichzeitig läuft aber noch etwas anderes ab, das man »verdeckte« Orientierung nennt. Dabei handelt es sich eher um einen *bottom-up*-Prozess. Das bedeutet, dass etwas entdeckt wird, das von biologischer Bedeutung ist (zum Beispiel das Brüllen eines Tigers im Dickicht ganz in der Nähe oder ein Knacken in dem Ast, auf dem man sitzt), und die Aufmerksamkeit wird automatisch dorthin gelenkt, *bevor* die für bewusste zerebrale Prozesse verantwortlichen Regionen überhaupt wissen, was geschieht. Aus diesem Grund ist es ein *bottom-up*-Prozess. Dieses zweite System verwendet den gleichen visuellen Input wie das erste und ebenso akustische Schlüsselreize, stützt sich aber auf eine Reihe anderer neuronaler Abläufe in anderen Regionen.

Die Forschung favorisiert derzeit folgendes Modell: Beim Entdecken von etwas potenziell Wichtigem trennt die hintere Parietalrinde (die schon im Zusammenhang mit dem Verarbeiten visueller Reize erwähnt wurde) das bewusste Aufmerksamkeitssystem von dem, womit es gegenwärtig beschäftigt ist (so wie ein Vater oder eine Mutter den Fernseher ausschaltet, wenn der Sohn oder die Tochter den Müll rausbringen soll). Die Colliculi superiores im Mittelhirn lenken das Aufmerksamkeitssystem dann zu der relevanten Stelle hin (so wie die Mutter das Kind in die Küche schubst, wo die Mülleimer stehen). Das Pulvinar, das zum Thalamus gehört, aktiviert dann das Aufmerksamkeitssystem neu (so wie eine Mutter, die ihrem Kind die Müllbeutel in die Hand drückt und es Richtung Haustür schubst, damit es den ganzen Dreck endlich rausbringt).

Dieses System kann das andere, bewusste, zielorientierte *top-down*-System außer Kraft setzen, was sinnvoll ist, da es von einer

Art Überlebensinstinkt aktiviert wird. Die unbekannte Gestalt in Ihrem Gesichtsfeld könnte ein heranstürmender Angreifer sein oder der Langweiler von Bürokollege, der darauf besteht, einem immer wieder von seinem Fußpilz zu erzählen.

Diese optischen Einzelheiten müssen nicht in der Fovea, dem für das Erkennen wichtigen Mittelteil der Retina auftauchen, damit wir auf sie aufmerksam werden. Einer Sache visuelle Aufmerksamkeit zu schenken, geht normalerweise mit einem Bewegen der Augen einher, *muss es aber nicht notwendigerweise*. Sie werden schon von »peripherer Sicht« gehört haben, was bedeutet, dass man etwas sieht, ohne es direkt anzuschauen. Man erkennt dann nicht alle Einzelheiten, doch wenn man am Schreibtisch sitzt und in den Computerbildschirm starrt und dann aus einem Augenwinkel heraus ein Objekt wahrnimmt, das von der Größe und der Art der Bewegung her eine große Spinne sein könnte, dann will man vielleicht auch gar nichts Genaueres sehen, für den Fall, dass es genau das ist, was es sein könnte. Während Sie weiter auf der Tastatur herumhacken, achten Sie genau darauf, ob sich in der Ecke wieder etwas bewegt, und warten darauf, es erneut zu sehen (während Sie gleichzeitig hoffen, dass es verschwunden ist). Das zeigt, dass der Fokus der Aufmerksamkeit nicht unbedingt dort liegen muss, wohin die Augen gerichtet sind. Wie im Fall der Hörrinde kann das Gehirn angeben, auf welchen Teil des visuellen Feldes die Aufmerksamkeit sich konzentrieren soll, und die Augen brauchen sich nicht zu bewegen, um dies zu ermöglichen. Das könnte den Eindruck erwecken, dass *bottom-up*-Prozesse die dominanteren sind, doch so einfach ist es nicht. Die Orientierung auf einen Stimulus hin beherrscht das Aufmerksamkeitssystem, wenn ein signifikanter Stimulus entdeckt wird, doch wird oft durch einen bewussten Akt unter Berücksichtigung des Kontexts entschieden, was »signifikant« ist. Ein lauter Knall irgendwo am Himmel über Ihnen würde sicherlich als signifikant gelten, wenn Sie aber am 31. Dezember um Mitternacht nach draußen gingen, käme es Ihnen viel signifikanter vor, wenn alles still bliebe.

Michael Posner, einer der führenden Wissenschaftler auf dem Gebiet der Aufmerksamkeitsforschung, hat Tests ersonnen, bei denen die Versuchspersonen auf einem Bildschirm ein »Zielobjekt« ausfindig machen mussten, nachdem sie vorher auf demselben Schirm »cues«, also optische Hinweise, gezeigt bekommen hatten, die die Position dieses Objekts vorhersagten oder auch nicht. Schon wenn sie nur zwei solcher Hinweise vor sich sahen, bekamen die Probanden Schwierigkeiten. Aufmerksamkeit kann zwischen zwei verschiedenen Modalitäten aufgeteilt werden (gleichzeitiges Absolvieren eines visuellen und eines akustischen Tests), doch wenn es sich um etwas Komplexeres als um einen schlichten *detection test* handelt, bei dem mit Ja oder Nein zu antworten ist, dann scheitern die Probanden normalerweise. Einige Leute können zwei Tätigkeiten gleichzeitig erledigen, wenn sie in einer davon besonders geübt sind: Eine gute Schreibmaschinenkraft kann mathematische Aufgaben lösen, während sie tippt. Oder, um auf ein früher verwendetes Beispiel zurückzukommen: Ein routinierter Autofahrer kann ein angeregtes Gespräch führen, während er hinter dem Steuer sitzt.

Etwas seine Aufmerksamkeit zuzuwenden, kann starke körperliche Reaktionen auslösen. Bei einer an der Universität Uppsala durchgeführten Studie[12] reagierten die Probanden mit schwitzigen Handflächen auf Bilder von Schlangen und Spinnen, die ihnen für weniger als eine Dreihundertstelsekunde auf einem Bildschirm gezeigt wurden. Für gewöhnlich dauert es ungefähr eine halbe Sekunde, bis das Gehirn einen visuellen Stimulus so weit verarbeitet hat, dass wir erkennen, um was es sich handelt. Die Versuchspersonen reagierten also in weniger als einem Zehntel der Zeit auf die Bilder von Schlangen und Spinnen, die nötig ist, um diese Tiere wirklich zu »sehen«. Wir haben schon festgestellt, dass das unbewusste Aufmerksamkeitssystem auf in biologischer Hinsicht relevante Reize reagiert und dass das Gehirn darauf eingestellt ist, alles zu entdecken, das gefährlich sein könnte. Anscheinend hat es daher auch Angst vor natürlichen Bedrohungen entwickelt, wie sie unsere achtbeinigen oder beinlosen Freunde darstellen können. Dieses Experiment zeigt sehr gut, wie unser Aufmerksamkeitssystem etwas entdeckt und jene Teile des Gehirns in Alarmbereitschaft versetzt, die Reaktionen auslösen, bevor in unserem Bewusstsein die Frage »Huch, was ist das?« laut geworden ist.

In anderen Zusammenhängen jedoch können wichtige und ganz und gar nicht subtile Dinge der Aufmerksamkeit entgehen. Wie das Beispiel mit dem Autofahren deutlich gemacht hat, können wir, wenn unsere Aufmerksamkeit von zu vielen Dingen in Anspruch genommen wird, sehr Wichtiges übersehen – als da unter anderem wären: Fußgänger. Ein prägnantes Beispiel dafür lieferten 1998 Dan Simons und Daniel Levin.[13] Sie näherten sich mit einer Karte in der Hand willkürlich ausgewählten Fußgängern und fragten nach dem Weg. Während die um Auskunft Gebetenen den Stadtplan konsultierten, lief eine Person, die eine Tür transportierte, zwischen ihnen und dem Fragesteller durch. In dem kurzen Augenblick, in dem die Tür ihn vor den Blicken des Passanten abschirmte, tauschte der Fragesteller seinen Platz mit jemandem, der überhaupt nicht wie er aussah oder sich wie er anhörte. In mindestens 50 Prozent aller Fälle fiel der Person, die die Karte studierte, dieser Wechsel nicht auf, obwohl sie mit einem ganz anderen Menschen sprach als dem, die sie Sekunden davor nach dem Weg gefragt hatte. Bei diesem Fehlverhalten kommt etwas ins Spiel, das man »Veränderungsblindheit« nennt: Unser Gehirn ist anscheinend unfähig, eine bedeutende Änderung in einer visuellen Szenerie wahrzunehmen, wenn der Blick auf diese Szenerie auch nur für ganz kurze Zeit unterbrochen wird.

Diese Studie ist als »Türstudie« bekannt geworden, weil die Tür anscheinend das wichtigste Element darstellt. Wissenschaftler sind ein merkwürdiger Haufen.

Die Begrenztheit der menschlichen Aufmerksamkeit kann auch ernste wissenschaftliche Konsequenzen haben. So schien es eine gute Idee zu sein, für Piloten von Flugzeugen und auch von Raumschiffen relevante technische Daten mit sogenannten Head-up-Displays (Kopf-oben-Anzeigen) sichtbar zu machen, das heißt durch Projektion auf einen sich in ihrem Blickfeld befindlichen Monitor oder auf das Glas der Kanzel. Sie müssen dann nicht nach unten auf irgendwelche Instrumente schauen, was ja bedeutet, dass sie ihre Augen von dem abwenden müssen, was draußen vor sich geht.

So gut war die Idee aber denn doch nicht. Es stellte sich heraus, dass das Head-up-Display nur ein kleines bisschen zu sehr mit Informationen vollgestopft sein musste, um Piloten an die Grenze ihrer Aufmerksamkeitskapazität gelangen zu lassen.[14] Sie können durch das Display hindurch*sehen*, aber sie durch*schauen* es nicht mehr. Es hat Fälle gegeben, in denen sie ihre Maschine auf einer anderen haben aufsetzen lassen – zum Glück nur am Simulator. Die NASA hat viel Zeit darauf verwendet, zu ermitteln, wie man Head-up-Displays am besten und am sichersten in der Praxis einsetzten kann. Es hat sie Hunderte Millionen von Dollars gekostet.

Das waren nur ein paar Beispiele dafür, wie sich die Begrenztheit des menschlichen Aufmerksamkeitssystems manifestieren kann. Möglicherweise stimmen Sie nicht mit mir überein, was diese Begrenztheit anbelangt, aber dann haben Sie mir mit Sicherheit nicht Ihre ganze Aufmerksamkeit geschenkt. Zum Glück haben wir aber rausgekriegt, dass man Ihnen nicht wirklich die Schuld dafür geben kann.

6

Vom Sinn und Nutzen von Persönlichkeitstests

Die komplexen und verwirrenden Eigenschaften
von Persönlichkeit

Persönlichkeit: Jeder besitzt eine (vielleicht mit Ausnahme derer, die in die Politik gehen). Aber was ist eine Persönlichkeit? Grob ausgedrückt: eine Verbindung aus den Neigungen eines Individuums, seinen Überzeugungen, seinen Denk- und Verhaltensweisen. Es handelt sich eindeutig um irgendetwas »Höheres«, eine Kombination all der verfeinerten und hoch entwickelten mentalen Prozesse, zu denen nur Menschen aufgrund ihrer überragend leistungsfähigen Gehirne in der Lage zu sein scheinen. Doch überraschenderweise sind viele der Meinung, dass Persönlichkeit überhaupt nicht auf das Gehirn zurückzuführen ist.

Früher einmal glaubten die Menschen, dass Geist und Körper separate Entitäten seien. Doch wie auch immer man das Gehirn einschätzt: Es ist Teil des Körpers, es ist eines seiner Organe. Anhänger der dualistischen Auffassung, wonach Geist und Körper etwas voneinander Getrenntes sind, würden behaupten, dass die weniger leicht fassbaren, konkreten Elemente einer Person (ihre Überzeugung, ihre Ansichten, das, was sie liebt oder hasst) im Geist — oder wie auch immer man dieses immaterielle Element eines Menschen bezeichnen will — enthalten sind.

Dann, am 13. September 1848, wurde infolge einer unbeabsichtigt ausgelösten Explosion das Hirn des Eisenbahnarbeiters Phineas Gage von einem meterlangen Eisenstab durchbohrt. Dieser Stab drang direkt unter seinem linken Auge in den Schädel ein, durchbohrte seinen linken Stirnlappen und trat aus dem Schädeldach wieder aus. Er landete an die fünfundzwanzig Meter von Gage entfernt. Der Stab wurde von der Explosion mit einer solchen Wucht durch die Gegend geschleudert, dass der menschliche Schädel nicht mehr Widerstand bot als ein Netzvorhang.

Es wäre verständlich, wenn Sie glaubten, dass das tödlich für Gage ausgegangen sein muss. Auch heute klingt »langer Eisenstab genau durchs Hirn« nach einer hundertprozentig letalen Verletzung. Mitte des 19. Jahrhunderts konnte bereits ein Anstoßen mit dem Zeh tödlich sein, da das für gewöhnlich einen grässlichen Tod durch Wundbrand zur Folge hatte. Doch Gage überstand den Unfall und lebte noch weitere zwölf Jahre.

Zum Teil ist das dadurch zu erklären, dass der Eisenstab sehr spitz und sehr glatt war und außerdem mit einer solchen Geschwindigkeit durch die Luft sauste, dass die Wunde überraschend »sauber« war. Er zerstörte fast den gesamten Stirnlappen in der linken Schädelhälfte, doch das Gehirn weist ein beeindruckend hohes Maß an Redundanz auf, was in diesem Fall bedeutet, dass der Stirnlappen in der rechten Hälfte einsprang, gewissermaßen die Lücke füllte und ein normales Funktionieren des Gehirns gewährleistete. Gage ist aber für Psychologen und Neurowissenschaftler zu einer Ikone geworden, da seine Verletzung angeblich eine plötzliche und drastische Veränderung seiner Persönlichkeit bewirkte. Aus einem sanften und arbeitsamen Mann wurde ein verantwortungsloser, übellauniger, pöbelhafter und sogar psychotischer Typ. Die »Dualisten« mussten eine Niederlage einstecken, da sein Fall bewies, dass die Art und Weise, in der ein Gehirn funktioniert, für die Persönlichkeit eines Menschen verantwortlich ist.

Die Berichte über die Veränderungen, die mit Gage vor sich gingen, weichen jedoch stark voneinander ab. Der Mann war gegen Ende seines Lebens als Postkutscher beschäftigt, eine Stelle mit großer Verantwortung, was bedeutet, dass es ihm, wenn er tatsächlich krankhafte Persönlichkeitsveränderungen erlitten hatte, später wieder besser gegangen sein muss. Doch die ins Extreme gehenden Behauptungen bezüglich seines Persönlichkeitswandels bestanden fort, vor allem auch deswegen, weil zeitgenössische Psychologen (dieser Beruf wurde damals von selbstherrlichen, wohlhabenden Herren beherrscht, während er heute in der Hand von... nun, lassen wir das) sich auf seinen Fall stürzten, um ihre eigenen Theorien über die Arbeitsweise des Gehirns zu stützen. Wenn das bedeutete, einem unbedeutenden Eisenbahnarbeiter Dinge nachzusagen, die nicht der Wahrheit entsprachen, wen kümmerte es schon. Dies war das 19. Jahrhundert, Gage hätte es also nicht über Facebook herausfinden können, und überdies wurden die meisten extremen Behauptungen in Bezug auf seine Persönlichkeitsveränderung anscheinend nach seinem Tod erhoben. Es war ihm also praktisch unmöglich, ihnen zu widersprechen.

Angenommen, es hätte auch Menschen gegeben, die wissenschaftlich interessiert und integer genug gewesen wären, um zu untersuchen, was für einen Persönlichkeitswandel oder welche intellektuellen Veränderungen er wirklich erfahren hatte – wie hätten sie das anstellen sollen? Bis zur Entwicklung von IQ-Tests sollte es noch ein halbes Jahrhundert dauern, und Intelligenz war nur eine Fähigkeit, die möglicherweise in Mitleidenschaft gezogen worden war. So blieben aus dem Fall Gage nur zwei über jeden Zweifel erhabene Erkenntnisse über die menschliche Persönlichkeit zurück: Sie ist ein Produkt des Gehirns, und es ist verdammt schwer, sie auf objektive, gültige Weise zu bestimmen.

E. Jerry Phares und William Chaplin legten in ihrem 2009 erschienenen Werk *Introduction to Personality*[1] eine Definition von Persönlichkeit vor, der die meisten Psychologen zustimmen würden: »Persönlichkeit ist jenes Pattern von charakteristischen Gedanken, Gefühlen und Verhaltenseigentümlichkeiten, das eine

Person von der anderen unterscheidet und über die Zeit hinweg und unabhängig von Situationen Bestand hat.«

In den folgenden Abschnitten werden wir uns mit ein paar faszinierenden Aspekten der menschlichen Persönlichkeit und ihrer wissenschaftlichen Erforschung beschäftigen – mit den verschiedenen Methoden, mit denen man sie zu bestimmen sucht, mit den Fragen, was Menschen in Rage bringt und was sie dazu treibt, gewisse Dinge zu tun, und mit dem universellen Kriterium für eine ausgeglichene Persönlichkeit: Sinn für Humor.

Nehmen Sie's nicht persönlich

Die fragwürdige Verwendung von Persönlichkeitstests

Als meine Schwester Katie geboren wurde, war ich drei und mein eigenes kümmerliches Gehirn noch relativ frisch. Wir hatten dieselben Eltern und wuchsen zusammen während der 1980er-Jahre in demselben Ort auf, einem kleinen, abgeschiedenen Dorf in einem walisischen Tal. Alles in allem waren wir sehr ähnlichen äußeren Einflüssen ausgesetzt und besaßen eine sehr ähnliche DNA.

Man könnte annehmen, dass auch unsere Persönlichkeiten sehr ähnlich sein würden. Aber weit gefehlt. Meine Schwester war, milde ausgedrückt, ein hyperaktiver Irrwisch, ein wahrer Albtraum, während ich mich für gewöhnlich derart still und friedlich verhielt, dass man mich rütteln musste, um sich zu vergewissern, dass ich bei Bewusstsein war. Als Erwachsene sind wir immer noch sehr verschieden. Ich bin Neurowissenschaftler, sie ist eine erstklassige Bäckerin von Cupcakes. Das mag sich meinerseits herablassend anhören, ist es aber nicht. Fragen Sie, wen Sie wollen, ob er sich lieber eine wissenschaftliche Erörterung der Arbeitsweise des Gehirns anhören oder sich ein paar

Cupcakes zu Gemüte führen würde. Sie werden sehen, was davon die meisten Menschen bevorzugen.

Mit dieser Anekdote aus meinem Leben will ich klar machen, dass zwei Menschen mit einem ähnlichen biografischen Hintergrund und ähnlichen Genen eine ganz unterschiedliche Persönlichkeit aufweisen können. Wie soll es also möglich sein, die Persönlichkeiten von zwei völlig unbekannten Mitgliedern der Bevölkerung vorherzusagen und zu bestimmen?

Fangen wir mit Fingerabdrücken an. Bei Fingerabdrücken handelt es sich im Grunde um das Muster der Hautleisten am Ende unserer Finger, den Fingerkuppen oder auch Fingerbeeren. Es sind zwar einfache Strukturen, sie sehen aber bei fast jedem Menschen auf der Erde anders aus. Wenn schon die Oberflächenmuster dieser kleinen Hautflächen so stark variieren können, dass jeder seinen eigenen höchstpersönlichen Satz davon besitzen kann – eine um wie viel größere Variationsmöglichkeit bietet dann etwas, das das Ergebnis zahlloser subtiler Verbindungen und komplexer Eigenschaften ist? Der Versuch, die Persönlichkeit eines Menschen mit einem einfachen Instrument wie einem schriftlichen Test zu ermitteln, muss zum Scheitern verurteilt sein: Es ist, als wollte man mit einer Plastikgabel die Gesichter der US-Präsidenten in den Fels des Mount Rushmore meißeln.

Aktuellen Theorien zufolge gibt es aber Persönlichkeitskomponenten, »Traits« genannt, die sich mithilfe einer Analyse vorhersehen und bestimmen lassen. Genauso wie Milliarden Fingerabdrücke sich aus drei Grundelementen zusammensetzen (Schleifen, Bögen, Wirbel) und die große Vielfalt menschlicher DNA von Sequenzen von nur vier Nukleotiden (G, A, T, C) geschaffen wird, können, vielen Wissenschaftlern zufolge, Persönlichkeiten als spezifische Kombinationen und Manifestationen bestimmter, allen Menschen gemeinsamer Traits gesehen werden. Wie J. P. Gillard 1959 sagte: »Die Persönlichkeit eines Individuums ist also das ihm eigene Pattern von Persönlichkeitseigenschaften.«[2] Beachten Sie, dass er *ihm* sagt. Das waren die 1950er-Jahre, und natürlich war es Frauen erst von Mitte der 1970er-Jahre an gestattet, eine Persönlichkeit zu besitzen.

Doch welches sind diese Traits? Auf welche Weise verbinden sie sich, um eine Persönlichkeit zu bilden? Die dominierende Theorie ist die, dass vor allem die sogenannten »Big Five« eine Persönlichkeit ausmachen, so ähnlich, wie durch eine Kombination der Farben Rot, Blau und Gelb abhängig von ihrem jeweiligen quantitativen Anteil viele neue Farbwerte entstehen. Die Traits bleiben oft unabhängig von Situationen erhalten und resultieren in voraussehbaren Einstellungen und Verhaltensweisen des Individuums.

Jeder von uns lässt sich angeblich irgendwo auf fünf Skalen einordnen, die seinen Grad an Neurotizismus, Extroversion, Offenheit, Gewissenhaftigkeit und Verträglichkeit angeben. Das also sind die »Big Five«.

Offenheit spiegelt wider, wie empfänglich man für neue Erfahrungen ist. Wenn jemand eingeladen wird, sich eine Ausstellung von Skulpturen anzusehen, die aus fauligem Schweinefleisch bestehen, dann wird jemand, der auf der Offenheitsskala ganz oben einzuordnen ist, vielleicht etwas sagen wie: »Oh ja, schön. Ich habe noch nie Kunstwerke aus verrottetem Fleisch gesehen, das wird bestimmt toll!« Jemand, der hingegen am unteren Ende der Offenheitsskala einzuordnen ist, dürfte eher antworten: »Nein, das findet in einem anderen Teil der Stadt statt als dem, in dem ich mich für gewöhnlich aufhalte, es wird mir also keinen Spaß machen.«

Der Grad an Gewissenhaftigkeit gibt das Ausmaß wieder, in dem jemand dazu neigt zu planen, zu organisieren, Selbstdisziplin zu üben. Ein sehr gewissenhafter Typ könnte die Einladung zu der Ausstellung von Skulpturen aus verfaultem Schweinefleisch annehmen, nachdem er ermittelt hat, wie man am besten mit dem Bus hinkommt, alternative Routen für den Fall von Verkehrsstaus in Erfahrung gebracht und außerdem seine Tetanusimpfung hat auffrischen lassen. Ein nicht-gewissenhafter Typ würde einfach zu einem Treffen vor Ort in zehn Minuten zusagen, deswegen früher mit der Arbeit aufhören, ohne um Erlaubnis zu fragen, und sich ansonsten auf seine Nase verlassen, um den Weg zu finden.

Extrovertierte Menschen gehen auf andere zu, sie sind aufgeschlossen, einnehmend, haben ein starkes Bedürfnis, beachtet zu werden, während introvertierte Personen ruhig sind, zurückhaltend und nicht so gesellig. Wenn er zu der besagten Ausstellung eingeladen würde, würde ein extrem extrovertierter Mensch zusagen und seine eigene rasch zusammengebastelte Skulptur mitbringen, um anzugeben. Er würde sich mit ihr neben all den anderen Ausstellungsstücken aufbauen und für ein Instagram-Foto posieren. Ein extrem Introvertierter würde gar nicht erst eingeladen werden, weil er dazu nicht lange genug mit jemand anderem reden würde.

Ihr Grad an Verträglichkeit reflektiert das Ausmaß, in dem Ihr Verhalten und Denken von einem Wunsch nach sozialer Harmonie geprägt sind. Ein sehr verträglicher Mensch würde sicher dem Besuch der Schweinefleischskulpturen-Ausstellung zustimmen, aber nur, wenn es der einladenden Person wirklich nichts ausmacht, dass er mitkommt (er will niemandem zur Last fallen). Jemand, dem es vollkommen an Verträglichkeit fehlt, würde vermutlich gar nicht erst von irgendjemandem zu irgendetwas eingeladen werden.

Eine neurotische Person schließlich würde zum Besuch der Ausstellung eingeladen werden, dankend ablehnen und in allen Einzelheiten erklären, warum. Siehe: Woody Allen.

Lassen wir einmal solche unwahrscheinlichen Einladungen zu noch unwahrscheinlicheren Kunstausstellungen beiseite: Neurotizismus, Extroversion, Offenheit, Gewissenhaftigkeit und Verträglichkeit sind also die Persönlichkeitseigenschaften, die die »Big Five« ausmachen. Es gibt eine Fülle von Belegen dafür, dass jede einzelne recht konsistent ist. Eine Person, die auf der

Verträglichkeitsskala relativ weit oben steht, wird diese Eigenschaft in vielen unterschiedlichen Situationen an den Tag legen. Es gibt auch einige Daten, die bestimmte Persönlichkeitsmerkmale mit spezifischen Regionen und Aktivitäten des Gehirns in Verbindung bringen. Hans J. Eysenck, der auf dem Gebiet der Persönlichkeitsforschung einen großen Namen hat, behauptete, dass introvertierte Menschen einen höheren Grad an »kortikaler Erregung« aufwiesen als extrovertierte.[3] Man kann das so deuten, dass Introvertierte keine starke Stimulation von außen nötig haben. Extrovertierte hingegen wollen öfter erregt werden und entwickeln ihre Persönlichkeit um dieses Bedürfnis herum.

Neuere Untersuchungen mit dem Scanner, wie sie Yaszyuki Taki und andere angestellt haben, deuten darauf hin, dass Menschen, die Neurotizismus zu erkennen geben, einige zerebrale Regionen besitzen, die kleiner als im Durchschnitt sind:[4] Darunter sind der dorsomediale präfrontale Kortex und der linke mediale Schläfenlappen einschließlich des hinteren Hippocampus. Der mittlere Gyrus cinguli ist hingegen größer. Diese Regionen sind am Fällen von Entscheidungen beteiligt, außerdem am Lernen und am Erinnern, was vermuten lässt, dass eine neurotische Person weniger gut in der Lage ist, paranoide Vorahnungen zu kontrollieren oder zu unterdrücken und zu realisieren, dass sie unzuverlässig sind. Bei Extrovertierten ist eine gesteigerte Aktivität im orbitofrontalen Kortex festzustellen, der mit dem Fällen von Entscheidungen assoziiert ist. Es kann sein, dass Menschen mit dieser zerebralen Besonderheit dazu gezwungen sind, aktiv zu sein und öfter als gewöhnlich Entscheidungen zu treffen, was größere Aufgeschlossenheit im Umgang mit anderen zur Folge hat.

Es gibt auch Belege dafür, dass genetische Faktoren die Persönlichkeit eines Menschen mitbestimmen. 1996 stellten Jang, Livesley und Vernon eine Studie mit fast dreihundert Zwillingspärchen (ein- und zweieiigen) an und kamen zu dem Ergebnis, dass die Heritabilität der »Big Five«-Persönlichkeitsmerkmale bei 40 bis 60 Prozent lag.[5]

Das in den vorangegangenen Abschnitten Ausgeführte läuft darauf hinaus, dass es einige Persönlichkeitseigenschaften gibt, deren Existenz gut dokumentiert ist und die mit Besonderheiten von Gehirnregionen sowie Genen in Zusammenhang zu stehen scheinen. Was ist also das Problem?

Erstens sind viele der Meinung, dass man mithilfe der »Big Five« Merkmale einer Persönlichkeit nicht in ihrer ganzen Komplexität erfassen kann. Die »Big Five« decken eine Menge ab, aber eben nicht alles. Wie steht es zum Beispiel mit Sinn für Humor? Oder Neigung zu Religiosität oder Aberglauben? Oder Jähzorn? Kritiker geben zu bedenken, dass die »Big Five« mehr die »äußere« Persönlichkeit eines Menschen erfassen, all jene Züge, die von einer anderen Person erkannt werden können. Doch vieles an der Persönlichkeit sei etwas »Innerliches« (Humor, Überzeugungen, Vorurteile und so weiter), es manifestiere sich vor allem im Kopf und schlage sich nicht notwendigerweise im Verhalten nieder.

Wir haben Belege dafür gesehen, dass verschiedene Persönlichkeitstypen sich in der Konfiguration des Gehirns widerspiegeln, was vermuten lässt, dass sie biologischen Ursprungs sind. Doch das Gehirn ist flexibel und wandelt sich in Reaktion auf das, was es erfährt, also könnten die Konfigurationen, die wir sehen, auch durch die Persönlichkeitstypen hervorgerufen worden und nicht umgekehrt deren Ursachen sein. Wenn man stark neurotisch oder sehr extrovertiert ist, macht man bestimmte Erfahrungen, und das könnte es sein, was das Arrangement der einzelnen Gehirnpartien, ihr Verhältnis zueinander, reflektiert. Das alles setzt voraus, dass die Daten selbst zu 100 Prozent zuverlässig sind, was aber nicht so ist.

Dann ist da auch die Art und Weise zu berücksichtigen, in der die Theorie von den »Big Five« entstand. Sie basiert auf einer Faktorenanalyse (siehe Kapitel 4) von Daten, die Jahrzehnte der Persönlichkeitsforschung erbracht haben. Bei vielen verschiedenen Analysen von vielen verschiedenen Leuten durch viele verschiedene Wissenschaftler sind diese fünf Persönlichkeitsmerkmale wiederholt entdeckt worden. Doch was bedeutet das? Die Faktorenanalyse untersucht einfach die verfügbaren Daten. Sie in diesem Zusammenhang zu verwenden ist so, als würde man mehrere große Eimer an verschiedenen Stellen der Stadt aufstellen, um Regenwasser in ihnen aufzufangen. Wenn einer davon sich regelmäßig früher füllt als die anderen, kann man sagen, dass die Stelle, an der er steht, mehr Regen abbekommt. Es ist gut, das zu wissen, doch liefert es keine Erkenntnisse darüber, warum das so ist, wie sich der Regen dort bildet oder über andere wichtige Aspekte. Es ist eine nützliche Information, die aber keine Schlussfolgerungen zulässt, sondern ganz am Anfang eines Versuchs steht, nur den Auftakt dazu bildet, ein Phänomen zu verstehen.

Die »Big Five«-Theorie ist hier in den Vordergrund gestellt worden, weil sie die am weitesten verbreitete ist, sie ist aber bei Weitem nicht die einzige. In den 1950er-Jahren stellten Friedman und Rosenman ihre Theorie von den Persönlichkeiten vom Typ A und Typ B vor.[6] Zum Typ A gehörte der mit anderen wetteifernde, leistungsorientierte, ungeduldige und aggressive Mensch, während der vom Typ B keine dieser Eigenschaften aufwies. Die beiden Persönlichkeitstypen standen mit unterschiedlichen Arbeitsplätzen in Zusammenhang: Menschen vom Typ A schafften es aufgrund ihrer Charaktereigenschaften oft ins Management eines Unternehmens oder in sehr hohe Positionen, eine Studie ergab aber, dass sie auch doppelt so oft von Herzinfarkten oder anderen Herzleiden heimgesucht wurden. Einen solchen Persönlichkeitstyp sein Eigen zu nennen, konnte einen umbringen, was für die Betroffenen nicht sehr ermutigend war. Folgestudien erbrachten aber, dass diese Neigung zum Versagen des Herzens auf andere Faktoren zurückzuführen war, wie Rauchen, schlechte Ernährungsweise, der Stress, der dadurch entstand, dass man alle paar Minuten einen Untergebenen zur Schnecke machen musste, und so weiter. Die Unterteilung in die

Typen A und B wurde folglich als zu grob angesehen, ein subtilerer Ansatz wurde für nötig erachtet, daher die feinere Unterteilung in Traits.

Ein großer Teil der Daten, aus denen heraus sich die Traits-Theorien entwickelten und auf denen sie aufbauten, wurde durch linguistische Analysen gewonnen. Forscher wie Sir Francis Galton im 19. Jahrhundert und Raymond Cattell (der Mann hinter den Konzepten von fluider und kristallisierter Intelligenz) in den 1950ern untersuchten die englische Sprache auf Wörter hin, die Persönlichkeitszüge bezeichneten. Wörter wie »nervous«, »anxious« und »paranoid« bezeichnen verschiedene Aspekte von Neurotizismus, solche wie »sociable«, »friendly« und »supportive« hingegen Aspekte von Verträglichkeit. Rein theoretisch kann es nur so viele Ausdrücke dieser Art geben, wie es Persönlichkeitsmerkmale gibt, zu deren Benennung sie dienen – das ist die sogenannte Lexikalische Hypothese.[7] Diese deskriptiven Ausdrücke wurden kollationiert und analysiert, und so kristallisierten sich die verschiedenen Persönlichkeitstypen heraus. Gleichzeitig gewann man eine Fülle von Daten für die Entwicklung späterer Theorien.

Mit diesem Ansatz gibt es jedoch ebenfalls Probleme, und zwar in erster Linie deswegen, weil er auf einer Untersuchung von Sprache gründet. Sprache aber unterscheidet sich von Kultur zu Kultur und ist außerdem ständig im Fluss. Skeptisch veranlagte Typen meinen überdies, dass die Traits-Theorie und vergleichbare Theorien zu restriktiv seien, um eine Persönlichkeit wirklich erfassen zu können: Niemand verhält sich in allen Kontexten auf dieselbe Weise, die äußere Situation spielt eine große Rolle. Ein Extrovertierter mag normalerweise aus sich herausgehen und leicht erregbar sein, doch bei einer Beerdigung oder einem wichtigen geschäftlichen Treffen würde er sich wohl kaum so verhalten (wenn ihm nicht etwas wirklich zu Herzen geht). Diese Denkweise geht also davon aus, dass man sich in der Regel der Situation entsprechend verhält, und ist deswegen auch als Situationismus bekannt (im Unterschied zum Personismus).

Obwohl die wissenschaftliche Debatte über sie nach wie vor anhält, sind Persönlichkeitstests stark verbreitet.

Rasch einen kleinen Fragebogen auszufüllen und sich dann erklären zu lassen, welchem Typus man angehört, ist recht amüsant. Wir haben das Gefühl, eine bestimmte Persönlichkeit zu besitzen, und lassen uns dies gern mithilfe eines Tests bestätigen. Es kann sich dabei um einen Gratistest auf einer hastig zusammengeschusterten Website handeln, in dessen Verlauf wir alle sechs Sekunden aufgefordert werden, uns bei einem Online-Casino registrieren zu lassen, aber ein Test ist ein Test. Klassisch geworden ist der Rorschach-Test, bei dem man ein Muster aus Klecksen anschauen und sagen muss, was man sieht: also etwa »Schmetterlinge, die sich aus ihren Puppen befreien« oder »der von einer Explosion zerrissene Kopf meines Therapeuten, der mir zu viele Fragen stellte«. Es mag zwar etwas über die Persönlichkeit eines Menschen aussagen, doch kann die Diagnose nicht verifiziert werden. Tausend sehr ähnlich verlangte Menschen könnten sich dasselbe Klecksgebilde anschauen und tausend verschiedene Antworten geben. Das würde die Komplexität und Variabilität von Persönlichkeit unter Beweis stellen, wäre aber in wissenschaftlicher Hinsicht nicht nützlich.

Doch das alles ist gar nicht so lustig, wie man denken könnte. Am weitesten verbreitet ist die Verwendung von Persönlichkeitstests in der Geschäftswelt, und das sollte Anlass zur Beunruhigung sein. Sie haben vielleicht vom Myers-Briggs Type Indicator (MBTI) gehört, einem der weltweit populärsten Tests zur kommerziell betriebenen Persönlichkeitseinschätzung, der Millionen Dollar einbringt. Das Problem ist nur, dass er von der Wissenschaft nicht anerkannt und daher nicht verwendet wird. Er macht einen gründlichen Eindruck und scheint in sich schlüssig zu sein (er arbeitet ebenfalls mit der Messung bestimmter Charaktereigenschaften und ihrer Verzeichnung auf

Skalen – von extrovertiert bis introvertiert ist die bekannteste davon), doch basiert er auf nicht überprüften, jahrzehntealten Annahmen, die enthusiastische Amateure erarbeitet haben, wobei sie sich nur auf eine einzige Quelle stützen konnten.[8] Dennoch stürzten sich irgendwann die Manager von Unternehmen darauf, die ihre Angestellten auf eine möglichst effektive Weise einsetzen wollten. Das ließ den Test weltweit populär werden. Er hat heute Hunderttausende Anhänger, die auf ihn schwören. Aber es gibt ja auch Leute, die auf Horoskope schwören.

Ein Grund für die Popularität des MBTI-Tests ist, dass er relativ leicht durchzuführen und zu verstehen ist und es ermöglicht, Mitarbeiter in Kategorien einzuordnen, die dazu beitragen, ihr Verhalten vorherzusagen, sodass man sie entsprechend einsetzen kann. Sie haben eine Introvertierte eingestellt? Geben Sie ihr eine Aufgabe, die sie alleine bewältigen kann, und lassen Sie sie in Ruhe. Nehmen Sie die Extrovertierten und übertragen Sie ihnen die Verantwortung für PR und die Einstellung neuer Mitarbeiter. Sie mögen das, es liegt ihnen.

In der Theorie jedenfalls. In der Praxis kann das anders sein, weil Menschen nicht annähernd so simpel gestrickt sind. Viele Unternehmen verwenden den MBTI-Test routinemäßig, um die Eignung neuer Mitarbeiter zu überprüfen. Der Test liefert aber nur dann ein zuverlässiges Ergebnis, wenn der Bewerber zu 100 Prozent ehrlich und beinahe genauso dämlich ist. Wenn man sich um eine Stelle bewirbt und einen Test absolvieren muss, bei dem man unter anderem gefragt wird: »Arbeiten Sie gern mit anderen zusammen?«, dann wird man wohl kaum antworten: »Nein, andere sind Ungeziefer, erbärmliche Würmer, einzig und allein dazu da, um zerquetscht zu werden«, selbst wenn das die tief empfundene eigene Meinung ist. Die Mehrheit der Menschen ist intelligent genug, um bei solchen Tests auf Nummer sicher zu gehen, womit das Ergebnis seine Aussagekraft verliert.

Der MBTI wird von Nichtwissenschaftlern, die es nicht besser wissen und sich von dem ganzen Hype um ihn haben einwickeln lassen, als Nonplusultra auf dem Gebiet solcher Tests angesehen. Dabei könnte er nur dann unfehlbar sein, wenn jeder, der ihn ablegte, bei der Diagnose seiner Persönlichkeit aktiv mitmachte. Was aber keiner tut. Dass es für Manager hilfreich wäre, wenn Menschen sich fest umrissenen und leicht zu begreifenden Kategorien zuordnen ließen, bedeutet nicht, dass dem in der Realität so ist.

Insgesamt gesehen wären Persönlichkeitstests nützlich, wenn unsere Persönlichkeiten nicht störend dazwischenfunkten.

Lassen Sie ruhig mal die Sicherung durchbrennen!

Wie Wut funktioniert, und warum sie auch etwas Gutes sein kann

Der berühmte Spruch von Bruce Banner, dem Alter Ego von Hulk, lautet: »Machen Sie mich nicht wütend! Sie würden mich nicht mögen, wenn ich wütend bin.« Wenn Banner wütend wird, dann verwandelt er sich in den »Unglaublichen Hulk«, eine weltberühmte Comicfigur, die Millionen von Menschen lieben. Der Spruch entspricht also eindeutig nicht der Wahrheit.

Und: Wer wird denn überhaupt von anderen gemocht, wenn er wütend ist? Gewiss, einige Leute werden von »gerechtem Zorn« ergriffen, wenn sie sich über eine Ungerechtigkeit empören, und diejenigen, die einer Meinung mit ihnen sind, werden sie in ihrer Reaktion bestärken. Doch allgemein werden Wut oder Zorn als etwas Negatives gesehen, vor allem, weil beides irrationales Verhalten provoziert, zu Tumult führt oder sogar Gewalttätigkeit hervorruft. Wenn diese Stimmung derart schädliche Folgen haben kann, warum bringt das Gehirn sie dann so gerne hervor, in Reaktion auf das sogar am bedeutungslosesten wirkende Ereignis?

Was genau ist Wut? Wut ist ein Zustand emotionaler und physiologischer Erregtheit, in den man normalerweise aufgrund irgendeiner Grenzverletzung gerät. Jemand rempelt Sie auf der Straße an. Ihre physische Grenze ist verletzt worden. Jemand borgt sich Geld von Ihnen und will es nicht zurückzahlen? Man hat auf Ihren Besitz (an Geld oder Ressourcen) übergegriffen. Irgendjemand äußert Ansichten, die Sie als unglaublich widerlich empfinden? Ihr moralisches Empfinden ist verletzt worden. Wenn eindeutig ist, dass derjenige, der eine Ihrer Grenzen verletzt hat, dies absichtlich getan hat, dann ist das eine Provokation, die zu einem noch höheren Grad an Erregtheit und damit zu noch größerer Wut führt. Es ist ein Unterschied, ob jemand aus Versehen etwas von meinem Drink verschüttet – oder ihn mir ins Gesicht schleudert. Dann sind nicht nur meine Grenzen verletzt worden, sondern jemand hat es mit voller Absicht getan, zu seinem – wie auch immer gearteten Nutzen – und zu meinem Schaden. Entsprechend meine Wut. Das Gehirn hat schon lange bevor es das Internet gab auf Trolle reagiert.

Evolutionspsychologen vertreten eine »Rekalibrierungstheorie«, welche besagt, dass diese Emotion sich entwickelte, damit wir mit Vorfällen wie dem geschilderten fertig werden können, das heißt, als eine Art Selbstverteidigungsmechanismus.[9] Wut lässt einen rasch und auf unbewusste Weise auf eine Situation reagieren, in der man ins Hintertreffen zu geraten droht, und macht es einem leichter, das Gleichgewicht der Kräfte wiederherzustellen und für seine Selbsterhaltung zu sorgen. Stellen Sie sich einen Urmenschen vor, der sich unter Zuhilfenahme seiner Großhirnrinde, die sich jüngst entwickelt hat, in mühsamer Kleinarbeit eine Steinaxt anfertigt. Zeit und Anstrengungen sind erforderlich, um diese neumodischen Werkzeuge herzustellen, aber sie sind sehr nützlich. Kaum ist die Axt fertig, taucht ein anderer aus der Horde auf und schnappt sie sich einfach. Ein Primat, der auf diesen Diebstahl reagiert, indem er ruhig sitzen bleibt, über die Natur von Besitz nachsinnt und über Moral, mag einem als der Klügere von beiden vorkommen, doch derjenige, der wütend wird und dem Dieb mit seiner affenähnlichen Pranke einen Kinnhaken verpasst, um sein Werkzeug nicht hergeben zu müssen, wird wahrscheinlich in Zukunft mit mehr Respekt behandelt werden und erhöht damit seinen Status und seine Chancen, einen Sexualpartner zu finden.

Zumindest läuft das der Rekalibrierungstheorie zufolge so ab. Die Evolutionspsychologie scheint es sich zur Gewohnheit gemacht zu haben, die Dinge allzu sehr zu vereinfachen – was einen in Wut geraten lässt.

In streng neurologischer Hinsicht ist Wut oft der Respons auf eine Bedrohung, und das »Bedrohungsentdeckungssystem« ist stark am Aufkommen von Wut beteiligt. Die Amygdala, der Hippocampus und das Periaquäduktale Grau, alles Regionen des Mittelhirns, die vorwiegend für die grundlegende Weiterverarbeitung sensorischer Informationen verantwortlich sind, bilden unser Bedrohungsentdeckungssystem und spielen daher eine Rolle für das Auslösen von Wut. Wie wir schon gesehen haben, greift das menschliche Gehirn weiterhin auf das primitive Bedrohungsentdeckungssystem zurück, um heil durch die moderne Welt hindurchzukommen, und wertet die Tatsache, dass Kollegen über Sie lachen, weil ein Mitarbeiter Sie auf wenig schmeichelhafte Weise parodiert, als »Bedrohung«. Es fügt Ihnen keinen Schaden in physischer Hinsicht zu, aber Ihr Ruf und Ihr sozialer Status können darunter leiden. Endergebnis: Sie werden wütend.

Studien mit Hirnscannern, wie die von Charles Carver und Eddie Harmon-Jones durchgeführten, haben gezeigt, dass Versuchspersonen, die wütend sind, gesteigerte Aktivität im orbitofrontalen Kortex, einer Region, die häufig mit der Kontrolle von Emotionen und zielgerichtetem Verhalten assoziiert ist, aufweisen.[10] Das bedeutet im Kern, dass immer dann, wenn das Gehirn will, dass etwas geschieht, es zu einem Verhalten anregt oder ermutigt, welches dazu führt, dass das Gewünschte eintritt. Diese Anregung erfolgt in vielen Fällen über Emotionen. Wenn Wut ins Spiel kommt, kann man sich folgenden Ablauf vorstellen: Etwas passiert, Ihr Gehirn erfährt es, findet, dass es für Ihr physisches oder psychisches Befinden abträglich ist und bringt eine Emotion hervor: Wut, um auf dieses Negative reagieren und in zufriedenstellender Weise mit ihm fertig werden zu können.

Jetzt wird es interessant. Wut gilt gemeinhin als etwas Destruktives und Irrationales, als etwas Negatives und Schädliches. Doch, wie sich herausstellt, ist Wut manchmal auch nützlich, ja sogar gesundheitsfördernd. Angst und Bedrohungen unterschiedlichster Art verursachen Stress, was ein großes Problem ist, weil Stress zur Ausschüttung des Hormons Cortisol führt, was alle möglichen unangenehmen und der Gesundheit abträglichen körperlichen Nebeneffekte hat. Viele Studien, wie die von Miguel Kazén und seinen Mitarbeitern an der Universität Osnabrück durchgeführten,[11] zeigen, dass das Empfinden von Wut den Cortisolspiegel *senkt* und damit den Schaden, den Stress potenziell verursacht, verringert.

Eine Erklärung dafür ist, dass, wie Untersuchungen* gezeigt haben, Wut eine erhöhte Aktivität in der linken Gehirnhälfte hervorruft, und zwar im vorderen cingulären Kortex im Mittelhirn und im frontalen Kortex. Diese Regionen sind mit dem Entstehen von Motivation und reagierendem Verhalten assoziiert. Sie sind in beiden Hirnhälften vorhanden, bewirken aber jeweils Unterschiedliches: In der rechten rufen sie negative Reaktionen, ein Meiden von Unangenehmem oder sich Zurückziehen vor

---

* Nebenbei bemerkt: In Berichten über Studien zum Phänomen Wut heißt es oft, dass »die Versuchspersonen Reizen ausgesetzt wurden, die ihren Grad an Wut steigern« sollten. In der Praxis bedeutet das aber nichts anderes, als dass sie beleidigt wurden. Es ist verständlich, dass Wissenschaftler das nicht unbedingt publik machen wollen, da man für psychologische Experimente davon abhängig ist, dass sich Freiwillige zur Verfügung stellen. Und es werden sich weniger leicht Freiwillige finden lassen, wenn sich herumspricht, dass man bei einem solchen Experiment an einem Scanner festgeschnallt wird, während ein Wissenschaftler sich lebhaft und mit klaren Worten darüber auslässt, wie ungeheuer fett Ihre Mutter ist.

ihm, hervor, in der linken ein positives aktives Verhalten, ein Auf-etwas-Zugehen, Sich-Annähern.

Um es einfach auszudrücken: Wenn dieses Motivationssystem mit einer Drohung oder einem Problem konfrontiert wird, sagt die rechte Hälfte: »Nein, halt dich zurück. Es ist gefährlich, mach die Sache nicht noch schlimmer.« Das veranlasst einen dazu, sich zurückzuziehen oder zu verduften. Die linke Hirnhälfte hingegen sagt: »Nein, nicht mit mir, das kann ich nicht dulden, dagegen muss ich was tun«, bevor sie bildlich gesprochen die Ärmel hochkrempelt und die Sache anpackt. Der Teufel und der Engel, die einem populären Bild zufolge auf Ihren Schultern hocken und Ihnen »lass es« beziehungsweise »hau drauf« in die Ohren flüstern, sitzen in Wirklichkeit in Ihrem Kopf.

Bei Menschen mit einer extrovertierteren, selbstbewussteren Persönlichkeit dominiert die linke Seite, bei neurotischen oder introvertierten Typen ist eher die rechte stärker. Der Einfluss der rechten Seite hat aber zur Folge, dass nichts gegen vermutliche Bedrohungen unternommen wird; diese bleiben also bestehen und verursachen Ängste und Stress. Forschungsergebnisse deuten darauf hin, dass Wut die Aktivität in dem System in der linken Hemisphäre des Gehirns steigert[12] und jemanden potenziell zum Handeln veranlasst – so ähnlich wie jemand einen ängstlichen, zögernden Menschen von einem Sprungbrett schubst. Die Verringerung von Cortisol kann gleichzeitig die Angstreaktion mildern, die jemanden dazu bringen kann zu »erstarren«. Und wenn man gegen die Dinge angeht, die Stress verursachen, kann das zu einer weiteren Reduktion von Cortisol führen.* Man

---

* Bei diesen Studien hat sich auch gezeigt, dass Wut hinderlich bei der Lösung von komplexen kognitiven Aufgaben ist, was belegt, dass man »keinen klaren Gedanken fassen« kann, wenn man wütend ist. Man sollte in aller Ruhe die Bedrohung, die einem begegnet, einschätzen und zum Schluss kommen, dass das Risiko insgesamt gesehen zu groß ist, um sich ihm zu stellen. Doch Wut behindert solches rationales Denken und treibt einen dazu, wild mit den Fäusten zu fuchteln und auf den »Gegner« loszugehen.

hat auch festgestellt, dass Wut zu einer optimistischeren Denkweise führt: Anstatt das Eintreten des Schlimmsten zu befürchten, glaubt man, mit jedem Problem fertig werden zu können (auch wenn das nicht stimmt), und so verliert jede Bedrohung an Schrecken.

Studien haben auch gezeigt, dass sichtbare Wut bei Verhandlungen von Vorteil sein kann, und zwar auch, wenn beide Parteien sie zu erkennen geben. Die Motivation, zu einer Einigung zu gelangen, ist dann größer, ebenso der Optimismus, dass das so sein wird, und alles, was gesagt wird, scheint aufrichtig gemeint.[13]

All das widerspricht der Empfehlung, dass man seine Wut lieber »runterschlucken« sollte, und lässt es ratsamer erscheinen, ihr »Luft zu machen«, um Stress zu reduzieren und etwas zu erreichen.

Doch ist Wut kein so einfach zu verstehendes Phänomen. Ihr Ursprung liegt schließlich im Gehirn. Wir haben viele Methoden entwickelt, den Wutrespons zu unterdrücken. Die klassischen »Bis zehn zählen«- oder »Erst mal tief Luft holen«-Strategien ergeben Sinn, wenn man bedenkt, dass dieser Respons sehr schnell ausgelöst wird und sehr heftig ist.

Der orbitofrontale Kortex, der höchst aktiv ist, wenn man Wut empfindet, hat mit der Kontrolle von Emotionen und dem Verhalten zu tun. Genauer: Er moduliert und filtert den Einfluss von Gefühlen auf das Verhalten, dämmt oder blockiert unsere intensiveren und/oder primitiveren Impulse. Wenn eine Gefühlswallung uns zu einem riskanten Verhalten zu verführen droht, dann schreitet der orbitofrontale Kortex ein und fungiert so ähnlich wie der Überlauf einer Badewanne mit einem tropfenden Wasserhahn. Er unternimmt nichts gegen das zugrunde liegende Problem, verhindert aber, dass die Situation zu schlimm wird.

Es bleibt nicht immer beim unmittelbaren, heftigen, aber kurzfristigen Aufwallen von Wut, beim berühmten »Vor Wut schäumen«. Etwas, das einen wütend macht, kann einen stunden- oder tage-, ja sogar wochenlang vor sich hin brodeln lassen. An der Entdeckung einer Bedrohung, die den gesamten Wut hervorbringenden Mechanismus in Gang setzt, sind Hippocampus und Amygdala beteiligt, Gebiete, von denen wir wissen, dass sie lebhafte und emotionell aufgeladene Erinnerungen bilden. Das Wut hervorrufende Ereignis bleibt also im Gedächtnis und veranlasst uns, über es nachzusinnen und nachzugrübeln. Versuchspersonen, die über etwas nachgrübeln, das sie wütend gemacht hat, weisen eine erhöhte Aktivität im mittleren präfrontalen Kortex auf, einer anderen Region, die am Fällen von Entscheidungen, Ausarbeiten von Plänen und weiteren komplexen mentalen Aktionen beteiligt ist.

Infolgedessen erleben wir es oft, dass Wut bestehen bleibt, ja, sich sogar aufstaut. Dies ist vor allem dann so, wenn sie von kleineren Irritationen ausgelöst wurde, für die wir keine Reaktionsmöglichkeit parat haben. Wut stimuliert Ihr Gehirn dazu, das ärgerliche Problem aus der Welt zu schaffen, doch was wollen Sie machen, wenn ein Automat kein Rückgeld ausspuckt? Oder wenn jemand Sie auf der Autobahn rücksichtslos schneidet? Oder wenn Ihr Chef Ihnen um kurz vor fünf mitteilt, dass Sie an diesem Tag länger arbeiten müssen? Das sind alles kleine Vorfälle, die Sie in Wut versetzen, gegen die Sie aber nichts ausrichten können – wenn Sie nicht zum Vandalen werden/Ihr Auto zu Schrott fahren/Ihre Entlassung riskieren wollen. Und das alles kann Ihnen an einem einzigen Tag widerfahren. Dann können Sie über mehrere Dinge nachgrübeln, die Sie wütend gemacht haben, ohne dass Sie eine Möglichkeit sähen, etwas gegen die Ursachen für Ihre Missstimmung zu unternehmen. Die linke Seite Ihres Reaktionssystems drängt Sie, etwas zu tun, doch Sie wissen nicht, was Sie machen könnten.

Dann bringt Ihnen der Kellner versehentlich einen schwarzen Kaffee statt eines Milchkaffees, und das ist für Sie der Tropfen, der das Fass zum Überlaufen bringt. Der Unglückliche wird zum Ziel Ihrer Schimpfkanonade. Das ist ein typischer Fall von Verlagerung. In Ihnen hat sich eine Riesenwut angestaut, für die Sie bisher kein Ventil hatten. Ihr Gehirn verlagert diese Wut auf das erste geeignete Objekt, das ihm begegnet, um den kognitiven Druck abzulassen. Das macht es natürlich nicht angenehmer für die Person, die Ihrer Wut, ohne es zu wollen, die Schleusentore geöffnet hat.

Wenn man wütend ist und es sich nicht anmerken lassen möchte, dann bietet unser Gehirn uns in seiner Vielseitigkeit mehrere Wege, aggressiv zu sein, ohne zu roher Gewalt Zuflucht zu nehmen. Man kann »passiv aggressiv« sein, das heißt jemandem das Leben mit einem Benehmen zur Hölle machen, gegen das er nicht wirklich Einwände erheben kann: indem man weniger mit ihm spricht oder in ganz neutralem Ton, während man sich früher ihm gegenüber ausgesprochen nett und zuvorkommend verhalten hat, oder indem man alle gemeinsamen Freunde zu gesellschaftlichen Ereignissen einlädt, ihn selbst aber nicht. Ein Verhalten dieser Art ist nicht wirklich feindselig, führt aber letzten Endes bei dem anderen zu Unsicherheit. Er wird nervös oder fühlt sich unbehaglich, kann aber nicht mit Gewissheit sagen, ob man böse/wütend auf ihn ist oder nicht. Das menschliche Gehirn erträgt solche Ambiguität oder Unsicherheit nicht, sie bereiten ihm Stress. Man straft so die andere Person, ohne gewalttätig zu werden oder soziale Normen zu verletzten.

Diese passiv-aggressive Methode kann funktionieren, weil Menschen es sehr gut zu erkennen vermögen, wenn ihr Gegenüber wütend ist. Die Körpersprache der anderen Person, ihr Gesichtsausdruck, der Ton ihrer Stimme, ihr Anblick, wie sie da mit einer rostigen Machete fuchtelnd kreischend hinter einem herjagt: das Gehirn weiß normalerweise all diese subtilen Hinweise zu deuten und auf Gefahr im Verzug zu schließen. Das kann hilfreich sein, da die Leute es nicht mögen, wenn andere wütend sind: Es bedeutet, dass sie eine potenzielle Bedrohung darstellen oder sich auf eine Weise aufführen könnten, die einem selbst schadet oder einen aus dem Gleichgewicht bringt. Doch es gibt auch zu erkennen, dass irgendetwas die andere Person aufrichtig gekränkt hat.

Man muss noch eine andere wichtige Sache bedenken, nämlich, dass das Verspüren von Wut und das Reagieren auf sie, das heißt ihr »Ausleben«, nicht ein und dasselbe sind. Das Empfinden von Wut läuft wohl bei jedem von uns gleich ab, doch die Art und Weise, in der wir handeln, wenn wir sie verspüren, unterscheidet sich von Individuum zu Individuum erheblich: ein weiterer Hinweis auf die Existenz unterschiedlicher Persönlichkeitstypen. Wenn man reagiert, indem man sich so verhält, dass derjenige, der die Wut bei einem auslöst, in irgendeiner Weise Schaden nimmt, dann liegt *Aggression* vor. Wenn man daran *denkt,* dem Verantwortlichen Schaden zuzufügen, dann liegt *Feindseligkeit* vor, das ist die kognitive Komponente von Aggression. Wenn Sie Ihren Nachbarn dabei erwischen, wie er ein Schimpfwort in die Dreckschicht auf Ihrem Auto malt, dann steigt Wut in Ihnen hoch. Sie denken: »Ich werde ihm dafür eine verpassen« – das ist Feindseligkeit. Sie werfen ihm eine Fensterscheibe mit einem Ziegelstein ein – das ist Aggression.*

Sollten wir es uns also gestatten, wütend zu werden oder nicht? Ich will keineswegs insinuieren, dass Sie jedes Mal, wenn Ihre Arbeitskollegen Sie auf die Palme bringen, losziehen und einen Streit mit ihnen anzetteln oder sie durch den Aktenshredder jagen sollten – aber denken Sie daran, dass Wut nicht unbedingt etwas Schlechtes sein muss. Eine gewisse Mäßigung ist dabei jedoch das A und O. Menschen, die wütend Forderungen stellen, bekommen schneller das, was sie wollen, als Leute, die höflich darum bitten. Das heißt, es gibt Menschen, denen klar wird, dass es ihnen nutzt, wütend zu werden. Deswegen wer-

---

* Zu Aggression kann es auch kommen, ohne dass Wut im Spiel ist. Bei Kontaktsportarten wie Rugby oder Fußball kommt es oft zu aggressivem Verhalten. Dafür ist aber keine Wut nötig, sondern nur der Wunsch, über die gegnerische Mannschaft zu siegen.

den sie es häufiger. Das Gehirn bringt nach einer Weile ständige Wut mit Belohnungen in Zusammenhang und fördert daher diesen emotionalen Zustand weiter. Am Ende hat man dann jemandem vor sich, der beim geringsten Anlass in Rage gerät, nur um seinen Willen durchzusetzen.

Glauben Sie an sich selbst, und Sie kriegen alles hin – innerhalb gewisser Grenzen

Wie Menschen sich motivieren und diese Motivation nutzen

»Je anstrengender die Reise, desto schöner das Ankommen.«

»Anstrengung ist nur das Fundament des Hauses, das du selbst bist.«

Heutzutage kann man kein Fitnessstudio, kein Café, keine Kantine betreten, ohne mehrere abgeschmackte Poster vor sich zu haben, auf denen ähnliche »aufmunternde« Sprüche zu lesen sind. In dem vorangegangen Abschnitt habe ich ausgeführt, wie Wut über entsprechende Pfade im Gehirn jemanden dazu bringen kann, auf eine Bedrohung auf bestimmte Weise zu reagieren. Jetzt wollen wir aber über eine dauerhaftere Art von Motivation sprechen, etwas, das eher einem »Drang« oder Antrieb gleichkommt als einer Reaktion.

Was ist Motivation? Wir wissen es, wenn wir nicht motiviert sind. Viele Aufträge sind für immer unerledigt geblieben, weil die mit ihnen betraute Person getrödelt hat. Aufschieben ist die Motivation, das Falsche zu tun (ich muss es wissen, ich musste mein Internet ausschalten, um dieses Buch fertig zu bekommen). Ganz allgemein gesprochen ist Motivation die Energie, die eine Person in sich tragen muss, um an einem Projekt oder Ziel interessiert zu bleiben und/oder auf dessen Realisierung hinzuarbeiten. Eine frühe Theorie der Motivation stammt von keinem Geringeren als

Sigmund Freud. Er bezeichnet mit dem Terminus »Lustprinzip« das Streben aller Lebewesen, sich Dinge zu verschaffen, die Vergnügen bereiten, und solche zu meiden, die Schmerz und Unbehagen hervorrufen.[14] Dass dem so ist, lässt sich kaum leugnen. Experimente zum Lernerwerb bei Tieren haben es gezeigt. Setzen Sie eine Ratte in eine Box, in der sich ein Knopf befindet: Sie wird diesen nach einiger Zeit aus reiner Neugier runterdrücken. Wenn das zur Folge hat, dass sie leckeres Futter bekommt, dann wird sie bald anfangen, den Knopf immer öfter zu drücken, weil sie das damit assoziiert, dass sie etwas Leckeres zu fressen bekommt. Es ist nicht übertrieben zu sagen, dass sie plötzlich stark *motiviert* ist, den Knopf zu drücken.

Dieses Ergebnis, das sich mit größter Zuverlässigkeit einstellt, ist als »operante Konditionierung« bekannt. Damit wird ausgedrückt, dass ein bestimmter Typ von Belohnung das spezifische damit assoziierte Verhalten fördert oder hemmt. Bei Menschen verhält es sich genauso. Schenkt man einem Kind ein neues Spielzeug, wenn es sein Zimmer aufräumt, dann ist es viel wahrscheinlicher, dass es dieses in Zukunft wieder aufräumen wird. Bei Erwachsenen funktioniert es ebenfalls, man muss bloß eine andere Art von Belohnung auswählen. Die unangenehme Aufgabe, ein Zimmer aufzuräumen, ist jetzt mit einem positiven Ergebnis assoziiert, es besteht also die Motivation, es zu tun.

Das scheint alles Freuds Theorie vom Lustprinzip zu bestätigen, doch wann ist jemals etwas, das mit Menschen und ihren lästig-launischen Gehirnen zu tun hat, so einfach gewesen? Es gibt eine Fülle von Beispielen aus dem alltäglichen Leben, die zeigen, dass es zu vereinfachend ist, wenn man Motivation mit dem Streben nach Vergnügen oder Vermeiden von Unangenehmem gleichsetzt. Die Leute tun ständig etwas, das ihnen keinen sofortigen oder offenkundigen körperlichen Lustgewinn einbringt.

Nehmen wir zum Beispiel den Besuch eines Fitnessstudios. Es stimmt zwar, dass intensive physische Aktivität Euphorie oder körperliches Wohlgefühl hervorbringen kann.* Doch stellen sich diese Gefühle nicht jedes Mal ein, und zermürbende Strapazen sind notwendig, um bis zu einem solchen Punkt zu gelangen. Körperliche Anstrengung an sich vermittelt also kein Lustgefühl. (Ich sage das als jemand, dem der Besuch des Fitnessstudios bisher noch nicht einmal ein wohliges Kribbeln im Körper eingebracht hat.) Und doch plagen sich die Menschen mit allen möglichen Übungen. Welches auch immer ihre Motivation ist, es geht ihnen eindeutig um mehr als unmittelbaren physischen Lustgewinn.

Es gibt andere Beispiele: Leute etwa, die regelmäßig karitativen Organisationen Geld spenden, also etwas von ihrem eigenen Besitz zugunsten von Fremden hergeben, denen sie nie begegnen werden. Leute, die ständig einem zutiefst widerwärtigen Chef in den Hintern kriechen, in der vagen Hoffnung, irgendwann einmal befördert zu werden. Leute, die Bücher lesen, die ihnen nicht gefallen, aber trotzdem bis zur letzten Seite durchhalten, weil sie ihr Wissen erweitern wollen. Nichts von alldem bereitet unmittelbar Vergnügen, einiges davon vermittelt sogar unangenehme Empfindungen, müsste also Freuds Theorie zufolge vermieden werden. Wird es aber nicht.

Das deutet darauf hin, dass Freuds Annahmen zu simplifizierend sind und ein komplexerer Ansatz nötig ist.** Man könnte

---

* Worauf genau diese Hochgefühle zurückzuführen sind, weiß man nicht. Einige Wissenschaftler sind der Meinung, es läge daran, dass der Sauerstoff in den Muskeln aufgebraucht und dadurch anaerobische Atmung ausgelöst werde (eine oxygenfreie Zellaktivität), welche mit Schmerzen wie Krämpfen oder Seitenstechen einhergehen kann. Der Körper reagiere darauf mit der Ausschüttung von Endorphinen, jenen Transmittern, die Schmerzen beseitigen und angenehme Gefühle auslösen. Anderen zufolge hat es mit erhöhter Körpertemperatur zu tun oder damit, dass anhaltende rhythmische Aktivität ein Wohlgefühl verursache, das das Gehirn weiter fördern wolle.

** Freud besitzt sogar ein Jahrhundert später immer noch großen Einfluss, und seine Theorien finden immer noch viel Zustimmung. Das mag merkwürdig erscheinen. Zugegeben: Er war mehr oder weniger Begründer der Psychoanalyse, und dafür gebührt ihm Anerkennung. Das bedeutet aber nicht notwen-

»unmittelbares Vergnügen« durch »Bedürfnisse« ersetzen. 1943 stellte Abraham Maslow eine »Hierarchie der Bedürfnisse« auf, wobei er von der Grunderkenntnis ausging, dass alle Menschen bestimmte Dinge benötigen, um zu funktionieren, und daher motiviert sind, sie zu erlangen.[15]

Maslows Hierarchie wird bildlich oft in Gestalt einer Stufenpyramide dargestellt. Auf der untersten Stufe finden sich physiologische Bedürfnisse, das sind die nach Nahrung, Wasser, Luft und Ähnlichem (jemand, dem die Luftzufuhr abgeschnitten wird, ist mit Sicherheit sehr motiviert, wieder atmen zu können). Auf der nächsthöheren Stufe sind die Bedürfnisse nach Sicherheit angeordnet, nach einem Schutz bietenden Raum, nach persönlicher Sicherheit, finanzieller Sicherheit, Dingen, die verhindern, dass man körperlichen Schaden nimmt. Auf der Stufe darüber finden sich die sozialen Bedürfnisse: Menschen sind soziale Wesen und brauchen Zustimmung, Unterstützung und Zuneigung (oder zumindest gesellschaftlichen Verkehr). Mit gutem Grund wird Einzelhaft als eine besonders harte Form von Strafe angesehen.

Dann kommt »Wertschätzung«, das Bedürfnis, von anderen nicht nur einfach anerkannt oder gemocht, sondern – auch von sich selbst – respektiert zu werden. Die Leute haben Moralvorstellungen, die sie wertschätzen und an denen sie festhalten und wegen derer andere sie, wie sie hoffen, achten werden. Ein Verhalten und Handlungen, die einem diese Achtung einbringen können, sind daher etwas, auf das sich hinzuarbeiten lohnt.

An der Spitze der Pyramide steht die »Selbstverwirkli-

---

digerweise, dass alle seine Theorien zutrafen. Es liegt an der unscharfen und ungewissen Natur von Psychologie und Psychiatrie, dass er bis heute so einflussreich ist: Es ist eben schwer, irgendwelche Ideen und Theorien definitiv zu widerlegen. Freud begründete zwar die gesamte Disziplin, doch die Brüder Wright erfanden Flugzeuge, und dafür wird man sich ihrer für immer erinnern. Doch die Flugmaschinen, die sie damals zusammenbastelten, benutzen wir heute nicht mehr für Transatlantikflüge. Die Entwicklung schreitet voran, und so weiter.

chung«, das Bedürfnis (also die Motivation), sein eigenes Potenzial zu realisieren. Sie meinen, Sie könnten zum besten Maler der Welt werden? Dann werden Sie alles tun, um dieses Ziel zu erreichen. Da aber alle Urteile über Kunst subjektiv sind, sind Sie möglicherweise schon der beste Maler der Welt. Wenn das so ist: Herzlichen Glückwunsch, gut gemacht.

Maslows Theorie besagt, dass jemand zunächst einmal motiviert ist, alle Bedürfnisse der ersten Stufe zu erfüllen, dann die der zweiten, anschließend die der dritten und so weiter, um nach und nach jedes Verlangen, jeden Trieb, den er in sich spürt, zu befriedigen und so perfekt wie möglich zu werden. Das ist eine nette Vorstellung, doch das Gehirn arbeitet nicht auf so saubere und methodische Weise. Viele Menschen halten sich nicht an Maslows Hierarchie. Einige fühlen sich motiviert, ihr letztes Hemd herzuschenken, um notleidenden Fremden beizustehen, oder sie begeben sich selbst in Lebensgefahr, um ein Tier zu retten (sofern es keine Wespe ist), obwohl das betreffende Tier über keinerlei Möglichkeit verfügt, sie für ihren heroischen Einsatz zu belohnen oder ihnen deswegen Respekt zu zollen (vor allem, wenn es sich doch um eine Wespe handelt, die sie vermutlich stechen und hämisch auslachen wird).

Dann ist da noch Sex. Sex ist ein mächtiger Motivator. Beweise dafür finden Sie allüberall. Maslow meint, dass das Verlangen nach Sex der Bedürfnishierarchie zugrunde liegt, da es sich um einen primitiven, mächtigen biologischen Trieb handelt. Doch können Menschen auch ganz ohne Sex leben. Das mag Ihnen nicht gefallen, aber es ist ohne Weiteres möglich. Aber warum wollen die Leute Sex? Aus einem primitiven Verlangen nach Vergnügen und/oder Fortpflanzung heraus, oder aber aus dem Wunsch nach Nähe zu einer anderen Person und Intimität mit ihr? Vielleicht auch deswegen, weil andere ihre sexuelle Leistungsfähigkeit bewundern und als etwas ansehen, vor dem man Respekt haben muss. Das Verlangen nach Sex ist eigentlich auf allen Stufen der Bedürfnispyramide zu finden.

Jüngere Forschungen zur Arbeitsweise des Gehirns schenken uns einen neuen Ansatz zum Verständnis von Motivation. Viele Forscher unterscheiden zwischen »intrinsischer« und »extrinsischer« Motivation. Mit anderen Worten: Werden wir von externen Faktoren motiviert oder von internen? Externe Motivationen gehen von anderen aus: Jemand bezahlt Sie, damit Sie ihm beim Umzug helfen. Das ist eine externe Motivation. Die Arbeit wird Ihnen keinen Spaß machen. Sie ist mühsam, und man muss schwer tragen, man erhält aber eine finanzielle Belohnung, und deswegen macht man sie. Eine Beeinflussung von außen könnte aber auch auf subtilere Weise vonstattengehen. Nehmen wir mal an, alle würden anfangen, gelbe Cowboyhüte zu tragen, weil es Mode ist, und Sie wollen auch »in« sein. Deswegen kaufen Sie sich eine solche Kopfbedeckung und setzen sie auf. Sie mögen gelbe Cowboyhüte überhaupt nicht schön finden oder denken, dass sie albern aussehen, aber andere haben anders befunden, deswegen wollen Sie auch solch eine gelbe Scheußlichkeit haben: ein weiterer Fall von extrinischer Motivation.

Eine intrinsische Motivation liegt vor, wenn wir dazu bewogen werden, aufgrund eigener Entscheidungen oder Wünsche etwas zu tun. Wir fällen die betreffenden Entscheidungen aufgrund dessen, was wir erfahren oder gelernt haben. Zum Beispiel, dass Kranken zu helfen ein nobles und einen selbst bereicherndes Verhalten ist und uns dazu motivieren kann, Medizin zu studieren und Arzt zu werden. Das ist eine Motivation intrinsischer Art. Wenn wir Medizin studieren, weil die Leute Ärzten einen Haufen Geld zahlen, um wieder gesund zu werden, liegt eher eine extrinsische Motivation vor.

Intrinsische und extrinsische Motivation befinden sich in einem empfindlichen, anfälligen Gleichgewicht. 1988 stellten Richard Deci und Edward Ryan ihre Selbstbestimmungstheorie vor, die darlegt, was Leute zum Handeln bewegt, wenn überhaupt kein äußerer Einfluss vorliegt – wenn also die Motivation zu 100 Prozent intrinsisch ist.[16] Die beiden Forscher sind der

Ansicht, dass die Menschen danach streben, Autonomie (Kontrolle über Dinge), Kompetenz (geschickter Umgang mit Dingen) und Aufeinanderbezogensein (Anerkennung für die Dinge, die sie tun) zu erlangen. Das alles erklärt, warum »Mikromanager« einen so in Rage bringen: Jemand, der einem ständig über die Schulter blickt und erklärt, wie man die einfachsten Sachen zu erledigen hat, nimmt einem jegliche Kontrolle und raubt einem das Gefühl eigener Kompetenz; außerdem ist es oft unmöglich, eine Beziehung zu ihm herzustellen: Die meisten Mikromanager scheinen – zumindest dem, der ihrer Gnade ausgeliefert ist – Soziopathen zu sein.

1973 machten Lepper, Greene und Nisbet auf den sogenannten Korrumpierungseffekt (auch: Effekt der übermäßigen Rechtfertigung, engl.: *overjustificaton effect*) aufmerksam:[17] Verschiedene Gruppen von Kindern erhielten Malsachen zum Spielen. Einigen von ihnen sagte man, dass sie für ihre Verwendung belohnt würden; andere erhielten keine solchen äußeren Anreize. Eine Woche später zeigten sich die Kinder, die keine Belohnung erhalten hatten, wesentlich motivierter, die Malmaterialien erneut zu benutzen, als die anderen. Das heißt, diejenigen, die zu dem Schluss gekommen waren, dass die kreative Tätigkeit an sich vergnüglich und befriedigend war, empfanden einen stärkeren Anreiz, sie wieder auszuüben, als diejenigen, die von anderen Menschen belohnt worden waren.

Es scheint, dass es größeres Gewicht hat, stärkeren Eindruck hinterlässt, wenn wir mit unseren eigenen Handlungen ein positives Ergebnis erzielen, als wenn dieses positive Ergebnis uns von anderen »beschert« wird. Wer kann schon sicher sein, dass sie uns beim nächsten Mal auch wieder belohnen werden? Infolge dieser Ungewissheit wird die Motivation geringer.

Menschen für eine Aufgabe, die sie ausgeführt haben, zu belohnen, kann also deren Motivation, sie erneut auszuführen, verringern, während es diese Motivation verstärken kann, wenn man ihnen größere Kontrolle oder mehr Autorität zugesteht. Das ist eine Erkenntnis, derer sich die Geschäftswelt mit großer Begeisterung bemächtigt hat, vor allem, weil sie wissenschaftlich zu untermauern scheint, dass es besser ist, Angestellten mehr Autonomie und Verantwortung zu übertragen, statt ihnen ein angemessenes Gehalt für ihre Arbeit zu zahlen. Wenn auch einige Forscher die Richtigkeit dieser These bestätigen, gibt es vieles, das ihr widerspricht. Wenn man mit einer Bezahlung für geleistete Arbeit die Motivation des Betreffenden verringert, dann dürften Spitzenmanager, die Millionen scheffeln, eigentlich gar nichts mehr tun. Das wagt aber niemand offen zu sagen: Millionäre mögen keinerlei Anreiz mehr verspüren, selbst etwas zu tun, doch sie können sich Rechtsanwälte leisten, die durchaus noch eine Motivation zum Handeln in sich verspüren.

Die Tendenz des Gehirns, dem Ego zu dienen, kann auch ein Faktor sein. 1987 stellte Edward Tory Higgins die *self-discrepancy*-Theorie auf, der zufolge das Gehirn eine Reihe von »selves«, also nicht nur ein »Selbst«, sondern mehrere besitzt.[18] Da ist das »ideale« Selbst, das, was man *sein möchte*. Es leitet sich von den Zielen, Vorurteilen und Prioritäten ab, die jemand sein Eigen nennt. Jemand ist vielleicht ein untersetzter blasser Computerprogrammierer aus Inverness in Schottland, doch sein ideales Selbst ist ein sonnengebräunter Volleyballspieler, der auf einer Karibikinsel lebt. Das ist Ihr höchstes Ziel, die Person, die Sie gerne wären.

Dann ist da das »ought«-Selbst, das Selbst, das man sein *sollte*, um zu seinem *idealen* Selbst zu werden. Dieses »ought«-Selbst meidet fettes Essen, verschwendet nicht sein Geld, lernt Volleyball spielen und behält die Immobilienpreise auf Barbados im Auge. Das eine wie das andere Selbst bringen Motivation hervor. Das ideale Selbst schafft positive Anreize, es ermuntert uns dazu, Dinge zu tun, die uns unserem Ideal näher bringen. Das »Du solltest«-Selbst liefert eher negative Motivation, in dem Sinne, dass es uns Dinge vermeiden lässt, die uns von unserem Ideal fernhalten. Du willst dir eine Pizza zum Abendessen gönnen. Das *solltest* du nicht tun. Bleib beim Salat.

Auch die Persönlichkeit spielt eine Rolle. Wenn es um Motivation geht, dann spielt der *locus of control* eine Rolle, also das Ausmaß, in dem man die Kontrolle über ein Geschehen innezuhaben meint (siehe Kapitel 3). Jemand könnte dem egoistischen Typus angehören, der glaubt, dass der ganze Planet um ihn herum kreist – denn warum sollte er es nicht tun? Oder er könnte äußerst passiv sein und das Gefühl haben, immer der Gnade anderer ausgeliefert zu sein. Ob man dem einen oder dem anderen Typus angehört, kann auch von einer kulturellen Prägung abhängig sein: Bei Menschen, die in einer westlichen kapitalistischen Gesellschaft aufwachsen und ständig erzählt bekommen, sie könnten alles haben, wonach ihnen der Sinn steht, wird das Gefühl, sie könnten ihr Leben selbst kontrollieren, stärker sein als bei jemandem, der unter einem totalitären Regime lebt.

Sich als ohnmächtiges Opfer der Umstände vorzukommen kann sehr schädlich sein: Es kann das Gehirn in einen Zustand erworbener Hilflosigkeit versetzen. Man hat dann das Gefühl, sowieso nichts an seiner Lage ändern zu können, und es geht einem daher die Motivation ab, überhaupt den Versuch dazu zu unternehmen. Aufgrund dieser Inaktivität verschlechtern sich die äußeren Umstände zunehmend, was Optimismus und Motivation weiter herabsetzt, sodass man in einen *circulus vitiosus* gerät und am Ende unfähig zum Handeln ist, von Pessimismus gelähmt und völlig antriebslos. Jeder, der schon einmal eine desaströse Trennung durchgemacht hat, kann das vermutlich nachempfinden.

Wo genau im Gehirn Motivation ihren Ursprung hat, ist nicht klar. Der Belohnungspfad im Mittelhirn ist beteiligt und, aufgrund der emotionalen Komponente, auch die Amygdala. Verbindungen mit dem frontalen Kortex und anderen höheren »ausführenden« Regionen sind ebenfalls einbezogen, da Motivation zu einem Großteil mit Planen und Antizipation von Belohnung zu tun hat. Einige Wissenschaftler sind sogar der Ansicht, dass es zwei separate Motivationssysteme gibt – das entwickelte kognitiver Art, das uns Lebensziele und Ambitionen eingibt, und das primitivere reaktiver Art, das uns ins Ohr zischt: »Unheimliche Sache! Lauf weg!«, oder »Oh, schau mal! Kuchen! Hau rein!«

Das Gehirn besitzt aber noch andere Eigenheiten, die Motivation entstehen lassen. In den 1920er-Jahren fiel der russischen Psychologin Bluma Zeigarnik, als sie in einem Restaurant saß, auf, dass die Kellner und Kellnerinnen eine Bestellung offenbar nur so lange im Kopf behielten, bis sie das Gewünschte serviert hatten.[19] Sobald sie das getan hatten, schienen sie jede Erinnerung daran zu verlieren. Man überprüfte das Phänomen später im Labor, indem man Versuchspersonen einfache Aufgaben übertrug. Einige von ihnen wurden unterbrochen, bevor sie diese erledigen konnten. Es zeigte sich, dass diejenigen, die die Aufgabe nicht ganz hatten abschließen können, sich viel besser an diese erinnern konnten als die anderen und es sie sogar drängte, sie zu Ende zu bringen, obwohl das Experiment vorüber war und auch keine Belohnung auf sie wartete.

Der nach der Entdeckerin benannte Zeigarnik-Effekt besagt, dass das Gehirn es nicht mag, wenn Dinge unvollendet bleiben. Das erklärt auch, warum wir in Fernsehfilmen so oft Cliffhanger zu sehen bekommen: Die an entscheidender Stelle abgebrochene Handlung zwingt die Zuschauer dazu, sich auch die nächste Folge der Serie anzusehen, nur damit die Ungewissheit ein Ende hat.

Es scheint tatsächlich so, dass der zweitbeste Weg, jemanden dazu zu motivieren, etwas zu tun, darin besteht, seine Möglichkeiten, es zu Ende zu führen, einzuschränken. Es gibt einen noch effektiveren Weg, aber den werde ich erst in meinem nächsten Buch verraten.

Soll das etwa lustig sein?

Die merkwürdige Weise, in der Humor funktioniert

»Einen Witz zu erklären ist, wie einen Frosch zu sezieren. Man versteht ihn dann besser, doch der Frosch kommt dabei ums Leben.« E. L. White.

Leider besteht Wissenschaft zu einem großen Teil aus strenger Analyse und der Erklärung von Dingen, das mag der Grund dafür sein, dass sie und Humor sich scheinbar gegenseitig ausschließen. Dennoch sind verschiedene wissenschaftliche Anläufe unternommen worden, die Rolle, die das Gehirn für die Manifestation von Humor spielt, zu erkunden. In diesem Buch sind schon zahlreiche psychologische Experimente in allen Einzelheiten dargestellt worden: IQ-Tests, Wortabfrage-Tests und solche, bei denen raffinierte Mahlzeiten zubereitet werden, damit man ein Phänomen wie Appetit oder den Geschmackssinn erforschen kann.

Ein gemeinsamer Nenner dieser Tests und vieler anderer von Psychologen benutzter ist, dass sie alle mit bestimmten Typen der Manipulation oder *Variablen*, um den Terminus technicus zu verwenden, arbeiten.

Bei psychologischen Experimenten kommen zwei Typen von Variablen vor: unabhängige und abhängige. Unabhängige Variablen sind das, was der Versuchsleiter vorgibt (Tests zur Ermittlung des IQ, Wortlisten zur Analyse des Gedächtnisses). Abhängige Variablen sind das, was der Versuchsleiter auf der Basis der Response der Versuchspersonen (der Punktzahl bei einem Intelligenztest, der Zahl der erinnerten Objekte, Gehirnregionen, die aufleuchten, und so weiter) ermittelt oder misst.

Unabhängige Variablen müssen die erwünschte Reaktion zuverlässig auslösen – zum Beispiel die Ausführung eines Tests. Und hier wird es problematisch: Um erfolgreich ermitteln zu können, welche zerebralen Abläufe mit Humor assoziiert sind, müssen die Versuchspersonen in humorvoller Stimmung oder humoriger Laune sein. Im Idealfall müsste man also etwas finden, das von *jedermann, ganz gleich wer oder was er ist, unter Garantie als lustig empfunden wird.* Jeder, dem es gelingt, so etwas zu finden, wird vermutlich nicht lange als Wissenschaftler tätig bleiben, da Fernsehgesellschaften ihm riesige Summen bieten werden, um sich sein Talent zunutze zu machen. Professionelle Comedians bemühen sich jahrelang, so etwas zu schaffen, es hat aber noch nie einen gegeben, der bei *jedermann* ankommt.

Es wird noch schwieriger dadurch, dass das Überraschungsmoment mitentscheidend für eine komische Wirkung ist. Die Leute lachen, wenn sie zum ersten Mal einen Witz hören, der ihnen gefällt. Beim zweiten Mal lachen sie schon nicht mehr so herzhaft, und danach bei jedem Mal weniger, denn sie kennen den Witz ja schon zur Genüge. Für jeden Versuch, das Experiment zu wiederholen,* wird man sich daher einen neuen, hundertprozentig zuverlässigen Weg ausdenken müssen, die Testpersonen zum Lachen zu bringen.

Es gilt auch die Umgebung zu berücksichtigen, in der die Experimente stattfinden. Die meisten Labore zeichnen sich durch ein steriles Ambiente aus, in dem alles kontrolliert ist, damit Risiken reduziert werden und nichts den Ablauf eines Versuchs stören kann. Das ist ein großer Vorteil für die Wissenschaft, aber nicht dazu angetan, einen Zustand von Heiter- oder Fröhlichkeit hervorzurufen. Und wenn man das Gehirn scannt, dann fällt das noch schwerer. Bei Magnetresonanztomografie-Scans beispielsweise liegt man in einer engen, kühlen Röhre, während ein großer Magnet rings um einen herum gespensti-

---

* Ein Experiment zu wiederholen mag wie eine Vergeudung von Zeit und Ressourcen erscheinen, doch handelt es sich um einen sehr wichtigen Vorgang, denn wenn bei der Wiederholung die identischen Ergebnisse erzielt werden, kann man eher sicher sein, dass diese zuverlässig sind und nicht auf einem Zufall oder irgendeiner Manipulation beruhen,

sche Geräusche erzeugt. Damit kann man jemanden kaum in eine Stimmung versetzen, in der er einen Witz goutiert.

Trotz dieser doch recht beträchtlichen Hindernisse hat eine Reihe von Wissenschaftlern sich nicht davon abhalten lassen, zu untersuchen, wie Humor »funktioniert«. Allerdings mussten sie dabei zu einigen merkwürdigen Strategien Zuflucht nehmen. So zum Beispiel Professor Sam Shuster, der ermittelte, wie die Auffassung von dem, was »lustig« ist, sich von Person zu Person unterscheidet. Er tat das, indem er mit einem Einrad durch mehrere belebte Straßen von Newcastle fuhr und die unterschiedlichen Reaktionen, die er damit auslöste, beobachtete.[20] Das ist zwar eine innovative Forschungsmethode, doch werden Einräder auf einer Liste von Dingen, die jedermann lustig findet, kaum unter den Top Ten zu finden sein.

Professor Nancy Bell von der Washington State University[21] hat eine Studie durchgeführt, bei der ein bewusst »mauer« Witz immer wieder in belanglose Gespräche eingestreut wurde, um festzustellen, wie Menschen auf solche billigen Versuche, witzig zu sein, reagieren. Der fragliche Witz lautete: »Was hat der große Kamin zum kleinen Kamin gesagt? Nichts. Kamine können nicht sprechen.«

Die Reaktionen reichten von »peinlich berührt« bis »offen feindselig«. Insgesamt gesehen schien der Witz niemandem gefallen zu haben. Ob dieses Experiment überhaupt als Beitrag zur Humorforschung gelten kann, ist also fraglich.

Im Grunde untersuchen solche Tests indirekt (das heißt, über eine Analyse der Reaktionen und des Verhaltens von Menschen), wieso Menschen etwas als lustig und humorvoll empfinden und was dann in ihren Gehirnen vor sich geht, sodass sie ein Lachen nicht unterdrücken können. Das sind Fragen, mit denen sich nicht nur Naturwissenschaftler, sondern auch Philosophen eingehend befasst haben. Nietzsche meinte, Lachen sei eine Reaktion auf das Gefühl existenzieller Einsamkeit und auf das Bewusstsein der eigenen Mortalität, das jeder in sich trage. Einem großen Teil seines Werkes nach zu urteilen, war Nietzsche aber nicht sonderlich vertraut mit dem Phänomen des Lachens. Sigmund Freud stellte die Theorie auf, Lachen werde von der Freisetzung »psychischer Energie«, der Entladung von Spannung, hervorgerufen.[22] Dieser Denkansatz ist weiterentwickelt und zur »Spannungsabbautheorie« ausgearbeitet worden.

Die zugrunde liegende Annahme ist, dass das Gehirn irgendeine Art von Bedrohung oder Risiko spürt (für uns selbst oder andere). Sobald die Gefahr vorüber ist, ohne Schaden anzurichten, brechen die Betreffenden in Gelächter aus, um die Spannung, die sich in ihnen angestaut hat, abzubauen und den positiven Ausgang noch weiter hervorzuheben, ihm noch mehr Gewicht zu geben. Die »Gefahr« kann physischer Art sein, aber auch von etwas Unerklärlichem oder Unvorhersehbarem ausgehen – wie von der verqueren Logik eines in einem Witz entworfenen Szenariums – oder von der Unterdrückung von Responsen oder Begierden aufgrund von sozialen Zwängen (vielleicht aus diesem Grund erntet man für einen anstößigen oder einen Witz, der ein Tabu verletzt, oft besonders starkes Gelächter). Diese Theorie scheint besonders auf Slapstick-Komik zuzutreffen: Wenn jemand auf einer Bananenschale ausrutscht und von dem Sturz ganz benommen ist, wirkt das komisch. Wenn jemand auf einer Bananenschale ausrutscht, sich den Schädel zertrümmert und stirbt, dann wirkt das gewiss nicht komisch, weil die Gefahr »real« war, also nicht ohne größeren Schaden anzurichten wieder vergangen ist.

Eine Theorie, die D. Hayworth in den 1920er-Jahren aufstellte, baut auf der Freuds auf.[23] Hayworth meint, dass der physische Prozess des Lachens sich im Lauf der Evolution entwickelt hat, damit Menschen einander mit seiner Hilfe wissen lassen können, dass die Gefahr vorüber und alles in Ordnung ist. Wie Menschen, die »im Angesicht der Gefahr« lachen, einander signalisieren sollen, dass die Bedrohung nicht mehr besteht, bleibt ungesagt.

Schon antike Philosophen wie Plato meinten, Lachen sei ein Ausdruck von Überlegenheit. Wenn jemand hinfällt oder etwas Dummes tut oder sagt, dann erheitert uns das, weil der Betreffende seinen Status in Relation zu dem unseren herabgesetzt hat. Wir lachen, weil das Gefühl der Überlegenheit uns Genuss bereitet, und um das Versagen der anderen Person noch zu betonen. Das würde sicher das Phänomen der Schadenfreude erklären, doch wenn international bekannte Comedians vor Tausenden von lachenden Zuschauern auf Riesenbühnen herumstolpern, dann wird wohl kaum das gesamte Publikum denken: »Mein Gott, ist der blöd. Ich bin dem ja weit überlegen.« Mit der Überlegenheitstheorie wird also auch nicht alles erklärt.

Die meisten Humortheorien stellen die Rolle von Inkonsistenz und Erwartungsenttäuschung in den Vordergrund. Das Gehirn versucht unablässig, den Überblick über das zu behalten, was sowohl um uns herum als auch in unseren Köpfen vor sich geht. Damit ihm das leichter fällt, verfügt es über eine Reihe von Hilfsmitteln – wie zum Beispiel Schemata. Darunter versteht man Muster des Denkens und der Organisation von Information. Bestimmte Schemata werden häufig für bestimmte Kontexte verwendet – in einem Restaurant, am Strand, bei einem Einstellungsgespräch oder bei Interaktionen mit bestimmten Individuen oder Typen von Menschen. Wir gehen davon aus, dass diese Situationen sich auf eine bestimmte Weise entwickeln, und dass nur eine beschränkte, überschaubare Zahl von Dingen geschieht. Außerdem besitzen wir detaillierte Erinnerungen und Erfahrungen, die uns suggerieren, wie in (wieder)erkennbaren Umständen und Szenarien die Dinge ablaufen sollten.

Der Theorie zufolge kommt es zu Humor, wenn unsere Erwartungen enttäuscht werden. Ein verbaler Witz bedient sich verdrehter Logik, das heißt, etwas läuft nicht so ab, verhält sich nicht so, wie es unserer Meinung nach sein sollte. Niemand hat jemals einen Arzt konsultiert, weil er sich wie ein Paar Vorhänge fühlte; unbeaufsichtigte Pferde suchen selten eine Bar auf.* Humor und Komik entstehen möglicherweise dadurch, dass solche logischen oder kontextuellen Ungereimtheiten Unsicherheit erzeugen. Das Gehirn erträgt Unsicherheit nicht gut, vor allem, wenn sie darauf hindeutet, dass die Systeme, die es benutzt, um unsere Welt zu konstruieren und zu durchschauen, möglicherweise fehlerhaft sind. (Das Gehirn erwartet, dass etwas auf bestimmte Weise geschehen wird. Wenn es das nicht tut, deutet das auf gravierende Probleme mit seinen prädiktiven oder analytischen Fähigkeiten hin.) Dann wird die Inkonsistenz durch die »Pointe« oder ein Äquivalent aufgehoben oder entschärft: »Warum so ein langes Gesicht?«, wird das Pferd auf dem Barhocker gefragt. Ein Pferd hat ein langes Gesicht, aber das ist eine Frage, die man normalerweise traurigen Menschen stellt! Es ist ein Wortspiel! Ich verstehe es! Diese Auflösung vermittelt dem Gehirn ein positives Gefühl, da die Inkonsistenz neutralisiert wird und vielleicht sogar noch etwas gelernt werden kann. Wir signalisieren unsere Billigung dieser Auflösung mit Lachen, was zudem in mehr als einer Hinsicht von sozialem Nutzen ist.

Das erklärt auch, warum Überraschung so wichtig ist und ein Witz seine Wirkung verliert, wenn er wiederholt wird: Die Inkonsistenz, die ursprünglich für die Komik sorgte, ist nicht mehr irritierend-fremd; das Gehirn erinnert jetzt dieses Setup, diese ungewöhnliche Konstellation, ist sich bewusst, dass sie unbedenklich oder harmlos ist, und wird daher nicht mehr so von ihr berührt wie beim ersten Mal.

Viele Hirnregionen sind mit der Verarbeitung von komischen Eindrücken in Zusammenhang gebracht worden, darunter der mesolimbische Belohnungspfad, da er die Belohnung in Form von Lachen hervorbringt. Der Hippocampus und die Amygdala sind in jedem Fall involviert, da wir Erinnerungen daran haben

---

* Das bezieht sich auf eine Standardeinleitung vieler englischsprachiger Nonsens-Witze: »Kommt ein Pferd in eine Bar ...«. (AdÜ)

müssen, was eigentlich passieren sollte, damit diese Erwartungen enttäuscht werden und starke Emotionen freigesetzt werden können, wenn dies geschieht. Zahlreiche Regionen des frontalen Kortex spielen eine Rolle, da Komik zu einem großen Teil dadurch entsteht, dass Erwartungen unerfüllt bleiben und die Logik außer Kraft gesetzt wird. Auch Areale des Parietallappens, die an Sprachverarbeitung beteiligt sind, sind aktiv, da Wortspiele oder ein Verstoß gegen die Regeln normalen Sprechens oder Formulierens häufig für Komik sorgen.

Letzteres ist von größerer Bedeutung für das Zustandekommen spaßiger oder komischer Wirkungen, als man meint. Die Art des Artikulierens, der Ton, die Betonung, das Timing – auf all diesem kann das Gelingen oder das Misslingen eines Witzes beruhen. Ein besonders interessantes wissenschaftliches Ergebnis betrifft die Lachgewohnheit von gehörlosen Menschen, die mittels Zeichensprache miteinander kommunizieren. In einem normalen Gespräch ist es so, dass die daran Beteiligten auf einen Witz oder eine lustige Geschichte reagieren, indem sie während der Pausen im Erzählfluss oder am Ende von Sätzen lachen, das heißt an Stellen, an denen ihr Gelächter das Erzählen nicht stört oder unterbricht. Das ist wichtig, weil für gewöhnlich sowohl das Lachen als auch das Erzählen des Witzes mit dem Hervorbringen von Lauten einhergeht. Bei Menschen, die Zeichensprache verwenden, ist das nicht so. Jemand könnte die ganze Zeit über lachen, während ein Witz oder eine Geschichte erzählt wird, ohne etwas davon zu übertönen. Doch das geschieht nie. Studien zeigen, dass Gehörlose, wenn ihnen mithilfe von Gesten ein Witz erzählt wird, an denselben Stellen lachen wie Hörende, also wenn ein Satz zu Ende ist oder eine Pause eintritt, obwohl der Klang ihres Lachens sich nicht störend auswirken würde.[24] Sprache und Sprachduktus wirken sich eindeutig darauf aus, wann wir es für an der Zeit halten zu lachen. Lachen ist also nicht notwendigerweise eine so spontane Reaktion, wie wir meinen.

Soweit wir derzeit wissen, gibt es im Gehirn kein eigenes »Lachzentrum«. Unser Sinn für Humor scheint sich aus unzähligen Verbindungen und Prozessen zu ergeben, die das Resultat unserer Entwicklung, unserer persönlichen Vorlieben und vieler Erfahrungen sind. Das würde erklären, warum jeder seine eigene Auffassung davon hat, was »komisch« ist.

Trotz dieser offenbaren Individualität lässt sich beweisen, dass wir, was unsere Reaktion auf Komisches betrifft, stark von der Anwesenheit anderer und ihren Reaktionen geprägt werden. Dass Lachen eine bedeutende soziale Funktion hat, ist unbestreitbar. Menschen können eine ganze Reihe von Emotionen genauso plötzlich und intensiv erfahren wie Belustigung, doch die wenigsten dieser Emotionen resultieren in lauten, unkontrollierten (einen oft außer Gefecht setzenden) Ausbrüchen (vulgo: Lachen). Dass man seiner Belustigung öffentlich Ausdruck verleiht, muss einen Vorteil haben, denn die Menschen haben sich im Lauf der Evolution so entwickelt, dass sie es tun – mit ihrem Willen oder gegen ihn.

Studien wie die von Robert Provine von der University of Maryland haben ergeben, dass man ungefähr dreißig Mal öfter dazu neigt, in Gelächter auszubrechen, wenn man nicht allein, sondern Teil einer Gruppe ist.[25] Die Leute lachen nicht nur häufiger, sondern auch herzhafter, wenn sie mit Freunden zusammen sind, selbst wenn keine Witze erzählt werden. An deren Stelle können Beobachtungen oder gemeinsame Erinnerungen treten oder auch recht banal klingende Anekdoten über einen gemeinsamen Bekannten. Man wird viel leichter zum Lachen animiert, wenn man Teil einer Gruppe ist. Das ist auch der Grund dafür, dass ein Bühnenkomiker sich nur selten vor einem Publikum produziert, das nur aus einem Menschen besteht. Ein weiterer interessanter Punkt im Zusammenhang mit dieser die soziale Interaktion fördernden Funktion von Lachen ist, dass das Gehirn anscheinend sehr gut zwischen echtem und gekünsteltem Lachen oder vorgetäuschter Belustigung zu unterscheiden vermag. Ebenfalls von Sophie Scott vorgenommene Untersuchungen haben gezeigt, dass Menschen sehr genau beurteilen können, ob das Lachen eines anderen wirklich »von Herzen« kommt oder nur aufgesetzt ist − selbst wenn das Geräusch an sich sehr ähnlich ist.[26] Ist Ihnen jemals das offensichtlich aus einer Konserve stammende Lachen bei einer billigen Sitcom im Fernsehen aus unerfindlichen Gründen auf die Nerven gegangen? Wir reagieren sehr stark auf Lachen, und es ist uns zuwider, wenn es nur vorgetäuscht ist und wir gewissermaßen reingelegt werden sollen.

Wenn ein Versuch, Sie zum Lachen zu bringen, misslingt, dann misslingt er gründlich.

Wenn jemand Ihnen einen Witz erzählt, dann ist klar, dass er Sie zum Lachen bringen will. Er glaubt, Ihre Art des Humors zu kennen, und dass er Sie daher lachen machen kann, womit er seine Kontrolle und damit seine Überlegenheit über Sie geltend macht. Wenn er dies vor anderen Leuten tut, dann pocht er wirklich auf seine Überlegenheit. Also sollte der Witz so gut sein, dass Sie tatsächlich darüber lachen.

Doch dann ist er es nicht. Er zündet nicht. Verpufft. Das stellt im Grunde einen Verrat dar, einen, der auf verschiedenen Ebenen (vor allem unbewussten) verletzt. Es ist kein Wunder, dass die Leute oft wütend werden (das wird Ihnen jeder aufstrebende Comedian bestätigen). Doch um das voll und ganz verstehen zu können, muss man wissen, in welchem Maß die Interaktionen mit anderen die Abläufe in unserem Gehirn beeinflussen.

Erst dann kann es wirklich begriffen werden, wie die Schauspielerin zum Bischof sagte.*

---

* »As the actress said to the bishop«, eine gebräuchliche Redensart, mit der eine für sich genommen harmlose Aussage eine sexuelle Nebenbedeutung erhält. (AdÜ)

7

Gruppenumarmung

*Wie unser Gehirn von anderen Leuten
beeinflusst wird*

Viele Leute behaupten, dass es ihnen egal ist, was andere von ihnen denken. Sie sagen das oft und laut und geben sich viel Mühe, sich auf eine Weise zu verhalten, die das jedem, der bereit ist, ihnen Gehör zu schenken, unmissverständlich klar macht. Anscheinend ist es sinnlos, sich nicht darum zu scheren, was andere von einem halten, wenn diese anderen, die einem angeblich egal sind, das nicht wissen. Diejenigen, die sich weigern, »gesellschaftliche Normen« zu beachten, sind am Ende einfach Teil einer anderen sozialen Gruppe, die ihre eigenen Normen kennt — von den Mods und den Skinheads um die Mitte des 20. Jahrhunderts bis hin zu den Goths und Emos von heute. Das Erste, was jemand tut, der sich nicht den Standards der »Normalgesellschaft« unterwerfen will, ist, sich eine andere Gruppe zu suchen, der er sich stattdessen anpassen kann. Sogar die Mitglieder von Bikergangs oder Mafiosi tendieren dazu, sich gleich zu kleiden. Sie mögen keine Achtung vor dem Gesetz haben, legen aber Wert darauf, von ihren Genossen geachtet werden.

Wenn abgebrühte Gangster und Gesetzlose nicht dem Drang widerstehen können, sich zu Gruppen zusammenzuschließen, dann muss dieses Bedürfnis ganz tief in unseren Gehirnen verwurzelt sein. Einen Häftling zu lange in einer Einzelzelle einzuschließen gilt als psychische Folter, was zeigt, dass Kontakt mit anderen Menschen mehr eine Notwendigkeit als ein Bedürfnis ist.[1] In der Tat ist es – auch wenn es merkwürdig erscheinen mag – so, dass viel vom menschlichen Gehirn den Interaktionen mit anderen Personen gewidmet ist und davon bestimmt wird. Infolgedessen werden wir von anderen abhängig, und dies in einem erstaunlichen Ausmaß.

Es gibt die klassische Formel, die danach fragt, was einen Menschen zu dem macht, was er ist: Nature or nurture? Gene oder sein Umfeld? Ist ihm sein Wesen, seine Persönlichkeit angeboren oder anerzogen? Die Antwort lautet: Es ist eine Verbindung aus beidem. Gene haben offensichtlich einen großen Einfluss darauf, was oder *wie* wir werden. Das haben aber grundsätzlich alle Dinge, die uns im Lauf unserer Entwicklung widerfahren, und für das sich entwickelnde Gehirn sind andere Menschen eine Hauptquelle für Informationen und Erfahrungen. Was andere uns erzählen, wie sie sich verhalten, was sie tun und denken oder vorschlagen oder glauben – all dies wirkt sich unmittelbar auf das sich noch ausbildende Gehirn aus. Hinzu kommt, dass auch unser »Selbst« – unser Selbstwertgefühl, unser Ego, unsere Motivation, unsere Ambitionen und so weiter – zu einem großen Teil darauf zurückgeht, was andere von uns denken und wie sie sich uns gegenüber verhalten.

Wenn andere Menschen die Entwicklung unseres Gehirns beeinflussen, und diese anderen wiederum von ihren Gehirnen gesteuert werden, dann lautet die logische Schlussfolgerung: *Menschliche Gehirne kontrollieren ihre eigene Entwicklung!* Viele apokalyptische Science-Fiction-Filme basieren auf dem Einfall, dass Computer genau dies tun. Wenn es aber Gehirne statt Computer sind, dann ist es nicht so gruselig, denn wie wir gesehen haben, sind menschliche Gehirne ziemlich lächerliche Gebilde. Infolgedessen sind auch wir Menschen lächerlich.

Große Teile unseres Gehirns sind also dem Zweck gewidmet, Kontakt mit anderen aufzunehmen, sich mit ihnen zu befassen. Hier kommen zahlreiche Beispiele dafür, was für bizarre Folgen das haben kann.

Es steht dir ins Gesicht geschrieben

Warum man nur schwer verbergen kann, was man wirklich denkt

Unsere Mitmenschen mögen es nicht, wenn wir ein trauriges Gesicht machen, selbst wenn wir einen guten Grund dafür haben – ob der nun darin besteht, dass wir einen gewaltigen Krach mit unserem Partner/unserer Partnerin haben oder darin, dass wir in einen Hundehaufen getreten sind. Doch was auch immer der Anlass ist, oft wird alles nur noch schlimmer, wenn ein x-beliebiger Fremder einem sagt, man solle doch lieber lächeln.

An unserem Gesichtsausdruck können andere Leute erkennen, was wir denken oder fühlen. Es handelt sich um Gedankenlesen mithilfe unseres Gesichts. Eigentlich stellt das eine nützliche Form der Kommunikation dar, was nicht überraschen sollte, da eine erstaunliche Vielzahl von unterschiedlichen zerebralen Prozessen der Kommunikation mit unseren Mitmenschen gewidmet ist.

Sie kennen vielleicht die Behauptung, der zufolge »90 Prozent der Kommunikation nicht-verbaler Art« ist. Die Prozentangabe variiert erheblich, je nachdem, wer es sagt. In Wirklichkeit aber variiert sie, weil Leute in unterschiedlichen Kontexten auch auf unterschiedliche Art kommunizieren. Menschen, die sich in einem überfüllten Nachtclub miteinander zu verständigen versuchen, greifen zu anderen Methoden als solchen, die sie wählen würden, wenn sie mit einem (vorläufig noch) schlafenden Tiger in einem Käfig eingesperrt wären. Doch worum es geht, ist, dass ein großer Teil oder auch der Hauptteil unserer interpersonalen Kommunikation mit anderen Mitteln realisiert wird als mit gesprochenen Wörtern.

Mehrere unserer Hirnareale haben mit dem Hervorbringen

von Sprache und dem Sprechen zu tun, was schon die Bedeutung verbaler Kommunikation evident macht. Viele Jahre lang wurden die Produktion von Sprache und das Verstehen von Sprache mit zwei Regionen in Zusammenhang gebracht. Die nach Pierre Paul Broca benannte Region an der Hinterseite des Frontallappens galt als zuständig für die Sprachproduktion. Gedanken in Wörter umzusetzen und sie in die korrekte Abfolge zu bringen sah man als die Aufgabe des Broca-Areals an.

Die zweite Region wurde von Carl Wernicke im Temporallappen entdeckt. Man glaubte, dass sie für Sprachverstehen verantwortlich sei. Wenn wir Wörter verstehen, das heißt ihre Bedeutung oder unterschiedlichen Bedeutungsmöglichkeiten begreifen, dann ist das das Werk des Wernicke-Areals. Ein solches aus lediglich zwei Komponenten bestehendes zerebrales System wäre überraschend unkompliziert. In der Tat ist das Sprachsystem wesentlich komplexer, doch jahrzehntelang glaubte man, dass Brocas und Wernickes Areale für Sprache und Sprechen zuständig seien.

Um den Grund dafür zu verstehen, muss man bedenken, dass beide Areale im 19. Jahrhundert entdeckt wurden, und zwar mithilfe der Untersuchung von Menschen, die an einem von beiden Arealen einen Schaden davongetragen hatten. Da den damaligen Neurowissenschaftlern – beziehungsweise ihren Vorläufern – keine modernen technologischen Hilfsmittel wie Scanner und Computer zur Verfügung standen, mussten sie sich damit begnügen, Unglücksraben zu untersuchen, die genau die »richtige« Art von Kopfverletzung davongetragen hatten. Nicht die effizienteste Methode, doch zumindest wurden diese Verletzungen den Patienten nicht eigens zum Zweck der Untersuchung zugefügt (soweit uns bekannt ist).

Die beiden genannten Areale wurden entdeckt, weil ihre Schädigung oder Verletzung Aphasie hervorruft, eine tief gehende Störung. Brocas Aphasie, auch als expressive Aphasie bekannt, ist gleichbedeutend mit einer Unfähigkeit, Sprache hervorzubringen. Der Mund oder die Zunge sind nicht in Mitleidenschaft gezogen, die Patienten können auch weiterhin Sprache verstehen, sie sind aber nicht mehr fähig zu flüssiger, kohärenter verbaler Kommunikation. Unter Umständen sind sie noch in der Lage, ein paar relevante Wörter hervorzubringen, aber lange, komplexe Sätze zu formulieren ist ihnen praktisch unmöglich.

Interessanterweise beeinträchtigt diese Art von Aphasie sowohl das Sprechen als auch das *Schreiben*. Das ist wichtig. Sprechen geht mithilfe einer akustischen Artikulation vonstatten, das dazu nötige Werkzeug ist der Mund; Schreiben ist eine visuelle Art der Verständigung, man verwendet Hände und Finger dafür. Wenn beides beeinträchtigt ist, bedeutet das, dass ein gemeinsames Element in Mitleidenschaft gezogen sein muss. Dies kann nur die Sprachproduktion sein, die demnach vom Gehirn separat betrieben wird.

Bei Wernickes Aphasie ist das Problem im Grunde genommen genau entgegengesetzt: Die davon Betroffenen scheinen nicht mehr in der Lage zu sein, Sprache zu *verstehen*. Sie nehmen anscheinend den Klang, den Tonfall, die Sprachmelodie und so weiter wahr, aber die Wörter selbst haben für sie keine Bedeutung. Und sie selbst reden auf ähnliche Weise. Sie formulieren lange, komplex klingende Sätze, doch anstatt etwa zu sagen: »Ich ging heute in den Laden und hab ein bisschen Brot gekauft«, sagen sie etwas in der Art von: »Ich gongle zu ladende Aden hautheut kauraufte einzschen grot Rotbrot.« Sie produzieren also Kombinationen aus wirklich existierenden und erfundenen Wörtern, die aneinandergereiht werden, ohne dass es einen Sinn ergibt, weil das Gehirn auf eine Weise geschädigt ist, dass es Sprache nicht verstehen und damit auch nicht hervorbringen kann.

Diese Aphasie betrifft oft auch die geschriebene Sprache, und die davon Betroffenen merken im Allgemeinen selbst nicht, dass etwas mit ihrer Art sich auszudrücken nicht stimmt. Sie glauben, dass sie sich ganz normal artikulieren, und das verursacht natürlich schwere Frustration.

Beide Typen von Aphasie, die man auch als »motorische« und »sensorische« bezeichnet, ließen die Theorien über die Bedeutung von Brocas Areal und Wernickes Areal aufkommen. Die Möglichkeit, die Aktivität des Gehirns heute mithilfe von Scannern zu untersuchen, hat aber in dieser Beziehung zu einem Umdenken geführt. Brocas Areal, das sich im Frontallappen befindet, ist tatsächlich für Syntax und andere strukturelle Aspekte zuständig, was Sinn ergibt: Ein großer Teil der Aktivität im Frontallappen dient der Aufarbeitung von komplexen Informationen »in Echtzeit«. Wernickes Areal ist hingegen degradiert worden was seine Bedeutung betrifft: Man hat mithilfe von Scannern festgestellt, dass für das Verstehen von Sprache Regionen des Frontallappens in einem größeren Umkreis um dieses Areal verantwortlich sind.[2]

Insgesamt sind Gebiete wie der Gyrus temporalis superior, der Gyrus frontalis inferior und der mittlere Temporalgyrus sowie »tiefere« Regionen des Gehirns wie das Putamen stark am Hervorbringen und Verstehen von Sprache beteiligt. Sie sind für Elemente wie den Satzbau, die semantische Bedeutung von Wörtern, das Auffinden verwandter, in der Erinnerung niedergelegter Ausdrücke und so weiter zuständig. Viele von ihnen befinden sich in der Nähe der Hörrinde, die akustische Eindrücke weiterverarbeitet, was − ausnahmsweise einmal − sinnvoll scheint. Brocas Areal und Wernickes Areal mögen keine so große Bedeutung für unsere verbale Kommunikation haben, wie man anfangs dachte, doch eine Rolle spielen sie mit Sicherheit. Ihre Schädigung kann die vielen Verbindungen zwischen Regionen, die für unsere Fähigkeit, uns mithilfe von Sprache zu verständigen, unerlässlich sind, unterbrechen − und das ruft eine der beiden Art von Aphasie hervor. Doch dass die Sprachzentren insgesamt so weit verteilt sind, zeigt, dass Sprache zu erzeugen oder Sprechen zu ermöglichen eine der fundamentalen

Funktionen des Gehirns ist. Es ist nichts, das wir einfach durch Beobachtung oder Nachahmung von unserer Umgebung übernehmen.

Einige Wissenschaftler meinen, dass Sprache in neurologischer Hinsicht noch wichtiger ist. Der Theorie der sprachlichen Relativität zufolge liegt die sprachliche Ausdrucksfähigkeit einer Person ihrem kognitiven Vermögen und ihrer Fähigkeit, die Welt zu erfahren, zugrunde.[3] Wenn jemand zum Beispiel eine Sprache erlernen würde, die keinen Ausdruck für »vertrauenswürdig, aufrichtig« kennt, dann wäre er nicht in der Lage, die Bedeutung des Begriffs »Vertrauenswürdigkeit, Aufrichtigkeit« zu verstehen oder selber solche Eigenschaften an den Tag zu legen – er müsste sich also seinen Lebensunterhalt als Immobilienmakler verdienen.

Das ist eindeutig ein extremes Beispiel, und es wird schwer sein, eine Kultur ausfindig zu machen, in deren Sprache die Wörter für wichtige Vorstellungen fehlen. (Es sind eine Reihe relativ isolierter Kulturen untersucht worden, bei denen es weniger Ausdrücke für unterschiedliche Farbtöne gibt. Es heißt, dass die Angehörigen dieser Kulturen auch einige der uns vertrauten Farben nicht *erkennen,* doch ist das nicht gesichert.[4]) Es gibt dennoch viele Theorien zur sprachlichen Relativität.Einige Wissenschaftler gehen noch weiter, sie behaupten, wenn sich die Sprache ändert, die jemand verwendet, dann ändert sich auch seine Denkweise. Das bekannteste Beispiel für die bewusste Herbeiführung einer solchen Veränderung ist das sogenannte Neurolinguistische Programmieren oder kurz NLP. NLP präsentiert sich als Mischmasch aus Psychotherapie, persönlicher Weiterentwicklung und anderen behavioristischen Ansätzen und geht von der Grundprämisse aus, dass Sprache, Verhalten und neurologische Prozesse allesamt miteinander verwoben sind. Indem man den spezifischen Sprachgebrauch einer Person und ihre Erfahrung von Sprache ändert, kann man ihr Denken und Verhalten ändern (zum Besseren hin, versteht sich). Es ist so, als würde man den Code für ein Computerprogramm verändern, um Fehler und Unzulänglichkeiten zu eliminieren.

Wenn NLP auch populär und verlockend ist, so gibt es doch wenig Beweise dafür, dass es wirklich funktioniert, wodurch es im Allgemeinen in den Bereich von Pseudowissenschaft und alternativer Medizin verwiesen wird. Dieses Buch enthält eine Fülle von Beispielen dafür, wie das menschliche Gehirn seine eigenen Wege geht, mag die moderne Welt noch so viel auf es niederprasseln lassen. Es wird sich daher kaum einer sorgsam ausgearbeiteten Ausdrucksweise beugen, das heißt, positiv beeinflussen lassen.

Wie auch immer: Im Zusammenhang mit NLP wird oft erklärt, dass die non-verbale Komponente der Kommunikation sehr wichtig ist, und diese Art der Verständigung kann in vielen Gestalten erfolgen.

In seinem wegweisenden Buch von 1985, *Der Mann, der seine Frau mit einem Hut verwechselte*[5], schildert Oliver Sacks eine Gruppe von Aphasie-Patienten, die nicht in der Lage sind, gesprochene Sprache zu verstehen, aber einer Ansprache des amerikanischen Präsidenten folgen und sie urkomisch finden – was sie natürlich nicht sein soll. Die Erklärung dafür ist, dass die Patienten, die ja keine Wörter mehr verstehen können, sehr geschickt darin geworden sind, die nonverbalen Zeichen und Hinweise zu lesen, die die meisten Menschen übersehen, da sie von den gesprochenen Wörtern abgelenkt werden. Für sie gibt der Präsident durch Dinge wie Zuckungen im Gesicht, Körpersprache, den Rhythmus dessen, was er sagt, einstudierte Gesten und so weiter pausenlos zu erkennen, dass er seinen Zuhörern etwas vormacht. Für einen Aphasie-Patienten signalisieren all diese Dinge Unaufrichtigkeit, und wenn der mächtigste Mann der Erde diese Signale aussendet, dann muss man entweder weinen – oder man lacht.

Dass solche Informationen auf non-verbalem Weg vermittelt werden können, überrascht nicht. Wie bereits ausgeführt, ist das menschliche Gesicht ein exzellentes Medium der Kommunikation oder Verständigungsmittel. Der Ausdruck eines Gesichts gibt zu erkennen, ob dessen Besitzer wütend, glücklich, ängstlich und so weiter ist, und das trägt in hohem Maß zur interpersonalen Kommunikation bei. Wenn jemand sagt: »Das hättest du nicht tun sollen«, dann kann dieser Satz eine ganz unterschiedliche Bedeutung annehmen, je nachdem, ob der Sprecher dabei ein glückliches, ärgerliches oder angewidertes Gesicht macht.

Unsere Mimik ist universell, das heißt überall verständlich. Man hat Studien durchgeführt, bei denen Bilder von Gesichtern mit einem bestimmten Ausdruck den Angehörigen verschiedener Kulturen, von denen einige aufgrund ihrer Abgelegenheit weitgehend unberührt von der westlichen Zivilisation waren, vorgelegt wurden. Es gibt eine leichte kulturelle Variation, doch insgesamt gesehen, ist jeder Mensch in der Lage, einen Gesichtsausdruck zu deuten, gleichgütig, woher er stammt. Es scheint, dass unsere Mimik uns angeboren, also nicht angelernt ist. Die unterschiedlichen »Grimassen« sind in unserem Gehirn wie fest verdrahtet. Jemand, der an einem entlegenen Fleck des Amazonasdschungels aufwuchs, würde sein Gesicht auf die gleiche Weise verziehen, wenn ihn etwas überrascht, wie jemand, der sein ganzes Leben im Großstadtdschungel von New York City verbracht hat.

Unser Gehirn ist sehr bewandert darin, in den Gesichtern anderer zu lesen und ihre Mimik richtig zu deuten. In Kapitel 5 wurde schon erwähnt, dass der visuelle Kortex Unterabschnitte besitzt, die dem Erkennen von Gesichtern gewidmet sind. Daher sehen wir überall welche. Das Gehirn ist in dieser Hinsicht so effizient, dass es aufgrund minimaler Informationen schon den Gesichtsausdruck erschließen kann. Aus diesem Grund kann man auch mithilfe einiger weniger Satzzeichen mitteilen, ob man sich glücklich, traurig, wütend, überrascht und so weiter fühlt: :-), :-(, >:-, :-O. Das sind nur einfache Punkte, Striche und Linien, die noch nicht einmal immer vertikal angeordnet sind. Dennoch erkennen wir in jedem dieser Gebilde einen bestimmten Ausdruck.

Es mag so scheinen, dass die Verständigung mithilfe von Mimik limitiert ist, aber sie ist extrem nützlich. Wenn sich auf den Gesichtern aller Menschen um Sie herum Entsetzen spiegelt, dann kommt Ihr Gehirn im Nu zu dem Schluss, dass von irgendetwas in der Nähe große Gefahr ausgeht, und macht Sie bereit zu Kampf oder Flucht. Wenn wir darauf angewiesen wären, dass jemand sagt: »Ich will euch ja nicht beunruhigen, aber da hinten scheint ein Rudel tollwütiger Hyänen genau auf uns zuzurasen«, dann hätten die Viecher uns wahrscheinlich schon am Wickel, bevor der Satz ganz raus wäre. Mimik ist auch für soziale Interaktion hilfreich. Wenn wir etwas tun und jedermann ein glückliches Gesicht macht, wissen wir, dass wir weitermachen sollten, um die Anerkennung der anderen zu erlangen. Wenn uns hingegen alle angucken und schockiert, verärgert, angewidert oder alles gleichzeitig scheinen, dann sollten wir besser rasch mit dem aufhören, was wir tun. Ein Feedback dieser Art hilft uns also, unser eigenes Verhalten zu determinieren.[6]

Untersuchungen haben gezeigt, dass die Amygdala höchst aktiv ist, wenn wir in den Gesichtern anderer lesen. Die Amygdala, die für das Sich-Ausbilden unserer eigenen Gefühle verantwortlich ist, ist anscheinend auch ausschlaggebend dafür, dass wir die Emotionen anderer erkennen. Andere Regionen tief im limbischen System, die für das Entstehen bestimmter Gefühle verantwortlich sind (wie zum Beispiel das Putamen für Ekel) sind ebenfalls beteiligt.

Die Verbindung zwischen Gesichtsausdruck und emotionaler Gestimmtheit ist stark, aber nicht unauflösbar. Einige Leute können ihre Mimik so kontrollieren oder beeinflussen, dass sie nichts über ihre Stimmung verrät. Das bekannteste Beispiel dafür liefert das »Pokergesicht«. Professionelle Pokerspieler schaffen es, wenn sie ihre Karten aufgenommen haben, eine nichtssagende (oder nichtzutreffende) Miene aufzusetzen, um zu verbergen, wie ihre

Gewinnchancen stehen. Wenn man aus einem gerade mal zweiundfünfzig Karten umfassenden Satz fünf zugeteilt bekommt, dann ist die Zahl der möglichen Kombinationen limitiert, und ein eingefleischter Spieler kann sich innerlich auf all diese Möglichkeiten vorbereiten – auch auf einen nicht zu schlagenden *Straight Flush*. Zu wissen, dass etwas auf einen zukommt, macht es möglich, dass eine bewusstere Kontrolle des Gesichtsausdrucks aufrechterhalten bleibt. Wenn aber während des Spiels ein Meteorit durch das Dach krachte und auf dem Tisch landete, würde es wohl keiner der Spieler fertigbringen, kein erschrecktes Gesicht zu machen.

Dies macht auf einen anderen Widerstreit zwischen den höher entwickelten und den primitiven Regionen des Gehirns aufmerksam. Ein Gesichtsausdruck kann bewusst zustande kommen (von dem motorischen Kortex im Cerebrum kontrolliert) oder unbewusst (von den tieferen Regionen des limbischen Systems kontrolliert). Wir können uns bewusst dafür entscheiden, ein bestimmtes »Gesicht zu machen«, also etwa begeistert zu gucken, wenn wir uns die eigentlich langweiligen Ferienfotos von jemandem anschauen. Ein authentischer, das heißt unabsichtlich entstehender Ausdruck geht auf tatsächlich empfundene Gefühle zurück. Der hoch entwickelte Neokortex des Menschen mag in der Lage sein, unzutreffende Informationen zu übermitteln – ein Vorgang, der auch als »Lügen« bekannt ist –, aber das ältere limbische Kontrollsystem ist stets aufrichtig. Da die gesellschaftlichen Normen oft diktieren, dass wir nicht unsere ehrliche Meinung kundtun, geraten diese beiden Bereiche häufig in Konflikt miteinander: Wenn uns die neue Frisur von jemandem hässlich vorkommt, dann sagen wir das nicht, weil man das »nicht tut«.

Weil aber unsere Gehirne so sensibel auf Gesichtsausdrücke reagieren und sie so gut zu deuten verstehen, bekommen wir es leider oft mit, wenn in einer anderen Person Aufrichtigkeit und Anstand miteinander ringen (wenn sie sich zum Beispiel zu einem Lächeln zwingt). Zum Glück hat die Gesellschaft auch verfügt, dass es unhöflich ist, wenn man das jemandem »ins Gesicht sagt«.

Zuckerbrot und Peitsche

Wie das Gehirn es uns ermöglicht, andere zu kontrollieren, und seinerseits kontrolliert wird

Autokauf ist mir zuwider. Über große Plätze zu latschen, zahllose Ausstattungsdetails zu überprüfen, so viele Fahrzeuge anzuschauen, dass man jedes Interesse an ihnen verliert und sich zu fragen beginnt, ob man nicht im Garten ein Pferd halten kann, so tun, als ob man etwas von Autos verstünde, indem man zum Beispiel gegen die Reifen tritt. Warum all dies? Können Sie mit der Spitze Ihres Schuhs vulkanisiertes Gummi analysieren?

Das Schlimmste an dem Ganzen sind für mich aber die Autoverkäufer. Ich komme mit ihnen einfach nicht zurande. Ihr Machogehabe (ich bin noch nie einer Autoverkäufer*in* begegnet), das kumpelhafte Getue, die »Ich muss den Chef fragen«-Taktik, dieses Andeuten, dass sie Geld schon allein dadurch verlieren, dass ich da bin. Alle diese Verkaufstechniken verwirren mich und machen mich nervös, und ich finde den ganzen Vorgang enervierend.

Deswegen nehme ich immer meinen Papa mit, wenn ich ein Auto kaufen muss. Beim ersten Mal hatte ich mich innerlich auf entschiedenes, geschicktes Verhandeln seinerseits eingestellt, doch seine Taktik bestand vor allen darin, die Verkäufer zu beschimpfen und Verbrecher zu nennen, bis sie bereit waren, mit dem Preis runterzugehen. Absolut nicht subtil, aber verdammt effektiv.

Dass aber Autohändler auf der ganzen Welt über ein mehr

oder weniger identisches Repertoire an Verkaufsstrategien verfügen, deutet darauf hin, dass diese tatsächlich funktionieren. Und das ist merkwürdig, denn alle prospektiven Käufer besitzen unterschiedliche Persönlichkeiten und Präferenzen, und auch ihre Aufmerksamkeitsspanne ist unterschiedlich groß. Die Vorstellung, dass einfache und sattsam bekannte Taktiken die Wahrscheinlichkeit erhöhen, dass jemand bereit ist, sich von seinem hart verdienten Geld zu trennen, ist lächerlich. Es gibt jedoch spezifische Verhaltensweisen, die das Erreichen von Übereinstimmung oder das Herbeiführen einer Einwilligung fördern, was nichts anderes heißt, als dass Kunden das Angebot eines Verkäufers annehmen und sich dessen »Willen unterwerfen«.

Wir haben uns bereits damit beschäftigt, wie die Sorge vor negativer gesellschaftlicher Beurteilung Angst entstehen lässt, wie Provokation Wut auslöst, und dass das Verlangen nach Anerkennung eine starke motivierende Kraft sein kann. Es lässt sich generell sagen, dass viele Emotionen nur im Zusammenhang mit anderen Menschen, in einem zwischenmenschlichen Kontext, existieren. Man kann auf leblose Dinge, auf Gegenstände wütend sein, doch um Scham oder Stolz zu empfinden, bedarf es des Urteils anderer. Liebe schließlich ist etwas, dass nur zwischen zwei Menschen existiert (bei »Selbstliebe« handelt es sich um etwas vollkommen anderes). Es ist daher naheliegend, dass Menschen andere dazu bewegen können, etwas zu machen, das in ihrem Sinne ist, indem sie Tendenzen des Gehirns ausnutzen. Jeder, der darauf angewiesen ist, dass andere ihm Geld geben, damit er seinen Lebensunterhalt bestreiten kann, kennt bestimmte Methoden, diese anderen dazu zu bringen, mit dem Zaster rauszurücken. Und erneut ist die Arbeitsweise ihrer Gehirne weitestgehend dafür verantwortlich, dass diese Methoden erfolgreich sind.

Das soll nicht heißen, dass es Techniken gibt, die einem uneingeschränkte Kontrolle über andere verleihen. Dazu sind Menschen viel zu komplexe Wesen, egal, was Verführungskünstler einen glauben machen wollen. Dennoch gibt es einige wissenschaftlich anerkannte Methoden, um andere dazu zu veranlassen, die eigenen Wünsche zu erfüllen.

Da gibt es die »Fuß in der Tür«-Technik. Ein Freund bittet Sie, ihm Geld für den Bus zu leihen. Sie erklären sich bereit dazu. Dann fragt er, ob Sie ihm nicht auch noch ein bisschen was für ein Sandwich leihen können. Wieder sagen Sie Ja. Dann macht er den Vorschlag, man solle doch in eine Kneipe gehen und bei ein paar Bier ein bisschen miteinander plaudern. Das bedeutet, dass Sie zahlen sollen, denn er hat ja kein Geld. Sie denken: »Na, gut. Die paar Bier.« Aus den paar werden ein paar mehr, und dann bittet er Sie plötzlich um Geld für ein Taxi, da sein Bus jetzt weg ist. Sie seufzen und willigen ein, da Sie ja schon zu allem anderen Ja gesagt haben.

Wenn dieser sogenannte Freund gleich gesagt hätte: »Spendier mir ein Abendessen und ein paar Getränke und gib mir Geld, damit ich bequem nach Hause komme«, hätten Sie sich vermutlich geweigert, weil Sie diese Bitte unmöglich oder unverschämt gefunden hätten. Doch haben Sie genau das alles getan. Das ist die »Fuß in der Tür-Technik« (FIDT). Sie heißt so, weil der Bittende im übertragenen Sinn seinen Fuß in die Tür bekommen hat, als Sie sich bereit erklärt haben, ihm die erste, noch relativ kleine Bitte zu erfüllen.

Zum Glück hat diese Technik einige Nachteile. Zwischen der ersten und der zweiten Bitte muss einige Zeit verstreichen. Wenn jemand einwilligt, einem fünf Pfund zu leihen, kann man ihn nicht zehn Sekunden später um fünfzig Pfund angehen. Studien haben gezeigt, dass FIDT noch Tage oder sogar Wochen nach der Anfangsbitte funktionieren kann, doch irgendwann erlischt die Assoziation zwischen der ersten und der zweiten Bitte.

Die »Fuß in der Tür-Technik« funktioniert auch besser, wenn die Bitten »prosozialer« Natur sind, das heißt, wenn ihre Erfüllung als hilfreich oder gar wohltätig aufgefasst werden kann. Jemandem etwas zu essen zu kaufen ist hilfreich, ihm Geld zu leihen, damit er nach Hause fahren kann, ebenfalls. Es sind daher Bitten, auf die der andere relativ bereitwillig eingeht. Schmiere zu stehen hingegen, während jemand Obszönitäten auf das Auto seiner Ex kritzelt, ist nicht »wohlgetan«. Und wenn man anschließend aufgefordert würde, ihn auch noch zu deren Haus zu fahren, damit er dort die Fensterscheiben einschmeißen kann, würde man das ablehnen. Ganz tief in ihrem Inneren sind Menschen doch oft ganz nett.

Die »Fuß in der Tür«-Technik« ist auch auf Konsistenz angewiesen, also zum Beispiel, dass man jemandem Geld leiht und dann noch mehr Geld leiht. Wenn man jemanden nach Hause fährt, bedeutet das nicht, dass man bereit ist, einen Monat lang auf den Python aufzupassen, den er im Badezimmer als Haustier hält. Beides steht für die meisten Leute in keinem erkennbaren Zusammenhang.

Diesen Einschränkungen zum Trotz ist die »Fuß in der Tür«-Technik« immer noch recht wirksam. Möglicherweise haben Sie es schon selbst zu spüren bekommen. Hat vielleicht ein Mitglied Ihrer Familie Sie dazu gebracht, ihm seinen neuen Computer einzurichten, und Sie anschließend sieben Tage in der Woche rund um die Uhr als Techniker benutzt? *Das* ist die FIDT-Taktik.

Eine 2002 von Nicolas Guéguen durchgeführte Untersuchung hat gezeigt, dass diese Taktik sogar online funktioniert.[7] Studenten, die auf eine über E-Mail übermittelte Bitte, eine bestimmte Datei zu öffnen, eingingen, waren, wenn sie anschließend darum gebeten wurden, eher geneigt, an einer aufwendigeren Online-Untersuchung teilzunehmen, als andere. Überzeugungsarbeit ist oft von Faktoren wie Ton, Präsenz, Körpersprache, Augenkontakt und so weiter abhängig, doch wie diese Studie beweist, ist das alles nicht unbedingt notwendig: Das Gehirn scheint in beunruhigender Weise willens, auf die Bitten anderer einzugehen.

Ein weiterer Ansatz beruht tatsächlich darauf, dass eine Bitte abgeschlagen wurde. Nehmen wir einmal an, jemand fragt Sie, ob er alle seine Habseligkeiten bei Ihnen lagern kann, weil er aus seinem Haus ausziehen muss. Das ist für Sie unbequem, daher sagen Sie Nein. Daraufhin fragt der andere Sie, ob er sich für das Wochenende Ihr Auto leihen kann, damit er seinen ganzen Krempel woanders hinbringen kann. Das scheint Ihnen viel weniger Unannehmlichkeiten zu bereiten, daher sagen sie Ja. Doch ein Wochenende lang auf sein Auto zu verzichten, ist unangenehm – nur ein bisschen weniger unangenehm als das, was der andere zunächst von Ihnen gewollt hat: Jetzt fährt jemand mit Ihrem Auto in der Gegend herum, etwas, mit dem Sie sich normalerweise nie einverstanden erklärt hätten!

Das ist die »Tür in das Gesicht«-Technik (TIDG). Die Bezeichnung hört sich aggressiv an, es ist aber die Person, die manipuliert wird, welche den anderen, die Forderungen stellen, »die Tür ins Gesicht knallt«. Wenn man jedoch jemandem die Tür ins Gesicht knallt (metaphorisch oder wortwörtlich), dann hat man ein schlechtes Gewissen. Deswegen verspürt man den Wunsch, es wiedergutzumachen, und erklärt sich bereit, kleinere Wünsche zu erfüllen.

Bei der TIDG-Taktik können die Forderungen in viel kürzerem zeitlichem Abstand zueinander gestellt werden als bei der Verwendung der FIDT-Taktik. Da die erste Bitte abgeschlagen wurde, hat die betreffende Person sich noch nicht zu irgendetwas bereit erklärt. Es gibt auch Hinweise darauf, dass TIDG wirksamer ist. Bei einer 2011 von Annie Chan und ihren Mitarbeitern durchgeführten Studie setzte man sowohl FIDT als auch TIDG ein, um Gruppen von Schülern dazu zu bewegen, einen Arithmetiktest zu absolvieren.[8] Mit der FIDT-Taktik war man in 60 Prozent der Fälle erfolgreich, mit der TIDG-Taktik in nahezu 90 Prozent aller Fälle. Die Schlussfolgerung daraus lautet: Wenn man Schulkinder dazu bringen will, etwas zu tun, sollte man den TIDG-Ansatz wählen.

Dass TIDG so stark und zuverlässig wirkt, erklärt wohl, warum diese Taktik so häufig zum Einsatz kommt, wenn es um finanzielle Transaktionen geht. Wissenschaftler haben dies sogar zum Gegenstand einer Untersuchung gemacht: Eine 2008 von Ebster und Neumayr[9] durchgeführte Studie hat gezeigt, dass die TIDG-Technik sehr wirksam ist, wenn man vor einer Almhütte Vorüberkommenden Käse verkaufen will. (Anmerkung: Die meisten Experimente finden nicht vor Almhütten statt.)

Dann gibt es da noch die »low-ball«-Technik, die insofern der FIDT-Technik ähnelt, als sich jemand anfangs zu einer Sache bereit erklärt, am Ende aber dem Bittenden viel mehr zugesteht oder gibt.

Jemand stimmt einer Sache zu (eine bestimmte Summe zu zahlen, eine bestimmte Zeitspanne zur Erledigung einer Aufgabe zu gewähren), dann erhöht die andere Person plötzlich ihre anfängliche Forderung. Überraschenderweise gehen die meisten Leute, auch wenn sie sich verärgert oder enttäuscht fühlen, auf diese erhöhte Forderung ein. Eigentlich hätten sie reichlich Grund, sie abzuschlagen, weil sie bedeutet, dass jemand eine Vereinbarung um seines persönlichen Vorteils willen bricht. Doch wenn die plötzlich erhobene Nachforderung nicht zu übertrieben ist, dann wird sie fast immer erfüllt. Aber eben nur in einem gewissen Rahmen: Wenn Sie eingewilligt haben, 70 Pfund für einen gebrauchten DVD-Player zu zahlen, dann werden Sie nicht mehr einverstanden sein, wenn Sie plötzlich Ihre ganzen Ersparnisse hergeben und noch Ihr erstgeborenes Kind drauflegen sollen.

»Low-ball« kann eingesetzt werden, um Leute dazu zu bringen, etwas *umsonst* zu tun. Mehr oder weniger. Im Rahmen einer 2003 von Burger und Cornelius an der Santa Clara University durchgeführten Studie konnten Versuchspersonen dafür gewonnen werden, an einer Umfrage teilzunehmen, indem man ihnen einen Kaffeebecher als Geschenk in Aussicht stellte.[10] Kaum hatten sie sich dazu bereit erklärt, erfuhren sie, dass die Becher ausgegangen seien. Die meisten machten trotzdem bei der Umfrage mit. Eine andere Studie, die 1978 von Cialdini und Mitarbeitern durchgeführt wurde, ergab, dass Studenten sich eher dazu bewegen ließen, um sieben Uhr morgens zu einem Versuch zu erscheinen, wenn sie vorher schon eingewilligt hatten, sich um neun Uhr zu präsentieren, als wenn sie sofort aufgefordert wurden, um sieben an Ort und Stelle zu sein.[11] Ganz eindeutig sind Belohnung oder Kosten nicht die einzigen Faktoren, die eine Entscheidung beeinflussen. Viele Untersuchungen zur »low-ball«-Technik haben gezeigt, dass die bereits erfolgte Einwilligung in ein Abkommen entscheidend dafür ist, dass man sich daran hält, auch wenn die Bedingungen später geändert werden.

Das sind die bekannteren der vielen Methoden, mit denen man Menschen so manipulieren kann, dass sie bereit sind, einem seine Wünsche zu erfüllen. Ist es sinnvoll, dass die Evolution diese Empfänglichkeit für die Beeinflussung durch andere hervorgebracht hat? Die Evolution soll »the survival of the fittest«, das Überleben des Stärksten, zum Ziel haben, wie kann dann eine Neigung dazu, sich leicht manipulieren zu lassen, einem einen Vorteil einbringen? Mit dieser Frage werden wir uns später beschäftigen, wir können aber jetzt schon festhalten, dass all die Erfolge, die man mit den hier beschriebenen Techniken erzielen kann, sich mit gewissen Tendenzen des Gehirns erklären lassen.*

Diese hängen zu einem großen Teil mit unserem Selbstbild zusammen. In Kapitel 4 haben wir erfahren, dass das Gehirn (über die Stirnlappen) zur Analyse und zum Gewahrwerden seiner selbst fähig ist. Es ist also naheliegend, diese Informationen zu nutzen, um sein Verhalten so zu kontrollieren, dass man bei an-

---

* Es wurden viele Theorien und Spekulationen darüber angestellt, welche zerebralen Prozesse und Areale für diese in sozialer Hinsicht relevanten Tendenzen verantwortlich sind, doch ist es nach wie vor schwierig, diese genau zu identifizieren. Untersuchungen mit MRT oder EEG machen es erforderlich, dass die betreffenden Personen in einem Laboratorium an ein größeres Gerät »geschnallt« werden, und es ist schwer, in einem solchen Umfeld eine realistische soziale Interaktion in Gang zu setzen. Wenn Sie in einen Magnetresonanztomografen gequetscht wären und jemand hereinspazierte und Sie um einen Gefallen bäte, wären Sie wohl vor allem verwirrt.

deren einen guten Eindruck macht. Sie kennen sicher den Ausdruck, dass sich jemand »auf die Zunge beißt«. Warum sollte er das tun? Man kann der Meinung sein, dass das Baby von jemand anderem ziemlich hässlich ist, man bremst sich aber, sagt es nicht und gurrt stattdessen: »Oh, wie niedlich!« Das führt dazu, dass die Leute besser von einem denken. Man nennt das »impression management«, man wirkt also mithilfe seines sozialen Verhaltens darauf ein, welchen Eindruck man bei anderen macht. Auf neurologischer Ebene kümmern wir uns darum, was andere von uns halten, und wir geben uns größte Mühe, ihnen zu gefallen.

Eine 2014 von Tom Farrow und seinen Kollegen an der Universität Sheffield durchgeführte Untersuchung deutete darauf hin, dass es bei »impression management« zu Aktivität im medialen präfrontalen Kortex und im linken ventrolateralen präfrontalen Kortex sowie weiterer Regionen einschließlich des Mittelhirns und des Kleinhirns kommt.[12] Diese Areale wurden aber nur dann merklich aktiv, wenn die Versuchspersonen sich bemühten, einen *schlechten* Eindruck zu machen, also ein Verhalten an den Tag zu legen, das dazu führte, dass andere sie nicht mochten. Wenn sie sich hingegen um ein Verhalten bemühten, mit dem sie einen guten Eindruck machten, wies die Aktivität in den genannten Regionen keinen erkennbaren Unterschied zum Normalzustand auf.

Da die Probanden überdies viel schneller Verhaltensweisen hervorzubringen vermochten, mit denen sie einen positiven Eindruck machten, kamen die Forscher zu dem Schluss, dass *unser Gehirn die ganze Zeit über damit beschäftigt ist,* uns derart auf andere wirken zu lassen! Wenn man versucht, dies per Scan nachzuweisen, ist es, als würde man versuchen, in einem dichten Wald einen bestimmten Baum ausfindig zu machen: Es gibt nichts, das ihn von anderen unterscheidet. Bei der Studie wurde allerdings mit nur zwanzig Probanden gearbeitet. Es ist also möglich, dass man spezifische, mit diesem Verhalten verbundene Prozesse entdeckt, wenn man ihre Zahl erweitert, doch ist die Disparität zwischen Menschen, die sich bemühen, einen guten Eindruck zu machen, und solchen, die das Gegenteil zu erreichen versuchen, verblüffend.

Doch was hat das alles mit dem Manipulieren anderer zu tun? Nun, das Gehirn scheint darauf geeicht zu sein, andere Leute dahingehend zu beeinflussen, es (das heißt, Sie – seinen Besitzer) zu mögen. All die erwähnten Techniken zur Erlangung von Zustimmung nützen das Verlangen einer Person aus, von anderen positiv gesehen zu werden. Das ist ein so tief in uns verwurzelter Drang, dass er leicht ausgenutzt werden kann.

Wenn man einer Forderung zugestimmt hat, dann würde es vermutlich für Enttäuschung sorgen und der Meinung, die ein anderer von einem hat, abträglich sein, wenn man eine ähnliche Forderung zurückweisen würde: Deshalb funktioniert Fuß-in-der-Tür. Wenn man eine große Bitte abgelehnt hat, dann ist einem klar, dass man dem anderen aus diesem Grund nicht sympathisch ist. Deswegen ist man geneigt, zum »Ausgleich« oder Trost zu einer kleineren Bitte Ja zu sagen. Deswegen funktioniert Tür-in-das-Gesicht. Wenn man zugestimmt hat, eine Sache zu tun oder etwas zu zahlen, und die Forderung wird plötzlich heraufgeschraubt, dann würde es ebenfalls für Enttäuschung sorgen, wenn man sich zurückzöge, und man würde einen schlechten Eindruck machen: Deswegen funktioniert die »lowball«-Technik. All diese Techniken haben Erfolg, weil wir möchten, dass die anderen gut von uns denken. Wir willigen deswegen auch in die Forderungen ein, wenn unser besseres Wissen oder die Vernunft uns eigentlich davon abhalten sollten.

Zweifelsohne ist das alles aber noch komplexer. Unser Bild von uns selbst muss konsistent sein. Wenn unser Gehirn eine Entscheidung getroffen hat, kann es daher überraschend schwer sein, es wieder davon abzubringen. Das wird jeder wissen, der einen älteren Verwandten von der Überzeugung abzubringen versucht hat, dass alle Ausländer dreckige Diebe sind. Wir haben schon erfahren, dass Dissonanz entsteht, wenn man etwas tut, das dem zuwiderläuft, was man denkt. Dissonanz ist eine Nicht-Übereinstimmung von Denken und Verhalten, die einen quält, und in Reaktion darauf ändert das Gehirn oft seine Denkweise so, dass sie sich mit dem Verhalten deckt. Auf diese Weise wird die Harmonie wiederhergestellt.

Ihr Freund will Geld von Ihnen, Sie wollen ihm eigentlich keines geben, denn Sie haben ihm gerade schon eine kleinere Summe überlassen. Warum hätten Sie das tun sollen, wenn es Ihnen inakzeptabel vorgekommen wäre? Sie wollen konsequent erscheinen und gemocht werden, daher entscheidet Ihr Gehirn, dass Sie ihm doch mehr geben wollen. Voilà: Fuß in der Tür hat gewirkt. Das erklärt auch, warum es für das Funktionieren der »low-ball«-Taktik wichtig ist, dass jemand schon eine Wahl getroffen hat. Sein Gehirn hat eine Entscheidung gefällt, es wird aus Gründen der Konsistenz bei ihr bleiben, selbst wenn die Gründe für diese Entscheidung nicht mehr existieren: Man hat sich zu etwas verpflichtet, die Leuten zählen auf einen.

Es gibt auch das Prinzip der Reziprozität, des wechselseitigen Gebens und Nehmens, das – soweit wir wissen – allein der Mensch kennt. Es besagt, dass Menschen auf andere, die nett zu ihnen sind, auf die gleiche Weise reagieren, und zwar in entgegenkommenderer, großzügigerer Weise, als ihr Eigeninteresse es eigentlich zuließe.[13] Wenn man jemandem eine Bitte abschlägt und er daraufhin eine maßvollere Forderung stellt, dann empfindet man das als ein Entgegenkommen von seiner Seite und ist bereit, sich dafür ihm gegenüber übertrieben großzügig zu verhalten. FIDT nutzt diese Neigung aus: Das Gehirn deutet dieses »eine maßvollere Bitte vorbringen, als die erste es war« so, dass der *andere* einem einen Gefallen tut – es ist und bleibt eben ein Idiot.

Auch gesellschaftliche Dominanz und Kontrolle kommen ins Spiel. Einige (die meisten?) Menschen wollen – zumindest, wenn sie westlichen Kulturen angehören – den Eindruck erwecken, dominant zu sein und/oder die Kontrolle auszuüben, weil das Gehirn das als einen sichereren, lohnenderen Zustand ansieht. Das kann sich oft auf fragwürdige Weise manifestieren. Wenn jemand Sie um etwas bittet, dann nimmt er Ihnen gegenüber eine unterlegene Position ein, und sie wahren Ihre Dominanz (und werden weiterhin gemocht), indem Sie ihm beistehen. Das trägt zum Erfolg der FIDT-Taktik bei.

Wenn man jemandem eine Bitte abschlägt, dann macht man ebenfalls seine Dominanz geltend, und wenn dieser Jemand dann seine Forderung herunterschraubt, erweist er sich damit als gefügig oder gar unterwürfig. Wenn man also auf diese maß-vollere Bitte eingeht, kann man der Überlegene bleiben und gleichzeitig gemocht werden. Positive Gefühle im Doppelpack. Das alles kann der Effekt von TIDG sein. Und nehmen wir einmal an, dass Sie sich zu etwas entschieden haben, und dann ändert jemand die Bedingungen. Wenn Sie daraufhin einen Rückzieher machen, heißt das so viel wie, dass dieser andere Kontrolle *über Sie* hat. Zum Teufel damit. Sie werden trotzdem das tun, wozu Sie sich bereit erklärt haben, weil Sie ein netter Mensch sind, verdammt noch mal: *low ball*.

Um es zusammenzufassen: Unsere Gehirne bewirken, dass wir gemocht werden, überlegen und konsistent sein wollen. Das Ergebnis ist, dass wir verletzlich sind, jeder skrupellosen Person hilflos preisgegeben, die an unser Geld heran will und Grundkenntnisse im Feilschen besitzt. Es ist schon ein unglaublich komplexes Organ dafür nötig, um einen derart verdummen zu lassen.

Armes, zerrüttetes Gehirn

Warum das Ende einer Beziehung einen so fertigmachen kann

Haben Sie jemals tagelang zusammengekrümmt auf dem Sofa gelegen, bei zugezogenen Vorhängen, das Klingeln des Telefons negierend, sich nur sporadisch die Tränen und den Rotz aus dem Gesicht wischend und sich bei alldem fragend, warum die Welt sich entschieden hat, Sie so grausam zu quälen? Ein gebrochenes Herz kann einen vollkommen umhauen und außer Gefecht setzen. Eine solche Erfahrung ist eine der schlimmsten, die einem modernen Mensch widerfahren kann. Sie hat zu großen Schöpfungen auf dem Gebiet von bildender Kunst und Musik angeregt, wie auch einige entsetzliche Gedichte entstehen lassen. In physischer Hinsicht ist Ihnen nichts geschehen; Sie haben keine Wunde davongetragen; Sie haben sich keinen heimtückischen Virus eingefangen. Ihnen wurde nur klargemacht, dass Sie eine Person, mit der Sie häufig und intensiv Umgang gehabt haben, in Zukunft nicht mehr sehen oder treffen werden. Das ist alles. Warum versetzt es Ihnen dann einen Schlag, von dem Sie sich wochen- oder monatelang, ja in einigen Fällen sogar für den Rest des Lebens nicht mehr erholen?

Es liegt daran, dass andere Menschen großen Einfluss auf das Wohlergehen unseres Gehirns (und damit von uns selbst) ausüben, und das ist vor allem bei Herzensangelegenheiten so.

Ein großer Teil der menschlichen Kultur scheint dazu zu dienen, uns in einer lange währenden Beziehung enden zu lassen, beziehungsweise die Existenz einer solchen anzuerkennen oder kundzutun (das ist der Zweck von Valentinstagen, Hochzeiten, romantischen Komödien, Liebesballaden, Ehe- und Verlobungsringen und anderem Schmuck, einem großen Prozentsatz der Lyrik, Countrymusic, Glückwunschkarten, dem Spiel *Mr. & Mrs.*

und vielem mehr). Monogamie ist bei anderen Primaten[14] nicht die normale Lebensform, und sie wirkt auch merkwürdig, wenn man bedenkt, dass wir viel länger leben als andere Affen und daher in der uns zur Verfügung stehenden Zeit mit viel mehr Partnern herummachen könnten. Wenn es um »survival of the fittest« geht, das heißt auch darum, sicherzustellen, dass unsere eigenen Gene weitergegeben werden, dann ergäbe es Sinn, mit so vielen Partnern wie möglich Nachwuchs zu zeugen und nicht unser ganzes Leben lang bei einem/einer zu bleiben. Doch genau das tun wir Menschen.

Es gibt zahlreiche Theorien dazu, warum Menschen anscheinend gezwungen sind, monogame Beziehungen einzugehen und beizubehalten. Biologische und kulturelle Faktoren werden ins Spiel gebracht, der Einfluss des Umfelds und die Evolution. Einige Wissenschaftler behaupten, feste monogame Beziehungen führten dazu, dass zwei Elternteile sich um den Nachwuchs kümmerten und nicht nur eines. Die Jungen hätten dadurch eine größere Überlebenschance.[15] Andere meinen, dass solche Beziehungen durch kulturelle Einflüsse entstünden, durch religiöse Doktrinen etwa, aber auch durch Klassensysteme, zum Beispiel dadurch, dass eine Klasse danach trachtet, Einfluss und Wohlstand auf eine enge Schicht oder gar die eigene Sippe beschränkt zu halten (man kann nicht sichergehen, dass die eigene Sippe die Privilegien erbt, »das Geld in der Familie bleibt«, wenn man ihre Ausbreitung durch Fortpflanzung nicht im Auge behält).[16] Eine andere interessante neue Theorie führt alles auf den Einfluss von Großmüttern zurück, die Kleinkinder hüten und dadurch das Bestehenbleiben von ehelichen Verbindungen fördern (sogar die hingebungsvollste Großmutter würde vermutlich davor zurückschrecken, sich um den ihr fremden Nachwuchs des oder der Ex ihres eigenen Kindes zu kümmern).[17]

Was auch immer der Grund ist: Menschen scheinen so gepolt zu sein, dass sie nach monogamen Beziehungen streben und diese beibehalten. Und das spiegelt sich in einer Reihe merkwürdiger Dinge wider, die das Gehirn unternimmt, wenn wir uns in jemanden »verschießen«.

Anziehungskraft wird von zahlreichen Faktoren bestimmt. Viele Spezies entwickeln sekundäre Geschlechtsmerkmale, die sich mit der sexuellen Reife ausbilden, aber nicht direkt am Fortpflanzungsprozess beteiligt sind: Der Schwanz eines Pfaus oder das Geweih eines Elchs sind Beispiele dafür. Sie sind eindrucksvoll und geben zu erkennen, wie fit und gesund das betreffende Lebewesen ist, doch darüber hinaus bewirken sie nicht viel. Bei uns Menschen verhält es sich ganz ähnlich. Als Erwachsene entwickeln wir viele Merkmale, die anscheinend weitestgehend dafür bestimmt sind, andere physisch anzuziehen: eine tiefe Stimme, eine athletische Figur, Gesichtsbehaarung bei Männern, straffe Brüste und ausgeprägte Rundungen bei Frauen. Nichts davon ist wirklich »wesentlich«, doch in grauer Vorzeit kamen einige unserer Vorfahren zu dem Schluss, dass ihnen genau diese Merkmale an einem Partner gefielen, und für den Rest sorgte von da an die Evolution. Doch stehen wir dann bezüglich unseres Gehirns einer Art Huhn-und-Ei-Szenarium gegenüber, dem zufolge das menschliche Gehirn inhärent bestimmte Eigenschaften attraktiv findet, weil es sich so entwickelt hat, dass es sie mag. Doch was war zuerst da: das Angezogenwerden oder die Anerkennung dieses Angezogenwerdens durch das primitive Gehirn? Schwer zu sagen.

Jede/r von uns besitzt, wie wir wissen, seine oder ihre eigenen Präferenzen und Lieblingstypen, doch es gibt generelle, überindividuelle Muster. Die meisten Menschen finden sich von den oben erwähnten sekundären Merkmalen angezogen, andere hingegen finden Eigenschaften wie den Witz oder die Persönlichkeit eines anderen Menschen viel »sexier« als irgendwelche physischen Charakteristika. Kulturelle Faktoren spielen eine große Rolle, die Medien zum Beispiel haben großen Einfluss darauf, was als attraktiv gilt oder was als »andersartig« und deswegen oft als weniger anziehend angesehen wird. Stellen Sie einmal die Beliebtheit von Bräunungsmitteln der gewaltigen Nachfrage nach Aufhellungslotionen und Bleichcremes in vielen asiatischen Ländern gegenüber. Einige Forschungsergebnisse wirken bizarr, wie zum Beispiel jenes, das zu belegen scheint, dass Menschen sich stärker zu Individuen hingezogen fühlen, die ihnen ähneln[18] – das geht wohl auf die Ego-Voreingenommenheit des Gehirns zurück.

Es ist jedoch wichtig, zwischen einem Verlangen nach Sex – auch als Lust bekannt – und jenem tiefer gehenden emotionalen Angezogensein und der seelischen Verbundenheit, die wir mit Liebe in Verbindung bringen, zu differenzieren. Beides findet man eher in langfristigen Beziehungen. Die Leute können rein physische sexuelle Interaktionen mit Partnern genießen, zu denen sie keine echte »Zuneigung« verspüren, abgesehen davon, dass sie ihre äußere Erscheinung reizvoll finden – und sogar das ist keine Voraussetzung. Sexuelle Empfindungen lassen sich nur schwer mit bestimmten Vorgängen im Gehirn in Verbindung bringen, da sie einen Großteil unseres Denkens als Erwachsene beeinflussen. Doch dieser Abschnitt handelt auch nicht wirklich von Lust. Wir wollen uns stattdessen mit *Liebe* beschäftigen, in einem romantischen Sinn, einem Gefühl, das man für eine ganz bestimmte Person empfindet.

Es gibt viele Belege dafür, dass das Gehirn die Empfindungen von Lust und Liebe auf unterschiedliche Weise entstehen lässt. Studien von Bartels und Zeki haben gezeigt, dass es, wenn man Individuen, die sich selbst als »verliebt« bezeichnen, Bilder von ihren Angebeteten zeigt, zu einer gesteigerten Aktivität in einem Geflecht von Gehirnregionen kommt, das die sogenannte Reilsche Insel, den vorderen Kortex cingulatis, den Nucleus caudatus und das Putamen einschließt (beim Empfinden von Lust oder Gefühlen von Zuneigung, die eher platonischer Art sind, ließ sich keine solche erhöhte Aktivität feststellen). Gleichzeitig kommt es zu einer geringeren Aktivität im hinteren Gyrus cingulatis und der Amygdala. Der hintere Gyrus cingulatis wird oft mit dem Empfinden schmerzlicher Gefühle assoziiert, es scheint also logisch, wenn die Anwesenheit der geliebten Person die Tätigkeit des Gyrus cingulatis ein wenig eindämmt. Wie wir gesehen haben, ist die Amygdala generell für die Verarbeitung von Emotionen und Erinnerungen zuständig, häufig geht es dabei aber um negative Gefühle und Erfahrungen wie Angst und Wut, also scheint eine verminderte Aktivität auch in ihrem Fall logisch. Menschen, die in festen Beziehungen leben, wirken oft entspannter und weniger mitgenommen von alltäglichen Ärgernissen. Sie machen auf einen neutralen Beobachter häufig einen »selbstzufriedenen« Eindruck. Auch in Regionen wie dem präfrontalen Kortex, der für logisches Denken und das Fällen von rationalen Entscheidungen verantwortlich ist, ist die Aktivität reduziert.

Bestimmte chemische Substanzen und Neurotransmitter sind ebenfalls involviert.* Verliebt zu sein scheint die Dopaminaktivität im Belohnungspfad anzuregen,[19] was bedeutet, dass die Gegenwart unseres Partners/unserer Partnerin uns ein Gefühl von Vergnügen vermittelt − beinahe wie eine Droge (siehe Kapitel 8). Oxytocin wird deshalb auch oft als »Liebeshormon« oder ähnlich bezeichnet, was aber einer albernen Übersimplifizierung einer komplexen Substanz gleichkommt. Bei Menschen, die in einer Beziehung leben, scheint der Oxytocinspiegel jedoch tat-

---

* Eine Art von chemischen Substanzen, die oft mit Anziehung assoziiert werden, sind Pheromone, die in Schweiß enthalten sind. Werden sie von anderen Individuen entdeckt, ändern diese daraufhin ihr Verhalten in dem Sinne, dass sie durch diese Pheromone angeregt und zu deren Quelle hingezogen werden. Zwar ist von solchen menschlichen Pheromonen ständig die Rede (es gibt anscheinend Sprays, die sie enthalten und mit deren Hilfe man angeblich seine sexuelle Anziehungskraft steigern kann), doch gibt es derzeit keine definitiven Beweise dafür, dass Menschen über spezifische Pheromone verfügen, die sich auf ihre Anziehungskraft auswirken und andere an- oder erregen. (A. Aron u. a.: »Reward, motivation, and emotion systems associated with early-stage intense romantic love.« In: *Journal of Neurophysiology*, 2005. 94 (1), S. 327–337.) Das Gehirn mag zwar oft dämlich sein, aber so leicht lässt es sich dann doch nicht manipulieren.

sächlich erhöht zu sein, und das Hormon wird mit Empfindungen wie Vertrauen und Verbundenheit in Beziehung gebracht.

Das ist es, was auf rein biologischer Ebene in unseren Gehirnen abläuft, wenn wir uns verlieben. Es gibt noch vieles andere zu untersuchen, wie das erweiterte Empfinden seiner selbst und der eigenen Leistungen, das sich aus dem emotionalen Verbundensein mit einer anderen Person ergibt. Dann die enorme Befriedigung, die dadurch entsteht, dass ein anderer Mensch einen so sehr schätzt und einem in guten wie in schlechten Zeiten zur Seite sein will. In Anbetracht der Tatsache, dass in den meisten Kulturen das Leben in einer Beziehung als höchstes Ziel oder höchste Leistung angesehen wird (wie jeder glückliche Single Ihnen – für gewöhnlich zähneknirschend – bestätigen wird), erhöht sich auch der gesellschaftliche Status von jemandem, der mit einem Partner/einer Partnerin zusammen ist.

Die Flexibilität des Gehirns hat überdies zur Folge, dass es, in Reaktion auf all diese tief gehenden und intensiven Effekte, die das Verbundensein mit einer anderen Person hat, von einer solchen »Zweisamkeit« auszugehen beginnt. Unsere Partner/innen werden in unsere langfristigen Pläne einbezogen, in unsere Ziele und Ambitionen, unsere Erwartungen für die Zukunft und Denkmuster, in unsere allgemeine Sicht der Welt. Sie sind ein wesentlicher Teil unseres Lebens.

Und dann ist plötzlich Schluss damit! Vielleicht war einer der beiden Partner dem anderen untreu, vielleicht haben sie einfach nicht genügend gemeinsam gehabt, vielleicht hat das Verhalten des einen den anderen vertrieben. (Studien haben gezeigt, dass Menschen, die ängstlich veranlagt sind, eher dazu neigen, Beziehungskonflikte zu übertreiben und auszuweiten, unter Umständen bis zu dem Punkt, an dem der Bruch nicht mehr zu kitten ist.[20])

Denken Sie einmal daran, was das Gehirn alles investiert, damit eine Beziehung bestehen bleibt, was für Wandlungen es durchläuft, welchen Wert es dem Leben in einer Beziehung beimisst, wie viele langfristige Pläne es schmiedet, mit wie vielen eingefahrenen Abläufen es zu rechnen beginnt! Wenn man all das mit einem Schlag zunichtemacht, muss das gravierende negative Auswirkungen auf das Gehirn haben.

All die positiven Empfindungen, mit denen es zu rechnen begonnen hat, kommen mit einem Schlag zum Erliegen. Unsere Pläne und Hoffnungen für die Zukunft haben plötzlich ihre Gültigkeit verloren, was eine unglaubliche Qual für ein Organ sein muss, welches, wie wir schon mehrfach gesehen haben, nicht gut mit Unsicherheit und Zweideutigkeit zurechtkommt. Und wenn die Beziehung lange Bestand gehabt hat, dann kommt eine Fülle von Ungewissheiten in Bezug auf das alltägliche Leben auf einen zu. Wo wird man wohnen? Wird man seine Freunde verlieren? Wie wird es mit den Finanzen aussehen?

Auch in gesellschaftlicher Hinsicht richtet eine Trennung viel Schaden an, da wir ja unserer sozialen Akzeptanz und unserem Status großen Wert beimessen. Es ist schon schlimm genug, wenn man allen Freunden und Verwandten beibringen muss, dass man in Bezug auf eine Beziehung »versagt« hat. Doch schlimmer ist die Trennung selbst: Jemand, der dich besser kennt als sonst ein Mensch auf intimster Ebene, hat dich für nicht akzeptabel erachtet. Das ist ein richtiger Hieb für dein Selbstwertgefühl. Er tut richtig weh.

Wobei »wehtun« übrigens wörtlich zu nehmen ist. Studien haben gezeigt, dass bei einer Trennung die gleichen Gehirnregionen aktiviert werden, die auch beim Empfinden von physischem Schmerz aktiv sind.[21] In diesem Buch sind schon zahlreiche Beispiele dafür angeführt worden, dass das Gehirn soziale Probleme auf dieselbe Weise verarbeitet wie echte physische Probleme, dass zum Beispiel soziale Ängste genauso aufwühlend sein können wie eine tatsächliche körperliche Gefährdung, und in diesem Fall ist es nicht anders. Man spricht von »Liebesschmerz«, und ja, es stimmt, Liebe kann Schmerzen hervorrufen. Paracetamol kann manchmal sogar bei »Herzeleid« helfen.

Nehmen Sie noch hinzu, dass Sie zahllose Erinnerungen an die geliebte Person haben, die einmal »glückliche« waren, jetzt aber mit sehr negativen Empfindungen verbunden sind. Das unterminiert Ihr Selbstgefühl beträchtlich. Und, um dem Ganzen die Krone aufzusetzen: Die Erfahrung, dass Liebe wie eine Droge wirkt, lässt Sie nicht los, die Erinnerung an die vielen positiven Gefühle, die Sie empfanden, sucht Sie immer wieder heim. Sie waren an etwas ungeheuer Bereicherndes gewöhnt, und plötzlich wird Ihnen das genommen. In Kapitel 8 werden wir sehen, dass Gewöhnung und anschließender Entzug sich sehr störend und schädlich auf das Gehirn auswirken können. Etwas ganz Ähnliches passiert mit ihm, wenn wir die plötzliche Trennung von einem langjährigen Partner erleben.[22]

Das heißt nicht, dass das Gehirn unfähig ist, mit einer solchen Trennung fertigzuwerden. Es kann alles im Lauf der Zeit wieder »beheben«, wenn es auch ein langwieriger Prozess ist. Einige Experimente haben gezeigt, dass man sich schneller erholen kann, wenn man sich auf die positiven Folgen einer Trennung konzentriert,[23] was im Einklang mit der früher erwähnten Tendenz des Gehirns, sich lieber an Gutes als an Schlechtes zu erinnern, steht. Und manchmal bestätigt die Wissenschaft auch den Wahrheitsgehalt von alten Spruchweisheiten: Zeit heilt Wunden.[24]

Doch insgesamt widmet das Gehirn dem Zustandekommen und dem Aufrechterhalten einer Beziehung so viel Zeit und Energie, dass es, wie wir selbst, leidet, wenn alles zusammenbricht. »Breaking up is hard to do« ist eine Untertreibung.

Im Schwarm sind kleine Fische stark

Wie das Gehirn darauf reagiert, wenn man Teil einer Gruppe ist

Was genau ist ein Freund? Wenn man diese Frage laut stellt, umgibt man sich selbst mit einem Hauch von Tragik. Ein Freund ist im Grunde jemand, mit dem man sich verbunden fühlt, ohne mit ihm verwandt oder in ihn verliebt zu sein. Doch ist die Sache komplizierter, weil wir viele verschiedene Kategorien von Freunden kennen: Arbeitskollegen, Schulkameraden, Jugendgefährten, gute Bekannte, solche, die man nicht wirklich mag, aber schon zu lange kennt, um ihnen den Laufpass geben zu können, und so weiter. Das Internet hat uns inzwischen auch »online«-Freunde oder *followers* beschert: Menschen können mit seiner Hilfe Beziehungen zu gleichgesinnten Fremden auf dem ganzen Planeten knüpfen.

Es ist ein Glück, dass wir solche leistungsfähigen Gehirne besitzen, die all diese verschiedenen Arten von Beziehungen verarbeiten können. Einigen Wissenschaftlern zufolge ist das gar kein uns zupass kommender Zufall. Sie meinen, dass wir solche großen, potenten Gehirne besitzen, *weil* wir komplizierte soziale Bindungen eingegangen sind.

Das ist die Hypothese vom »sozialen Gehirn«, welche besagt, dass menschliche Gehirne aufgrund menschlicher Soziabilität so komplex sind.[25] Die Angehörigen vieler Spezies leben in großen Gruppen zusammen, aber das hat nicht notwendigerweise Intelligenz zur Folge. Schafe bilden Herden, doch scheint ihre Existenz aus kaum etwas anderem zu bestehen, als Gras zu fressen, zu blöken und vor allem Möglichen zu fliehen. Dafür braucht es nicht viel Gehirn.

Im Rudel zu jagen erfordert größere Intelligenz, da Abläufe koordiniert werden müssen. Daher sind Raubtiere, die das tun –

Wölfe zum Beispiel –, in der Regel klüger als ihre sanftmütigen, aber zahlreichen Beutetiere. Die frühen menschlichen Gemeinschaften waren noch komplexer strukturiert. Einige Hordenmitglieder jagten, während andere bei den Wohnstätten blieben, sich um die Jungen und die Kranken kümmerten, die Behausungen schützten, nach Essbarem stöberten, Werkzeuge anfertigten und so weiter. Diese Kooperation und Aufteilung der Arbeit schuf größere Sicherheit, eine Umgebung, in der die Spezies überleben und gedeihen konnte.

Ein solches Arrangement erfordert es aber, dass Menschen sich um andere Menschen kümmern, die in keinem biologischen Verwandtschaftsverhältnis zu ihnen stehen. Dazu braucht es mehr als einfache »Schützen wir unsere Gene«-Instinkte. Deswegen gehen wir Freundschaften ein, was nichts anderes bedeutet, als dass wir uns um das Wohlergehen anderer sorgen, obwohl unsere einzige biologische Verbindung zu ihnen darin besteht, dass wir derselben Spezies angehören (und der »beste Freund« des Menschen zeigt, dass noch nicht einmal das nötig ist).

Die sozialen Beziehungen zu koordinieren, die für das Leben in einer größeren Gemeinschaft nötig sind, macht die Verarbeitung einer Fülle von Informationen notwendig. Während Rudeljäger wie Wölfe eher das Strategiespiel Tic Tac Toe spielen, veranstalten in Gemeinschaften lebende Menschen Schachturniere – folglich sind leistungsfähige Gehirne unabdingbar.

Die menschliche Evolution lässt sich nur schwer unmittelbar erforschen, es sei denn, Sie haben ein paar hunderttausend Jahre Zeit und eine Menge Geduld. Es lässt sich daher auch nur schwer ermitteln, ob die Hypothese vom sozialen Gehirn zutrifft. Eine 2013 von Forschern der Oxford University durchgeführte Studie hat angeblich mithilfe ausgeklügelter Computermodelle nachweisen können, dass gesellschaftliche Beziehungen ein größeres Maß an Verarbeitungsenergie (und daher mehr Gehirnschmalz) erfordern.[26] Das ist interessant, aber die Studie ist nicht wirklich beweiskräftig: Wie stellt man Freundschaft mithilfe eines Computermodells dar? Menschen besitzen eine ausgeprägte Neigung, sich zu Gruppen zusammenzuschließen und Beziehungen mit anderen einzugehen sowie sich um andere zu kümmern. Ein völliger Mangel an Anteilnahme oder Mitleid mit anderen wird auch heute noch als abnormal, als krankhaft angesehen.

Eine angeborene Neigung, einer Gruppe angehören zu wollen, kann hilfreich für das Überleben sein, sie bringt aber auch einige surreale und bizarre Folgeerscheinungen hervor. Zum Beispiel kann durch die Zugehörigkeit zu einer Gruppe unser Urteilsvermögen, ja sogar unsere Wahrnehmung getrübt werden.

Wir alle kennen so etwas wie Gruppendruck oder Gruppenzwang. Beides lässt einen etwas tun oder sagen, von dem man nicht wirklich überzeugt ist, das man aber trotzdem tut oder sagt, weil die Gruppe, zu der man gehört, es von einem erwartet. Man behauptet zum Beispiel, eine Band, deren Musik man eigentlich scheußlich findet, zu mögen, weil die anderen coolen Jungs (oder Mädchen) sie toll finden, oder man diskutiert stundenlang mit seinen Freunden darüber, wie großartig ein Film war, der den anderen gefallen hat, den wir selbst aber unerträglich langweilig gefunden haben. Die Existenz dieses Phänomens ist wissenschaftlich bestätigt und als »normative soziale Beeinflussung« bekannt. Zu dem Phänomen kommt es, wenn das eigene Gehirn ein Urteil oder eine Meinung über etwas bildet, doch sofort davon abrückt, wenn die Gruppe, mit der man sich identifiziert, zu einem anderen Urteil oder einer anderen Meinung kommt. Mit beunruhigender Häufigkeit räumt unser Gehirn einem »Gemochtwerden« den Vorzug vor einem »Rechthaben« ein.

Das ist unter wissenschaftlichen Versuchsbedingungen nachgewiesen worden. Bei einer 1951 von Solomon Asch durchgeführten Untersuchung fasste man Versuchspersonen zu kleinen Gruppen zusammen und stellte ihnen dann simple Fragen. Man zeigte ihnen zum Beispiel ein Blatt mit drei unterschiedlich langen Strichen, und sie sollten sagen, welcher davon der längste war.[27] Es mag Sie vielleicht überraschen, dass die meisten der Probanden eine völlig falsche Antwort gaben. Die Wissenschaftler hingegen waren überhaupt nicht überrascht, denn nur jeweils eine Person in einer Gruppe war eine echte Versuchsperson, die anderen taten nur so als ob. Man hatte sie vorher angewiesen, die falsche Antwort zu geben. Die echten Versuchspersonen mussten jeweils als Letzte antworten, das heißt, wenn sie schon die Antworten der anderen mitbekommen hatten. Und in 75 Prozent aller Fälle schlossen sie sich ihnen an und gaben ebenfalls die falsche Antwort.

Wenn man anschließend von ihnen wissen wollte, warum sie eine Antwort gegeben hatten, die ganz eindeutig nicht stimmte, dann erklärten sie, sie hätten »keinen Staub aufwirbeln«, nicht für Unruhe sorgen wollen oder Ähnliches. Sie hatten die anderen Gruppenmitglieder nicht gekannt, bevor das Experiment sie mit ihnen zusammengeführt hatte, und doch legten sie Wert darauf, von ihnen gemocht zu werden. Und dieses Verlangen war so stark, dass sie das, was sie mit ihren Sinnen wahrnahmen, leugneten. Zu einer Gruppe zu gehören, ist offenbar für unser Gehirn von vorrangiger Bedeutung.

Das ist aber nicht zwangsläufig so. Zwar schlossen sich in 75 Prozent der Fälle die Versuchspersonen den falschen Antworten der anderen Gruppenmitglieder an, in 25 Prozent der Fälle taten sie es aber nicht. Es kann sein, dass wir stark von den uns umgebenden Mitmenschen beeinflusst werden, doch kann unser eigener Hintergrund, unsere eigene Persönlichkeit oft ebenso wirkungsvoll sein. Und Gruppen setzen sich aus verschiedenen »Typen« zusammen, nicht aus Klonen, die keine eigene Individualität besitzen. Man trifft auch auf Menschen, denen es ein Wahnsinnsvergnügen bereitet, Dinge von sich zu geben, an denen fast alle anderen Anstoß nehmen werden – nehmen müssen. Man kann ein irres Geld machen, wenn man das in vom Fernsehen produzierten Talentshows tut.

Man kann die Unterwerfung unter einen normativen sozialen Einfluss als eine bestimmte Art des Verhaltens ansehen: Wir *tun* so, als ob wir der Gruppe beipflichteten, auch wenn das nicht so ist. Die Leute um uns herum können uns aber sicherlich nicht vorschreiben, was wir denken, oder?

Nun, häufig stimmt das. Wenn alle Ihre Freunde oder Familienmitglieder plötzlich darauf beharrten, dass 2 + 2 = 7 ist, oder dass die Schwerkraft einen emporhebt, dann würden Sie, auch wenn Sie plötzlich ganz alleine dastünden, ihnen nicht recht geben. Sie hätten vielleicht Angst, dass jeder, an dem Ihnen etwas liegt, auf einmal durchgeknallt ist, und würden, um ihn zu begütigen, eine Art von Zustimmung murmeln. Das wäre aber rein äußerlich. Ihre eigenen Sinne und Ihr Verstand würden Ihnen sagen, dass die anderen irren oder irre sind. Doch das gilt nur, wenn die Wahrheit wirklich offenkundig ist. In uneindeutigeren Situationen können andere Menschen in der Tat auf unsere Gedankenprozesse einwirken.

Dabei handelt es sich um eine »informationelle soziale Beeinflussung«: Unser Gehirn benutzt andere Menschen als zuverlässige Informationsquellen, wenn es versucht, unklare Szenarien zu durchschauen. Das erklärt vielleicht auch, warum anekdotische Evidenz – mit anderen Worten: Berichte – so überzeugend wirken kann. Akkurate Daten zu einem komplexen Thema zu ermitteln und zusammenzutragen kann harte Arbeit sein, aber wenn man sie von einem Typen, den man aus der Kneipe kennt, oder von der Cousine der Mutter seiner Freundin, die darüber Bescheid weiß, geliefert bekommt, dann reicht einem das oft, es erscheint einem glaubhaft. Die alternative Medizin und Verschwörungstheorien verdanken diesem Phänomen ihr Überleben.

Das ist vielleicht verständlich. Für ein Gehirn, das sich in Entwicklung befindet, sind andere Menschen die Hauptinformationsquelle. Mimikry und Nachahmung sind grundlegende Prozesse, mit deren Hilfe Kinder lernen, und Neurowissenschaftler sind jetzt schon seit vielen Jahren ganz fasziniert von »Spiegel-neuronen«. Das sind Neuronen, die identische Aktivitätsmuster zeigen, wenn wir selbst eine bestimmte Handlung ausführen, wie auch dann, wenn wir jemand anders dabei beobachten, der diese Handlung ausführt. Diese Spiegelung deutet darauf hin, dass das Gehirn auf einer ganz elementaren Ebene das Verhalten anderer erkennt und selbst die Prozesse in Gang setzt, die nötig sind, um es hervorzubringen. (Zu Spiegelneuronen und ihren Eigenschaften herrschen in der Forschung sehr widersprüchliche Ansichten,[28] also nehmen Sie nichts, was Sie darüber lesen oder hören, für bare Münze.)

Unsere Gehirne ziehen es vor, in undurchschaubaren Situationen andere Menschen als verlässliche Informationsquellen zu benutzen. Das menschliche Gehirn hat sich im Lauf von Millionen von Jahren entwickelt, und unsere Mitmenschen sind schon viel länger da als Google. Es ist klar, dass das von Nutzen sein kann: Man hört ein Geräusch und denkt, das könnte unter Umständen ein in Rage geratenes Mammut sein, doch alle anderen Mitglieder der Horde rennen schreiend weg, also *wissen* Sie, dass es ein in Rage geratenes Mammut ist und man sich ihnen am besten anschließt. Es gibt aber auch Gelegenheiten, bei denen es unangenehme und unheilvolle Folgeerscheinungen haben kann, wenn man sich in Bezug auf seine Handlungen und Entscheidungen an dem orientiert, was die anderen tun.

1964 wurde die New Yorkerin Kitty Genovese brutal ermordet. Das an sich schon tragische Ereignis bekam eine zusätzliche erschütternde Dimension, als durch Zeitungsberichte bekannt wurde, dass achtunddreißig Personen Zeugen des Angriffs auf sie wurden, aber nichts taten, um ihr zur Hilfe zu kommen. Dieses schockierende Verhalten veranlasste die Sozialpsychologen Darley und Latané dazu, sich mit dem Fall zu beschäftigen. Ihre Forschungen führten zur Entdeckung eines Phänomens, das als »bystander effect« oder »Zuschauereffekt« bekannt geworden ist.* Darunter versteht man das Phänomen, dass Menschen, die Zeugen eines Unfalls oder einer kriminellen Tat werden, weniger geneigt sind, zugunsten des Opfers einzugreifen, wenn sich noch andere Personen, »bystanders«, also »Dabeistehende«, am Ort des Geschehens befinden.[29] Ein solches Nichteingreifen ist nicht (immer) auf Egoismus oder Feigheit zurückzuführen, sondern darauf, dass wir uns in Bezug auf unsere Handlungen an anderen Menschen orientieren, wenn wir unsicher sind, wie wir uns verhalten sollen. Es gibt viele Menschen, die ohne lange zu fackeln zuschlagen, wenn und wo sie gebraucht werden, doch wenn andere zugegen sind, dann entsteht durch den »bystander effect« ein psychisches Hindernis, eine Hemmung, die erst überwunden werden muss.

Dieser Effekt blockiert unsere Handlungen und Entscheidungen: Er hält uns davon ab, etwas zu tun, weil wir uns in einer Gruppe befinden. Teil einer Gruppe zu sein, kann uns auch dazu bringen, etwas zu denken oder zu tun, das wir nie denken oder tun würden, wenn wir für uns allein wären.

Wenn man sich in einer Gruppe befindet, löst das unweigerlich in einem das Bedürfnis nach einem harmonischen Verhältnis zu den anderen Gruppenmitgliedern aus. Eine in sich zerstrittene oder zänkische Gruppe ist nicht nützlich, und es ist nicht angenehm, zu ihr zu gehören. Daher ist es für gewöhnlich jedem um allgemeine Übereinstimmung und allgemeinen Einklang zu tun. Wenn die äußeren Bedingungen stimmen, dann kann die-

---

* Spätere Nachforschungen deuten darauf hin, dass die ursprünglichen Berichte über das Verbrechen unzutreffend, eher in den Bereich »urbaner Legenden« zu verweisen waren, wie sie von den Zeitungen um des größeren Absatzes willen ersonnen werden. Dennoch handelt es sich bei dem »bystander effect« um ein real existierendes Phänomen. Die Ermordung von Kitty Genovese und die angebliche mangelnde Bereitschaft der Zeugen einzugreifen, hatte weitere surreale Folgen. Alan Moore bezieht sich in seiner bahnbrechenden Graphic Novel *Watchmen* darauf als dem Ereignis, das die Figur namens Rorschach dazu veranlasste, auf Bürgerstreife zu gehen. Manche sagen, sie wünschten sich, dass das Geschehen von Superhero-Comics Realität würde. Man sollte sich gut überlegen, was man sich wünscht.

ses Verlangen nach Harmonie so stark sein, dass der Einzelne etwas denkt, das er normalerweise als widersinnig erachten, oder einer Entscheidung zustimmt, die er sonst als unklug ansehen würde, nur damit Frieden herrscht. Wenn jemand nicht mehr zu logischen Schlussfolgerungen oder rationalen Entscheidungen fähig ist, weil er sich der Meinung der anderen anpasst, dann spricht man von »Gruppendenken«.[30]

Doch Gruppendenken ist nur eine Sache. Nehmen Sie ein umstrittenes Thema, wie zum Beispiel die gesetzliche Freigabe von Cannabis (etwas, das heiß diskutiert wird, während ich dies schreibe). Wenn man dreißig Leute auf der Straße aufgriffe und sie nach ihrer Einstellung dazu befragte, dann bekäme man vermutlich eine Vielzahl ganz unterschiedlicher Ansichten zu hören, von »Cannabis ist Teufelszeug, und man sollte schon dafür eingesperrt werden, dass man nur daran schnüffelt«, bis zu »Cannabis ist großartig und sollte zusammen mit ihren Mahlzeiten an Kinder ausgegeben werden«. Die meisten Meinungen würden wahrscheinlich irgendwo zwischen diesen Extremen liegen.

Wenn man diese Leute aber zu einer Gruppe zusammenfasste und sie aufforderte, zu einem Konsens bezüglich der Freigabe von Cannabis zu kommen, dann würde man logischerweise erwarten, dass etwas herauskäme, das gewissermaßen das Mittel aus den individuellen Einzelmeinungen darstellt, also etwas in der Art von: »Cannabis sollte nicht legalisiert werden, aber sein Besitz sollte nur als geringfügiges Vergehen gewertet werden.« Doch wie immer hat das, was unser Gehirn ausbrütet, nicht notwendig etwas mit Logik zu tun. Gruppen kommen oft zu einem *extremeren* Schluss, als Einzelpersonen es für sich allein tun würden.

Gruppendenken hat etwas damit zu tun, aber auch die Tatsache, dass wir von den anderen in der Gruppe gemocht werden und einen hohen Status in ihr erobern wollen. Gruppendenken bringt also einen Konsens hervor, etwas, dem alle zustimmen.

Doch sie stimmen auch vehementer zu, das heißt, sie legen noch einen drauf, um Eindruck zu schinden. Die anderen tun das dann aber auch, und am Ende versucht jeder jeden auszustechen:

»Wir stimmen also dahingehend überein, dass Cannabis nicht legalisiert werden sollte. Der Besitz von Cannabis, wie groß die Menge auch sein mag, sollte mit Haft bestraft werden.«

»Haft? Nein, Zuchthaus, zehn Jahre Zuchthaus für den Besitz von dem Zeug!«

»Zehn Jahre? Ich bin für lebenslang!«

»Lebenslang? Sie Weichei, Sie Schlaffi, Sie! Nein, Rübe ab, wenn nicht mehr!«

Dieses Phänomen ist als »Gruppenpolarisierung« bekannt: Mitglieder von Gruppen äußern Meinungen, die extremer sind als die, die sie als Einzelpersonen vertreten würden. Das Phänomen tritt sehr häufig auf, kann aber verhindert (oder eingedämmt) werden, wenn man zulässt, dass Kritik geäußert oder die Meinung Außenstehender dargelegt wird. Gewöhnlich wird das jedoch durch das starke Verlangen nach Gruppenharmonie verhindert, welches bewirkt, dass die »bösen Zungen« aus der Diskussion ausgeschlossen werden und keine rationale Analyse stattfindet. Das ist deswegen beunruhigend, weil unzählige Entscheidungen, die sich auf das Leben von Millionen von Menschen auswirken, von Gruppen »Gleichgesinnter« getroffen werden, die keinen Input von außen zulassen. Regierungen, das Militär, die Vorstände von Konzernen – sie alle sind nicht gefeit davor, lächerliche Entscheidungen zu treffen, die das Ergebnis von Gruppenpolarisierung sind.

Eine Menge der verblüffenden oder beunruhigenden Maßnahmen, die Regierungen auf den Weg bringen, könnte mit diesem Phänomen erklärt werden.

Schlechte Entscheidungen vonseiten der Mächtigen bringen oft wütende Volksmengen hervor: ein weiteres Beispiel für die besorgniserregende Wirkung, die die Zugehörigkeit zu einer

Gruppe auf das Gehirn haben kann. Die Menschen verstehen sich sehr gut darauf, die emotionelle Verfassung, in der andere sich befinden, zu erkennen. Wenn Sie jemals ein Zimmer betreten haben, in dem sich ein Paar gerade gestritten hat, werden Sie wissen, dass man die in der Luft liegende Spannung geradezu körperlich spürt und Bescheid weiß, auch wenn niemand etwas sagt. Das kommt nicht durch Telepathie zustande oder auf irgendeine andere esoterische Weise, sondern es ist einfach so, dass unsere Gehirne darauf eingestellt sind, verschiedene Anhaltspunkte zu registrieren und aus ihnen darauf zu schließen, was geschehen ist. Wenn man von Menschen umringt ist, die sich alle in demselben gesteigerten Gefühlszustand befinden, dann kann das die eigene Gestimmtheit stark beeinflussen. Deswegen lachen wir auch eher, wenn wir Teil eines größeren Publikums sind. Aber wie immer kann das zu weit gehen.

Unter bestimmten Bedingungen kann der Zustand emotioneller Erregung derer, die uns umgeben, unsere Individualität unterdrücken. Wenn wir zu einer festgefügten Gruppe gehören, in der wir untergehen, also den Schutz der Anonymität genießen können, und die Menschen um uns herum über ein äußeres Ereignis sehr erregt sind und dagegen vorgehen, dann kann es leicht geschehen, dass wir blindlings mitmachen. Wenn man inmitten einer wütenden Volksmenge randalierend durch die Straßen zieht, dann unterliegt man einem Prozess, der als »Deindividuation« bekannt ist:[31] Man kann auch sagen, dass man dem Herdentrieb folgt.

Deindividuation führt dazu, dass wir unsere Fähigkeit einbüßen, Impulse zu zügeln und rational zu denken. Stattdessen neigen wir eher dazu, die Gefühlszustände anderer wahrzunehmen und auf sie zu reagieren, legen aber gleichzeitig keinen Wert mehr auf das Urteil, das sie über uns fällen oder fällen könnten. Diese beiden Faktoren zusammen bewirken, dass Menschen zu solchen destruktiven Handlungen fähig sind, wenn sie Teil eines Mobs sind. Genaueres lässt sich aber über die Ursachen dafür nicht sagen, weil es schwierig ist, das Phänomen wissenschaftlich zu untersuchen. In einem Laboratorium werden Sie kaum auf einen tobenden Mob treffen, es sei denn, es ist bekannt geworden, dass Sie dieser miese Grabräuber sind und die Menschen herbeigeeilt sind, um Ihrem frevelhaften Treiben ein Ende zu setzen.

Ich bin lieb, aber mein Gehirn ist gemein

Die neurologischen Eigenschaften, die uns andere schlecht behandeln lassen

Nach dem, was wir bisher erfahren haben, sieht es so aus, als sei das menschliche Gehirn darauf ausgerichtet, Beziehungen einzugehen und mit anderen zu kommunizieren. Unsere Welt sollte eigentlich aus nichts anderem bestehen als aus Menschen, die Händchen halten, fröhliche Lieder trällern, sich gemeinsam über Regenbögen freuen und Eiskrem schlecken. In Wirklichkeit aber können Menschen richtig *fies* zu anderen sein. Gewalttätigkeiten, Diebstähle, Ausbeutung, sexuelle Übergriffe, Einkerkerung, Folterungen, Mord – das alles ist an der Tagesordnung. Der typische Politiker hat sich vermutlich zu etlichem davon hinreißen lassen. Sogar ein Genozid, das Auslöschen einer ganzen Bevölkerung oder Rasse, kommt so häufig vor, dass man einen eigenen Ausdruck dafür geprägt hat.

Edmund Burke sagte bekanntlich: »Damit das Böse triumphieren kann, ist nichts anderes nötig, als dass gute Menschen nichts tun.« Doch wird dem Bösen die Sache vermutlich noch leichter gemacht, wenn gute Menschen bereit sind, eine helfende Hand zu reichen.

Doch *warum* sollten Menschen anderen etwas Schlimmes antun? Es gibt zahlreiche Erklärungen dafür, bei denen kulturelle, politische, historische oder sich aus einem bestimmten Umfeld ergebende Faktoren ins Spiel gebracht werden, doch auch das Gehirn selbst, die Art und Weise, in der es funktioniert, trägt das Seine bei. Bei den Kriegsverbrechertribunalen in Nürnberg verteidigten sich die für den Holocaust Verantwortlichen am häufigsten mit der Antwort: »Ich habe nur Befehle befolgt« gegen die gegen sie erhobenen Anklagen. Eine schwache Entschuldigung, nicht wahr? Mit Sicherheit würde doch *kein normaler Mensch* etwas derart Schreckliches tun, ganz egal, wer ihm die Anweisung dazu gibt. Beunruhigenderweise sieht es aber ganz so aus, als ob das doch der Fall wäre.

Stanley Milgram, ein Professor an der Universität Yale, ging diesem »Habe nur Befehle befolgt«-Argument mit einem Experiment auf den Grund, das nicht nur berühmt, sondern auch berüchtigt geworden ist. Er brachte zwei Versuchspersonen in getrennten Räumen unter, die eine musste der anderen Fragen stellen. Wenn der Fragende eine falsche Antwort erhielt, musste er dem Gefragten einen Elektroschock versetzen. Bei jeder neuen falschen Antwort wurde die Stromstärke erhöht.[32] Das Raffinierte an der Sache war aber: Der Strom war gar nicht eingeschaltet. Die Person, die die Fragen beantwortete, spielte der anderen etwas vor: Sie gab absichtlich falsche Antworten und stieß Schmerzenslaute von zunehmender Intensität aus, wenn ihr wieder ein »Stromstoß« verpasst wurde.

Der Fragesteller war also die wirkliche Versuchsperson. Das ganze Set-up musste ihn glauben machen, dass er tatsächlich einen anderen Menschen »folterte«. Die wechselnden Fragesteller gaben jedes Mal ihr Unbehagen darüber zu erkennen und erhoben Einwände oder baten darum, dass das Experiment abgebrochen wurde. Der Versuchsleiter erklärte dann aber immer, dass das Experiment sehr wichtig sei, man müsse daher weitermachen. Beunruhigenderweise taten das dann auch 65 Prozent der Probanden: Das heißt, sie fügten jemandem (ihrer Meinung nach) starke Schmerzen zu, nur weil sie die Anweisung dazu erhielten.

Die Forscher von Yale gingen nicht in den Schwerverbrechertrakten von Gefängnissen auf die Suche nach Leuten, die sich bereit erklärten, an den Experimenten mitzuwirken. Alle, die daran teilnahmen, waren ganz normale Menschen, richtige Alltagstypen. Und diese Normalos waren überraschenderweise nur allzu gern bereit, einen Mitmenschen zu foltern. Sie mögen Einwände erhoben haben, sie *taten* es aber dennoch – und für den Empfänger ihrer Zuwendungen war das der entscheidende Punkt.

Diese Studie hat zahlreiche ähnliche nach sich gezogen, die noch weitere und genauere Informationen lieferten.* Die Versuchspersonen unterwarfen sich noch bereitwilliger den Anweisungen des Versuchsleiters, wenn der sich im selben Raum aufhielt und nicht etwa per Telefon mit ihnen kommunizierte. Wenn Probanden mitbekamen, wie andere angebliche »Versuchspersonen« sich weigerten, den Befehlen nachzukommen, waren sie selbst auch eher geneigt, nicht zu gehorchen, was vermuten lässt, dass viele Leute dazu bereit sind zu rebellieren, es aber nicht als Erste tun wollen. Wenn die Versuchsleiter weiße Kittel anhatten und das Experiment in Räumen stattfand, die nach einem wissenschaftlichen Labor aussahen, erhöhte das auch die Bereitschaft zu gehorchen.

Der Schluss, den man daraus ziehen kann, ist, dass wir willens sind, Autoritätspersonen zu gehorchen, die unserer Ansicht nach *berechtigt* sind, uns Befehle zu erteilen – Autoritätspersonen, die in unseren Augen verantwortlich sind für die Folgen, welche möglicherweise aus den Handlungen, die sie von

---

* Diese Experimente sind häufig sehr kritisiert worden. Zum Teil richtete sich die Kritik gegen die Methoden und gegen die Deutungen, zum Teil wurde sie aber aufgrund ethischer Bedenken vorgebracht. Haben Wissenschaftler das Recht, unschuldigen Menschen zu suggerieren, dass sie andere foltern? Das kann unter Umständen dazu führen, dass sie traumatisiert werden. Wissenschaftler stehen im Ruf, gefühlskalt und wenig mitfühlend zu sein. Den Grund dafür kann man leicht erkennen.

uns verlangen, erwachsen. Eine räumlich weiter entfernte Person, der jemand erkennbar den Gehorsam verweigert, kann man nicht so leicht als Autoritätsperson ansehen. Milgram stellte die Theorie auf, dass unser Gehirn in sozialen Situationen in einen von zwei möglichen Zuständen schaltet: einen Zustand der Autonomie (was bedeutet, dass wir unsere eigenen Entscheidungen treffen) oder einen »Agens-Zustand«, der zur Folge hat, dass wir es anderen gestatten, unsere Handlungen zu bestimmen. Allerdings haben Untersuchungen mit Gehirnscannern bislang die Existenz dieser beiden Zustände noch nicht bestätigt.

Einer Theorie zufolge verhält es sich so, dass – unter evolutionären Gesichtspunkten betrachtet – die Tendenz, »blind« zu gehorchen, besonders effektiv ist. Damit wird vermieden, dass jedes Mal ein Kampf darum entbrennt, wer eigentlich »das Sagen hat«, wenn eine Entscheidung gefällt werden muss. Das wäre natürlich höchst unpraktisch, also besteht in uns eine Neigung, einer Autorität zu gehorchen, auch wenn wir Vorbehalte haben. Es bedarf keiner großen Anstrengung sich auszumalen, wie korrupte, aber charismatische Führerpersonen diese Neigung zu ihrem Vorteil ausnutzen können.

Doch gibt es auch immer wieder Menschen, die sich grässlich gegenüber anderen verhalten, *ohne* von irgendwelchen tyrannischen Autoritätspersonen den Befehl dazu erhalten zu haben. Oft macht eine ganze Gruppe einer anderen das Leben unerträglich, und zwar aus den verschiedensten Gründen. Das »Gruppen«-Element ist wichtig. Unsere Gehirne treiben uns zur Bildung von Gruppen und dazu, uns gegen jene zu wenden, die unsere Gruppe bedrohen.

Wissenschaftler sind der Frage nachgegangen, was genau in oder an unserem Gehirn es ist, das uns so feindselig gegenüber jedem werden lässt, der versucht, unsere Gruppe zu sprengen. Eine Studie von Morrison, Decety und Molenberghs hat ergeben, dass dann, wenn die Versuchspersonen in Erwägung zogen, einer Gruppe beizutreten, es in einem neuronalen Netzwerk, das

317

aus kortikalen Mittellinienstrukturen, temporoparietalen Verbindungen (TPJs) und dem Gyrus temporalis anterior besteht, zu Aktivität kommt.[33] Es ist mehrfach nachgewiesen worden, dass diese Regionen dann im Höchstmaß aktiv werden, wenn es erforderlich ist, mit anderen zu interagieren oder an sie zu denken – was zur Folge hatte, dass dieses spezielle Netzwerk von einigen Fachleuten zum »sozialen Gehirn« erklärt wurde.*[34]

Eine andere faszinierende Entdeckung war, dass es bei Versuchspersonen, die Stimuli zu verarbeiten hatten, welche unter anderem durch die Zugehörigkeit zu einer Gruppe ausgelöst wurden, zu Aktivität in einem Netzwerk kam, das den ventralen medialen präfrontalen und den dorsalen cingulären Kortex einschloss. Durch andere Studien sind diese Regionen mit der Verarbeitung des »persönlichen Selbst« in Zusammenhang gebracht worden, was darauf hindeutet, dass es Überschneidungen zwischen Selbstwahrnehmung und Gruppenempfinden gibt.[35] Mit anderen Worten: Menschen beziehen einen Großteil ihres Identitätsgefühls aus der Gruppe, zu der sie gehören.

Das impliziert, dass eine Bedrohung unserer Gruppe einer Bedrohung unserer selbst gleichkommt. Und das wiederum erklärt, warum alles, was eine Gefahr oder ein Hindernis für unsere Gruppe darstellt, Feindseligkeit in uns auslöst. Und die Hauptbedrohung für unsere Gruppe geht aus von… anderen Gruppen.

Fans einer Fußballmannschaft prügeln sich derart regelmäßig mit Anhängern der gegnerischen Mannschaft, dass man schon fast den Eindruck hat, diese Schlägereien wären unvermeidliche Fortsetzungen der eigentlichen Spiele. Blutige Bandenkriege sind ein Standardthema von harten Krimis. In der modernen Politik kommt es wegen allem Möglichen schnell zu

---

* Nicht zu verwechseln mit der Hypothese vom »social brain«, auf die bereits eingegangen wurde. Wissenschaftler lassen sich nie die Gelegenheit entgehen, einen zu verwirren.

einem Kampf zwischen zwei Lagern, und die Opposition nach Strich und Faden zu verunglimpfen ist wichtiger, als zu erklären, warum jemand für einen selbst beziehungsweise die eigene Partei stimmen sollte. Das Internet hat alles noch schlimmer gemacht. Wenn man eine auch nur leicht kritische oder kontroverse Meinung über etwas, das irgendjemand wichtig findet (zum Beispiel über die Prequels zu den *Star Wars*-Filmen), postet, dann wird einem die In-Box, eh man's sich versieht, mit Hassmails zugestopft. Ich verfasse Blogs für eine internationale Medienplattform, ich weiß also, wovon ich rede.

Manch einer mag glauben, dass Vorurteile entstehen, wenn man lange Zeit Einstellungen oder Haltungen ausgesetzt ist, die sie prägen. Wir kommen nicht mit einem angeborenen Abscheu vor bestimmten Menschentypen auf die Welt. Man muss schon über Jahre hinweg der Einwirkung von Gallenflüssigkeit ausgesetzt sein, damit getreu der Erkenntnis »Steter Tropfen höhlt den Stein« die eigenen Prinzipien aufgeweicht werden und man beginnt, andere grundlos zu hassen, oder? Oft ist das so, doch kann das auch ganz schnell passieren.

Das berüchtigte »Stanford-Prison-Experiment« wurde von einem Team unter der Leitung von Philip Zimbardo ausgeführt. Man untersuchte dabei die Auswirkungen des Gefängnisambientes auf die Psyche von Wärtern und Häftlingen.[36] Im Souterrain der Universitätsgebäude wurde dieses Ambiente realistisch nachempfunden, und die Versuchspersonen wurden entweder zu Wärtern oder zu Gefangenen erklärt.

Die »Wärter« wurden unglaublich grausam. Sie verhielten sich grob, aggressiv und feindselig gegenüber den »Häftlingen«. Die »Häftlinge« hatten verständlicherweise bald den Eindruck, dass es sich bei den »Wärtern« um außer Rand und Band geratene Sadisten handelte, daher zettelten sie einen Aufstand an und verbarrikadierten sich in ihren »Zellen«. Diese wurden von den »Wärtern« gestürmt, sie stellten alles darin auf den Kopf. Die »Häftlinge« bekamen bald Depressionen und Weinkrämpfe, sie begannen sogar unter psychosomatischen Hautausschlägen zu leiden.

Die Dauer des Experiments? Sechs Tage. Vorgesehen waren eigentlich zwei Wochen, doch wurde es vorher abgebrochen, weil die Ereignisse eskalierten. Man muss sich vor Augen führen, dass die *Beteiligten nicht wirklich Gefangene oder Wärter* waren! Sie waren Studenten an einer angesehenen Universität! Doch sie wurden einer von zwei deutlich voneinander geschiedenen Gruppen zugeteilt und dazu gezwungen, mit der jeweils anderen Gruppe, die ganz andere Ziele als ihre eigene hatte, zusammenzuleben. Die Gruppenmentalität machte schnell ihren Einfluss geltend. Unsere Gehirne bewirken, dass wir uns rasch mit einer Gruppe identifizieren, und in bestimmten Kontexten kann das sehr rasch eine Veränderung unseres Verhaltens herbeiführen.

Unser Gehirn lässt uns feindselig gegenüber jenen werden, die unsere Gruppe »bedrohen«, selbst wenn diese vermeintlichen Bedrohungen von ganz trivialen Dingen ausgehen. Den meisten von uns ist das noch aus unserer Schulzeit bekannt. Irgendein Unglücksrabe macht unbeabsichtigt etwas, das von den normalen Verhaltensstandards der Gruppe abweicht (er lässt sich zum Beispiel die Haare auf ungewöhnliche Weise schneiden). Das unterminiert die Uniformität der Gruppe und wird daher bestraft (man macht sich ständig über ihn lustig).

Menschen wollen nicht nur Teil einer Gruppe sein, sondern auch eine hohe Position in ihr einnehmen. Hierarchien kommen in der Natur häufig vor: Sogar Hühner kennen eine Hierarchie, besitzen einen unterschiedlichen sozialen Status – daher der Ausdruck »Hackordnung«. Und Menschen sind genauso erpicht darauf, ihren sozialen Status zu erhöhen, wie jede Henne, die auf sich hält – daher der Ausdruck »gesellschaftlicher Emporkömmling«. Sie versuchen sich gegenseitig auszustechen, sich gut oder nach Möglichkeit besser als die anderen aussehen zu lassen. Sie wollen eine Sache im Verhältnis zu anderen besser erledigen können, etwas besser beherrschen. Das Gehirn fördert ein solches Verhalten mithilfe von Regionen, die den unteren Scheitellappen, den dorsolateralen und den ventrolateralen präfrontalen Kortex, den Gyrus fusiformis und den Gyrus lingualis umfassen. Diese Regionen arbeiten zusammen, um ein Bewusstsein für sozialen Rang entstehen zu lassen, sodass wir nicht nur ein Gruppenempfinden besitzen, sondern auch ein Gespür dafür, welche Position wir in unserer Gruppe einnehmen.

Infolgedessen setzt jeder, der etwas tut, das nicht die Billigung der anderen findet, die Integrität der Gruppe aufs Spiel und bietet anderen Mitgliedern die Gelegenheit, ihren eigenen Status auf seine, des inkompetenten Mitglieds, Kosten zu erhöhen. Das ist der Grund für Beschimpfungen und Spott.

Das menschliche Gehirn ist aber so komplex, dass »Gruppe« im Sinne einer Gemeinschaft, der wir angehören, ein sehr flexibles Konzept ist. Es kann ein ganzes Land sein, wie jeder, der mit einer Nationalflagge wedelt, unter Beweis stellt. Man kann sich sogar als »Mitglied« einer bestimmten Rasse fühlen, was wohl leichter ist, da Rassenzugehörigkeit mit bestimmten körperlichen Merkmalen verknüpft ist. Angehörige einer anderen Rasse sind also gut zu identifizieren und können leicht von jenen angegriffen werden, die ansonsten derart wenig haben, auf das sie stolz sein können, dass ihre physischen Merkmale (die sie völlig ohne ihr Zutun erhalten haben) ihnen überaus wertvoll erscheinen.

Um keinen Zweifel aufkommen zu lassen: Ich bin gegen jeden Rassismus.

Es gibt aber Zeiten, in denen Menschen, auch als Einzelpersonen, erschreckend grausam zu solchen sein können, die es nicht verdienen. Obdachlose und Arme, Opfer von Überfällen, Körperbehinderte und Kranke, notleidende Flüchtlinge – all diese Menschen werden oft, statt dass sie ihnen die Hilfe gewähren, die sie so dringend benötigen, von ihren besser gestellten, vom Schicksal begünstigten Mitmenschen diffamiert und verteufelt.

Das läuft nicht nur dem menschlichen Anstand, sondern auch jeder Logik zuwider. Weswegen geschieht es dennoch so häufig?

Das Gehirn arbeitet stark ichbezogen: Es versucht, sich selbst und seinen Besitzer bei jeder Gelegenheit gut aussehen zu lassen. Das kann zur Folge haben, dass es uns Mühe macht, mit anderen Menschen mitzuempfinden – weil sie nicht wir sind –, und das Gehirn richtet sich zumeist nach dem, was uns selbst widerfahren ist, wenn es Entscheidungen trifft. Doch hat man nachgewiesen, dass ein Teil des Gehirns, in erster Linie der rechte Gyrus supramarginalis, diese Ichbezogenheit erkennt und korrigiert, was es uns ermöglicht, echtes Mitgefühl zu empfinden.

Es gibt auch Forschungsergebnisse, die zeigen, dass es viel schwerer ist, mit anderen mitzufühlen, wenn diese Region irgendwie in Mitleidenschaft gezogen ist, oder wenn einem einfach nicht die Zeit gegeben wird, darüber nachzudenken. Ein weiteres faszinierendes Experiment, das von Tania Singer vom Max-Planck-Institut in Leipzig durchgeführt wurde, hat ergeben, dass dieser kompensatorische Mechanismus noch in anderer Weise in seiner Wirkung begrenzt ist. Bei dem Experiment wurden Personenpaare in Kontakt gebracht mit Oberflächen, die sich unterschiedlich anfühlten, will sagen, sie mussten entweder etwas mit einer feinen (angenehmen) oder einer groben (unangenehmen) Oberflächenstruktur berühren.[39]

Es ließ sich nachweisen, dass zwei Menschen, die etwas Unangenehmes verspüren, sehr gut zu richtiger Empathie fähig sind, das heißt, sie erkennen das Gefühl, das die andere Person empfindet, und auch dessen Intensität. Wenn aber die eine Person etwas Angenehmes verspürt und die andere etwas Unangenehmes, dann neigt Erstere dazu, das Leiden der anderen gravierend zu unterschätzen. Je privilegierter und behaglicher also das Leben ist, das jemand führt, desto schwerer ist es für ihn, nachzuvollziehen, unter welchen Entbehrungen und Problemen jemand leidet, der weniger gut situiert ist. Doch solange wir nicht etwas ganz Blödes tun, indem wir zum Beispiel die Leute, die vom Schicksal am stärksten verhätschelt sind, damit beauftragen, unser Land zu regieren, sollte das kein allzu großes Problem darstellen.

Wir haben also gesehen, dass das Gehirn zur Egozentrik neigt und sich selbst (seinen Besitzer) verzerrt wahrnimmt. Eine kognitive Verzerrung, die damit verwandt ist, kennen wir als »just world hypothesis« oder »Gerechte-Welt-Glaube«[38]: Das Gehirn besitzt die inhärente Tendenz, davon auszugehen, dass die Welt fair und gerecht ist, dass gutes Verhalten in ihr belohnt und schlechtes bestraft wird. Diese Verzerrung erleichtert es Menschen, als Gemeinschaft zu funktionieren, denn sie bedeutet, dass man von einem Fehlverhalten abgehalten wird, bevor es dazu kommen kann. Das heißt, die Leute neigen dazu, nett zu sein, was sie natürlich ohnehin wären, doch der »Gerechte-Welt-Glaube« macht es ihnen noch einfacher. Er motiviert uns auch: Zu glauben, dass in der Welt allein der Zufall regiert und alle Handlungen letztlich bedeutungs- oder sinnlos sind, trägt nicht dazu bei, dass man seinen Hintern zu einer vernünftigen Stunde aus dem Bett wuchtet.

Leider ist aber der »Gerechte-Welt-Glaube« ein Irrglaube. Jedenfalls wird schlechtes Verhalten, »Bösesein«, nicht immer bestraft. Guten Menschen widerfährt oft Schlimmes. Die kognitive Verzerrung ist aber so tief in unseren Gehirnen verwurzelt, dass wir sie dennoch nicht abstreifen. Wenn wir also jemanden sehen, der, ohne es zu verdienen, Opfer von etwas Schlimmem wird, dann ergibt das für unser Gehirn eine Dissonanz: Die Welt ist gerecht, doch was dieser Person da widerfährt, ist nicht gerecht. Das Gehirn mag solche Dissonanzen nicht, ihm stehen daher zwei Möglichkeiten offen: Es kann zu dem Schluss kommen, dass die Welt doch grausam ist und der Zufall in ihr regiert, oder es kann zu der Folgerung gelangen, dass das Opfer irgendetwas getan hat, *um zu verdienen, was ihm geschieht.* Letzteres ist die grausamere Schlussfolgerung, sie erlaubt es uns aber, an unseren netten, beruhigenden (und irrigen) Annahmen bezüglich der Welt festzuhalten: Ergo machen wir Opfer für ihr Unglück verantwortlich.

Zahlreiche Studien haben nachgewiesen, dass das genau so abläuft, und auch die zahlreichen Manifestationen dieses Denkprozesses aufgezeigt. So sind zum Beispiel Menschen weniger kritisch gegenüber Opfern eingestellt, wenn sie selbst eingreifen können, um deren Leiden zu mindern, oder wenn man ihnen sagt, dass die Opfer später in irgendeiner Form eine Entschädigung erhalten würden. Je geringer die Möglichkeit ist, den Leidenden zu helfen, desto größer die Geringschätzung, die man für sie empfindet. Das scheint zwar besonders brutal, ist aber konsistent mit der »just world hypothesis«: Es kann für die Opfer nicht gut ausgehen, also müssen sie ihr Elend doch verdient haben, oder?

Die Leute neigen auch viel eher dazu, einem Opfer, mit dem sie sich stark identifizieren, selbst die Schuld an seinem Unglück zu geben. Wenn man sieht, wie jemand, der sich hinsichtlich Lebensalter, Rasse oder Geschlecht von einem selbst unterscheidet, von einem umstürzenden Baum erschlagen wird, ist es viel leichter, Mitleid mit ihm/ihr zu empfinden. Wenn man aber miterlebt, wie jemand, der einem vom Alter, von Köpergröße und -bau, vom Geschlecht her entspricht, einen Wagen fährt wie man selbst und mit diesem gegen ein Haus rast, das so aussieht wie das, in dem man selbst wohnt, dann ist man eher geneigt, diese Person, ohne Beweise dafür zu haben, für dumm und unfähig zu erklären und ihr/ihm die Schuld an dem Unfall zu geben.

In dem ersten Fall trifft keines der Charakteristika auf uns selbst zu, man kann also den blinden Zufall für das verantwortlich machen, was geschieht: Es ist etwas, das uns nicht betrifft. Im zweiten Fall ist es genau anders: Das Opfer ist uns in vielem vergleichbar, man hat das Gefühl, es könnte auch man selbst sein, dem das alles widerfährt, daher erklärt unser Gehirn es schnell zu dem Fehler dessen, dem es wirklich geschieht. Es muss sein/ihr Fehler sein, denn wenn alles rein zufällig passiert, dann könnte es einem selbst auch passieren. Und das ist ein quälender Gedanke.

Es scheint, dass allen Neigungen zur Geselligkeit und zur Freundlichkeit gegenüber unseren Mitmenschen zum Trotz, unser Gehirn so sehr darum bemüht ist, uns ein Gefühl für die eigene Identität zu bewahren und unseren inneren Frieden zu erhalten, dass es uns dazu bringt, jeden anderen, durch den das gefährdet ist, unterzubuttern. Entzückend.

8

Wenn das Gehirn kollabiert…

Probleme mit der geistigen Gesundheit und wie sie entstehen

Was haben wir bislang über das menschliche Gehirn erfahren? Es wurstelt mit Erinnerungen herum, es lässt sich leicht ins Bockshorn jagen, es erschrickt über harmlose Dinge, es wirkt sich negativ aus auf unsere Ernährungsweise, unseren Schlaf, unsere Bewegung, es redet uns ein, dass wir brillant sind, wenn wir alles andere sind, es gaukelt uns die Hälfte von dem, was wir wahrnehmen, nur vor, es bringt uns dazu, unvernünftige Dinge zu tun, wenn wir erregt sind, es veranlasst uns, unglaublich schnell Freundschaften zu schließen und sie im Nu wieder aufzukündigen.

Eine Liste, die beunruhigt. Noch beunruhigender aber ist, dass das Gehirn all dies anstellt, wenn es *richtig funktioniert*. Was passiert also, wenn das Gehirn, nennen wir es in Ermangelung eines besseren Wortes, zu *irren* beginnt? Das kann dazu führen, dass wir mit einer neurologischen oder geistigen Störung dasitzen.

Neurologische Störungen sind auf physische Störungen zurückzuführen oder darauf, dass im zentralen Nervensystem irgendetwas zusammenbricht. So kann zum Beispiel eine Schädigung des Hippocampus zu Gedächtnisverlust oder ein Verfall der Substantia higra zu der Parkinson'schen Krankheit führen. Das sind alles schreckliche Dinge, doch haben sie in der Regel eindeutig identifizierbare körperliche Ursachen (gegen die wir allerdings häufig kaum etwas tun können). Sie manifestieren sich für gewöhnlich auch körperlich, in Form von Krämpfen, Bewegungsstörungen oder Schmerzen (wie Migräne beispielsweise).

Geistige Störungen sind Anomalien des Denkens, Verhaltens oder Empfindens, und sie müssen nicht immer auf eine klare »physische« Ursache zurückführbar sein. Was immer sie verursacht, ist zwar in der physischen Beschaffenheit des Gehirns verankert, doch ist das Gehirn selbst in physischer Hinsicht normal, es tut bloß Dinge, die nicht hilfreich sind. Um noch einmal die dubiose Computer-Analogie zu bemühen: Eine neurologische Störung ist ein Hardwareproblem, eine geistige Störung hingegen ein Softwareproblem (allerdings gibt es reichlich Überschneidungen zwischen beidem, eine saubere Trennung ist kaum möglich).

Wie können wir eine geistige Störung definieren? Das Gehirn besteht aus Billionen von Neuronen, die Trillionen von Verbindungen eingehen, welche Tausende von Funktionen hervorbringen, die sich aus unzähligen genetischen Prozessen und erlernten Erfahrungen herleiten. Nicht zwei davon sind genau gleich. Wie sollen wir also ermitteln, wessen Gehirn normal arbeitet – dem »Standard« entspricht – und wessen nicht? Jeder von uns besitzt bizarre Gewohnheiten, Launen, Ticks oder exzentrische Eigenschaften, die oft Teil unserer Identität oder unserer Persönlichkeit sind. Synästhesie zum Beispiel scheint niemandem irgendwelche Probleme zu bereiten, viele Synästhetiker merken gar nicht, dass bei ihnen irgendetwas »anders« ist, bevor sie verwunderte Blicke ernten, weil sie sagen, dass sie den Geruch von Purpur lieben.[1]

Geistige Störungen werden gewöhnlich mit Verhaltens- oder Denkmustern in Verbindung gebracht, die Unbehagen und Leiden hervorrufen oder die Fähigkeit beeinträchtigen, in der »normalen« Gesellschaft richtig zu funktionieren. Letzteres ist wichtig: Es bedeutet, dass eine geistige Störung, um erkannt zu werden, mit dem verglichen werden muss, was »normal« ist. Und die Auffassung davon, was normal ist, kann sich im Lauf der Zeit gewaltig ändern. Erst seit 1973 stuft die American Psychiatric Association Homosexualität nicht mehr als geistige Störung ein.

Nervenärzte, Psychiater und andere Fachleute revidieren beständig die Definition von geistiger Störung, das heißt, sie nehmen immer wieder neue Störungen in diese Kategorie auf und schließen andere aus ihr aus, aufgrund von wachsenden Kenntnissen, neuen Therapien und Ansätzen, eines Wandels der vorherrschenden Denkschulen und sogar aufgrund des bedenklichen Einflusses von Pharmakonzernen, die gerne neue Leiden geliefert bekommen, um Mittel gegen sie herstellen und verkaufen zu können. Das ist alles möglich, weil, aus der Nähe betrachtet, die Trennlinie zwischen »geistig gestört« und »geistig normal« unglaublich verschwommen und undeutlich ist. Oft beruht die Unterscheidung zwischen beidem auf arbiträren Urteilen, die wiederum auf gesellschaftlichen Normen gründen.

Nehmen Sie die Tatsache hinzu, dass geistige Störungen so verbreitet sind (Untersuchungsergebnissen zufolge manifestiert sich bei einer von vier Personen irgendwann einmal irgendeine geistige Störung[2]), dann werden Sie begreifen, warum Probleme mit der geistigen Gesundheit so kontrovers eingestuft und bewertet werden. Selbst wenn sie als etwas »real Existierendes« anerkannt werden (was keineswegs selbstverständlich ist), wird die entkräftende, schwächende Natur geistiger Störungen oft von denen, die das Glück haben, nicht an ihnen zu leiden, verharmlost oder ganz ignoriert. Es wird zudem hitzig darüber debattiert, wie man diese Störungen klassifizieren oder auch einfach nur benennen soll. Viele sprechen von »Geisteskrankheiten«, andere finden diesen Ausdruck irreführend, da er impliziert, dass Heilung möglich ist, wie bei einer Grippe oder bei Blattern. Bei geistigen Störungen ist es aber nicht so. Oft gibt es kein körperliches Problem, das man »beseitigen«

kann, was bedeutet, dass sich nur schwer ein Heilmittel finden lässt.

Einige erheben sogar energische Einwände gegen die Verwendung des Ausdrucks »geistige Störung«, weil es die Betreffenden oder Betroffenen in ein negatives Licht rückt. »Störung« assoziiert man mit etwas Schlechtem oder gar Schädigendem, aber stattdessen könnte man in dem Abweichen von der Norm, das diese Menschen an den Tag legen, auch nur alternative Denk- oder Verhaltensweisen sehen. Viele klinische Psychologen meinen, dass es kontraproduktiv ist, wenn man mentale Eigenarten als Krankheiten oder Probleme bezeichnet oder sie als solche auffasst, sie drängen daher darauf, dass man neutralere und weniger negativ besetzte Termini verwendet, wenn man über sie diskutiert. Es gibt wachsenden Widerstand gegen das Vorherrschen medizinischer Herangehensweisen an diese »Störungen«, und das ist auch verständlich, wenn man bedenkt, nach welchen arbiträren Gesichtspunkten darüber entschieden wird, was »normal« ist und was nicht.

Trotzdem soll das Thema in diesem Kapitel eher von einer medizinisch-psychiatrischen Warte aus behandelt werden. Das liegt zum einen an meinem Hintergrund, zum anderen ist aber für die meisten von uns eine Darstellung der Phänomene aus dieser Perspektive am vertrautesten. Ich möchte hier einen kurzen Überblick über die bekanntesten Manifestationen von – nennen wir es – mentaler »Eigentümlichkeit« geben und gleichzeitig erklären, auf welche Weise das Gehirn diejenigen im Stich lässt, die von den Problemen betroffen sind, wie auch die Personen um sie herum, die sich oft anstrengen müssen, zu erkennen und zu begreifen, was da los ist.

Mit dem schwarzen Hund fertig werden

Depressionen und die irrigen Auffassungen von ihnen

Depression, das so bezeichnete klinische Leiden, könnte einen anderen Namen gut gebrauchen. Als »deprimiert« werden gegenwärtig sowohl Menschen bezeichnet, die ein bisschen bedrückt sind, als auch solche, die an Gemütszustandsstörungen oder affektiven Störungen leiden, welche sie buchstäblich außer Gefecht setzen. Dass man auch eine vorübergehende Niedergedrücktheit als Depression bezeichnet, bedeutet, dass die Leute eine Depression häufig als relativ harmloses Übel abtun. Schließlich wird jeder hin und wieder von Niedergeschlagenheit befallen, oder? Man kommt doch irgendwie über sie hinweg. Für Urteile wie dieses können wir nur von unseren eigenen Erfahrungen ausgehen, und wir haben gesehen, wie unser Gehirn automatisch unsere eigenen Erfahrungen aufbauscht und übertreibt oder den Eindruck, den die von unseren eigenen abweichenden Erfahrungen anderer bei uns hinterlassen, abschwächt.

Das bedeutet aber nicht, dass wir recht haben. Wenn man die Probleme eines Menschen, der unter einer echten Depression leidet, nicht sonderlich ernst nimmt, weil man sich selbst auch schon mal unglücklich gefühlt hat und darüber weggekommen ist, ist das, als würde man es als Kleinigkeit ansehen, wenn jemandem ein Arm amputiert werden muss, weil man selbst sich schon einmal an einem Blatt Papier den Finger geritzt hat. Depressionen sind eine echte Krankheit, die den, der an ihr leidet, lähmt. Wenn jemand mal trübseliger Stimmung ist, ist das hingegen keine Depression. Depressionen können einem Menschen derart zu schaffen machen, dass er zu dem Schluss kommt, der einzige gangbare Ausweg bestehe darin, seinem Leben ein Ende zu setzen.

Natürlich stirbt jeder von uns irgendwann einmal. Doch zu

wissen, dass es so ist, und es wirklich zu tun, sind zwei völlig verschiedene Dinge. Man kann wissen, dass es wehtut, wenn man erschossen wird, das bedeutet aber nicht, dass man weiß, wie es sich *anfühlt*, wenn man erschossen wird. Genauso sicher wissen wir, dass jeder, der uns nahesteht, irgendwann sein Leben aushauchen wird. Trotzdem versetzt es uns einen Schlag in die Magengrube, wenn es passiert. Das Gehirn hat sich, wie wir gesehen haben, so entwickelt, dass es uns starke und dauerhafte Beziehungen mit anderen Menschen eingehen lässt. Das hat aber den Nachteil, dass es ungemein schmerzhaft ist, wenn eine solche Beziehung zu Ende geht. Und auf endgültigere Weise als durch den Tod kann keine Beziehung zu Ende gehen.

Das ist an sich schon schlimm genug, wird aber noch schlimmer, wenn ein geliebter Mensch seinem Leben selbst ein Ende setzt. Wie es dazu kommt, dass jemand zu der Überzeugung gelangt, Selbstmord zu begehen sei für ihn die einzige Lösung, können wir nicht wissen. Aber was auch immer der Grund dafür ist: Die Hinterbliebenen sind am Boden zerstört. Und diese Menschen sind die Einzigen, die wir zu sehen bekommen. Deswegen ist es verständlich, dass wir oft ein negatives Bild von dem Selbstmörder/der Selbstmörderin erhalten – mag ja sein, dass er/sie es geschafft hat, seinem/ihrem Leiden ein Ende zu setzen, aber dafür leiden jetzt viele andere.

Wie wir in Kapitel 7 gesehen haben, muss das Gehirn schwierige geistige Kapriolen vollführen, um zu verhindern, dass es Mitleid mit Opfern empfindet. Eine mögliche Manifestation dieser Manöver ist die, dass man Selbstmörder als »ichbezogen«, als egoistisch abstempelt. Es liegt bittere Ironie darin, dass einer der Hauptfaktoren für Selbstmord eine klinische Depression ist, denn Menschen, die von einer solchen betroffen sind, werden auch regelmäßig als egoistisch, ichbezogen, »schlapp« bezeichnet oder mit einem anderen Begriff, der die Geringschätzung zum Ausdruck bringt, belegt. Das kann wieder daran liegen, dass der egozentrische Selbstschutzmechanismus des Gehirns aktiviert wird:

Wenn man akzeptiert, dass eine affektive Störung so schlimm sein kann, dass die einzig akzeptable Lösung die scheint, mit allem Schluss zu machen, dann bedeutet das im Grunde, auf irgendeiner Ebene anzuerkennen, dass das Ganze auch einem selbst widerfahren könnte. Ein unerfreulicher Gedanke. Doch wenn jemand sich einfach nur gehen lässt oder in herzloser Weise egoistisch ist, dann ist das sein ureigenes Problem. Es berührt einen nicht, es wird einem selbst nicht widerfahren, und man bekommt sogar eine bessere Meinung von sich selbst.

Das ist eine Erklärung. Eine andere ist die, dass manche Menschen einfach hoffnungslose Trottel sind und bleiben.

Es ist schon fast Usus, dass diejenigen, die depressiv sind, und/oder diejenigen, die Selbstmord begehen, als Egoisten abgetan werden. Das wird besonders deutlich, wenn es jemanden betrifft, der, wenn vielleicht auch nur in einem geringen Grad, berühmt ist. Das traurige Ende von Robin Williams, dem internationalen Superstar, beliebten Schauspieler und Komiker, ist ein Beispiel aus jüngster Zeit dafür.

Es gab zwar tränenreiche Nachrufe auf ihn, in denen sein Können gefeiert wurde, doch im Internet wimmelte es von Kommentaren wie: »So etwas seiner Familie anzutun ist purer Egoismus«, oder: »Selbstmord zu begehen, wenn es so gut für einen läuft, ist wirklich egoistisch« und so weiter. Solche Kommentare stammten aber nicht nur von anonymen Online-Typen, sondern wurden auch von diversen Zelebritäten abgegeben – und von Nachrichtensendern, die allgemein nicht gerade für die zartfühlende, verständnisvolle Art ihrer Berichterstattung bekannt sind, wie Fox News.

Wenn Sie selbst zu denen gehören, die solche Ansichten bekundet haben, dann, es tut mir leid, liegen Sie ganz einfach falsch. Gewisse merkwürdige Abläufe in Ihrem Gehirn mögen eine solche Reaktion zum Teil erklären, doch Ignoranz und Fehlinformationen sind hauptsächlich verantwortlich dafür. Es stimmt zwar: Unser Gehirn mag Ungewissheit und Unangenehmes nicht, und die meisten geistigen Störungen lassen beides in reichem Maß entstehen. Doch Depressionen – früher nannte man sie Schwermut – stellen ein echtes und gravierendes Problem dar, das Mitgefühl und Achtung verdient, nicht Spott und Missbilligung.

Schwermut kann sich auf vielfältige Art und Weise äußern. Sie ist eine Krankheit des Gemüts und wirkt sich auf unsere Gestimmtheit aus, doch kann unser Gemüt auf ganz unterschiedliche Weise betroffen sein. Manche Menschen stürzen in tiefste Verzweiflung, die sie nicht mehr abschütteln können. Andere werden von solch starken Ängsten heimgesucht, dass ihnen ihr Untergang unmittelbar bevorzustehen scheint und sie sich in einem ständigen Alarmzustand befinden. Wieder andere befinden sich eigentlich in keiner besonderen Stimmung, sondern fühlen sich einfach nur leer und nehmen alles, was geschieht, emotionslos hin. Einige (in der Hauptsache Männer) sind ständig in Unruhe und permanent auf hundertachtzig.

Das ist einer der Gründe dafür, weshalb es so schwer ist, eine konkrete Ursache für Depressionen zu ermitteln. Eine Zeitlang war die Monoamin-Hypothese en vogue:[3] Viele Neurotransmitter, die das Gehirn benutzt, gehören zu den Monoaminen, und bei depressiven Menschen scheint der Monoamin-Spiegel reduziert zu sein. Das wirkt sich auf die Aktivität des Gehirns aus, und zwar auf eine Weise, die zu Niedergeschlagenheit oder Schwermut führen könnte. Daher sorgen die meisten handelsüblichen Antidepressiva dafür, dass dem Gehirn eine größere Menge an Monoaminen zur Verfügung steht. Die gegenwärtig gebräuchlichsten Mittel dieser Art sind sogenannte Selektive Serotonin-Wiederaufnahmehemmer (SSRI). Serotonin (das zu den Monoaminen gehört) ist ein Neurotransmitter, der an der Verarbeitung von Angst beteiligt ist, sich auf unsere Stimmungslage auswirkt, den Schlaf-Wach-Rhythmus beeinflusst und anderes. Man glaubt, dass er auch dazu beiträgt, andere Neurotransmittersysteme zu regulieren. Wenn man den Serotoninspiegel verändert, könnte das daher einen »Knock-out«-Effekt haben. Die SSRIs verhindern, dass Serotonin, nachdem es freigesetzt worden ist, wieder von den Synapsen entfernt wird, und erhöhen so die Serotonin-Konzentration im Gehirn. Andere Antidepressiva tun Vergleichbares mit anderen Monoaminen wie Dopamin oder Noradrenalin.

Die Monoamin-Hypothese stößt aber zunehmend auf Kritik. Sie erklärt nicht wirklich, was geschieht: Es ist, als würde man ein altes Gemälde restaurieren und jemand sagte: »Da muss mehr Grün rein.« Das kann sehr gut so sein, doch ist die Aussage nicht spezifisch genug. Man weiß dann immer noch nicht, was genau man tun muss.

Davon abgesehen: SSRIs lassen den Serotoninspiegel sofort ansteigen, es dauert aber Wochen, bis man einen positiven Effekt verspürt. Warum genau das so ist, muss noch herausgefunden werden (wie wir sehen werden, gibt es allerdings schon Theorien dazu). Es ist aber so, als würde man den leeren Tank seines Autos auffüllen, und es würde erst einen Monat später wieder fahren. »Kein Benzin« mag ein Problem gewesen sein, aber es ist eindeutig nicht das *einzige*. Hinzu kommt noch, dass es keine Belege für ein spezifisches Monoamin-System gibt, das bei Depression gestört ist. Wir kennen zudem eine Reihe wirkungsvoller Antidepressiva, die überhaupt nicht auf die Monoamine in unserem Gehirn einwirken. Bei Depressionen ist eindeutig mehr im Spiel als ein simples chemisches Ungleichgewicht.

Es gibt zahlreiche andere mögliche Ursachen. Depressionen scheinen auch etwas mit unserem Schlafverhalten zu tun zu haben[4] – Serotonin ist wichtig für die Regelung unseres Schlaf-Wach-Rhythmus, und Depressionen wirken sich störend auf unseren Schlafrhythmus aus. In Kapitel 1 haben wir erfahren, dass Schlafstörungen ein Problem sind. Vielleicht sind Depressionen eine weitere Folge von ihnen.

Auch vom vorderen cingulären Kortex nimmt man an, dass er an Depressionen mitbeteiligt ist.[5] Dabei handelt es sich um einen Teil des Frontallappens, der sehr viele Funktionen zu haben scheint, vom Überwachen des Herzschlags bis zum Antizipieren von Belohnung, Entscheidungen treffen, Empathie empfinden, Kontrollieren von Impulsen und so weiter. Er ist so etwas wie das zerebrale Äquivalent eines Schweizer Armeemessers: ein Multifunktionswerkzeug. Man hat nachgewiesen, dass er bei Depressions-Patienten aktiver ist als bei Gesunden. Eine Erklärung dafür ist, dass er für das kognitive Erfahren von Leiden zuständig ist. Wenn er für die Antizipation von Belohnung verantwortlich ist, dann wäre es einleuchtend, wenn er am Verspüren von Vergnügen oder, was im Zusammenhang mit Depressionen wichtiger ist, am Verspüren eines völligen Mangels von Vergnügen beteiligt wäre.

Die Hypophysen-Hypothalamus-Achse, die unsere Reaktion auf Stress regelt, hat ebenfalls im Mittelpunkt von Untersuchungen zum Entstehen von Depressionen gestanden.[6] Doch anderen Theorien zufolge ist der Mechanismus, der ihnen zugrunde liegt, eher ein Prozess, der in mehreren Gehirnregionen stattfindet und nicht in einer bestimmten isolierten Region. Neuroplastizität, die Fähigkeit des Gehirns, neue physische Verbindungen zwischen Neuronen herzustellen, liegt dem Lernen und einem großen Teil des generellen Funktionierens unseres Gehirns zugrunde, und es hat sich nachweisen lassen, dass diese Fähigkeit bei Menschen mit Depressionen beeinträchtigt ist.[7] Das hindert wohl das Gehirn daran, angemessen auf aversive Reize oder auf Stress zu reagieren oder beides zu verarbeiten. Irgendetwas Schlimmes passiert, und die reduzierte Plastizität hat zur Folge, dass das Gehirn »fester« oder starrer bleibt, so ähnlich wie ein Kuchen, den man zu lange offen hat herumstehen lassen, sodass es nicht möglich ist, der negativen Geisteshaltung auszuweichen oder ihr zu entkommen. Die Depressionen stellen sich ein und bleiben bestehen. Das könnte auch erklären, warum sie so hartnäckig und tief greifend sind: Die reduzierte Neuroplastizität verhindert, dass man ihnen entgegenwirken kann. Antidepressiva, die die Konzentration von Neurotransmittern in der Gewebeflüssigkeit des Gehirns erhöhen, steigern oft auch die Neuroplastizität; das kann also der tatsächliche Grund dafür sein, dass solche Mittel erst lange nachdem die Transmitterspiegel gestiegen sind, Wirkung zeigen. Man kann es nicht mit dem Wiederauftanken eines Autos vergleichen, es ähnelt eher dem Düngen von Pflanzen: Es braucht seine Zeit, bis die nützlichen Stoffe vom System absorbiert worden sind.

Doch kann es sich bei all dem, was man als mögliche Ursachen von Depressionen ausgemacht hat, auch eher um die Folgen von solchen handeln. Die Forschung geht weiter. Klar ist aber, dass es sich um ein sehr reales und oft sehr gravierendes Leiden handelt. Es versetzt den Betroffenen nicht nur in Stimmungen, die ihn völlig paralysieren können, sondern beeinträchtigt auch seine kognitiven Fähigkeiten. Viele Ärzte müssen lernen, zwischen Depression und Demenz zu unterscheiden, da bei Untersuchungen zum kognitiven Vermögen mithilfe von Tests ernsthafte Gedächtnisprobleme und eine echte Unfähigkeit, genügend Motivation zur Beendigung des Test aufzubringen, sich auf identische Art und Weise niederschlagen. Es ist aber wichtig, zwischen beidem zu differenzieren, da die Behandlung der beiden Leiden sich beträchtlich voneinander unterscheidet – wenn es natürlich auch Depressionen auslösen kann, wenn einem vom Arzt Demenz bescheinigt wird.[8] Die Sache wird dann noch komplizierter.

Andere Tests haben gezeigt, dass Menschen mit Depressionen negativen Reizen mehr Beachtung schenken.[9] Wenn man ihnen eine Liste mit Wörtern vorlegt, dann konzentrieren sie sich viel stärker auf solche mit unangenehmen Bedeutungen oder Konnotationen (»Mord«, beispielsweise) als mit neutralen (wie »Gras«). Wir haben schon über die egozentrischen Neigungen des Gehirns gesprochen, die eigentlich zur Folge haben, dass wir Dingen Beachtung schenken, die uns ein gutes Gefühl (von uns selbst) vermitteln, und solche ignorieren, die das nicht tun. Bei

Depressionen wird das auf den Kopf gestellt: Alles Positive wird ignoriert oder in seiner Bedeutung heruntergespielt, alles Negative wird als zu 100 Prozent zutreffend wahrgenommen. Infolgedessen kann es sehr schwer sein, sich von Depressionen zu befreien, wenn diese sich erst einmal eingestellt haben.

Während einige Leute anscheinend aus heiterem Himmel von Depressionen befallen werden, kommt es bei anderen dazu, wenn sie zu lange vom Leben Nackenschläge verpasst bekommen haben. Oft stellt sich das Leiden in Verbindung mit anderen schwerwiegenden Erkrankungen wie Krebs, Demenz oder Lähmung ein. Es gibt auch die berühmte »Abwärtsspirale«, zu der es kommt, wenn die Probleme sich im Lauf der Zeit häufen, bis ein unerträgliches Maß erreicht ist. Wenn man seine Arbeit verliert, ist das unangenehm, wenn einen anschließend der Partner verlässt, ein Verwandter stirbt und man auch noch auf dem Heimweg von der Beerdigung auf der Straße überfallen wird, dann kann das einfach zu viel für einen sein. Die Verzerrungen und Annahmen, denen sich das Gehirn hingibt, damit wir motiviert bleiben (dass die Welt gerecht ist, dass uns nichts Schlimmes widerfahren wird) werden als falsch entlarvt und hinweggefegt. Wir besitzen keine Kontrolle über die Ereignisse, was alles noch schlimmer macht. Wir hören auf, uns mit Freunden zu treffen, gehen nicht mehr unseren Interessen nach, suchen möglicherweise Zuflucht bei Alkohol und Drogen. All dies verschafft uns vielleicht kurzfristig Erleichterung, setzt aber dem Gehirn noch weiter zu. Die Abwärtsbewegung hält an, wir versinken in immer tiefere Schwermut.

Es gibt bestimmte Faktoren, die das Risiko, an Depressionen zu erkranken, erhöhen. Wenn man Erfolg hat und ein Leben in der Öffentlichkeit führt, ohne Geldsorgen und von Millionen bewundert, dann ist die Gefahr, depressiv zu werden, geringer, als wenn man in einem heruntergekommenen Viertel wohnt, in dem die Kriminalitätsrate hoch ist, man gerade mal genug verdient, um sein Leben fristen zu können und keinerlei Unterstützung vonseiten einer Familie genießt. Es ist so wie bei einem Gewitter: Nicht diejenigen, die sich geborgen in ihren vier Wänden befinden, wenn eines losbricht, sind in Gefahr, vom Blitz getroffen zu werden, sondern diejenigen, die sich im Freien in der Nähe von Fahnenmasten oder Bäumen aufhalten.

Doch Erfolg im Leben und eine entsprechende Lebensweise sind keine Garanten für Immunität gegenüber Depressionen. Wenn jemand, der reich und berühmt ist, zugibt, dass er an Depressionen leidet, dann verkennt man die Sachlage, wenn man einen Kommentar abgibt wie: »Wie kann der denn Depressionen haben? Dem geht es doch rundum gut!« Wenn jemand raucht, bedeutet das, dass die *Wahrscheinlichkeit,* an Lungenkrebs zu erkranken, höher ist, aber es sind keineswegs *ausschließlich* Raucher, die daran erkranken. Die Komplexität des Gehirns hat zur Folge, dass viele Faktoren, die das Risiko, Depressionen zu entwickeln, erhöhen, nicht mit der spezifischen Situation, in der jemand sich befindet, in Zusammenhang stehen. Einige von uns besitzen Persönlichkeitszüge (wie eine Neigung zur Selbstkritik) oder sogar Gene (es ist bekannt, dass Depressionen zum Teil vererbbar sind[10]), die uns anfälliger für Depressionen machen.

Kann es sein, dass der ständige Kampf gegen Depressionen dazu anspornt, erfolgreich zu sein? Depressionen abzuwehren oder zu überwinden erfordert oft erhebliche Willenskraft und Anstrengung, beides kann auch in interessante andere Richtungen gelenkt werden. Es gibt dieses bekannte Klischee von den »Tränen des Clowns«, das heißt von erfolgreichen Komikern, deren Talent, andere zum Lachen zu bringen, darauf beruht, dass sie gegen die Qualen im eigenen Inneren ankämpfen müssen. Und man weiß von vielen Künstlern, die ihr psychisches Leiden mithilfe ihrer Kreativität zu überwinden versuchten. Van Gogh ist ein Beispiel dafür. Erfolg muss also nicht unbedingt etwas sein, das Depressionen verhindert, er kann auch ein *Ergebnis* von ihnen sein.

Wenn man nicht mit dem sprichwörtlichen Silberlöffel im

Mund geboren wird, dann kann es sehr mühsam sein, reich und berühmt zu werden. Wer weiß schon, welche Opfer jemand gebracht hat, um erfolgreich zu werden? Und was geschieht, wenn diese Person irgendwann erkennt, dass es das alles nicht wert war? Wenn man etwas erreicht, das zu erreichen man sich jahrelang bemüht hat, kann einem das jede Antriebskraft rauben. Man hat dann kein Ziel mehr und treibt nur noch durchs Leben. Oder wenn man, weil man so entschlossen die Karriereleiter emporgeklommen ist, Menschen verloren hat, die einem lieb und teuer waren, kann man das im Rückblick als einen zu hohen Preis ansehen. Dass man in den Augen anderer erfolgreich ist, kann einen nicht über solche Verluste hinwegtrösten. Ein gut gefülltes Bankkonto kann die Prozesse, die Depressionen zugrunde liegen, nicht außer Kraft setzen. Selbst wenn es so wäre, wo wäre dann die Schwelle? Wann wäre jemand »zu erfolgreich«, um noch krank werden zu können? Wenn man nicht an Depressionen leiden kann, weil es einem besser geht als anderen, dann wäre logischerweise nur die »allerglückloseste« Person auf der ganzen Welt von Depressionen heimgesucht.

Das bedeutet nicht, dass viele reiche und erfolgreiche Menschen nicht sehr glücklich sind. Reichtum und Erfolg sind aber eben keine Absicherung gegen alles. Die Vorgänge in unserem Gehirn laufen nicht plötzlich ganz anders ab, nur weil man beim Film Karriere macht.

An Depressionen *ist nichts logisch*. Diejenigen, die Suizid und Depressionen als Manifestationen eines egoistischen, selbstsüchtigen Charakters ansehen, glauben das anscheinend: Als ob diejenigen, die an Depressionen leiden, eine Tabelle anlegten, um das, was für und gegen Selbstmord spricht, einander gegenüberzustellen und sich dann, obwohl mehr dafür spricht, am Leben zu bleiben, am Ende doch dafür entschieden, sich die Kugel zu geben.

Das ist Unsinn. Ein großes Problem bei Depressionen, vielleicht das Grundproblem, besteht darin, dass sie einen davon abhalten, sich »normal« zu verhalten oder normal zu denken.

Eine Person mit Depressionen denkt nicht wie eine, die keine kennt, genauso wie jemand, der dabei ist zu ertrinken, nicht wie jemand atmet, der sich an Land befindet. Alles, was wir wahrnehmen und erfahren, wird durch unser Gehirn verarbeitet und gefiltert, und wenn unser Gehirn zu dem Schluss gekommen ist, dass alles einfach grässlich ist, dann wird sich das auf alles andere in unserem Leben auswirken. Eine depressive Person kann ihren Selbstwert so niedrig einschätzen, von ihrer Perspektive aus kann alles so trostlos aussehen, dass sie ohne Weiteres zu der Überzeugung gelangen kann, ihre Familienangehörigen/Freunde/Fans wären ohne sie besser dran. Für eine solche Person wäre ein Selbstmord also ein edelmütiger Akt. Das ist eine erschütternde Schlussfolgerung, aber eine, zu der jemand, der »normal« denkt, nicht gelangt.

Wenn man Menschen mit Depressionen bezichtigt, egoistisch oder selbstsüchtig zu sein, impliziert man oft auch, dass sie sich ihr Leiden irgendwie selbst erwählt haben, dass sie eigentlich ihr Leben genießen und glücklich sein könnten, es ihnen aber mehr zusagt, es nicht zu tun. Warum oder wie sie diese Wahl treffen sollten, darüber wird selten etwas gesagt. Wenn sich jemand umgebracht hat, hört man oft den Spruch, dass derjenige den »bequemsten Ausweg« genommen habe. Es gibt viele Möglichkeiten, um die Art von Leiden zu charakterisieren, die Millionen von Jahren alte Überlebensinstinkte außer Kraft setzen, aber das Wort »bequem« ist in diesem Zusammenhang sicherlich nicht angebracht. Vielleicht ergibt ein solches Verhalten von einem logischen Gesichtspunkt aus keinen Sinn, aber darauf zu bestehen, dass jemand, der an einer geistigen Krankheit leidet, logisch denkt, ist unlogisch. Es ist, als bestünde man darauf, dass jemand, der sich ein Bein gebrochen hat, normal geht.

Eine depressive Erkrankung ist nicht sichtbar wie ein körperliches Leiden und lässt sich auch anderen nicht so leicht vermitteln. Es ist daher leichter, ihre Existenz zu leugnen, als die bittere Wahrheit zu akzeptieren. Der Beobachter versichert sich selbst durch solches Leugnen, dass ihm selbst so etwas »niemals widerfahren« wird. Tatsache ist aber, dass Millionen von Menschen unter Depressionen leiden, und ihnen vorzuwerfen, dass sie egoistisch oder schlapp seien, nur damit man selbst sich besser fühlt, führt zu nichts. Das ist nur ein viel besseres Beispiel für Ichbezogenheit.

Die traurige Wahrheit ist, dass viele weiterhin glauben, es sei einfach, eine affektive Störung, die so viele Menschen so stark beeinträchtigt und sie bis in den Kern ihres Wesens trifft, zu ignorieren oder sich einfach über sie hinwegzusetzen. Depressionen sind ein exzellenter Beleg dafür, dass das Gehirn Konsistenz und Beständigkeit schätzt. Wenn eine Person sich einmal eine bestimmte Betrachtungsweise zu eigen gemacht hat, dann ist es schwer, daran etwas zu ändern. Diejenigen, die verlangen, dass Depressive ihr Denken ändern, während sie selbst sich aller Beweise zum Trotz weigern, das zu tun, zeigen nur, wie schwer das ist. Es ist eine Schande, dass man von denjenigen, die am meisten leiden, auch noch verlangt, dass sie sich deswegen Gewissensbisse machen.

Es ist schon schlimm genug, wenn das eigene Gehirn sich gegen einen verschwört. Wenn das auch noch andere Menschen tun, dann ist das nachgerade obszön.

Notabschaltung

Nervenzusammenbrüche und wie sie zustande kommen

Wenn man bei Kälte ohne Mantel nach draußen geht, holt man sich eine Erkältung. Junkfood führt zu Herzverfettung, Rauchen macht Ihre Lungen kaputt. Ein schlecht eingerichteter Arbeitsplatz führt zum Karpaltunnelsyndrom und zu einem kaputten Rücken. Wenn Sie etwas aufheben wollen, gehen Sie immer in die Knie! Knacken Sie nicht mit den Knöcheln, Sie bekommen sonst Arthritis! Und so weiter und so fort.

Sie haben das alles vermutlich schon mal gehört, und unzählige weitere Perlen der Weisheit, die unsere Gesundheit betreffen, beziehungsweise uns sagen, wie wir gesund bleiben können. Während keineswegs alle diese Warnungen und Ratschläge zutreffen, entspricht die grundlegende Vorstellung, dass unsere Handlungen unseren Gesundheitszustand beeinflussen, der Realität. Der Körper hat, wenn er auch ein noch so wunderbares Gebilde ist, seine physischen und biologischen Grenzen, und wenn man ihn über diese Grenzen hinaus belastet, hat das Folgen. Daher achten wir darauf, was wir essen, wohin wir gehen, wie wir uns verhalten. Wenn das, was wir tun, sich negativ auf unseren Körper auswirken kann, was könnte dann verhindern, dass es sich nicht auch auf unser komplexes, empfindliches Gehirn auswirkt? Die Antwort lautete natürlich: nichts!

Die größte Bedrohung für unser Wohlbefinden stellt in der modernen Welt der gute alte Stress dar.

Jeder von uns empfindet immer wieder Stress, doch wenn dieser zu stark wird oder sich zu häufig einstellt, dann bekommen wir Probleme. In Kapitel 1 habe ich dargelegt, in welcher Weise Stress sehr reale und konkrete Auswirkungen auf unsere Gesundheit haben kann. Stress aktiviert die Hypothalamus-Hypophysen-Nebennierenrinden-Achse im Gehirn, die Kampf-oder-Flucht-Reflexe auslöst, welche wiederum die Ausschüttung von Adrenalin und Cortisol, den »Stresshormonen«, zur Folge haben. Diese Hormone wirken sich in vielfältiger Weise auf das Gehirn aus. Wenn jemand ständig Stress ausgesetzt ist, merkt man ihm das bald deutlich an. Der oder die Betreffende macht einen angespannten Eindruck, kann nicht klar denken, ist fahrig, wirkt körperlich erschöpft oder ausgelaugt und vieles mehr. Von solchen Menschen sagt man oft, dass sie »auf einen Nervenzusammenbruch zusteuern«.

»Nervenzusammenbruch« ist kein offizieller Ausdruck aus der Medizin oder Psychiatrie. Er besagt natürlich nicht, dass die Nerven im wörtlichen Sinn »zusammenbrechen«. Manche sprechen deshalb auch von einem »mentalen Zusammenbruch«, was eigentlich zutreffender, aber immer noch ein umgangssprachlicher Ausdruck und kein Fachterminus ist. Die meisten Leute verstehen aber, was damit gemeint ist. Einen Nervenzusammenbruch erleidet man, wenn man nicht länger mit hochgradigem Stress fertig wird und einfach … ausrastet, durchdreht. Man macht dann »dicht«, »steigt aus«, »klappt zusammen«, »packt es nicht mehr«, was alles bedeutet, dass jemand im Kopf nicht mehr normal funktioniert.

Ein Nervenzusammenbruch kann bei verschiedenen Menschen ganz verschiedene Formen annehmen. Einige stürzen in ein schwarzes Loch der Depression, andere werden von Angst- und Panikattacken heimgesucht, die sie förmlich paralysieren, wieder andere haben sogar Halluzinationen und erleiden psychotische Zustände. Es mag daher vielleicht überraschen, dass solche Zusammenbrüche auch als Verteidigungsmechanismen des Gehirns angesehen werden. So unangenehm sie sind − sie können durchaus von Nutzen sein. Eine Physiotherapie kann ebenfalls anstrengend, schwierig und unerfreulich sein, es ist aber besser, sich einer zu unterziehen, als gar nichts zu machen. Mit Nervenzusammenbrüchen verhält es sich vielleicht ähnlich, sie haben möglicherweise eine vergleichbare Wirkung. Und das scheint umso wahrscheinlicher, wenn man bedenkt, dass sie eindeutig durch Stress verursacht werden.

Wir wissen, wie das Gehirn Stress erlebt, aber was ist es eigentlich, das Stress verursacht? In der Psychologie werden Faktoren, die Stress verursachen − logischerweise − *Stressoren* genannt. Ein solcher Stressor reduziert die Kontrolle über sich selbst, die man besitzt. Das Gefühl, diese Kontrolle innezuhaben, bewirkt bei den meisten von uns, dass sie sich sicher fühlen. Wenn wir einen Latte macchiato aus Sojamilch bestellen und auch wirklich einen bekommen, dann haben wir erkennbar die Kontrolle über die Situation – und fühlen uns toll.

Stressoren lassen die Möglichkeit, selbst aktiv zu werden, geringer werden. Eine Situation wird umso stressiger, je weniger man Einfluss auf sie nehmen kann. Wenn man in den Regen kommt, dann ist das, so man einen Schirm dabei hat, nur ärgerlich. Wenn man sich aber aus seinem eigenen Haus aussperrt und es dann auch noch zu regnen anfängt und man keinen Schirm dabei hat, dann ist das stressig. Gegen Kopfschmerzen oder eine Erkältung gibt es Medikamente, die die Symptome abklingen lassen, doch chronische Krankheiten bereiten großen Stress, weil man oft nichts gegen sie tun kann. Sie sind eine Quelle ständigen nicht »abstellbaren« Unwohlseins, verursachen daher Stress.

Ein Stressor verursacht auch Erschöpfung. Ob man hektisch losrennt, um noch seinen Zug zu erwischen, oder sich abrackert, um eine wichtige Aufgabe zu erledigen, die einem kurzfristig übertragen wurde – mit einem Stressfaktor und seinen körperlichen Folgen fertig zu werden, erfordert immer Kraft und Mühe. Es zapft unsere Reserven an und bringt auf diese Weise weiteren Stress hervor.

Unvorhersehbarkeit und Unberechenbarkeit sind ebenfalls Stressfaktoren. Ein Epileptiker kann in jedem Augenblick einen Anfall erleiden, der ihn im wahrsten Sinne des Wortes umwirft. Deswegen ist es ihm im Grunde unmöglich, effektiv vorauszuplanen, wodurch er in eine Stresssituation gerät. Es braucht sich aber gar nicht um eine gesundheitliche Beeinträchtigung zu handeln. Mit jemandem zusammenzuleben, der starken Stimmungsschwankungen unterworfen ist oder zu irrationalem Verhalten neigt – was bedeutet, dass man ständig Gefahr läuft, einen Krach mit einer geliebten Person zu provozieren, wenn man etwas ganz Belangloses falsch macht –, kann extrem stressig sein. Die Reaktionen des anderen sind nicht berechenbar, deswegen befindet man sich permanent im Zustand der Ungewissheit und Angespanntheit. Man muss immer mit dem Schlimmsten rechnen. Ergo entsteht Stress.

Nicht jede Form von Stress wirkt sich schwächend oder gar lähmend aus. Der meiste Stress lässt sich bewältigen, weil wir kompensatorische Mechanismen besitzen, die die Stressreaktionen abmildern. Die Ausschüttung von Cortisol hört auf, das parasympathische Nervensystem schaltet sich ein, damit wir uns wieder entspannen. Wir laden unsere Batterien auf und machen mit unserem Leben weiter wie vorher. In unserer komplizierten modernen Welt, in der alles mit allem verbunden ist, kann Stress einen aber auf vielfältige Weise schnell außer Gefecht setzen.

1967 befragten Thomas Holmes und Richard Rahe Tausende von Patienten nach ihren negativen Lebensereignissen. Sie wollten wissen, ob sich ein Zusammenhang zwischen Stress und »Leiden« herstellen ließ.[11] Genau so war es. Sie stellten auf der Basis der von ihnen ermittelten Daten die Holmes-und-Rahe-Stress-Skala auf, bei der bestimmten Ereignissen eine bestimmte Anzahl von »life change units« (LCUs), man könnte auch sagen, ein bestimmter Stresswert, zugewiesen wird. Je größer oder umfassender die Anpassung an neue Lebensumstände ist, die ein Ereignis erfordert, desto höher ist sein Stresswert. Die befragte Person gibt an, wie viele in der Skala aufgeführte Ereignisse ihr im Lauf des Vorjahres widerfahren sind, und man zählt dann die einzelnen Stresswerte zusammen. Je höher die Gesamtsumme ist, desto wahrscheinlicher ist es, dass der/die Betreffende aufgrund von Stress krank werden wird. Ganz oben auf der Liste der Ereignisse steht »Tod des Ehepartners« mit einem Wert von 100 LCUs. Eine körperliche Verletzung bringt 53 LCUs, entlassen zu werden 47, Ärger mit angeheirateten Verwandten 49 usw. Überraschenderweise schlägt eine Scheidung mit 73 LCUs zu Buche, eine Inhaftierung nur mit 63. Irgendwie romantisch.

Ereignisse, die nicht auf der Liste stehen, können aber noch schlimmer sein. Ein Autounfall, in ein Gewaltverbrechen involviert sein, das Miterleben einer großen Tragödie – all das kann *akuten* Stress auslösen, was bedeutet, dass ein einzelnes Vorkommnis einen unerträglich hohen Grad an Stress hervorbringt. Das Ereignis tritt so überraschend ein und ist derart traumatisierend, dass, wie es im Film *This is Spinal Tap (Die Jungs von Spinal Tap)* heißt, die Stressreaktion »bis auf 11 hochgeschraubt wird«. Die physischen Begleiterscheinungen der Kampf-oder-Flucht-Reaktion erreichen ein Maximum (oft sieht man jemanden, der ein Trauma erlebt hat, unkontrolliert zittern), es ist aber die Auswirkung auf das Gehirn, die es schwierig macht, solch extremen Stress zu verarbeiten. Das Gehirn wird mit Cortisol und Adrenalin überschwemmt, was das Erinnerungssystem kurzfristig erweitert und stärkt und sogenannte *Flashbacks* (Blitzlichterinnerungen) entstehen lässt. Das ist eigentlich ein sehr nützlicher Mechanismus: Wenn etwas geschieht, das starken Stress auslöst, wollen wir verhindern, dass wir es noch einmal erleben. Daher kodiert das im Höchstmaß gestresste Gehirn diese Ereignisse in so lebhafter und detaillierter Form wie überhaupt möglich, damit wir sie unter keinen Umständen vergessen und noch einmal in eine ähnliche Situation geraten. Das ist sinnvoll, doch bei extrem stressigen Erfahrungen geht der Schuss oft nach hinten los: Die Erinnerung ist derart lebhaft und bleibt es auch, dass der Betreffende das Ereignis immer wieder durchlebt, als würde es sich ständig wiederholen.

Sie kennen sicher die Erfahrung, dass, wenn Sie etwas sehr Helles angeschaut haben, anschließend ein Eindruck auf Ihrer Netzhaut zurückbleibt, der wie in diese eingebrannt scheint. Das ist das optische Äquivalent zu einer Blitzlichterinnerung. Nur dass Letztere nicht verblasst. Sie bleibt bestehen, weil sie eine *Erinnerung* ist. Das ist das Entscheidende dabei, und die Erinnerung an das Ereignis ist fast genauso traumatisierend wie dieses selbst. Das zerebrale System, das verhindern soll, dass sich das Trauma wieder einstellt, bewirkt, *dass es sich wieder einstellt.*

Der beständige Stress, den lebhafte Flashbacks verursachen, führt oft zu emotionaler Betäubung oder Dissoziation, das heißt, dass die Betreffenden gleichgültig gegenüber anderen Personen werden, keine Gefühle mehr verspüren, sogar die Beziehung zur Realität verlieren. Das wird als ein anderer Verteidigungsmechanismus des Gehirns gedeutet. Das Leben ist zu stressig? Okay, dann machen Sie dicht, schalten Sie auf Stand-by. Das ist zwar kurzfristig effektiv, aber keine gute Langfriststrategie. Alle möglichen kognitiven und das Verhalten regelnden Fähigkeiten werden dadurch beeinträchtigt. Eine posttraumatische Belastungsstörung ist eine der häufigsten Folgen einer solchen Abkapselung.[12]

Zum Glück erleiden die wenigsten Menschen in ihrem Leben ein derartig starkes Trauma. Infolgedessen muss der Stress raffinierter vorgehen, um sie außer Gefecht zu setzen. Da gibt es zum Beispiel den chronischen Stress, bei dem einer oder mehrere Stressoren einen hartnäckig plagen, einem also über längere Zeit hinweg zusetzen. Ein krankes Familienmitglied, um das man sich kümmern muss, ein tyrannischer Chef, eine Deadline nach der anderen, die eingehalten werden muss, ein Leben am Existenzminimum ohne Möglichkeit, aus den Schulden herauszukommen – das sind alles Ursachen von chronischem Stress.*

---

* Die meisten Menschen erfahren Stress an ihrem Arbeitsplatz, was sonderbar ist, denn seine Angestellten unter Stress zu setzen, sollte doch eigentlich nicht gerade förderlich für deren Leistung sein, oder? Es ist aber tatsächlich so, dass Stress und Druck sich leistungs- und motivationssteigernd auswirken können. Viele Leute sagen, dass sie effektiver arbeiten, wenn sie eine Deadline vor sich haben, oder dass ihnen unter Druck alles besser gelingt. Und das ist nicht nur Angeberei. 1908 stellten die Psychologen Yerkes und Dodson fest, dass stressige Situationen sich wirklich förderlich auf die Bewältigung einer Aufgabe auswirken. (P. L. Broadhurst: »Emotionality and the Yerkes-Dodson law.« In: *Journal of Experimental Psychology*, 1957, 54 (5), S. 345–352.) Der Wunsch, negative Folgen zu vermeiden, Angst vor Strafe und anderes erhöhen die Motivation und Aufmerksamkeit und wirken sich positiv auf die für die Erledigung der Aufgabe nötige Fähigkeit aus.
Dies aber nur bis zu einem gewissen Punkt. Wenn der überschritten ist, das heißt, wenn der Stress zu groß wird, nimmt die Leistungsfähigkeit ab, und

Das ist schlimm. Denn wenn wir über eine längere Zeit hinweg zu viel Stress ausgesetzt sind, dann wird unsere Fähigkeit zu kompensieren in Mitleidenschaft gezogen, und der Kampf-oder-Flucht-Mechanismus wird zu einem Problem. Nach einem stressigen Vorkommnis dauert es für gewöhnlich zwanzig bis sechzig Minuten, bis der Körper wieder auf ein normales Level hinuntergefahren ist. Stress hat also an sich schon eine lang anhaltende Wirkung.[13] Das parasympathische Nervensystem, das der Kampf-oder-Flucht-Reaktion entgegenwirkt, sobald diese nicht mehr benötigt wird, muss sich anstrengen, um die Effekte von Stress aufzuheben. Wenn chronische Stressoren jedoch nicht aufhören, Stresshormone in unser System zu pumpen, dann ist das parasympathische Nervensystem irgendwann erschöpft, sodass die körperlichen und geistigen Auswirkungen von Stress »normal« werden. Die Ausschüttung von Stresshormonen wird nicht länger reguliert, das heißt, sie erfolgt nicht nur dann, wenn dies nötig ist. Diese Hormone sind immer aktiv, und die betreffende Person wird übersensibel, nervös, angespannt und zerstreut.

Die Tatsache, dass wir Stress nicht in unserem Inneren entgegenarbeiten können, bedeutet, dass wir nach Abhilfe durch äußere Mittel suchen, was alles leider immer noch schlimmer macht. Das ist als »Stress-Zyklus« bekannt: Versuche, Stress zu verringern oder abzubauen, verursachen mehr Stress und haben zahlreiche negative Folgen, die zu weiteren Versuchen führen, Stress zu verringern, was dann weitere Probleme verursacht, und so weiter und so fort.

Nehmen wir mal an, Sie bekommen einen neuen Chef vor die Nase gesetzt, der Ihnen mehr Arbeit aufhalst, als Sie bewälti-

---

je größer der Stress wird, desto geringer wird sie. Das ist als »Yerkes-Dodson-Gesetz« bekannt. Vielen Arbeitgebern scheint dieses Gesetz bekannt zu sein, außer dem Absatz, der lautet: »Zu viel Stress macht die Dinge schlechter.« Es ist so wie mit Salz: Eine Prise davon kann unser Essen besser schmecken lassen, doch zu viel davon ruiniert alles.

gen können. Das verursacht Stress. Doch Ihr neuer Vorgesetzter ist vernünftigen Argumenten nicht zugänglich, also arbeiten Sie länger. Sie verbringen mehr Zeit mit der Arbeit und sind länger gestresst, Stress wird für Sie zu einer chronischen Erfahrung. Bald fangen Sie an, mehr Junkfood in sich reinzustopfen und mehr Alkohol in sich reinzuschütten, um sich zu entspannen. Das wirkt sich negativ auf Ihre Gesundheit und Ihren Gemütszustand aus (Junkfood macht träge, Alkohol macht auf Dauer depressiv), wodurch Sie sich noch stärker gestresst fühlen und anfällig für weitere Stressoren werden. Sie werden noch gestresster, und so geht der Teufelskreis immer weiter.

Es gibt zahlreiche Methoden, um der ständigen Zunahme von Stress Einhalt zu gebieten (man kann die Arbeitsbelastung reduzieren, sich eine gesündere Lebensweise angewöhnen, therapeutische Hilfe in Anspruch nehmen und anderes mehr), viele schaffen es aber einfach nicht. Also baut sich immer mehr Stress auf, bis eine Schwelle erreicht und überschritten wird und das Gehirn gewissermaßen die Waffen streckt, ungefähr so, wie ein Schutzschalter die Stromzufuhr unterbricht, bevor es zu einer Überspannung des Leitungssystems kommt. Auch ständig wachsender Stress (mit den damit verbundenen Auswirkungen auf die Gesundheit) wäre verheerend für Gehirn und Körper, daher schaltet das Gehirn im Grunde alles aus. Viele Fachwissenschaftler sind der Ansicht, dass das Gehirn einen Nervenzusammenbruch auslöst, damit Stress nicht bis zu dem Punkt eskaliert, an dem es zu bleibenden Schäden kommen könnte.

Es lässt sich nur schwer sagen, wo die Grenze zwischen »gestresst« und »zu gestresst« verläuft, das ist von Mensch zu Mensch verschieden. Dem »Diathesis-Stress-Modell« zufolge (Diathesis bedeutet hier »Vulnerabilität«) ist bei jemandem, der anfälliger für Stress ist, ein geringerer Grad an Stress nötig, um ihn in einen ausgewachsenen Nervenzusammenbruch zu treiben, der ihn eine mentale Störung oder »Episode« erleben lässt. Einige Menschen sind einfach »empfänglicher«, will sagen anfälliger. Das sind Menschen, die sich in einer bedrückenden Situation befinden oder deren Leben schwierig ist, oder Menschen, die bereits an Paranoia oder unter Ängsten leiden. Aber auch Menschen, die vor Selbstbewusstsein nur so strotzen, können schnell umkippen. Wenn jemand sehr selbstbewusst ist, kann der Verlust von Kontrolle aufgrund von Stress sein ganzes Selbstwertgefühl zunichtemachen und so immensen Stress verursachen.

Wie genau ein Nervenzusammenbruch sich äußert, ist ebenfalls ganz unterschiedlich. Einige Menschen haben eine latente Anlage oder Prädisposition zu bestimmten Leiden, wie depressiven Zuständen oder Angstzuständen, und ein im Übermaß stressiges Ereignis kann diese Leiden auslösen. Wenn man ein dickes Lehrbuch auf seinen Zeh fallen lässt, tut das weh. Wenn dieser Zeh bereits gebrochen ist, schmerzt es noch viel mehr. Bei einigen lässt Stress die Stimmung auf einen solchen Tiefpunkt sinken, dass sie wie gelähmt sind, und dadurch tritt dann eine Depression ein. Bei anderen löst die ständige Furcht vor und das ständige Eintreten von stressigen Ereignissen Angststörungen oder Panikattacken aus. Man weiß auch, dass das bei Stress ausgeschüttete Cortisol auf die Dopamin-Systeme des Gehirns einwirkt.[14] Es lässt sie aktiver und empfänglicher für Reize werden. Man glaubt, dass eine anormale Aktivität in den Dopamin-Systemen die Ursache für Psychosen und Halluzinationen ist, und einige Nervenzusammenbrüche haben tatsächlich psychotische Episoden als Folgeerscheinungen.

Zum Glück ist ein Nervenzusammenbruch im Allgemeinen eine vorübergehende Sache. Medizinische oder therapeutische Intervention lässt die Betroffenen nach einer gewissen Zeit zur Normalität zurückkehren. Die erzwungene Unterbrechung der Stress bereitenden Tätigkeiten oder Bedingungen kann ebenfalls hilfreich sein. Natürlich sieht nicht jeder einen solchen Zusammenbruch als etwas Hilfreiches an, und nicht jeder überwindet ihn oder »steckt ihn weg«, und auch bei jenen, denen das gelingt, bleibt oft eine Anfälligkeit für Stress zurück, was bedeutet, dass ihnen das Gleiche wieder zustoßen könnte.[15] Sie können aber immerhin wieder ein normales Leben führen oder zumindest eines, das einem normalen Leben nahekommt. Nervenzusammenbrüche können also verhindern, dass eine Welt, die uns in vielfacher Hinsicht erbarmungslos stresst, uns bleibende Schäden zufügt.

Es gilt festzuhalten, dass viele von den Problemen, die ein Nervenzusammenbruch einzudämmen hilft, von den Techniken zum Umgang mit Stress, die das Gehirn besitzt, verursacht werden. Diese Techniken sind oft ungeeignet für das Leben in der modernen Welt. Wenn man es dem Gehirn hoch anrechnet, dass es den von Stress verursachten Schaden mithilfe eines Nervenzusammenbruchs in Grenzen hält, dann ist das so, als würde man jemandem dafür danken, dass er geholfen hat, ein Feuer zu löschen, das er selbst gelegt hat.

Wenn man an der Nadel hängt …

Wie das Gehirn Drogensucht entstehen lässt

In den USA konnte man 1987 im Fernsehen einen Spot sehen, der die Gefahren von Drogenkonsum verblüffenderweise mithilfe von Eiern vor Augen führte. Man bekam ein Ei gezeigt und hörte dazu eine Stimme, die sagte: »Das ist Ihr Gehirn.« Dann kam eine Pfanne ins Bild, und die Stimme sagte: »Das sind Drogen.« Das Ei wurde dann in die Pfanne gehauen und gebraten, und der Kommentar dazu lautete: »Das ist Ihr Gehirn – auf Drogen.« Der Spot war, was die öffentliche Aufmerksamkeit, die er erzielte, betraf, sehr erfolgreich und erhielt mehrere Auszeichnungen. Man nimmt in der Popkultur bis heute noch auf ihn Bezug, wenn auch zugegebenermaßen meist in spöttischer

Manier. Aus der Sicht eines Neurowissenschaftlers ist der Spot absurd.

Drogen erhitzen Ihr Gehirn nicht so stark, dass die Proteine, aus denen es sich in physischer Hinsicht zusammensetzt, zerstört werden. Es geschieht auch nur sehr selten, dass eine Droge sich auf jeden Teil des Gehirns simultan auswirkt, so wie eine heiße Pfanne sich auf ein Ei auswirkt. Und zu guter Letzt: Man führt dem Gehirn keine Drogen zu, nachdem man es von seiner Schale, auch als »Schädel« bekannt, befreit hat. Wenn das so wäre, wäre der Konsum von Drogen nicht derart verbreitet.

Das alles soll nicht heißen, dass Drogen gut für das Gehirn sind. Es ist nur alles ein wenig komplizierter, als dass man es mithilfe einer Metapher auf Eiergrundlage einfangen könnte.

Schätzungen zufolge beläuft sich das Volumen des illegalen Drogenhandels auf viele Millionen Dollar im Jahr,[16] und viele Regierungen geben ihrerseits Millionen von Dollar dafür aus, illegale Drogen aufzuspüren und zu vernichten sowie ihre Bürger von ihrem Gebrauch abzuhalten oder wieder abzubringen. Drogen gelten gemeinhin als gefährlich: Es heißt, sie schädigten die Gesundheit, zerstörten Leben und korrumpierten diejenigen, die sie nehmen, auch moralisch. Oft tun Drogen das tatsächlich, weil sie nämlich *wirken*. Sie wirken sehr gut, und zwar indem sie die grundlegenden Prozesse im Gehirn beeinflussen oder verändern. Das bringt Probleme hervor wie Sucht, Abhängigkeit, Verhaltensänderungen und noch andere, die alle auf die Art und Weise zurückzuführen sind, wie unsere Gehirne mit Drogen umgehen.

In Kapitel 3 wurde bereits der mesolimbische Pfad erwähnt, der oft auch »Belohnungspfad« genannt oder mit ähnlichen Ausdrücken belegt wird. Seine Funktion ist nämlich erfreulich klar: Er belohnt uns für Aktionen, die als positiv wahrgenommen oder empfunden werden. Wenn wir einmal etwas rundum Angenehmes verspüren – ob beim Genuss einer besonders saftigen Satsuma oder auf dem Höhepunkt einer bestimmten, zumeist im Schlafzimmer stattfindenden Aktivität –, dann löst der

Belohnungspfad die Empfindungen aus, die uns denken lassen: »Mensch, war das schön!«

Der Belohnungspfad kann durch Dinge aktiviert werden, die wir konsumieren: Dinge, die uns nähren oder mit Flüssigkeit versorgen, Appetit stillen, Energie liefern. All die ess- oder trinkbaren Substanzen, die das tun, werden als angenehm wahrgenommen, weil ihre Wirkungen uns gut tun und den Belohnungspfad stimulieren. Zucker zum Beispiel liefert unserem Körper schnell verwertbare Energie, deswegen kommen uns süß schmeckende Sachen angenehm vor. Der Zustand, in dem jemand sich gegenwärtig befindet, spielt auch eine Rolle. Wasser und Brot würde man normalerweise eher mit Gefängniskost in Zusammenhang bringen, für einen Schiffbrüchigen, der, nachdem er monatelang auf hoher See trieb, endlich an ein Ufer gespült wurde, wäre es aber Nektar und Ambrosia.

Die meisten dieser Substanzen aktivieren den Belohnungspfad indirekt, indem sie eine Reaktion im Körper hervorrufen, die das Gehirn als gut erkennt, also als etwas, das ein Belohnungsgefühl rechtfertigt. Drogen sind gegenüber solchen gewöhnlichen Substanzen im Vorteil und werden deswegen gefährlich, weil sie den Belohnungspfad *direkt* aktivieren. Der ganze langwierige Vorgang, der darin besteht, dass das Gehirn den positiven Effekt, den etwas auf den Körper hat, erkennt, wird übersprungen. Es ist so, als würde ein Bankangestellter einem säckeweise Geld aushändigen, ohne vorher nach langweiligen Details wie der Kontonummer zu fragen oder einen Ausweis sehen zu wollen. Wie kann das sein?

In Kapitel 2 wurde dargelegt, wie Neuronen untereinander mithilfe spezifischer Neurotransmitter kommunizieren, zu denen unter anderem Noradrenalin, Acetylcholin, Dopamin und Serotonin zählen. Ihre Aufgabe ist es, Signale zwischen Neuronen in einem Schaltkreis oder auf einem Pfad weiterzuleiten. Die Neuronen spritzen die Transmitter in die Synapsen, genauer: in die Lücken zwischen ihnen, und das lässt die Kommunikation zustande kommen. Sie interagieren mit dafür vorgesehenen Rezeptoren, so wie spezielle Schlüssel, die spezielle Schlösser öffnen. Die Natur und die Art des Rezeptors, mit dem der Transmitter interagiert, entscheidet über die Aktivität, die sich ergibt. Es könnte sich um ein »exzitatorisches« Neuron handeln, das andere Regionen des Gehirns aktiviert – so, als ob ein Lichtschalter umgelegt würde –, oder um ein »inhibitorisches« Neuron, welches die Aktivität in den mit ihm verbundenen Regionen dämmt oder ausschaltet.

Doch nehmen wir einmal an, die Rezeptoren würden sich nicht so treu gegenüber ihren spezifischen Neurotransmittern verhalten, wie man es sich von ihnen erhofft. Was wäre, wenn andere chemische Substanzen Neurotransmitter imitieren und spezifische Rezeptoren aktivieren könnten, obwohl die »richtigen« Transmitter gar nicht vorhanden sind? Wenn das möglich wäre, dann könnten wir möglicherweise solche Substanzen nutzen, um die Aktivität unserer Gehirne künstlich zu beeinflussen. Nun, es ist möglich, und wir tun es regelmäßig.

Unzählige Arzneimittel sind nichts anderes als Chemikalien, die mit bestimmten Zellrezeptoren interagieren. Agonisten veranlassen Rezeptoren dazu, Aktivitäten in Gang zu setzen. Medikamente gegen eine zu langsame oder unregelmäßige Herztätigkeit beispielsweise enthalten oft Substanzen, die Adrenalin nachahmen, welches diese Tätigkeit reguliert. Antagonisten nehmen Rezeptoren in Beschlag, ohne eine Aktivität auszulösen, sie blockieren die Rezeptoren und hindern echte Neurotransmitter daran, sie zu aktivieren, so wie ein in eine Aufzugtür gequetschter Koffer diese daran hindert, sich zu schließen. Die Wirkung antipsychotischer Medikamente beruht in der Regel darauf, dass bestimmte Dopaminrezeptoren blockiert werden, da psychotische Symptome mit einer anormalen Dopaminaktivität in Zusammenhang stehen.

Was wäre nun, wenn man mit Chemikalien eine Aktivierung des Belohnungspfads herbeiführen könnte, ohne dass man etwas

»tun« müsste? Solche Mittel würden vermutlich schnell sehr beliebt. So beliebt, dass die Leute alles Mögliche anstellen würden, um sie sich zu verschaffen. Und genau das trifft auf die meisten Drogen zu.

Aufgrund der unglaublichen Vielfalt von Dingen, die wir tun können, damit sie uns nützen, besitzt der Belohnungspfad eine große Zahl von Verbindungen und Rezeptoren, was wiederum bedeutet, dass er für eine große Zahl von Substanzen empfänglich ist. Kokain, Heroin, Nikotin, Amphetamine, sogar Alkohol: Sie alle regen die Aktivität im Belohnungspfad an und lösen ein ungerechtfertigtes, aber unbestreitbares Vergnügen aus. Der Belohnungspfad selbst benutzt Dopamin für all seine Funktionen und Prozesse. Zahlreiche Studien haben gezeigt, dass Drogen ein Ansteigen der Dopamintransmission im Belohnungspfad bewirken. Genau das macht ihre Verwendung so vergnüglich und angenehm – vor allem, wenn es sich um solche handelt, die Dopamin »imitieren« (wie zum Beispiel Kokain).[17]

Unsere Hochleistungsgehirne versetzen uns in die Lage, schnell festzustellen, dass etwas angenehm ist oder Vergnügen bereitet, sie lassen uns nach mehr davon verlangen und schnell herausfinden, wie man dieses »mehr« bekommen kann. Zum Glück gibt es aber auch die höheren Regionen, die unsere niederen Triebe eindämmen oder außer Kraft setzen, sodass wir nicht einfach dem Impuls nachgeben, uns mehr von dem Zeug zu besorgen, durch das man sich so toll fühlt. Wir wissen nicht genau, wie diese Impuls-Kontroll-Zentren funktionieren und was in ihnen vor sich geht, doch sind sie höchstwahrscheinlich im präfrontalen Kortex angesiedelt, wo auch andere komplexe kognitive Funktionen ihren Sitz haben.[18] Wie auch immer: Diese Kontrollsysteme ermöglichen es uns, Exzesse zu vermeiden und zu erkennen, dass es insgesamt gesehen keine gute Idee ist, sich reinem Hedonismus hinzugeben.

Andere Faktoren, die hier ins Spiel kommen, sind die Plastizität und das Anpassungsvermögen unseres Gehirns. Eine Droge verursacht eine exzessive Aktivität eines Rezeptors? Das Gehirn reagiert, indem es die Aktivität der Zellen bremst, die von den betreffenden Rezeptoren aktiviert werden, oder indem es diese Rezeptoren selbst ausschaltet. Eine dritte Möglichkeit besteht darin, dass es die Zahl der Rezeptoren, die nötig sind, um einen Respons auszulösen, verdoppelt, und es kennt noch weitere Methoden, um wieder einen normalen Level an Aktivität zu erreichen. Diese Prozesse laufen automatisch ab, und sie werden in Gang gesetzt, gleichgültig, ob die gesteigerte Aktivität durch Drogen oder durch Neurotransmitter ausgelöst wurde.

Sie müssen sich das so vorstellen, als ob in einer Stadt ein größeres Musikfestival stattfände. Alles ist in der Stadt darauf eingestellt, dass eine normale Aktivität gewährleistet ist. Auf einen Schlag treffen dann Tausende von leicht erregbaren Leuten ein, und die normale Aktivität schlägt in eine chaotische um. Als Reaktion darauf verstärkt die Obrigkeit die Präsenz von Polizei und Sicherheitskräften, sie sperrt bestimmte Straßen, lässt Busse häufiger verkehren, die Bars dürfen früher öffnen und später schließen und so weiter. Die erregten Konzertbesucher sind die Droge, das Gehirn ist die Stadt: zu viel Aktivität, und die Ordnungskräfte werden mobilisiert. Das Gehirn entwickelt eine gewisse »Verträglichkeit« oder »Toleranz« gegenüber der Droge, es stellt sich auf sie ein, sodass sie nicht ihre volle Wirkung entfaltet.

Das Problem besteht aber darin, dass die Steigerung der Aktivität im Belohnungspfad der ganze Sinn und Zweck einer Droge ist, und wenn das Gehirn sich so anpasst, dass diese Steigerung verhindert wird, dann gibt es nur eine Lösung: eine höhere Dosis! Sie ist nötig, um das erwünschte Gefühl auszulösen? Her damit! Das Gehirn stellt sich auf die höhere Dosis ein, und so geht es immer weiter. Bald vertragen Ihr Gehirn und Ihr Körper die Droge derart gut, dass Sie sie sich in Mengen zuführen können, die jemandem, der nicht an sie gewöhnt ist, den Garaus machen würden. Ihnen vermittelt sie aber nur jenen wohligen Rausch, der Sie überhaupt süchtig gemacht hat.

Es gibt einen Grund dafür, dass es so ungeheuer schwer ist, seine Drogensucht wieder loszuwerden, einen »kalten Entzug zu machen«: Wenn man über eine lange Zeit Drogen genommen hat, dann reichen Willenskraft und Disziplin nicht aus, um wieder *clean* zu werden. Ihr Körper und ihr Gehirn haben sich inzwischen so sehr an die Zufuhr der jeweiligen Substanz gewöhnt, dass sie sich *physisch* verändert haben, um sie zu verarbeiten. Wenn Ihnen diese Substanz plötzlich vorenthalten wird, hat das daher gravierende Folgen. Heroin und andere Opiate sind gute Beispiele dafür.

Opiate sind Analgetika, die Schmerzen von normaler Stärke lindern, indem sie die Produktion von Endorphinen im Gehirn anregen, das heißt von natürlichen, schmerzstillenden, Wohlgefühl herbeiführenden Neurotransmittern. Außerdem stimulieren sie die Systeme, welche Schmerzen bekämpfen, und lassen so ein Gefühl großer Euphorie aufkommen. Leider existieren Schmerzen aber aus einem bestimmten Grund: Sie sind ein Warnsignal. Deswegen reagiert das Gehirn, indem es die Sensibilität unseres Systems zur Schmerzwahrnehmung heraufsetzt, damit die Schmerzgefühle jene von Opiaten herbeigeführte selige Umnebelung durchdringen können. Die Verwender von Opiaten nehmen daher mehr von diesen Substanzen, um dieses Wahrnehmungssystem wieder herunterzufahren, woraufhin das Gehirn es wieder stärkt – und so geht es immer weiter.

Dann wird die Droge abgesetzt: Ihr Konsument steht plötzlich ohne das da, was ihn so unglaublich ruhig und entspannt hat werden lassen. Was ihm aber bleibt, ist ein *im Höchstmaß gesteigertes System zur Schmerzwahrnehmung*. Die Aktivität dieses Systems ist stark genug, um Schmerzsignale durch ein von einem Opiat verursachtes *High* hindurchdringen zu lassen. Auch andere vom Drogenkonsum beeinträchtigte Systeme verändern sich. Deswegen macht einem Drogensüchtigen ein kalter Entzug, also das plötzliche Absetzen der abhängig machenden Substanzen, derart zu schaffen, und deshalb kann der kalte Entzug auch so gefährlich sein.

Es wäre schon genug, dass diese Drogen die erwähnten physiologischen Veränderungen verursachen. Leider führen aber Veränderungen im Gehirn auch zu Veränderungen des Verhaltens. Man sollte denken, dass die vielen unangenehmen Folgen von Drogenmissbrauch und die Zwänge, denen dieser die Betreffenden aussetzt, ausreichen sollten, die Leute davon abzuhalten, solche Substanzen zu sich zu nehmen. Das wäre nur logisch. Doch ist »logisches Denken und Verhalten« eines der ersten Opfer von Drogenkonsum. Teile des Gehirns können damit beschäftigt sein, Verträglichkeit aufzubauen und ein normales Funktionieren aufrechtzuerhalten, doch ist es in sich so vielgestaltig, so unterschiedlich, dass andere Teile von ihm gleichzeitig damit beschäftigt sein können, sicherzustellen, dass wir ihm die jeweilige Substanz weiter zuführen. Es kann zum Beispiel das Gegenteil von Verträglichkeit bewirken: Drogenkonsumenten können für die Wirkungen einer Substanz durch Unterdrückung der Anpassungssysteme empfänglicher werden, also stärker auf diese reagieren.[19] Die Droge wirkt stärker und bringt den Betreffenden/die Betreffende dazu, sogar noch öfter zu ihr zu greifen. Das ist einer der Faktoren, die zur Sucht führen.*

---

* Um es klarzustellen: Man kann nach anderem als nach Drogen süchtig sein. Zum Beispiel danach, Shoppen zu gehen oder sich mit Videospielen die Zeit zu vertreiben – nach allem jedenfalls, was den Belohnungspfad über das normale Niveau hinaus aktivieren kann. Spielsucht ist etwas besonders Schlimmes. Wenn man sich mit einer minimalen Anstrengung eine Menge Geld verschaffen kann, vermittelt einem das ein starkes Belohnungsgefühl, aber es ist sehr schwer, von dieser Sucht wieder loszukommen. Normalerweise wären lange Perioden hilfreich, in denen sich kein Gefühl der Belohnung einstellt, weil das Gehirn dann aufhörte, eine solche zu erwarten. Doch sind beim Glücksspiel solche Perioden, in denen man nicht gewinnt, *normal*, ebenso wie solche, in denen man Geld verliert. (R. Brown:»Arousal and sensation-seeking components in the general explanation of gambling and gambling addictions.« In: *Substance Use & Misuse*, 1968, 21 (9-10), S. 1001–1016.) Es ist daher schwierig, Spielsüchtigen klarzumachen, dass Glücksspiel etwas Schlechtes ist, da ihnen das bereits vollkommen klar ist.

Es gibt weitere. Die Kommunikation zwischen dem Belohnungspfad und der Amygdala dient dazu, eine starke emotionelle Reaktion auf alles, was mit Drogen zu tun hat, auf sogenannte »drug cues«, auszulösen.[20] Ihr persönliches Pfeifchen, Ihre Spritze, Ihr Feuerzeug, der Geruch der von Ihnen bevorzugten Substanz – all diese »Auslösereize« werden emotionell aufgeladen und wirken an sich schon stimulierend. Das heißt, dass bereits die Dinge, die mit einer Droge *assoziiert* sind, diejenigen, die sie regelmäßig konsumieren, die entsprechende Wirkung verspüren lassen können.

Heroinsüchtige liefern ein abschreckendes Beispiel dafür. Ein Mittel zur Bekämpfung von Heroinabhängigkeit ist Methadon, ebenfalls ein Opiat, das eine ähnliche, wenn auch reduzierte Wirkung hervorruft. Theoretisch ermöglicht es dieses Substitutionsmittel Heroinsüchtigen, allmählich von der Droge loszukommen, ohne sich den Qualen und Gefahren eines kalten Entzugs auszusetzen. Methadon wird nur in dickflüssiger Form verabreicht, es sieht wie giftgrüner Hustensirup aus und kann nur geschluckt werden, während Heroin für gewöhnlich gespritzt wird. Das Gehirn stellt aber eine dermaßen starke Verbindung zwischen dem Spritzen von Heroin und dessen Wirkung her, dass schon der Akt des Spritzens dafür sorgt, dass man high wird. Man weiß von Süchtigen, die so getan haben, als schluckten sie ihr Methadon, es dann aber in eine Spritze spuckten und es sich injizierten.[21] Das ist unglaublich gefährlich (wenn auch vor allem aus Gründen der Hygiene), doch die Verwerfungen, die Drogen im Gehirn anrichten, bewirken, dass die Art, in der man sie sich zuführt, fast genauso wichtig ist wie die Substanz selbst.

Ständige Stimulation des Belohnungspfads durch Drogen wirkt sich auf unsere Fähigkeit zu denken und uns rational zu verhalten aus. Die Schnittstelle zwischen dem Belohnungspfad und dem frontalen Kortex, wo die wichtigen bewussten Entscheidungen gefällt werden, wird so modifiziert, dass ein Verhalten, welches zur Beschaffung von Drogen dient, die Priorität gegenüber solchem erhält, das anderen, wichtigeren Dingen gilt (wie zum Beispiel der Sicherung seines Jobs, dem Einhalten von Gesetzen, der Körperhygiene). Im Gegensatz dazu werden die negativen Folgen des Drogenkonsums (verhaftet zu werden, sich durch eine mit anderen geteilte Nadel eine Infektion zu holen, sich seine Angehörigen und Freunde zu entfremden) unterdrückt, in dem Sinne, dass sie als belanglos oder wenig beunruhigend erachtet werden. Deswegen wird ein Süchtiger nur nonchalant mit den Schultern zucken, wenn ihm sein gesamter weltlicher Besitz abhandenkommt, aber immer wieder Kopf und Kragen riskieren, um sich den nächsten Schuss setzen zu können.

Am beunruhigendsten ist vielleicht die Tatsache, dass exzessiver Drogenkonsum die Aktivität des präfrontalen Kortex und der Regionen, die unsere Impulse kontrollieren, hemmt. Der Einfluss jener Teile des Gehirns, die einem sagen: »Tu das nicht!«, »Das ist nicht klug!«, »Das wirst du bereuen!«, wird abgeschwächt. Der freie Wille ist vielleicht eine der größten Errungenschaften des menschlichen Gehirns, doch wenn er sich einem Rausch in den Weg stellt, dann muss er weichen.[22]

Damit ist es noch nicht genug mit den schlechten Nachrichten. Diese von Drogen verursachten Veränderungen des Gehirns und die Assoziationen, die sich ausgebildet haben, verschwinden nicht wieder, wenn der Betreffende keine Drogen mehr nimmt: Sie werden einfach »nicht verwendet«. Sie können sich etwas zurückbilden, schwächer werden, aber sie bleiben bestehen. Und wenn der- oder diejenige sich irgendwann wieder etwas von der Droge zu Gemüte führt, werden sie, auch nach längerer Abstinenz, sofort wieder wirksam – aus diesem Grund kommt es so häufig zu Rückfällen.

Es gibt viele unterschiedliche Gründe dafür, dass Menschen anfangen, regelmäßig Drogen zu nehmen. Vielleicht müssen sie ihr Leben in einer trübseligen, heruntergekommenen Umgebung fristen, wo die Drogen den einzigen Ausweg bieten, um der Realität zu entkommen. Es kann auch sein, dass sie an einer nicht diagnostizierten geistigen Störung leiden und sich selbst zu therapieren versuchen, indem sie Mittel nehmen, die die Probleme, mit denen sie jeden Tag zu kämpfen haben, etwas abschwächen. Man glaubt sogar, dass eine genetische Veranlagung bei Drogensucht mit ins Spiel kommt: Es könnte sein, dass einige Menschen an einer ererbten Unterentwicklung oder zu schwachen Aktivität der für die Kontrolle von Impulsen zuständigen Region des Gehirns leiden.[23] Jeder von uns besitzt die Neigung, dann, wenn sich die Gelegenheit zu einer neuen Erfahrung bietet, zu fragen: »Was könnte schlimmstenfalls passieren?« Leider besitzen aber einige Menschen nicht die entgegengesetzte Neigung, die sie danach fragen lässt, was alles passieren kann. Das erklärt, warum einige Menschen mal kurz mit Drogen herumexperimentieren und es dann wieder sein lassen, während andere ab dem ersten Schuss, den sie sich setzen, an der Nadel hängen.

Egal, welches die Ursachen oder die Anfangsentscheidungen sind, die zu ihr führen – Sucht wird von Experten als Krankheit eingestuft, die es zu behandeln gilt, und nicht als eine zu kritisierende oder zu verurteilende Schwäche. Exzessiver Drogenkonsum bewirkt massive Veränderungen, von denen einige anderen in ihren Auswirkungen zuwiderlaufen. Drogen scheinen das Gehirn in einer Art lang anhaltendem Zermürbungskrieg gegen sich selbst kämpfen zu lassen, und unser eigenes Leben bildet dabei das Schlachtfeld. Es ist schrecklich, sich selbst so etwas anzutun, doch die Drogen bewirken, dass es einem egal ist.

Dies alles geht im Gehirn vor sich, geschieht mit ihm, wenn es »auf Droge« ist. Es ist kaum möglich, das mit Spiegeleiern zu veranschaulichen.

Die Realität wird ohnehin überbewertet

(Halluzinationen, Wahnvorstellungen und was das Gehirn anstellt, um sie hervorzubringen

Eine der am weitesten verbreiteten seelischen Störungen ist die Psychose, durch die die Fähigkeit eines Menschen, zwischen dem zu unterscheiden, was real ist und was nicht, beeinträchtigt wird. Am häufigsten manifestiert sich dies in Halluzinationen (dem Wahrnehmen von etwas, das nicht da ist) und Wahnvorstellungen (dem Glauben an oder von etwas, das nachweislich nicht wahr ist). Hinzu kommen noch andere Denk- oder Verhaltensstörungen. Der Gedanke, dass einem so etwas geschehen kann, macht beklommen, denn es ist gleichbedeutend damit, dass man den Bezug zur Realität verliert. Wie soll man damit fertig werden?

Beunruhigenderweise sind die neuronalen Systeme, die für so etwas Wesentliches wie unsere Fähigkeit, Kontakt zur Realität herzustellen, zuständig sind, extrem anfällig. Alles, was bisher in diesem Kapitel behandelt wurde – Depressionen, Drogen und Alkohol, Stress und Nervenzusammenbrüche –, kann am Ende Halluzinationen und Wahnvorstellungen im überbeanspruchten Gehirn entstehen lassen. Es gibt noch viele andere Faktoren, die sie auslösen können: Krankheiten und Leiden wie Demenz, Parkinson, bipolare Störungen, Schlafmangel, Gehirntumore, HIV, Syphilis, Lyme-Borreliose, Multiple Sklerose, ein abnorm niedriger Blutzuckerspiegel, außerdem Substanzen wie Alkohol, Cannabis, Amphetamin, Ketamin, Kokain und anderes mehr. Einige Leiden werden auch als »psychotische Störungen« bezeichnet. Schizophrenie ist die bekannteste davon. Um es klarzustellen: Die »Spaltung«, die der Krankheit ihren Namen gibt – altgriechisch s'chizein bedeutet »(zer)spalten« –, besteht zwischen dem jeweiligen Individuum und der Realität. Die Bezeichnung »Persönlichkeitsspaltung« ist also irreführend.

Eine Psychose löst oft die Empfindung aus, berührt zu werden, wenn man es nicht wird, oder lässt den Betreffenden Dinge schmecken oder riechen, die gar nicht da sind. Am häufigsten sind aber akustische Halluzinationen, auch als »Stimmenhören« bekannt. Es gibt verschiedene Klassen dieser Art von Halluzination.

Das sind die akustischen Halluzinationen, bei denen man seine eigenen Gedanken so hört, als würde jemand anders sie laut aussprechen; dann die, bei der man eine andere Person mit einem selbst sprechen hört, und die, bei denen man die Stimmen einer oder mehrerer Personen vernimmt, die über einen selbst sprechen und einen fortlaufenden Kommentar zu dem abgeben, was man tut. Es können in allen Fällen Frauen- oder Männerstimmen sein, vertraute oder unvertraute, freundliche oder kritische. Wenn sie kritisch sind (was für gewöhnlich so ist), dann hat man »derogatorische« Halluzinationen − solche, die einen herabsetzen, entwerten. Den Charakter der Halluzination zu erkennen kann bei der Diagnose ihrer Ursachen helfen. So sind zum Beispiel anhaltende derogatorische akustische Halluzinationen ein zuverlässiger Indikator für Schizophrenie.[24]

Wie kommt es zu Halluzinationen im auditorischen Bereich? Die Erforschung von Halluzinationen ist knifflig, weil man dazu Personen bräuchte, die auf Kommando im Laboratorium zu halluzinieren beginnen. Halluzinationen kommen aber für gewöhnlich ohne Vorankündigung. Wenn jemand sie nach Belieben in Gang setzen und wieder abschalten könnte, dann stellten sie nicht ein solches Problem dar. Dennoch hat man zahlreiche Studien durchgeführt, die vor allen den akustischen Halluzinationen von Schizophrenen galten, da diese dazu neigen, sich mit großer Regelmäßigkeit einzustellen, also sehr persistent sind.

Der am weitesten verbreiteten Theorie zufolge haben die komplexen Prozesse, mit denen das Gehirn zwischen neurologischer Aktivität, die durch Reize aus der Außenwelt ausgelöst wird, und solcher, die *intern* hervorgebracht wird, unterscheidet, mit dem Entstehen von Halluzinationen zu tun. Unsere Gehirne schwatzen unablässig vor sich hin, sie denken, grübeln, sorgen sich und so weiter. Das alles erzeugt Aktivität im Gehirn (oder wird von einer solchen erzeugt).

Unter normalen Umständen ist das Gehirn sehr gut in der Lage, zwischen interner und externer (das heißt durch sensorische Informationen vermittelter) Aktivität zu differenzieren. Das ist so ähnlich wie das Aufbewahren von gesendeten und empfangenen E-Mails in separaten Ordnern. Der Haupttheorie zufolge kommt es zu Halluzinationen, wenn diese Fähigkeit zu unterscheiden, beeinträchtigt ist. Wenn Sie jemals versehentlich all Ihre E-Mails in einen einzigen großen Ordner gestopft haben, dann wissen Sie, wie verwirrend das sein kann. Stellen Sie sich also einmal vor, dass mit Ihren Gehirnfunktionen etwas Ähnliches geschieht.

Das Gehirn verliert den Überblick darüber, was interne und was externe Aktivität ist, und mit so etwas kommt es nicht gut zurecht. Das wurde uns in Kapitel 5 deutlich, wo wir erfahren haben, dass Leute, denen man die Augen verbunden hat, große Mühe haben, zu unterscheiden, ob sie in einen Apfel oder eine Kartoffel beißen. Diese Schwierigkeit tut sich bei einem »normal funktionierenden« Gehirn auf. Im Fall von Halluzinationen tragen die Systeme, die zwischen interner und externer Aktivität trennen, metaphorisch gesprochen, eine Augenbinde. So kann es passieren, dass Menschen ihren eigenen inneren Monolog als das Reden einer tatsächlich anwesenden fremden Person wahrnehmen: Ihr Sinnieren und das interne Vernehmen gesprochener Wörter aktiviert den auditorischen Kortex und mit diesem verbundene Regionen zur Verarbeitung von Sprache. In der Tat hat eine Reihe von Studien ergeben, dass persistente akustische Halluzination mit einem reduzierten Volumen der grauen Substanz in diesen Regionen einhergehen.[25] Die graue Substanz ist für alle Verarbeitungsprozesse zuständig, eine Reduktion ihres Volumens legt also nahe, dass auch die Fähigkeit, zwischen in der Außenwelt hervorgerufener Aktivität und solcher, die in unserem Inneren entsteht, zu unterscheiden, reduziert ist.

Eine verblüffende Bestätigung für diese Annahme liefert ein seltsames Phänomen: Die meisten Menschen können sich nicht selbst kitzeln. Warum nicht? Das Gefühl sollte eigentlich immer das gleiche sein, egal, wer einen kitzelt. Doch sich selbst zu kitzeln beruht auf einer bewussten Entscheidung und einem Handeln von unserer Seite aus. Beides erfordert neurologische Aktivität, die das Gehirn als intern generiert identifiziert und daher anders verarbeitet. Das Gehirn entdeckt das Kitzeln, doch da eine interne bewusste Aktivität vorher darauf aufmerksam gemacht hat, wird es ignoriert. So liefert dieses Phänomen einen Beleg dafür, dass das Gehirn zwischen externer und interner Aktivität zu differenzieren vermag. Die Professorin Sarah-Jayne Blakemore und ihre Kollegen am Wellcome Department of Cognitive Neurology haben die Fähigkeit von Psychiatriepatienten, sich selbst zu kitzeln, untersucht.[26] Sie haben festgestellt, dass Patienten, die an Halluzinationen litten, im Vergleich zu »Gesunden« weit sensibler für »Selbst-Kitzeln« waren, was auf eine verminderte Fähigkeit, zwischen internen und externen Reizen zu unterscheiden, hindeutet.

Das ist zwar ein interessanter Untersuchungsansatz (der allerdings seine Schwachstellen hat), doch seien Sie beruhigt: Wenn Sie es schaffen, sich selbst zu kitzeln, bedeutet das nicht automatisch, dass Sie ein Psychotiker sind. Es gibt große Unterschiede zwischen uns Menschen. Ein früherer WG-Genosse meiner Frau konnte sich selbst kitzeln und hat nie irgendwelche psychischen Probleme gehabt. Er ist aber ungewöhnlich groß. Es ist möglich, dass die Nervensignale so lange brauchen, um von der gekitzelten Stelle zum Gehirn zu gelangen, dass dieses einfach vergisst, wie sie entstanden sind.*

Untersuchungen mit bildgebenden Verfahren haben weitere

---

* Das ist absolut nicht möglich. Ich brachte diese Theorie als Student vor, als ich um eine Erklärung verlegen war. Ich war in jenen lang vergangenen Tagen viel arroganter als heute und stellte lieber wilde Spekulationen an, als zuzugeben, dass ich etwas nicht wusste.

Theorien über den Grund für Halluzinationen entstehen lassen. Eine Metastudie, die 2008 von Dr. Paul Allen und Kollegen vorgelegt wurde,[27] deutet auf einen komplizierten (gleichzeitig aber überraschend logischen) Mechanismus hin.

Wie zu erwarten, geht die Fähigkeit unseres Gehirns, zwischen einem inneren und einem äußeren Geschehen zu differenzieren, auf ein Zusammenwirken mehrerer Regionen zurück. Das sind unter anderem fundamentale subkortikale Regionen, vor allem der Thalamus, die »Rohinformationen« von den Sinnesorganen beisteuern. Diese landen im sensorischen Kortex, was ein Oberbegriff für alle Regionen ist, die an der Weiterverarbeitung von Sinneseindrücken beteiligt sind (der Hinterhauptlappen für visuelle Eindrücke, der Schläfenlappen für akustische und olfaktorische, und so weiter). Der sensorische Kortex wird oft in einen primären und einen sekundären gegliedert. Der primäre verarbeitet die groben Merkmale eines Sinnesreizes, der sekundäre dessen Details, die zu einem *Erkennen* führen. Um ein Beispiel zu nennen: Der primäre sensorische Kortex würde Linien, Ränder und Farben wahrnehmen, der sekundäre würde erkennen, dass es sich um einen auf einen zurasenden Bus handelt. Beide sind also wichtig.

An den sensorischen Kortex angeschlossen sind Teile des präfrontalen Kortex (für Entscheidungen und höhere Funktionen wie das Denken zuständig), des prämotorischen Kortex (für Hervorbringen und Steuerung von Bewegungen verantwortlich), des Cerebellums oder Kleinhirns (für die Feinmotorik zuständig) und andere Areale mit ähnlichen Funktionen. All diese Regionen sind generell dafür zuständig, unsere bewussten Handlungen festzulegen und Informationen zu liefern, die uns in die Lage versetzen, festzustellen, welche Aktivität von uns selbst in unserem eigenen Inneren hervorgebracht wird. Der Hippocampus und die Amygdala nehmen Erinnerungen und Emotionen auf, sodass wir erinnern können, was wir wahrgenommen haben, und entsprechend reagieren können.

Die Interaktion dieser miteinander verbundenen Areale hält unsere Fähigkeit aufrecht, die Außenwelt von der Welt in unserem Schädel zu trennen. Wenn die Verbindungen durch irgendetwas, das auf das Gehirn einwirkt, verändert werden, kommt es zu Halluzinationen. Gesteigerte Aktivität im sekundären sensorischen Kortex hat zur Folge, dass die Signale, die von inneren Prozessen ausgehen, verstärkt werden und auch eine stärkere Wirkung ausüben. Eine reduzierte Tätigkeit der Verbindungen zum präfrontalen Kortex, prämotorischen Kortex und so weiter hindert das Gehirn daran, Informationen zu erkennen, die in unserem Inneren hervorgebracht werden. Man glaubt, dass diese Regionen auch für die Überwachung des Intern/Extern-Unterscheidungssystems zuständig sind, das heißt, sie stellen sicher, dass echte sensorische Informationen als solche verarbeitet werden. Eine Beeinträchtigung der Verbindungen mit diesen Regionen oder untereinander hätte zur Folge, dass eine größere Zahl von in unserem Inneren erzeugten Informationen als »echt« eingestuft würde.[28]

All dies zusammen verursacht Halluzinationen. Sagt man zu sich selbst, das heißt, denkt man: »Das war dumm!«, wenn man ein teures neues Teeservice gekauft und es von seinem tapsigen kleinen Sprössling aus dem Laden hat tragen lassen, dann wird dies normalerweise als interne Beobachtung identifiziert und verarbeitet. Wenn das Gehirn aber nicht erkennen kann, dass dies ein Gedanke war, der aus dem präfrontalen Kortex kam, dann könnte die Aktivität, die er in den für Verarbeitung von Gesprochenem verantwortlichen Regionen auslöst, dazu führen, dass man es für etwas hält, das man *tatsächlich gehört* hat. Atypische Aktivität der Amygdala bedeutet, dass die damit verbundenen Empfindungen auch nicht eingedämmt würden, sodass man am Ende eine sehr kritische Stimme hören würde.

Der sensorische Kortex verarbeitet alles, und interne Aktivität kann sich auf alles Mögliche beziehen. Halluzinationen können also in allen Sinnesbereichen vorkommen. Unsere Gehirne inkorporieren, weil sie es nicht besser wissen, diese ganze anormale Aktivität in unsere Wahrnehmungsprozesse, sodass wir am Schluss beunruhigende Dinge sehen, hören, riechen, fühlen, schmecken, die gar nicht da sind. Da das Netzwerk von Systemen, die uns erkennen lassen, ob etwas real ist oder nicht, so weitgespannt ist, ist es zwangsläufig auch anfällig für eine Vielfalt von Faktoren. Daher kommen Halluzinationen so häufig in Verbindung mit Psychosen vor.

Das, was der englische Begriff »delusions« bezeichnet – Wahnvorstellungen oder im weitesten Sinne der hartnäckige Glaube an etwas, das nachweislich »nicht stimmt« oder »nicht wahr ist« –, ist eine weitere verbreitete Begleiterscheinung von Psychosen und zeugt ebenfalls von einer Beeinträchtigung der Fähigkeit, zwischen real und nicht-real zu unterscheiden. Solche Wahnvorstellungen können vielfältige Erscheinungsformen annehmen. Bekannt ist zum Beispiel der Größenwahn: Der oder die davon Befallene hält sich für weitaus beeindruckender, als er oder sie in der Realität ist, bildet sich zum Beispiel ein, ein Geschäftsgenie von internationalem Rang zu sein, wenn er/sie in Wirklichkeit nur halbtags in irgendeinem Billigladen Schuhe verhökert. Noch häufiger ist der Verfolgungswahn, bei dem eine Person – wie der Name schon sagt – unter der Einbildung leidet, erbarmungslos verfolgt oder gehetzt zu werden: Jeder, dem sie begegnet, ist dann an einem finsteren Komplott beteiligt, mit dem Ziel, sie zu kidnappen.

Wahnvorstellungen können so unterschiedlich und bizarr sein wie Halluzinationen, sind aber häufig hartnäckiger, das heißt, sie tendieren dazu, zu »fixen Ideen« zu werden. Sie sind im Höchstmaß resistent gegenüber Gegenbeweisen. Es ist einfacher, jemanden davon zu überzeugen, dass die Stimmen, die er/sie hört, nicht real sind, als eine Person von der Überzeugung abzubringen, dass die ganze Welt sich gegen sie verschworen hat, ihr Böses will.

Man glaubt, dass Wahnvorstellungen ihren Ursprung in den

zerebralen Systemen haben, die das deuten, *was geschieht,* und es mit dem in Einklang zu bringen versuchen, was *geschehen sollte.* Das Gehirn muss in jedem Augenblick mit einer Fülle von Informationen fertig werden, und um diese Aufgabe effizient bewältigen zu können, orientiert es sich an einem mentalen Modell davon, wie die Welt funktionieren sollte. Überzeugungen, Erfahrungen, Erwartungen, Annahmen, Berechnungen werden miteinander verknüpft und zu einer ständig aktualisierten allgemeinen Auffassung davon zusammengesetzt, wie Dinge geschehen, sodass wir wissen, was wir zu erwarten haben und wie wir darauf reagieren können, ohne es jedes Mal neu ergründen zu müssen. Die Folge davon ist, dass die uns umgebende Welt uns nicht immer wieder überraschen kann.

Sie gehen eine Straße entlang, und ein Bus hält neben Ihnen an. Das ist nicht überraschend für Sie, weil Ihr mentales Modell von der Welt weiß, wie Busse operieren: Sie wissen, dass Busse anhalten, um Fahrgäste aus- und einsteigen zu lassen, also ignorieren Sie dieses Vorkommnis. Wenn jedoch ein Bus vor Ihrem Haus an den Straßenrand führe und dort stehen bliebe, wäre das untypisch. Ihr Gehirn empfängt dann eine neue Information, die es deuten oder erklären muss, damit Ihr mentales Modell von der Welt auf dem aktuellen Stand bleibt.

Sie beginnen daher mit Nachforschungen, und es stellt sich heraus, dass der Bus eine Panne hat. Bevor Sie das in Erfahrung bringen, gehen Ihnen eine Reihe anderer Theorien durch den Kopf. Kann es sein, dass der Busfahrer Sie ausspioniert? Hat jemand Ihnen vielleicht einen Bus gekauft? Ist Ihr Haus zu einem Busdepot umfunktioniert worden, ohne dass man es Ihnen gesagt hat? Das Gehirn wirft alle diese Erklärungen aus, kommt aber auf der Basis des existierenden Modells davon, wie die Dinge funktionieren, zu dem Schluss, dass sie alle unwahrscheinlich sind, und verwirft sie.

Wahnvorstellungen entstehen, wenn dieses System eine Veränderung erfährt. Eine bekannte Art von Wahnvorstellung ist das sogenannte Capgras-Syndrom. Menschen, die daran leiden, sind ehrlich davon überzeugt, dass jemand, der ihnen nahesteht (Ehemann, Elternteil, Bruder oder Schwester, Freund oder Freundin, Haustier), durch einen völlig gleich aussehenden Doppelgänger ersetzt worden ist.[29] Für gewöhnlich werden beim Anblick einer geliebten Person viele Erinnerungen und Gefühle ausgelöst: Liebe, Zuneigung, Rührung, Enttäuschung, Irritation (wobei die Länge der Zeit, seitdem die Beziehung besteht, mit eine Rolle spielt).

Nehmen wir aber einmal an, Sie sehen eine solche Person, und es stellt sich keine der üblichen emotionellen Assoziationen ein. Eine Läsion der Frontallappen kann das bewirken. Auf der Basis aller Ihrer Erinnerungen und Erfahrungen antizipiert Ihr Gehirn eine starke emotionelle Reaktion auf den Anblick Ihres Partners, doch zu dieser kommt es nicht. Das hat Unsicherheit zur Folge: Ist das denn wirklich mein geliebter langjähriger Partner? Ich habe doch so viele Gefühle in Bezug auf ihn, und die verspüre ich jetzt gar nicht. Wie kann das sein? Eine Antwort auf diese Frage liefert der Schluss, dass dies überhaupt nicht Ihr Partner ist, sondern eine ihm aufs Haar gleichende andere Person: ein Betrüger, ein Schwindler. Dieser Schluss gestattet es dem Gehirn, die Disharmonie, die es empfindet, aufzuheben und damit der Unsicherheit ein Ende zu setzen. Das ist das Capgras-Syndrom.

Das Problem besteht darin, dass die Annahme, die einem nahestehende Person sei durch eine andere ersetzt worden, eindeutig falsch ist, dass aber das Gehirn des/der Betreffenden dies nicht erkennt. Wenn man einem an dem Syndrom leidenden Menschen objektive Beweise dafür liefert, dass es sich wirklich um den Partner handelt, macht das Ausbleiben jeder emotionellen Reaktion alles nur noch schlimmer, und der Schluss, dass man es mit einem Doppelgänger zu tun hat, ist daher nur noch »beruhigender«. So bleibt eine Wahnvorstellung aller sie widerlegenden Beweise zum Trotz bestehen.

Wahnvorstellungen liegt, wie man allgemein annimmt, der folgende Prozess zugrunde: Das Gehirn erwartet, dass etwas Bestimmtes passiert, es nimmt wahr, dass etwas *anderes* geschieht, Erwartung und Ereignis decken sich nicht, und dafür muss eine Erklärung gefunden werden. Problematisch wird es, wenn diese Erklärungen auf absurden oder lächerlichen Schlussfolgerungen beruhen.

Stress und andere Faktoren, die die empfindlichen Verarbeitungssysteme unseres Gehirns durcheinanderbringen, sind schuld daran, dass Dinge, die wir wahrnehmen und normalerweise als harmlos oder belanglos abtun würden, viel zu große Bedeutung erhalten. Die Wahnvorstellungen selbst können in der Tat Hinweise auf die Art der Probleme geben, die sie hervorrufen.[30] Zum Beispiel würden Ängste und Paranoia dazu führen, dass jemand eine unerklärliche Aktivierung des Systems zur Entdeckung von Gefahren und anderen zur Verteidigung dienenden Systemen erlebt. Das Gehirn würde versuchen, die Quelle für das mysteriöse Empfinden einer Bedrohung ausfindig zu machen und daher ein ganz harmloses Verhalten anderer – dass zum Beispiel jemand vor sich hinmurmelt, wenn man in einem Geschäft an ihm vorbeigeht – als verdächtig und bedrohlich interpretieren. So können die Wahnvorstellungen entstehen, dass sich Menschen verschworen haben, um einem etwas Böses anzutun. Depressionen drücken die Stimmung in unerklärlicher Weise, jede Erfahrung, die auch nur leicht negativ ist (wenn beispielsweise jemand von einem Tisch aufsteht, sobald man selbst sich neben ihm niedergelassen hat), erhält daher eine besondere Bedeutung und Deutung: Sie wird so interpretiert, dass die anderen einen zutiefst verabscheuen, weil man so ein grässlicher Typ ist – und das kann sich dann auch zu einer Wahnvorstellung auswachsen.

Alles, was nicht einem mentalen Modell davon, wie die Welt funktioniert, entspricht, wird oft heruntergespielt oder unterdrückt: Solche Dinge oder Ereignisse bestätigen nicht die Erwartungen oder Prognosen des Betreffenden, und die beste Erklärung dafür ist, dass nicht die Erwartungen oder Prognosen falsch sind, sondern dass mit den Dingen und Ereignissen irgendetwas »nicht stimmt« und sie daher ignoriert werden können. Möglicherweise glauben Sie, dass es so etwas wie Aliens nicht gibt. Jemanden, der behauptet, UFOs gesehen zu haben oder von Außerirdischen entführt worden zu sein, werden Sie daher als Phantasten abtun. Die Behauptungen einer anderen Person beweisen nicht, dass man selbst unrecht hat. Das stimmt bis zu einem gewissen Punkt: Sollten Sie dann von Aliens entführt werden und nach allen Regeln der Kunst von ihnen viviseziert werden, dann werden Sie wahrscheinlich Ihre Meinung ändern. Wenn man jedoch von Wahnvorstellungen heimgesucht wird, dann können die Erfahrungen, die den eigenen Schlussfolgerungen widersprechen, sogar noch stärker unterdrückt werden, als es im Normalfall geschieht.

Aktuelle Theorien bezüglich der verantwortlichen neurologischen Systeme postulieren ein erschreckend komplexes Arrangement von anderen, ebenfalls ein weitgespanntes Netzwerk bildenden Gehirnregionen. Dazu gehören die Schläfenlappen, der präfrontale Kortex, der Gyrus temporalis, das ventrale Striatum, die Amygdala, das Cerebellum, die mesokortikolimbischen Regionen und weitere Areale.[31] Es gibt auch Hinweise darauf, dass diejenigen, die von Wahnvorstellungen befallen werden, einen Überschuss an dem exzitatorischen (also weitere Aktivität bewirkenden) Neurotransmitter Glutamat besitzen. Das könnte erklären, warum etwas Harmlosem, das einen Reiz auslöst, übermäßig viel Bedeutung zugewiesen wird.[32] Zu viel Aktivität bewirkt auch, dass die neuronalen Ressourcen erschöpft werden, was die neuronale Plastizität (oder Flexibilität) verringert, sodass das Gehirn weniger gut in der Lage ist, sich zu ändern und die in Mitleidenschaft gezogenen Gebiete »wiederherzustellen«. Auch das ließe Wahnvorstellungen anhaltender werden.

Aber Vorsicht: Dieser Abschnitt des Buches hat sich auf Halluzinationen und Wahnvorstellungen konzentriert, die durch Störungen der zerebralen Prozesse verursacht werden, was die Vermutung nahelegen könnte, dass solche Erscheinungen nur auf Erkrankungen zurückzuführen sind. Das ist keineswegs so. Sie können meinen, dass jemand »verblendet«, einem Wahn erlegen ist, wenn er überzeugt ist, dass die Erde höchstens sechstausend Jahre alt ist und nie Dinosaurier auf ihr herumgetrampelt sind. Doch Millionen von Menschen glauben das. Ganz ähnlich glauben Millionen von Menschen fest daran, dass ihre längst verblichenen Ahnen mit ihnen sprechen. Sind diese Leute krank – im Kopf oder anderswo? Krank vor Kummer? Ist das ein Bewältigungsmechanismus? Eine spirituelle Sache? Es gibt eine Vielzahl anderer möglicher Erklärungen dafür als eine »angeknackste geistige Gesundheit«.

Unsere Gehirne entscheiden auf der Basis unserer Erfahrungen, was real ist und was nicht. Und wenn wir in einem Umfeld aufwachsen, in dem objektiv gesehen unmögliche Dinge als völlig normal gelten, dann kommen unsere Gehirne zu dem Schluss, dass sie *real sind*, und beurteilen alles andere entsprechend. Sogar Menschen, die nicht von Geburt an mit einem extremen Glaubenssystem in Berührung kommen, sind empfänglich – jene Überzeugung von der »gerechten Welt«, von der in Kapitel 7 die Rede war, ist unglaublich verbreitet und führt oft zu falschen Schlussfolgerungen, Ansichten und Annahmen bezüglich Menschen, die Nöte und Entbehrungen erleiden.

Das ist der Grund dafür, dass unrealistische Überzeugungen nur dann als »wahnhaft« eingeordnet werden, wenn sie nicht mit dem existierenden Glaubenssystem und den existierenden Ansichten der betreffenden Person übereinstimmen. Die spirituelle Erfahrung eines frommen Predigers aus dem amerikanischen Bible Belt, seine Überzeugung, die Stimme Gottes zu hören, wird dort nicht als Wahnvorstellung angesehen. Eine agnostische Steuerberaterin in Ausbildung aus dem Sauerland*, die sagt, Gott spräche zu ihr? Nun, man würde vermutlich davon ausgehen, dass sie unter Wahnvorstellungen leidet.

Das Gehirn lässt uns ein breites Spektrum der Realität in beeindruckender Manier wahrnehmen, doch, wie wir in diesem Buch wiederholt gesehen haben, beruht ein großer Teil der Wahrnehmung/des Wahrgenommenen auf Kalkulationen, Hochrechnungen oder einfach nur auf Spekulationen oder Mutmaßungen vonseiten des Gehirns. In Anbetracht der vielen Dinge, die die Arbeit des Gehirns beeinträchtigen können, kann man sich leicht vorstellen, wie solche Prozesse ein bisschen in die Irre gehen können, vor allem, wenn man hinzunimmt, dass in der Regel ein allgemeiner Konsens darüber entscheidet, was »normal« ist, Normalität also keine faktische Grundlage besitzt. Es ist wirklich erstaunlich, dass Menschen trotzdem etwas zustande bringen.

Das setzt aber voraus, dass sie *tatsächlich* etwas zustande bringen. Vielleicht reden wie uns das aber auch nur ein, um uns zu beruhigen. Vielleicht ist überhaupt nichts real. Vielleicht ist dieses Buch nichts als eine Halluzination. Ich kann nur hoffen, dass es nicht so ist, denn sonst hätte ich eine Menge Zeit und Mühe vergeblich aufgewandt.

---

* Hier steht zugebenermaßen im Original »Sunderland«. Offensichtlich assoziiert der Autor die Stadt und gleichnamige Region in Nordengland mit besonders nüchtern denkenden, nicht zu spirituellen Erfahrungen neigenden Menschen. Ähnliche Charakteristika sollen ja auch die Sauerländer aufweisen. (AdÜ)

Nachwort

Das ist also das Gehirn. Eindrucksvoll, nicht wahr? Aber auch ein bisschen dämlich.

Dank

Meiner Frau Vanita, dafür, dass sie mich bei einem weiteren lachhaften Unterfangen unterstützt hat (mit einem Minimum an Augenrollen).

Meinen Kindern Millen und Kavita dafür, dass sie mir den Anlass zu dem Versuch geliefert haben, ein Buch zu schreiben, und jung genug sind, dass es ihnen gleichgültig ist, ob es ein Erfolg wird oder nicht.

Meinen Eltern, ohne die ich nicht in der Lage gewesen wäre, dieses Buch zu schreiben – oder irgendetwas anderes zu tun, wenn ich darüber nachdenke.

Simon dafür, dass er ein so guter Freund war, mir klarzumachen, alles könnte schiefgehen, wenn ich über die Stränge schlage.

Meinem Agenten Chris von Greene and Heaton für all seine Mühe und vor allem dafür, dass er damals Kontakt zu mir aufgenommen und gefragt hat: »Haben Sie jemals daran gedacht, ein Buch zu schreiben?« Das hatte ich nämlich nicht. Meiner Lektorin Laura, für all ihre Anstrengungen und ihre Geduld und vor allem dafür, dass sie mich mehrmals darauf hinwies: »Sie sind Neurowissenschaftler, Sie sollten über das Gehirn schreiben«, so lange, bis ich erkannte, dass das stimmte.

John, Lisa und all den anderen bei Guardian-Faber dafür, dass sie mein Geschreibsel in etwas verwandelten, das die Leute anscheinend wirklich gerne lesen.

James, Tash, Celine, Chris und einigen weiteren Jameses beim *Guardian*, weil sie mir die Gelegenheit gegeben haben, zu einer bedeutenden Publikation beizutragen (wobei ich mir anfangs sicher war, dass irgendeiner der Redaktionsangestellten einen Fehler gemacht haben musste).

Allen anderen Freunden und Verwandten, die mir Unterstützung, Hilfe und Ablenkung gewährt haben, als ich an diesem Buch arbeitete.

Und Ihnen. Ihnen allen. Denn im Grunde sind Sie an allem schuld.

Anmerkungen

Kapitel 1

1 S. B. Chapman u. a.: »Shorter term aerobic exercise improves brain, cognition, and cardiovascular fitness in aging.« In: *Frontiers in Aging Neuroscience*, 2013, Bd. 5.

2 V. Dietz: »Spinal cord pattern generators for locomotion.« In: *Clinical Neurophysiology*, 2003, 114 (8), S. 1379–1389.

3 S. M. Ebenholtz, M. M. Cohen und B. J. Linder: »The possible role of nystagmus in motion sickness: A hypothesis.« In: *Aviation, Space, and Environmental Medicine*, 1994, 65 (11), S. 1032–1035.

4 »Two Shakes-a-Day Diet Plan – Lose weight and keep it off.« http://www.nutritionexpress.com/article+index/diet+weight+loss/diet+plans+tips/showarticle.aspx?id=1904. (Letzter Zugriff: September 2015)

5 M. Mosley: »The second brain in our stomachs.« http://www.bbc.co.uk/news/health-18779997. (Letzter Zugriff: September 2015)

6 A. D. Milner und M. A. Goodale: *The Visual Brain in Action*, Oxford University Press (Oxford Psychology Series 27), 1995.

7 R. M. Weiler: »Olfaction and taste.« In: *Journal of Health Education*, 1999, 30 (1), S. 52 f.

8 T. C. Adam und E. S. Epel: »Stress, eating and the reward system.« In: *Physiology & Behaviour*, 2007, 91 (4), S. 449–458.

9 S. Iwanir u. a.: »The microarchitecture of C. elegans behavior during lethargus: Homeostatic bout dynamics, a typical body posture, and regulation by a central neuron.« In: *Sleep*, 2013, 36 (3), S. 385.

10 A. Rechtschaffen u. a.: »Physiological correlates of prolonged sleep deprivation in rats.« In: *Science*, 1983, 221 (4606), S. 182–184.

11 G. Tononi und C. Cirelli: »Perchance to prune.« In: *Scientific American*, 2013, 309 (2), S. 34–39.

12 N. Gujar u. a.: »Sleep deprivation amplifies reactivity of brain reward networks, biasing the appraisal of positive emotional experiences.« In: *Journal of Neuroscience*, 2011, 31 (12), S. 4466–4474.

13 J. M. Siegel: »Sleep viewed as a state of adaptive inactivity.« In: *Nature Reviews Neuroscience*, 2009, 10 (10), S. 747–753.

14 C. M. Worthman und M. K. Melby: »Toward a comparative developmental ecology of human sleep.« In: M. A. Carskadon (Hg.): *Adolescent Sleep Patterns*, Cambridge University Press, 2002, S. 69–117.

15 S. Daan, B. M. Barnes und A. M. Strijkstra: »Warming up for sleep? – Ground squirrels sleep during arousals from hibernation.« In: *Neuroscience Letters*, 1991, 128 (2), S. 265–268.

16 J. Lipton und S. Kothare: »Sleep and its disorders in childhood.« In: A. E. Elzouki (Hg.): *Textbook of Clinical Pediatrics*, Springer, 2012, S. 3363–3377.

17 P. L. Brooks und J. H. Peever: »Identification of the transmitter and receptor mecha-

nisms responsible for REM sleep paralysis.« In: *Journal of Neuroscience*, 2012, 32 (29), S. 9785–9795.

18 H. S. Driver und C. M. Shapiro: »ABC of sleep disorders: Parasomnias.« In: *British Medical Journal*, 1993, 306 (6882), S. 921-924.

19 »5 Other Disastrous Accidents Related To Sleep Deprivation.« http://www.huffingtonpost.com/2013/12/037sleep-deprivation-accidents-disasters_n_4380349.html. (Letzter Zugriff: September 2015)

20 M. Steriade: *Thalamus*. Wiley Online Library [1997], 2003.

21 M. Davis: »The role of the amygdala in fear and anxiety.« In: *Annual Review of Neuroscience*, 1992, 15 (1), S. 353–375.

22 A. S. Jansen u. a.: »Central command neurons of the sympathetic nervous system: Basis of the fight-or-flight-response.« In: *Science*, 1995, 270 (5236), S. 644–646.

23 J. P. Henry: »Neuroendocrine patterns of emotional response.« In: R. Plutchik und H. Kellerman (Hg.): *Emotion: Theory, Research and Experience*, Bd. 3: *Biological Foundations of Emotion*, Academic Press, 1986, S. 37–60.

24 F. E. R. Simons, X. Gu und K. J. Simons: »Epinephrine absorption in adults: Intramuscular versus subcutaneous injection.« In: *Journal of Allergy and Clinical Immunology*, 2003, 108 (5), S. 871–873.

Kapitel 2

1 N. Cowan: »The magical mystery four: How is working memory capacity limited, and why?« In: *Current Directions in Psychological Science*, 2010, 19 (1), S. 51–57.

2 J. S. Nicolis und I. Tsuda: »Chaotic dynamics of information processing: The ›magic number seven plus-minus two‹ revisited.« In: *Bulletin of Mathematical Biology*, 1985, 47 (3), S. 343–365.

3 P. Burtis: »Capacity increase and chunking in the development of short-term memory.« In: *Journal of Experimental Child Psychology*, 1982, 34 (3), S. 387–413.

4 C. E. Curtis und M. D'Esposito: »Persistent activity in the prefrontal cortex during working memory.« In: *Trends in Cognitive Sciences*, 2003, 7 (9), S. 415–423.

5 E. R. Kandel und C. Pittenger: »The past, the future and the biology of memory storage.« In: *Philosophical Transactions of the Royal Society of London B: Biological Sciences*, 1999, 354 (1392), S. 2027–2052.

6 D. R. Godden und A. D. Baddeley: »Context-dependent memory in two natural environments. On land and underwater.« In: *British Journal of Psychology*, 1975, 66 (3), S. 325–331.

7 R. Blair: »Facial expressions, their communicatory functions and neuro-cognitive substrates.« In: *Philosophical Transactions of the Royal Society of London B: Biological Sciences*, 2003, 358 (1431), S. 561–572.

8 R. N. Henson: »Short-term memory for serial order: The start-end model.« In: *Cognitive Psychology*, 1998, 36 (2), S. 73–137.

9 W. Klimesch: *The Structure of Long-Term Memory: A Connectivity Model of Semantic Processing*. Psychology Press, 2013.

10 K. Okada, K. L. Vilberg und M. D. Rugg: »Comparison of the neural correlates of retrieval success in tests of cued recall and recognition memory.« In: *Human Brain Mapping*, 2012, 33 (3), S. 523–533.

11 H. Eichenbaum: *The Cognitive Neuroscience of Memory: An Introduction*. Oxford University Press, 2011.

12 E. E. Bouchery u. a.: »Economic costs of excessive alcohol consumption in the US, 2006.« In: *American Journal of Preventive Medicine*, 2011, 41 (5), S. 516–524.

13 A. Ameer und R. R. Watson: »The Psychological Synergistic Effects of Alcohol and Caffeine.« In: R. R. Watson u. a.: *Alcohol, Nutrition, and Health Consequences,* Springer, 2013, S. 265–270.

14 L. E. McGuigan: *Cognitive Effects of Alcohol Abuse: Awareness by Students and Practicing Speech-Language Pathologists,* Wichita State University, 2013.

15 T. R. McGee u. a.: »Alcohol consumption by university students: Engagement in hazardous and delinquent behaviours and experiences of harm.« In: *The Stockholm Criminology Symposium 2012.* Swedish National Council for Crime Prevention, 2012.

16 K. Poikolainen, K. Leppänen und E. Vuori: »Alcohol sales and fatal alcohol poisonings: A time series analysis.« In: *Addiction,* 2002, 97 (8), S. 1037–1040.

17 B. M. Jones und M. K. Jones: »Alcohol and memory impairment in male and female social drinkers.« In: I. M. Birnbaum und E. S. Parker (Hg.): *Alcohol and Human Memory (PLE: Memory),* 2014, 2, S. 127–140.

18 D. W. Goodwin: »The alcohol blackout and how to prevent it.« In: I. M. Birnbaum und E. S. Parker (Hg.): *Alcohol and Human Memory,* 2014, 2, S. 177–183.

19 H. Weingartner und D. L. Murphy: »State-dependent storage and retrieval of experience while intoxicated.« In: I. M. Birnbaum und E. S. Parker (Hg.): *Alcohol and Human Memory (PLE: Memory),* 2014, 2, S. 159–175.

20 J. Longrigg: *Greek Rational Medicine: Philosophy and Medicine from Alcmaeon to the Alexandrians,* Routledge, 2013.

21 A. G. Greenwald: »The totalitarian ego: Fabrication and revision of personal history.« In: *American Psychologist,* 1980, 35 (7), S. 603.

22 U. Neisser: »John Dean's memory: A case study.« In: *Cognition,* 1981, 9 (1), S. 1–22.

23 M. Mather und M. K. Johnson: »Choice-supportive source monitoring: Do our decisions seem better to us as we age?« In: *Psychology and Aging,* 2000, 15 (4), S. 596.

24 *Learning and Motivation,* 2004, 45, S. 175-214.

25 C. A. Meissner und J. C. Brigham: »Thirty years of investigating the own-race bias in memory for faces: A meta-analytic review.« In: *Psychology, Public Policy, and Law,* 2001, 7 (1), S. 3.

26 U. Hoffrage, R. Hertwig und G. Gigerenzer: »Hindsight bias: A by-product of knowledge updating?« In: *Journal of Experimental Psychology: Learning, Memory, and Cognition,* 2000, 26 (3), S. 566.

27 W. R. Walker und J. J. Skowronski: »The fading affect bias: But what the hell is it for?« In: *Applied Cognitive Psychology,* 2009, 23 (8), S. 1122–1136.

28 J. Debiec, D. E. Bush und J. E. LeDoux: »Noradrenergic enhancement of reconsolidation in the amygdala impairs extinction of conditioned fear in rats – a possible mechanism for the persistence of traumatic memories in PTSD.« In: *Depression and Anxiety,* 2011, 28 (3), S. 186–193.

29 N. J. Roese und J. M. Olson: *What Might Have Been: The Social Psychology of Counterfactual Thinking,* Psychology Press, 2014.

30 A. E. Wilson und M. Ross: »From chump to champ: people's appraisal of their earlier and present selves.« In: *Journal of Personality and Social Psychology,* 2001, 80 (4), S. 572–584.

31 S. M. Kassin u. a.: »On the ›general acceptance‹ of eyewitness testimony research: A new survey of the experts.« In: *American Psychologist,* 2001, 56 (5), S. 405–416.

32 http://socialecology.uci.edu/faculty/eloftus/ (Letzter Zugriff: September 2015)

33 E. F. Loftus: »The price of bad memories.« Committee for the Scientific Investigation of Claims of the Paranormal, 1998.

34 C. A. Morgan u. a.: »Misinformation can influence memory for recently experienced,

highly stressful events.« In: *International Journal of Law and Psychiatry*, 2013, 36 (1), S. 11–17.

35 B. P. Lucke-Wold u. a.: »Linking traumatic brain injury to chronic traumatic encephalopathy: Identification of potential mechanisms leading to neurofibrillary tangle development.« In: *Journal of Neurotrauma*, 2014, S. 31 (13), S. 1129–1138.

36 S. Blum u. a.: »Memory after silent stroke: Hippocampus and infarcts both matter.« In: *Neurology*, 2012, 78 (1), S. 38–46.

37 R. Hoare: »The role of diencephalic pathology in human memory disorder.« In: *Brain*, 1990, 113, S. 1695–1706.

38 I. R. Squire: »The legacy of patient HM for neuroscience.« In: *Neuron*, 2009, 61 (1), S. 6-9.

39 M. C. Duff u. a.: »Hippocampal amnesia disrupts creative thinking.« In: *Hippocampus*, 2013, 23 (12), S. 1143–1149.

40 K. S. Graham und J. R. Hodges: »Differentiating the roles of the hippocampus complex and the neocortex in long-term memory storage: Evidence from the study of semantic dementia and Alzheimer's disease.« In: *Neuropsychology*, 1997, 1 (1), S. 77–89.

41 E. Day u. a.: »Thiamine for Wernicke-Korsakoff Syndrome in people at risk from alcohol abuse.« In: *Cochrane Database of Systemic Reviews*, 2004, Bd. 1.

42 L. Mastin: »Korsakoff's Syndrome. The Human Memory – Disorders 2010.« http://www.human-memory.net/disorders _korsakoffs.html. (Letzter Zugriff: September 2015)

43 P. Kennedy und A. Chaudhuri: »Herpes simplex encephalitis.« In: *Journal of Neurology, Neurosurgery & Psychiatry*, 2002, 73 (3), S. 237 f.

Kapitel 3

1 H. Green u. a.: *Mental Health of Children and Young People in Great Britain, 2004*, Palgrave Macmillan, 2005.

2 »In the Face of Fear: How fear and anxiety affect our health and society, and what we can do about it.« 2009, http://www.mentalhealth.org.uk/publications/in-the-face-of-fear/ (Letzter Zugriff: September 2015)

3 D. Aaronovitch und J. Langton: *Voodoo Histories. The Role of the Conspiracy Theory in Shaping Modern History*, Wiley Online Library, 2010.

4 S. Fyfe u. a.: »Apophenia, theory of mind and schizotypy: Perceiving meaning and intentionality in randomness.« In: *Cortex*, 2008, 44 (10), S. 1316–1325.

5 H. L. Leonard: »Superstitions: Developmental und Cultural Perspective.« In: R. L. Rapoport (Hg.): *Obsessive-compulsive Disorder in Children and Adolescents*, American Psychiatric Press, 1989, S. 289–309.

6 H. M. Lefcourt: *Locus of Control: Current Trends in Theory and Research*, Psychology Press, 2. Aufl., 2014.

7 J. C. Pruessner u. a.: »Self-esteem, locus of control, hippocampal volume, and cortisol regulation in young and old adulthood.« In: *Neuroimage*, 2005, 28 (4), S. 815–826.

8 J. T. O'Brien u. a.: »A longitudinal study of hippocampal volume, cortisol levels, and cognition in older depressed subjects.« In: *American Journal of Psychiatry*, 2004, 161 (11), S. 2081–2090.

9 M. Lindeman u. a.: »Is it just a brick wall or a sign from the universe? An fMRI study of supernatural believers and skeptics.« In: *Social Cognitive and Affective Neuroscience*, 2012, S. 943–949.

10 A. Hampshire u. a.: »The role of the right inferior frontal gyrus: inhibition and attentional control.« In: *Neuroimage*, 2010, 50 (3), S. 1313–1319.

11 J. Davidson: »Contesting stigma and contested emotions: Personal experience and public perception of specific phobias.« In: *Social Science & Medicine*, 2005, 61 (10), S. 2155–2164.

12 V. F. Castellucci und F. R. Kandel: »A quantal analysis of the synaptic depression underlying habituation of the gill-withdrawal reflex in Aplysia.« In: *Proceedings of the National Academy of Sciences*, 1974, 71 (12), S. 5004–5008.

13 S. Mineka und M. Cook: »Social Learning and the acquisition of snake fear in monkeys.« In: *Social Learning: Psychological and Biological Perspectives*, 1988, S. 51–73.

14 M. E. Bouton und R. C. Bolles: »Contextual control of the extinction of conditioned fear.« In: *Learning and Motivation*, 1979, 10 (4), S. 445–466.

15 W. J. Magee u. a.: »Agoraphobia, simple phobia, and social phobia in the National Comorbidity Survey.« In: *Archives of General Psychiatry*, 1996, 53 (2), S. 159–168.

16 L. Holmes: »This Is What A Panic Attack Physically Feels Like.« http://www.huffingtonpost.com/2014/10/21/panic-attack-feeling_n_5977998.html. (Letzter Zugriff: September 2015)

17 J. Knowles u. a.: »Results of a genome-wide genetic screen for panic disorder.« In: *American Journal of Medical Genetics*, 1998, 81 (2), S. 139–147.

18 E. Witvrouw u. a.: »Catastrophic thinking about pain as a predicator of length of hospital stay after total knee arthroplasty: a prospective study.« In: *Knee Surgery, Sports Traumatology, Arthroscopy*, 2009, 17 (10), S. 1189–1194.

19 R. Lieb u. a.: »Parental psychopathology, parenting styles, and the risk of social phobia in offspring; a prospective-longitudinal community study.« In: *Archives of General Psychiatry*, 2000, 57 (9), S. 859–866.

20 J. Richer: »Avoidance behavior, attachment and motivational conflict.« In: *Early Child Development and Care*, 1993, 96 (1), S. 7-18.

21 http://www.nhs.uk/conditions/social-anxiety/Pages/Social-anxiety.aspx. (Letzter Zugriff: September 2015)

22 G. F. Koob: »Drugs of abuse: anatomy, pharmacology and function of reward pathways.« In: *Trends in Pharmacological Sciences*, 1992, 13, S. 177–184.

23 L. Reyes-Castro u. a.: »Pre-and/or postnatal protein restriction in rats impairs learning and motivation in male offspring.« In: *International Journal of Developmental Neuroscience*, 2011, 29 (2), S. 177–182.

24 W. Sluckin, D. Hargreaves und A. Colman: »Novelty and human aesthetic preferences.« In: *Exploration in Animals and Humans*, 1983, S. 245–269.

25 B. C. Wittmann u. a.: »Mesolimbic interaction of emotional valence and reward improves memory formation.« In: *Neuropsychologia*, 2008, 46 (4), S. 1000–1008.

26 A. Tinwell, M. Grimshaw und A. Williams: »Uncanny behaviour in survival horror games.« In: *Journal of Gaming & Virtual Worlds*, 2010, 2 (1), S. 3–25.

27 Siehe Kapitel 2, Anm. 29.

28 R. S. Neary und M. Zuckerman: »Sensation seeking, trait and state anxiety, and the electrodermal orienting response.« In: *Psychophysiology*, 1976, 13 (3), S. 205–211.

29 L. M. Bouter u. a.: »Sensation seeking and injury risk in downhill skiing.« In: *Personality and Individual Differences*, 1988, 9 (3), S. 667–673.

30 M. Zuckerman: »Genetics of sensation seeking.« In: J. Benjamin, R. Ebstein und R. H. Belmake (Hg.): *Molecular Genetics and the Human Personality*. Washington, DC, American Psychiatric Association, S. 193–210.

31 S. B. Martin u. a.: »Human experience seeking correlates with hippocampus volume:

Convergent evidence from manual tracing and voxel-based morphometry. In: *Neuropsychologia*, 2007, 45 (12), S. 2874–2881.

32 R. F. Baumeister u. a.: »Bad is stronger than good.« In: *Review of General Psychology*, 2001, 5 (4), S. 323.

33 S. S. Dickerson, T. I. Gruenewald und M. E. Kemeny: »When the social self is threatened: Shame, physiology, and health.« In: *Journal of Personality*, 2004, 72 (6), S. 1191–1216.

34 E. D. Weitzman u. a.: »Twenty-four hour pattern of the episodic secretion of cortisol in normal subjects.« In: *Journal of Clinical Endocrinology & Metabolism*, 1971, 33 (1), S. 14–22.

35 Wie Anm. 12.

36 R. S. Nickerson: »Confirmation bias: A ubiquitous phenomenon in many guises.« In: *Review of General Psychology*, 1998, 2 (2), S. 175.

Kapitel 4

1 R. E. Nisbett u. a.: »Intelligence: new findings and theoretical developments.« In: *American Psychologist*, 2012, 67 (2), S. 130–159.

2 H.-M. Süß u. a.: »Working-memory capacity explains reasoning ability – and a little bit more.« In: *Intelligence*, 2002, 30 (3), S. 261–288.

3 L. L. Thurstone: *Primary Mental Abilities*, University of Chicago Press, 1938.

4 H. Gardner: *Frames of Mind: The Theory of Multiple Intelligences*, Basic Books, 2011.

5 A. Pant: »The Astonishingly Funny Story of Mr McArthur Wheeler«, 2014. http://awesci.com/the-astonishingly-funny-story-of-mr-mcarthur-wheeler/. (Letzter Zugriff: September 2015)

6 T. DeAngelis: »Why we overestimate our competence.« In: *American Psychological Association*, 2003, 34 (2).

7 H. J. Rosen u. a.: »Neuroanatomical correlates of cognitive self-appraisal in neurogenerative disease.« In: *Neuroimage*, 2010, 49 (4), S. 3358–3364.

8 G. E. Larson u. a.: »Evaluation of a ›mental effort‹ hypothesis for correlations between cortical metabolism and intelligence.« In: *Intelligence*, 1995, 21 (3), S. 267–278.

9 G. Schlaug u. a.: »Increased corpus callosum size in musicians.« In: *Neuropsychologia*, 1995, 33 (8), S. 1047–1055.

10 E. A. Maguire u. a.: »Navigation-related structural change in the hippocampi of taxi drivers.« In: *Proceedings of the National Academy of Sciences*, 2000, 97 (8), S. 4398–4403.

11 D. Bennabi u. a.: »Transcranial direct current stimulation for memory enhancement: From clinical research to animal models.« In: *Frontiers in Systems Neuroscience*, 2014, Ausgabe 8.

12 Y. Taki u. a.: »Correlation among body height, intelligence, and brain gray matter volume in healthy children.« In: *Neuroimage*, 2012, 59 (2), S. 1023–1027.

13 T. Bouchard: »IQ similarity in twins reared apart: Findings and responses to critics.« In: *Intelligence, Heredity, and Environment*, 1997, S. 126–160.

14 H. Jerison: *Evolution of the Brain and Intelligence,* Elsevier, 2012.

15 L. M. Kaino: »Traditional knowledge in curricula designs: Embracing indigenous mathematics in classroom instruction.« In: *Studies of Tribes and Tribals*, 2013, 11 (1), S. 83–88.

16 R. Rosenthal und L. Jacobson: »Pygmalion in the classroom.« In: *Urban Review*, 1968, 3 (1), S. 16–20.

Kapitel 5

1 L. Buck und R. Axel: »Odorant receptors and the organization of the olfactory system.« In: *Cell*, 1991, 65, S. 175–187.

2 R. T. Hodgson: »An analysis of the concordance among 13 US wine competitions.« In: *Journal of Wine Economics*, 2009, 4 (01), S. 1–9.

3 Siehe Kapitel 1, Anm. 7.

4 M. Auvray und C. Spence: »The multisensory perception of flavor.« In: *Consciousness and Cognition*, 2008, 17 (3), S. 1016–1031.

5 http://www.planet-science.com/categories/experiments/biology/2011/05/how-sensitive-are-you.aspx. (Letzter Zugriff: September 2015)

6 http://www.nationalbraille.org/NBAResources/FAQs/. (Letzter Zugriff: September 2015)

7 H. Frenzel u. a.: »A genetic basis for mechanosensory traits in humans.« In: *PLOS Biology*, 2012, 10 (5).

8 D. H. Hubel und T. N. Wiesel: »Brain Mechanisms of Vision.« In: *Scientific American*, 1979, 241 (3), S. 150–162.

9 E. C. Cherry: »Some experiments on the recognition of speech, with one und with two eras.« In: *Journal of the Acoustical Society of America*, 1953, 25 (5), S. 975–979.

10 D. Kahneman: *Attention and Effort*, Citeseer, 1973.

11 B. C. Hamilton, L. S. Arnold und B. C. Tefft: »Distracted driving and perceptions of hands-free technologies: Findings from the 2013 Traffic Safety Culture Index, 2013.

12 Siehe K.M. Mallan, O.V. Lipp und B. Cochrane, Fußnote S. 117.

13 D. J. Simons und D. T. Levin: »Failure to detect changes to people during a real-world interaction.« In: *Psychonomic Bulletin & Review*, 1998, 5 (4), S. 644–649.

14 R. S. F. McCann, D. C. Foyle und J. C. Johnston: »Attentional Limitations with Heads-Up Displays.« In: *Proceedings of the Seventh International Symposium on Aviation Psychology*, 1993, S. 70–75.

Kapitel 6

1 E. J. Phares und W. F. Chaplin: *Introduction to Personality*, Prentice Hall, 4. Aufl., 1997.

2 L. A. Froman: »Personality and political socialization.« In: *Journal of Politics*, 1961, 23 (02), S. 341–352.

3 H. Eysenck und A. Levey: «Conditioning, introversion-extraversion and the strength of the nervous system.« In: V. D. Nebylitsyn und J. A. Gray (Hg.): *Biological Bases of Individual Behavior*. Academic Press, 1972, S. 206–220.

4 Y. Taki u. a.: »A longitudinal study of the relationship between personality traits and the annual rate of volume changes in regional gray matter in healthy adults.« In: *Human Brain Mapping*, 2013, 34 (12), S. 3347–3353.

5 K. I. Jang, W. J. Livesley und P. A. Vernon: »Heritability of the big five personality dimensions and their facets: A twin study.« In: *Journal of Personality*, 1998, 64 (3), S. 577–592.

6 M. Friedman und R. H. Rosenman: *Type A Behavior and Your Heart*, Knopf, 1974.

7 G. V. Caprara und D. Cervone: *Personality, Determinants, Dynamics, and Potentials*, Cambridge University Press, 2000.

8 J. B. Murray: »Review of research on the Myers-Briggs type indicator.« In: *Perceptual and Motor Skills*, 1990, 70 (3c), S. 1187–1202.

9 A. N. Sell: »The recalibrational theory and violent anger.« In: *Aggression and Violent Behavior*, 2011, 16 (5), S. 381–389.

10 C. S. Carver und E. Harmon-Jones: »Anger is an approach-related affect: evidence and implications.« In: *Psychological Bulletin*, 2009, 135 (2), S. 183–204.

11 M. Kazén u. a.: »Inverse relation between cortisol and anger and their relation to performance and explicit memory.« In: *Biological Psychology*, 2012, 91 (1), S. 28–35.

12 H. J. Rutherford und A. K. Lindell: »Thriving and surviving: Approach and avoidance motivation and lateralization.« In: *Emotion Review*, 2011, 3 (3), S. 333–343.

13 D. Antos u. a.: »The influence of emotion expression on perceptions of trustworthiness in negotiation.« In: *Proceedings of the Twenty-fifth AAAI Conference on Artificial Intelligence*, 2011.

14 S. Freud: *Jenseits des Lustprinzips*, 1920.

15 S. McLeod: »Maslow's hierarchy of needs.« In: *Simply Psychology*, 2007, überarb. 2014. http://www.simplypsychology.org/maslow.html. ((Letzter Zugriff: September 2015)

16 R. M. Ryan und F. I. Deci: »Self-determination theory and the facilitation of intrinsic motivation, social development, and well-being.« In: *American Psychologist*, 2000, 55 (1), S. 68.

17 M. R. Lepper, D. Greene und R. F. Nisbett: »Undermining children's intrinsic interest with extrinsic reward. A test of the ›overjustification‹ hypothesis.« In: *Journal of Personality and Social Psychology*, 1973, 28 (1), S. 129.

18 E. T. Higgins: »Self-discrepancy: A theory relating self and affect.« In: *Psychological Review*, 1987, 94 (3), S. 319.

19 J. Reeve, S. G. Cole und B. C. Olson: »The Zeigarnik effect and intrinsic motivation: Are they the same? In: *Motivation and Emotion*, 1986, 10 (3), S. 233–245.

20 S. Shuster: »Sex, aggression, and humour: Responses to unicycling.« In: *British Medical Journal*, 2007, 335 (7633), S. 1320–1322.

21 N. D. Bell: »Responses to failed humour.« In: *Journal of Pragmatics*, 2009, 41 (9), S. 1825–1836.

22 A. Shurcliff: »Judged humour, arousal, and the relief theory.« In: *Journal of Personality and Social Psychology*, 1968, 8 (4p1), S. 360.

23 D. Hayworth: »The social origin and function of laughter.« In: *Psychological Review*, 1928, 35 (5), S. 367.

24 R. R. Provine und K. Emmorey: »Laughter among deaf signers.« In: *Journal of Deaf Studies and Deaf Education*, 2006, 11 (4), S. 403–409.

25 R. R. Provine: »Contagious laughter: Laughter is a sufficient stimulus for laughs and smiles.« In: *Bulletin of the Psychonomic Society*, 1992, 30 (1), S. 1–4.

26 C. McGettigan u. a.: »Individual differences in laughter perception reveal roles for mentalizing and sensorimotor systems in the evaluation of emotional authenticity.« In: *Cerebral Cortex*, 2015, 25 (1), S. 246–257.

Kapitel 7

1 A. Conley: »Torture in US jails and prisons. An analysis of solitary confinement under international law.« In: *Vienna Journal on International Constitutional Law*, 2013, 7, S. 415.

2 B. N. Pasley u. a.: »Reconstructing speech from human auditory cortex.« In: *PLoS-Biology*, 2012, 10 (1), S. 175.

3 J. A. Lucy: *Language Diversity and Thought: A Reformulation of the Linguistic Relativity Hypothesis*, Cambridge University Press, 1992.

4 I. R. Davies: »A study of colour grouping in three languages: A test of the linguistic relativity hypothesis.« In: *British Journal of Psychology*, 1998, 89 (3), S. 433–452.

5 O. Sacks: *The Man Who Mistook His Wife for a Hat, and Other Clinical Tales*, Simon and Schuster [dt.: *Der Mann, der seine Frau mit einem Hut verwechselte*, Reinbek 1985].

6 P. J. Whalen u. a.: »Neuroscience and facial expression of emotion: The role of amygdala-prefrontal interactions.« In: *Emotion Review*, 2013, 5 (1), S. 78–83.

7 N. Guéguen: »Foot-in-the-door technique and computer-mediated communication.« In: *Computers in Human Behavior*, 2002, 18 (1), S. 11–15.

8 A. C.-y. Chan und T. K.-f. Au: »Getting children to do more academic work: foot-in-the-door versus door-in-the-face.« In: *Teaching and Teacher Education*, 2011, 27 (6), S. 982–985.

9 C. Ebster und B. Neumayr: »Applying the door-in-the-face compliance technique to retailing.« In: *International Review of Retail, Distribution and Consumer Research*, 2008, 18 (1), S. 121–128.

10 J. M. Burger und T. Cornelius: »Raising the price of agreement: Public commitment and the lowball compliance procedure.« In: *Journal of Applied Social Psychology*, 2003, 33 (5), S. 923–934.

11 R. B. Cialdini u. a.: »Low-ball procedure for producing compliance: commitment then cost.« In: *Journal of Personality and Social Psychology*, 1978, 36 (5), S. 463.

12 T. F. Farrow u. a.: »Neural correlates of self-deception and impression-management.« In: *Neuropsychologia*, 2015, 67, S. 159–174.

13 S. Bowles und H. Gintis: *A Cooperative Species: Human Reciprocity and Its Evolution*, Princeton University Press, 2011.

14 C. J. Charvet und B. L. Finlay: »Embracing covariation in brain evolution: large brains, extended development, and flexible primate social systems.« In: *Progress in Brain Research*, 2912, 195, S, 71.

15 F. Marlowe: »Paternal investment and the human mating system.« In: *Behavioral Processes*, 2000, 51 (1), S. 45–61.

16 L. Betzig: »Medieval monogamy.« In: *Journal of Family History*, 1995, 20 (2), S. 181–216.

17 J. E. Coxworth u. a.: »Grandmothering life histories and human pair bonding.« In: *Proceedings of the National Academy of Sciences*, 2015, 112 (38), S. 11806–11811.

18 D. Lieberman, D. M. Fessler und A. Smith: »The relationship between familial resemblance and sexual attraction: An update on Westermarck, Freud, and the incest taboo.« In: *Personality and Social Psychology Bulletin*, 2011, 37 (9), S. 1229–1232.

19 A. Campbell: »Oxytocin and human social behavior.« In: *Personality and Social Psychology Review*, 2010. Und: W. S. Hays: »Human pheromones: have they been demonstrated?« In: *Behavioral Ecology and Sociobiology*, 2003, 54 (2), S. 89–97.

20 L. Campbell u. a.: Perceptions of conflict and support in romantic relationships: The role of attachment anxiety.« In: *Journal of Personality and Social Psychology*, 2005, 88 (3), S. 510.

21 E. Kross u. a.: »Social rejection shares somatosensory representations with physical pain.« In: *Proceedings of the National Academy of Sciences*, 2011, 108 (15), S. 6270–6275.

22 H. E. Fischer u. a.: »Reward, addiction, and emotion regulation systems associated with rejection in love.« In: *Journal of Neurophysiology*, 2010, 104 (1), S. 51–60.

23 J. M. Smyth: »Written emotional expression: Effect sizes, outcome types, and moderating variables.« In: *Journal of Consulting and Clinical Psychology*, 1998, 66 (1), S. 174.

24 H. Thomson: »How to fix a broken heart.« In: *New Scientist*, 2014, 221 (2956), S. 26 f.

25 R. I. Dunbar: »The social brain hypothesis and its implications for social evolution.« In: *Annals of Human Biology*, 2009, 36 (5), S. 562–472.

26 T. Dávid-Barrett und R. Dunbar: »Processing power limits social group size: computational evidence for the cognitive costs of sociality.« In: *Proceedings of the Royal Society of London B: Biological Sciences*, 2013, 280 (1765), 10.1098/rspb.2013.1151.

27 S. E. Asch: »Studies of independence and conformity: I. A minority of one against a unanimous majority.« In: *Psychological Monographs: General and Applied*, 1956, 70 (9), S. 1–70.

28 L. Turella u. a.: »Mirror neurons in humans: consisting or confounding evidence?« In: *Brain and Language*, 2009, 108 (1), S. 10–21.

29 B. Latané und J. M. Darley: »Bystander ›apathy‹.« In: *American Scientist*, 1968, S. 244–268.

30 I. L. Janis: *Groupthink: Psychological Studies of Policy Decisions and Fiascoes*, Houghton Mifflin, 1982.

31 S. D. Reicher, R. Spears und T. Postmes: »A social identity model of deindividuation phenomena.« In: *European Review of Social Psychology*, 1995, 6 (1), S. 161–198.

32 S. Milgram: »Behavioral study of obedience.« In: *Journal of Abnormal and Social Psychology*, 1963, 67 (4), S. 371.

33 S. Morrison, J. Decety und P. Molenberghs: »The neuroscience of group membership.« In: *Neuropsychologia*, 2012, 50 (8), S. 2114–2120.

34 B. B. Mars u. a.: »On the relationship between the ›default mode network‹ and the ›social brain‹.« In: *Frontiers in Human Neuroscience*, 2012, Bd. 6, Artikel 189.

35 G. Northoff und F. Bermpohl: »Cortical midline structures and the self.« In: *Trends in Cognitive Sciences*, 2004, 8 (3), S. 102–107.

36 P. G. Zimbardo und A. B. Cross: *Stanford Prison Experiment*, Stanford University, 1971.

39 G. Silani u. a.: »Right supramarginal gyrus is crucial to overcome emotional egocentric bias in social judgments.« In: *Journal of Neuroscience*, 2013, 33 (39), S. 15466–15476.

38 L. A. Strömwall, H. Alfredsson und S. Landström: »Rape victim and perpetrator blame and the just world hypothesis. The influence of victim gender and age.« In: *Journal of Sexual Aggression*, 2013, 19 (2), S. 207–217.

Kapitel 8

1 V. S. Ramachandran und E. M. Hubbard: »Synaesthesia – a window into perception, thought and language.« In: *Journal of Consciousness Studies*, 2001, 8 (12), S. 3–34.

2 Siehe Kap. 3, Anm. 1.

3 R. Hirschfeld: »History and evolution of the monoamine hypothesis of depression.« In: *Journal of Clinical Psychiatry*, 2000.

4 J. Adrien: »Neurobiological bases for the relation between sleep and depression.« In: *Sleep Medicine Reviews*, 2002, 6 (5), S. 341–351.

5 D. P. Auer u. a.: »Reduced glutamate in the anterior cingulate cortex in depression: An in vivo proton magnetic resonance spectroscopy study.« In: *Biological Psychiatry* 2000, 47 (4), S. 305–313.

6 A. Lok u. a.: »Longitudinal hypothalamic-pituitary-adrenal axis trait and state effects in recurrent depression.« In: *Psychoneuroendocrinology*, 2012, 37 (7), S. 892–902.

7 H. Eyre und B. T. Baune: »Neuroplastic changes in depression: a role for the immune system.« In: *Psychoneuroendocrinology*, 2012, 37 (9), S. 1397–1416.

8 W. Katon u.a.: »Association of depression with increased risk of dementia in patients with type 2 diabetes: The Diabetes and Aging Study.« In: *Archives of General Psychiatry*, 2012, 69 (4), S. 410–417.

9 A. M. Epp u.a. »A systematic meta-analysis of the Stroop task in depression.« In: *Clinical Psychology Review*, 2012, 32 (4), S. 316–318.

10 P. F. Sullivan, M. C. Neale und K. S. Kendler: »Genetic epidemiology of major depression: review and meta-analysis.« In: *American Journal of Psychiatry*, 2007, 157 (10), S. 1552–1562.

11 T. H. Holmes und R. H. Rahe: »The social readjustment rating scale.« In: *Journal of Psychosomatic Research*, 1967, 11 (2), S. 213–218.

12 D. H. Barrett u.a.: »Cognitive functioning and posttraumatic stress disorder.« In: *American Journal of Psychiatry*, 1996, 153 (11), S. 1492–1494.

13 R. S. Ulrich u.a.: »Stress recovery during exposure to natural and urban environments.« In: *Journal of Environmental Psychology*, 1991, 11 (3), S. 201–230.

14 K. Dedovic u.a.: »The brain and the stress axis: The neural correlates of cortisol regulation in response to stress.« In: *Neuroimage*, 2009, 47 (3), S. 864–871.

15 S. M. Monroe und K. L. Harkness: »Life stress, the ›kindling‹ hypothesis, and the recurrence of depression: Considerations from a life stress perspective.« In: *Psychological Review*, 2005, 112 (2), S. 417.

16 F. E. Thoumi: »The numbers game: Let's all guess the size of the illegal drug industry.« In: *Journal of Drug Issues*, 2005, 35 (1), S. 185–200.

17 S. B. Caine u.a.: »Cocaine self-administration in dopamine D3 receptor knockout mice.« In: *Experimental and Clinical Psychopharmacology*, 2012, 20 (5), S. 352.

18 J. W. Dalley u.a.: »Deficits in impulse control associated with tonically-elevated serotonergic function in rat prefrontal cortex.« In: *Neuropsychopharmacology*, 2002, 26, S. 716–728.

19 T. E. Robinson und K. C. Berridge: »The neural basis of drug craving: An incentive-sensitization theory of addiction.« In: *Brain Research Reviews*, 1993, 18 (3), S. 247–291.

20 B. J. Everitt u.a.: »Associative processes in addiction and reward the role of amygdala-ventral striatal subsystems.« In: *Annals of the New York Academy of Science*, 1999, 877 (1), S. 412–438.

21 G. M. Robinson u.a.: »Patients in methadone maintenance treatment who inject methadone syrup: A preliminary study.« In: *Drug and Alcohol Review,* 2000, 19 (4), S. 447–450.

22 L. Clark und T. W. Robbins: »Decision-making deficits in drug addiction.« In: *Trends in Cognitive Sciences*, 2002, 6 (9), S. 361–363.

23 M. J. Kreek u.a.: »Genetic influences on impulsivity, risk taking, stress responsitivity and vulnerability to drug abuse and addiction.« In: *Nature Neuroscience*, 2005, 8 (11), S. 1450–1457.

24 S. S. Shergill u.a.: »Functional anatomy of auditory verbal imagery in schizophrenic patients with auditory hallucinations.« In: *American Journal of Psychiatry*, 2000, 157 (10), S. 1691–1693.

25 P. Allen u.a.: »The hallucinating brain: a review of structural and functional neuroimaging studies of hallucinations.« In: *Neuroscience & Biobehavioral Reviews*, 2008, 32 (1), S. 175–191.

26 S.-J. Blakemore u.a.: »The perception of self-produced sensory stimuli in patients with auditory hallucinations and passivity experiences: evidence for a breakdown in self-monitoring.« In: *Psychological Medicine*, 2000, 30 (05), S. 1131–1139.

27 Siehe Anm. 25.

28 R. L. Buckner und D. C. Carroll: »Self-projection and the brain.« In: *Trends in Cognitive Sciences*, 2007, 11 (2), S. 49–57.

29 A. W. Young, K. M. Leafhead und T. K. Szulecka: »The Capgras and Cotard delusions.« In: *Psychopathology*, 1994, 27 (3-5), S. 226–231.

30 M. Coltheart, R. Langdon, und B. McKay: »Delusional belief.« In: *Annual Review of Psychology*, 2011, 62, S. 271–298.

31 P. Corlett u. a.: »Toward a neurobiology of delusions.« In: *Progress in Neurobiology*, 2010, 92 (3), S. 345–369.

32 J. T. Coyle: »The glutamatergic dysfunction hypothesis for schizophrenia.« In: *Harvard Review of Psychiatry*, 1996, 3 (5), S. 241–253.

Register